建筑施工现场管理人员岗位技能图表详解系列丛书

造价员岗位技能图表详解

主编　宁　平　谭　续　陈远吉

上海科学技术出版社

图书在版编目(CIP)数据

造价员岗位技能图表详解/宁平,谭续,陈远吉主编.
—上海:上海科学技术出版社,2013.10
(建筑施工现场管理人员岗位技能图表详解系列丛书)
ISBN 978-7-5478-1390-4

Ⅰ.①造…　Ⅱ.①宁…　②谭…　③陈…　Ⅲ.①建筑预算定额—图解　Ⅳ.①TU723.3-64

中国版本图书馆 CIP 数据核字(2012)第 158108 号

上海世纪出版股份有限公司
上 海 科 学 技 术 出 版 社 出版、发行
(上海钦州南路 71 号　邮政编码 200235)
常熟市兴达印刷有限公司印刷
新华书店上海发行所经销
开本 889×1194　1/32　印张:18.125
字数:680 千字
2013 年 10 月第 1 版　2013 年 10 月第 1 次印刷
ISBN 978-7-5478-1390-4/TU·161
定价:53.00 元

内容提要

本书严格依照最新的2013版《建设工程工程量清单计价规范》，简明扼要地介绍了建筑工程造价员必须掌握的技术知识，主要内容包括：建筑工程造价编制准备；建筑工程造价概述；建筑工程造价的构成；建筑工程造价依据；建筑工程工程量清单计价；建筑工程工程量计算规则；建筑装饰装修工程工程量计算规则；建筑工程施工图预算的编制与审查；建筑工程结算与竣工决算。

本书通俗易懂、实用性强、可操作性好，是建筑工程造价人员的好帮手，可供建筑类大、中专院校，成人教育和建筑工程预算、造价培训之用，也可作为工民建专业学生的学习指导书和教师的教学参考用书。

"建筑施工现场管理人员岗位技能图表详解系列丛书"

编 委 会

前言

“建筑施工现场管理人员岗位技能图表详解系列丛书”由工程建设领域的知名专家学者历经四年编写而成，是他们多年实际工作的经验积累与总结。丛书结合建筑施工现场的具体要求，依据最新的国家标准或行业标准，对建筑施工现场管理工作人员应具备的技能进行了详细阐述和总结。

“建筑施工现场管理人员岗位技能图表详解系列丛书”共包括以下8个分册：

·《造价员岗位技能图表详解》
·《施工员岗位技能图表详解》
·《材料员岗位技能图表详解》
·《测量员岗位技能图表详解》
·《资料员岗位技能图表详解》
·《监理员岗位技能图表详解》
·《质量员岗位技能图表详解》
·《安全员岗位技能图表详解》

丛书依据建筑行业对人才的知识、能力、素质的要求，注重读者的全面发展，以常规技术为基础，关键技术为重点，先进技术为导向，理论知识以“必需”、“够用”、“管用”为度，坚持以职业能力培养为主线，体现与时俱进的原则。具体来讲，本套丛书具有以下几个特点：

(1)突出实用性。注重对基础理论的应用与实践能力的培养。本套丛书重点介绍了建筑施工现场管理人员必知、必用、必会、必备的基础理论知识、实践应用、相关方法和技巧。通过精选一些典型的实例，进行较详细的分析，以便读者接受和掌握。

(2)内容实用、针对性强。充分考虑建筑施工现场管理人员的具体工作特点，针对专业职业岗位的设置和业务要求，在内容上不贪大求全，但求实用。

(3)注重本行业的领先性。突出丛书在本行业中的领先性,注重多学科的交叉与整合,使本套丛书内容充实新颖。

(4)强调可读性。重点、难点突出,语言生动简练,通俗易懂,既利于教学又利于读者兴趣的提高。

本套丛书在编写时参考或引用了部分单位、专家学者的资料,得到了许多业内人士的大力支持,在此表示衷心的感谢。限于编者水平有限和时间紧迫,书中疏漏及不当之处在所难免,敬请广大读者批评指正。

本书编委会

2013 年 6 月

目 录

第1章　建筑工程造价编制准备

1.1　资料准备

编制建筑工程造价需要准备以下资料：

(1)全套工程施工图及其索引的标准图。

(2)建筑工程施工组织设计或施工方案。

(3)有关编制建筑工程造价的文件。

(4)《全国统一建筑工程基础定额》或《地区建筑工程预算定额》。

(5)《地区建筑工程费用定额》。

(6)建筑工程预算书所应用的表格：封面(表1.1.1)、工程量计算表(表1.1.2)、直接工程费计算表(表1.1.3)、工程造价计算表(表1.1.4)等。

表1.1.1　预算书封面

字第　号

单位工程预(　)算书

(　地区)

建设单位________________　单位工程名称________________

建筑面积________________m^2　结构特征________________

工程造价________________元　经济指标________________

编制单位　　负责人　　编制人

审批单位　　负责人　　审核人

编制日期：　年　月　日

表 1.1.2　工程量计算表

工程名称：

序号	定额编号	分项子目名称	计算式	单位	工程量
1					
2					
3					
4					
5					
6					
7					
8					
9					
10					
…					

计算　　　　　　　　　　　　　　　　　审核

表 1.1.3　直接工程费计算表

工程名称：

序号	定额编号	分项子目名称	工程量	单位	人工费(元)		材料费(元)		机械费(元)		合计(元)
					单价	合价	单价	合价	单价	合价	

编制　　　　　　　　　　　审核　　　　　　　　　　　施工单位

表 1.1.4　工程造价计算表

<table>
<tr><th>序号</th><th colspan="3">费用名称</th><th>计算式</th><th>价格(元)</th></tr>
<tr><td rowspan="4">1</td><td rowspan="4">直接费</td><td rowspan="3">基本职能</td><td>人工费</td><td></td><td></td></tr>
<tr><td>材料费</td><td></td><td></td></tr>
<tr><td>机械费</td><td></td><td></td></tr>
<tr><td colspan="2">措施费</td><td></td><td></td></tr>
<tr><td rowspan="2">2</td><td rowspan="2">间接费</td><td colspan="2">规费</td><td></td><td></td></tr>
<tr><td colspan="2">企业管理费</td><td></td><td></td></tr>
<tr><td>3</td><td colspan="3">利润</td><td></td><td></td></tr>
<tr><td>4</td><td colspan="3">税金</td><td></td><td></td></tr>
<tr><td></td><td colspan="3"></td><td></td><td></td></tr>
<tr><td></td><td colspan="3"></td><td></td><td></td></tr>
<tr><td></td><td colspan="3"></td><td></td><td></td></tr>
<tr><td></td><td colspan="3"></td><td></td><td></td></tr>
<tr><td></td><td colspan="3"></td><td></td><td></td></tr>
<tr><td></td><td colspan="3"></td><td></td><td></td></tr>
<tr><td></td><td colspan="3"></td><td></td><td></td></tr>
<tr><td></td><td colspan="3"></td><td></td><td></td></tr>
<tr><td></td><td colspan="3"></td><td></td><td></td></tr>
<tr><td></td><td colspan="3"></td><td></td><td></td></tr>
<tr><td></td><td colspan="3"></td><td></td><td></td></tr>
<tr><td></td><td colspan="3"></td><td></td><td></td></tr>
<tr><td></td><td colspan="3"></td><td></td><td></td></tr>
<tr><td></td><td colspan="3"></td><td></td><td></td></tr>
<tr><td></td><td colspan="3"></td><td></td><td></td></tr>
<tr><td></td><td colspan="3"></td><td></td><td></td></tr>
<tr><td></td><td colspan="3"></td><td></td><td></td></tr>
<tr><td></td><td colspan="3"></td><td></td><td></td></tr>
<tr><td></td><td colspan="3"></td><td></td><td></td></tr>
<tr><td></td><td colspan="3">工程造价</td><td></td><td></td></tr>
</table>

1.2 《全国统一建筑工程基础定额》简介

《全国统一建筑工程基础定额》是完成规定计量单位分项计价的人工、材料、施工机械台班消耗量标准，是统一全国建筑工程预算工程量计算规则、项目划分、计量单位的依据，是编制建筑工程（土建部分）地区单位估价表确定工程造价、编制概算定额及投资估算指标的依据；也可作为人为制定招标工程标底、企业定额定功率投标报价的基础。适用于工业与民用建筑的新建、扩建、改建工程。

《全国统一建筑工程基础定额》分上、下两册，上册包括一至六章：第一章“土、石方工程”，第二章“桩基础工程”，第三章“脚手架工程”，第四章“砌筑工程”，第五章“混凝土及钢筋混凝土工程”，第六章“构件运输及安装工程”；下册包括七至十五章：第七章“门窗及木结构工程”，第八章“楼地面工程”，第九章“屋面及防水工程”，第十章“防腐、保温、隔热工程”，第十一章“装饰工程”，第十二章“金属结构制作工程”，第十三章“建筑工程垂直运输定额”，第十四章“建筑物超高增加人工、机械定额”，第十五章“附录”。

总说明包括以下内容：

(1)定额的功能。

(2)定额适用范围。

(3)定额反映的社会消费水平。

(4)定额的编制依据。

(5)关于人工工日消耗量。

(6)关于材料消耗量。

(7)关于施工机械台班消耗量。

(8)关于除脚手架、垂直运输机械台班定额以外的定额的适用高度。

(9)关于《全国统一建筑工程基础定额》适用的海拔高度、地震烈度地区。

(10)各种材料、构件及配件所需的检验试验应在建筑安装工程费用定额中的检验试验费项下列支，不计入《全国统一建筑工程基础定额》。

(11)《全国统一建筑工程基础定额》的工程内容说明的工序。

(12)《全国统一建筑工程基础定额》中注有“×××以内”或“×××以下”者均包括×××本身;“×××以外”或“×××以上”者,则不包括×××本身。

1.3 《全国统一施工机械台班费用定额》简介

《全国统一施工机械台班费用定额》作为各省、自治区、直辖市和国务院有关部门编制工程建设概预算定额,确定施工机械台班预算价格的依据及确定施工机械租赁台班费的参考。

《全国统一施工机械台班费用定额》包括土石方及筑路机械、打桩机械、起重机械、水平运输机械、垂直运输机械、混凝土及砂浆机械、加工机械、泵类机械、焊接机械、动力机械、地下工程机械和其他机械,共计十二类机械725个项目费用定额表及三个附表、附录等。

各类机械的项目费用定额表中有编号、机械名称、机型、规格型号、台班基价、费用组成等。费用组成包括折旧费、大修理费、经常修理费、安拆费及场外运费、燃料动力费、人工费、养路费及车船使用税。台班基价就是费用组成中各项费用之和(未含养路费及车船使用税)。

附表有附表说明;附表(1)塔式起重机基础及轨道铺拆费用表,附表(2)特、大型机械每安装、拆卸一次费用表,附表(3)特、大型机械场外运输费用表。

附录包括编制说明、十二类施工机械基础数据汇总表。

《全国统一施工机械台班费用定额》中折旧费、大修理费、经常修理费、安拆费及场外运费(附表中所列机械的安拆费及场外运费除外),可根据市场价格变化适时调整;燃料动力消耗量、人工工日数量一般不作调整,其价格可由各省、自治区、直辖市和国务院有关部门按照本地区、本部门的价格和人工费标准进行换算和调整;养路费及车船使用税可根据各省、自治区、直辖市和国务院有关部门的规定标准列入台班费内。附表中所列的机械安装、拆卸费、场外运费、基础轨道铺拆费可由各省、自治区、直辖市和国务院有关部门根据本地区、本部门的预算价格进行换算。

第2章 建筑工程造价概述

2.1 价格原理

2.1.1 价格、价值的概念及相互关系

价格和价值的概念及其相互关系参见表2.1.1。

表2.1.1 价格和价值

序号	项目	说明
1	商品价值的概念	商品的价值是凝结在商品中的人类无差别的劳动
2	商品价值的组成	商品价值由两部分组成。一是商品生产中消耗掉的生产资料价值，二是生产过程中活劳动所创造出的价值。活劳动所创造的价值又由两部分组成：一部分是补偿劳动力的价值——劳动者为自己创造的价值；另一部分是剩余价值，是劳动者为社会创造的价值
3	价格和价值的关系	价格是以货币形式表现的商品价值，价值是价格形成的基础

2.1.2 价格的职能

价格职能是指在商品经济条件下，价格在国民经济中所具有的功能作用，可以分为基本职能和派生职能。具体内容见表2.1.2。

表2.1.2 价格职能的内容、实现及其作用

序号	项目		说明
1	价格职能	基本职能	1. 表价职能 表价职能即表现商品价值的职能。 2. 调节职能 调节职能即指在商品交换中承担着经济调节者的职能
		派生职能	1. 核算职能 核算职能是指通过价格对商品生产中企业乃至部门和整个国民经济的劳动投入进行核算、比较和分析的职能。 2. 分配职能 分配职能是指它对国民收入有再分配的职能

（续表）

序号	项目	说明
2	价格职能的实现	它是发挥价格作用的前提,是社会经济发展的客观要求。 1. 不同价格职能的统一性和矛盾性 不同的价格职能是统一于价格之中的,同一商品价格总是同时具有价格的两项基本职能,而且缺一不可。 2. 价格职能实现的条件 实现价格职能需要一个市场机制发育良好的客观条件。一般说来,商品经济的高度发展必然要求全面实现价格的职能,同时商品经济的高度发展也为价格职能的实现创造了条件
3	价格的作用	(1)实现交换的纽带。 (2)衡量商品和货币比值的手段。 (3)市场信息的感应器和传导器。 (4)调节经济利益和市场供需的经济手段

2.2 工程造价概论

2.2.1 工程造价的概念与特点

1. 工程造价的概念、组成及含义

工程造价的概念、组成及含义见表2.2.1。

表2.2.1 工程造价的概念、组成及含义

序号	项目	说明
1	概念	工程造价,是指进行一个工程项目的建造所需要花费的全部费用,即从工程项目确定建设意向直到建成、竣工验收为止的整个建设期间所支出的总费用。这是保证工程项目建造正常进行的必要资金,是建设项目投资中的最主要部分
2	组成	工程造价主要由工程费用和工程其他费用组成: 1. 工程费用 工程费用包括建筑工程费用、安装工程费用和设备及工器具购置费用。 安装工程费用是指主要生产、辅助生产、公用等单项工程中需要安装的工艺、电气、自动控制、运输、供热、制冷等设备、装置安装工程费;各种工艺、管道安装及衬里、防腐、保温等工程费;供电、通信、自控等管线缆的

（续表）

序号	项目	说明
2	组成	安装工程费。 2. 工程其他费用 工程其他费用是指未被纳入以上工程费用的、由项目投资支付的、为保证工程建设顺利完成和交付使用后能够正常发挥效用而必须开支的费用。它包括建设单位管理费、土地使用费、研究试验费、勘察设计费、建设单位临时设施费、工程监理费、工程保险费、生产准备费、引进技术和进口设备其他费、工程承包费、联合试运转费、办公和生活家具购置费等
3	含义	建筑工程造价（以下简称"工程造价"）就是工程的建造价格。工程泛指一切建设工程，它的范围和内涵具有很大的不确定性。工程造价具有下面两种含义： （1）从投资者——业主的角度而言，工程造价是指建设一项工程预期开支或实际开支的全部固定资产投资费用。投资者为了获得投资项目的预期效益，就需要进行项目策划、决策及实施，直至竣工验收等一系列管理活动。在上述活动中所花费的全部费用，就构成了工程造价。从这个意义来讲，建设工程造价就是建设工程项目固定资产投资。 （2）从市场交易的角度而言，工程造价是指为建设一项工程，预计或实际在土地市场、设备市场、技术劳务市场以及工程承发包市场等交易活动中所形成的建筑安装工程价格和建设工程总价格。 通常，人们将工程造价的第二种含义认定为工程承发包价格。应该肯定，承发包价格是工程造价中一种重要的、也是最典型的价格形式。 工程承发包价格被界定为工程造价的第二种含义，具有重要的现实意义；但同时需要注意的是，这种对工程造价含义的界定是一种狭义的理解

2. 工程造价的特点

工程造价的特点见表2.2.2。

表2.2.2　工程造价的特点

序号	特点	详细说明
1	大额性	建筑工程表现为实物形体庞大，投入人力、物力与设备较多，施工周期长，因而造价高昂，动辄数百万元、数千万元、数亿元、数十亿元，特大的工程项目造价可达数百亿元、数千亿元人民币。工程造价的大额性使它关系到有关各方面的重大经济利益，同时也会对宏观经济产生重大影响。这就决定了工程造价的特殊地位，也说明了造价管理的重要意义

（续表）

序号	特点	详细说明
2	个别性、差异性	任何一项工程都有其特定的用途、功能与规模。因此，对每一项工程的结构、造型、空间分割、设备配置和内外装饰都有具体要求，造就了每项工程的实物形态具有个别性，也就是项目具有一次性的特点。建筑产品的个别性、建筑施工的一次性决定了工程造价的个别性、差异性。同时，每项工程所处地区、地段都不相同，也使这一特点得到强化
3	动态性	任何一项工程从决策到竣工交付使用，都有一个较长的建设期，而且由于不可预控因素的影响，在预计工期内，许多影响工程造价的动态因素，如工程设计变更以及设备材料价格、工资标准、利率、汇率等变化，必然会影响到造价的变动。所以，工程造价在整个建设期中处于动态状况，直至竣工决算后才能最终确定工程的实际造价
4	层次性	工程造价的层次性取决于工程的层次性。一个建设项目往往含有多个能够独立发挥设计效能的单项工程（如写字楼、住宅楼等）；一个单项工程又是由能够各自发挥专业效能的多个单位工程（如土建工程、电气安装工程等）组成。与此相适应，工程造价有三个层次：建设项目总造价、单项工程造价和单位工程造价。如果专业分工更细，单位工程（如土建工程）的组成部分——分部分项工程也可以成为交换对象，如大型土方工程、基础工程、装饰工程等，这样工程造价的层次就增加分部工程和分项工程而成为五个层次。即使从造价的计算和工程管理的角度看，工程造价的层次性也是非常突出的
5	兼容性	工程造价的兼容性首先表现在它具有两种含义，其次表现在工程造价构成因素的广泛性和复杂性。在工程造价中，首先是成本因素非常复杂；其中为获得建设工程用地支出的费用、项目可行性研究和规划设计费用、与政府一定时期政策（特别是产业政策和税收政策）相关的费用占有相当的份额。再次，盈利的构成也较为复杂，资金成本较大

3. 工程造价的作用

工程造价涉及国民经济各部门、各行业，涉及社会再生产中的各个环节，也直接关系到人民群众的生活和城镇居民的居住条件，所以它的作用范围和影响程度都很大。其主要作用见表2.2.3。

表 2.2.3　工程造价的作用

序号	作用	重要说明
1	项目决策的依据	建设工程投资大、生产和使用周期长等特点决定了项目决策的重要性。工程造价决定着项目的一次投资费用。投资者是否有足够的财务能力支付这笔费用,是否认为值得支付这项费用,是项目决策中要考虑的主要问题。财务能力是一个独立的投资主体必须首先解决的问题。如果建设工程的价格超过投资者的支付能力,就会迫使其放弃拟建的项目,如果项目投资的效果达不到预期的目标,其也会自动放弃拟建的工程。因此,在项目决策阶段,建设工程造价就成为项目财务分析和经济评价的重要依据
2	制定投资计划和控制投资的有效工具	投资计划是按照建设工期、工程进度和建设工程价格等逐年分月加以制定的。正确的投资计划有助于合理和有效地使用资金。 工程造价在控制投资方面的作用非常明显。工程造价是通过多次性预估,并最终通过竣工决算确定下来的。每一次预估的过程就是对造价的控制过程;而每一次估算对下一次估算又都是对造价严格的控制,具体来说后一次估算不能超过前一次估算的一定幅度。这种控制是在投资者财务能力的限度内为取得既定的投资效益所必需的。建设工程造价对投资的控制也是表现在利用制定各类定额、标准和参数,对建设工程造价的计算依据进行控制。在市场经济利益风险机制的作用下,造价对投资的控制作用成为投资的内部约束机制
3	筹集建设资金的依据	投资体制的改革和市场经济的建立,要求项目的投资者必须有很强的筹资能力,以保证工程建设有充足的资金供应。工程造价基本决定了建设资金的需求量,从而为筹集资金提供了比较准确的依据。当建设资金来源于金融机构的贷款时,金融机构在对项目的偿贷能力进行评估的基础上,也需要依据工程造价来确定给予投资者的贷款数额
4	评价投资效果的重要指标	工程造价是一个包含着多层次工程造价的体系,就一个工程项目而言,它既是建设项目的总造价,又包含单项工程的造价和单位工程的造价,同时也包含单位生产能力的造价或单位建筑面积的造价等。所有这些,使工程造价自身形成了一个指标体系,它能够为评价投资效果提供多种评价指标,并能够形成新的价格信息,为今后类似项目的投资提供参考
5	合理利益分配和调节产业结构的手段	工程造价的高低,涉及国民经济各部门和企业间的利益分配的多少。在计划经济体制下,政府为了用有限的财政资金建成更多的工程项目,总是趋向于压低建设工程造价,使建设中的劳动消耗得不到完全补偿,价值不能得到完全实现。而未被实现的部分价值则被重新分配到各个投资部门,为项目投资者所占有。这种利益的再分配有利于

（续表）

序号	作用	重要说明
5	合理利益分配和调节产业结构的手段	各产业部门按照政府的投资导向加速发展，也有利于按照宏观经济的要求调整产业结构；但也会严重损害建筑企业的利益，从而使建筑业的发展长期处于落后状态，与整个国民经济的发展不相适应。在市场经济中，工程造价无例外地受供求状况的影响，并在围绕价值的波动中实现对建设规模、产业结构和利益分配的调节。加上政府正确的宏观调控和价格政策导向，工程造价在这方面的作用会充分发挥出来

2.2.2 建筑工程投资

建筑工程投资的相关概念见表2.2.4。

表2.2.4 建筑工程投资的相关概念

序号	相关概念	说明
1	静态投资与动态投资	静态投资是以某一基准年、月的建设要素的价格为依据所计算出的建设项目投资的瞬时值，但它包含因工程量误差而引起的工程造价的增减。静态投资包括建筑安装工程费、设备和工器具购置费、工程建设其他费用、基本预备费等。 动态投资是指为完成一个工程项目的建设，预计投资需要量的总和。它除了包括静态投资所含内容之外，还包括建设期贷款利息、投资方向调节税、涨价预备费等。 静态投资和动态投资的内容虽然有所区别，但二者也有密切联系。动态投资包含静态投资，静态投资是动态投资最主要的组成部分，也是动态投资的计算基础
2	建设项目总投资	建设项目总投资是指投资主体为获取预期收益，在选定的建设项目上所需投入的全部资金。建设项目按用途可分为生产性建设项目和非生产性建设项目：生产性建设项目总投资包括固定资产投资和流动资产投资两部分；而非生产性建设项目总投资只有固定资产投资，不包括流动资产投资。建设项目总造价是指项目总投资中的固定资产投资总额
3	固定资产投资	固定资产投资是投资主体为达到预期收益的资金垫付行为。我国的固定资产投资包括基本建设投资、更新改造投资、房地产开发投资和其他固定资产投资四种
4	建筑安装工程造价	建筑安装工程造价亦被称为建筑安装产品价格。从投资的角度看，它是建设项目投资中的建筑安装工程投资，也是项目造价的组成部分；从市场交易的角度看，建筑安装工程实际造价是投资者和承包商双方共同认可的、由市场形成的价格

注:1. 静态投资和动态投资的内容虽然有所区别,但二者也有密切联系。动态投资包含静态投资,静态投资是动态投资最主要的组成部分,也是动态投资的计算基础。

2. 建设项目按用途可分为生产性建设项目和非生产性建设项目:生产性建设项目总投资包括固定资产投资和包含铺底流动资金在内的流动资产投资两部分;而非生产性建设项目总投资只有固定资产投资,不含上述流动资产投资。建设项目总造价是项目总投资中的固定资产投资总额。

3. 建设项目的固定资产投资也就是建设项目的工程造价,二者在量上是等同的。其中建筑安装工程投资也就是建筑安装工程造价,二者在量上也是等同的。这也可以看出工程造价两种含义的同一性。

2.2.3 工程造价的计价特征

工程造价的计价特征见表2.2.5。

表2.2.5 工程造价的计价特征

序号	计价特征	说明
1	单件性	产品的单件性决定了每项工程都必须单独计算造价
2	多次性	如图2.2.1所示
3	组合性	工程造价的计算是分部组合而成的,这一特征和建设项目的组合性有关。如图2.2.2所示
4	计价方法的多样性	工程的多次计价有各不相同的计价依据,每次计价的精确度要求也各不相同,由此决定了计价方法的多样性。例如,投资估算的方法有设备系数法、生产能力指数估算法等;计算概、预算造价的方法有单价法和实物法等
5	计价依据的复杂性	由于影响造价的因素多,决定了计价依据的复杂性。计价依据主要可分为以下七类: (1)设备和工程量计算依据。包括项目建议书、可行性研究报告、设计文件等。 (2)人工、材料、机械等实物消耗量计算依据。包括投资估算指标、概算定额、预算定额等。 (3)工程单价计算依据。包括人工单价、材料价格、材料运杂费、机械台班费等。 (4)设备单价计算依据。包括设备原价、设备运杂费、进口设备关税等。 (5)措施费、间接费和工程建设其他费用计算依据。主要是相关的费用定额和指标。

（续表）

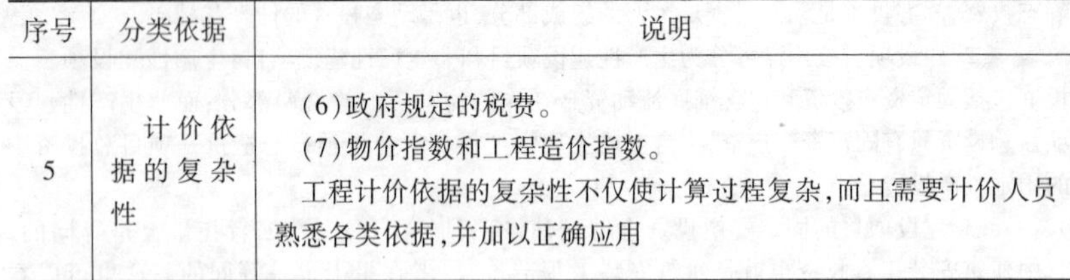

序号	分类依据	说明
5	计价依据的复杂性	(6)政府规定的税费。 (7)物价指数和工程造价指数。 工程计价依据的复杂性不仅使计算过程复杂,而且需要计价人员熟悉各类依据,并加以正确应用

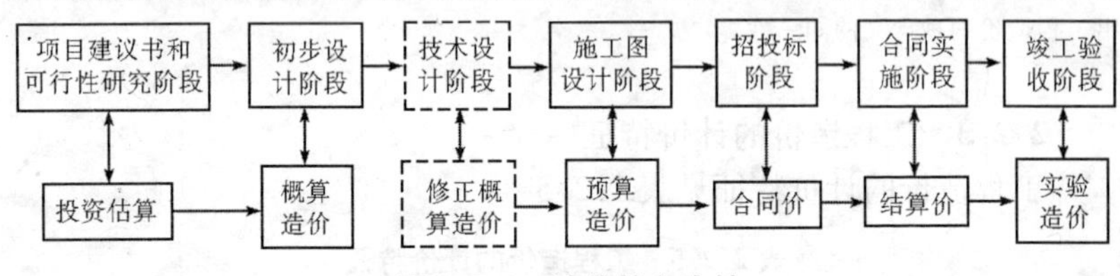

图 2.2.1　计价的多次性

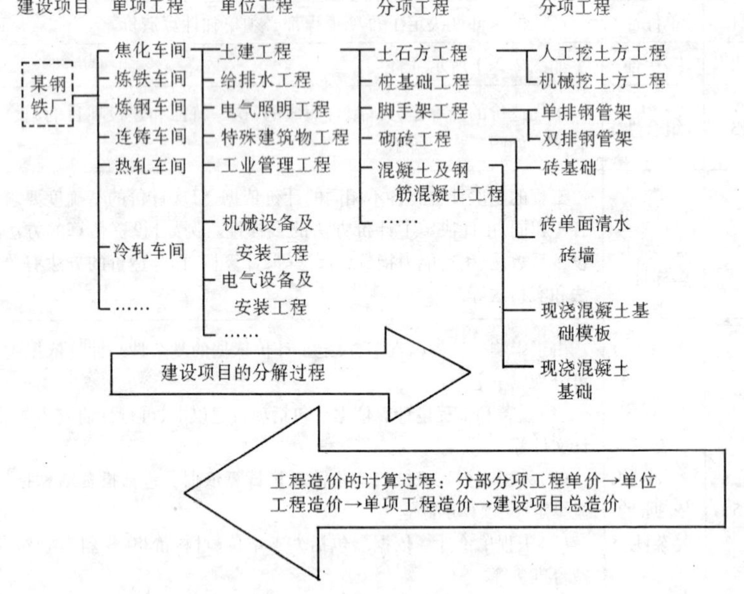

图 2.2.2　计价的组合性

2.3　工程造价管理

2.3.1　工程造价管理的含义

工程造价管理的含义见表 2.3.1。

表 2.3.1　工程造价管理的含义

<table>
<tr><td rowspan="4">工程造价管理的两种含义</td><td rowspan="2">建设工程投资费用管理</td><td>定义</td><td>为了实现投资的预期目标,在拟定的规划、设计方案的条件下,预测、计算、确定和监控工程造价及其变动的系统活动</td></tr>
<tr><td>特别注意</td><td>这一含义既涵盖了微观的项目投资费用的管理,也涵盖了宏观层次的投资费用的管理</td></tr>
<tr><td rowspan="2">工程价格管理</td><td>定义</td><td>工程造价第二种含义的管理,即工程价格管理,属于价格管理范畴</td></tr>
<tr><td>特别注意</td><td>价格管理分两个层次:①在微观层次上,是生产企业在掌握市场价格信息的基础上,为实现管理目标而进行的成本控制、计价、定价和竞价的系统活动。②在宏观层次上,是政府根据社会经济发展的要求,利用法律手段、经济手段和行政手段对价格进行管理和调控,以及通过市场管理规范市场主体价格行为的系统活动。③国家对政府投资公共、公益性项目工程造价的管理,不仅承担一般商品价格的调控职能,而且在政府投资项目上也承担着微观主体的管理职能</td></tr>
</table>

2.3.2　全面造价管理

全面造价管理的基本内容见表 2.3.2。

表 2.3.2　全面造价管理的基本内容

<table>
<tr><td rowspan="2">全面造价管理</td><td>全寿命期造价管理</td><td>建设工程全寿命期造价是指建设工程初始建造成本和建成后的日常使用成本之和,它包括建设前期、建设期、使用期及拆除期各个阶段的成本</td></tr>
<tr><td>全过程造价管理</td><td>建设工程全过程是指建设工程前期决策、设计、招投标、施工、竣工验收等各个阶段,全过程工程造价管理覆盖建设工程前期决策及实施的各个阶段,包括前期决策阶段的项目策划、投资估算、项目经济评价、项目融资方案分析;设计阶段的限额设计、方案比选、概预算编制;招投标阶段的标段划分、承发包模式及合同形式的选择、标底编制;施工阶段的工程计量与结算、工程变更控制、索赔管理;竣工验收阶段的竣工结算与决算等</td></tr>
</table>

（续表）

全面造价管理	全要素造价管理	建设工程造价管理不能单就工程造价本身谈造价管理，因为除工程本身造价之外，工期、质量、安全及环境等因素均会对工程造价产生影响。为此，控制建设工程造价不仅仅是控制建设工程本身的成本，还应同时考虑工期成本、质量成本、安全与环境成本的控制，从而实现工程造价、工期、质量、安全、环境的集成管理
	全方位造价管理	建设工程造价管理不仅仅是业主或承包单位的任务，也应该是政府建设行政主管部门、行业协会、业主方、设计方、承包方以及有关咨询机构的共同任务。尽管各方的地位、利益、角度等有所不同，但只有建立完善的协同工作机制，才能实现建设工程造价的有效控制

2.4 造价工程师执业资格制度

2.4.1 我国造价工程师考试制度

我国造价工程师考试制度见表2.4.1。

表2.4.1 我国造价工程师考核制度

序号	制度
1	造价工程师执业资格考试实行全国统一大纲、统一命题、统一组织的办法。原则上每年举行一次
2	建设部负责考试大纲的拟定、培训教材的编写和命题工作，统一计划和组织考前培训等有关工作。培训工作按照与考试分开、自愿参加的原则进行
3	人事部负责审定考试大纲、考试科目和试题，组织或授权实施各项考务工作。会同建设部对考试进行监督、检查、指导和确定合格标准
4	凡中华人民共和国公民，遵纪守法并具备以下条件之一者，均可申请参加造价工程师执业资格考试： （1）工程造价专业大专毕业后，从事工程造价业务工作满五年；工程或工程经济类大专毕业后，从事工程造价业务工作满六年。 （2）工程造价专业本科毕业后，从事工程造价业务工作满四年；工程或工程经济类本科毕业后，从事工程造价业务工作满五年。 （3）获上述专业第二学士学位或研究生班毕业和获硕士学位，从事工程造价业务工作满三年。 （4）获上述专业博士学位后，从事工程造价业务工作满两年

（续表）

序号	制度
5	申请参加造价工程师执业资格考试，需提供下列证明文件： (1)造价工程师执业资格考试报名申请表。 (2)学历证明。 (3)工作实践经历证明
6	通过造价工程师执业资格考试的合格者，由省、自治区、直辖市人事(职改)部门颁发人事部统一印制、人事部和建设部共同用印的造价工程师执业资格证书，该证书全国范围有效

2.4.2　我国造价工程师执业资格注册制度

我国造价工程师执业资格注册制度见表2.4.2。

表2.4.2　我国造价工程师执业资格注册制度

序号	制度
1	造价工程师执业资格实行注册登记制度。建设部及各省、自治区、直辖市和国务院有关部门的建设行政主管部门为造价工程师的注册登记机构。人事部和各级人事(职改)部门对造价工程师的注册和使用情况有检查、监督的责任
2	考试合格人员在取得证书三个月内到当地省级或部级造价工程师注册管理机构办理注册登记手续
3	申请注册的人员必须同时具备下列条件： (1)遵纪守法，恪守造价工程师职业道德。 (2)取得造价工程师执业资格证书。 (3)身份健康，能坚持在造价工程师岗位工作。 (4)所在单位考核同意。 再次注册者，应经单位考核合格并有继续教育、参加业务培训的证明
4	经批准注册的造价工程师，由其单位所在省、自治区、直辖市或国务院有关部门造价工程师注册管理机构核发建设部印刷的造价工程师注册证，并在执业资格证书的注册登记栏内加盖注册专用印章。各注册管理机构应将注册汇总名单报建设部备案。 建设部对造价工程师注册证的使用进行监督、检查，并定期将有关情况向人事部通报
5	造价工程师注册有效期为三年，有效期满前三个月，持证者应当到原注册机构重新办理注册手续。对不符合本规定第十三条规定的，不予重新注册

（续表）

序号	制度
6	造价工程师遇到下列情况之一的,应当由其所在单位向注册机构办理注销手续: (1)死亡。 (2)服刑。 (3)脱离造价工程师岗位连续两年(含两年)以上。 (4)因健康原因不能坚持造价工程师岗位的工作

2.4.3 造价工程师的权利与义务

造价工程师的权利与义务见表2.4.3。

表2.4.3 造价工程师的权利与义务

序号	项目	说明
1	权利	造价工程师享有以下权利: (1)有独立依法执行造价工程师岗位业务并参与工程项目经济管理的权利。 (2)有在所经办的工程造价成果文件上签字的权利;凡经造价工程师签字的工程造价文件需要修改时应经本人同意。 (3)有使用造价工程师名称的权利。 (4)有依法申请开办工程造价咨询单位的权利。 (5)造价工程师对违反国家有关法律法规的意见和决定有权提出劝告,拒绝执行并有向上级或有关部门报告的权利
2	义务	造价工程师应履行以下义务: (1)必须熟悉并严格执行国家有关工程造价的法律法规和规定。 (2)恪守职业道德和行为规范,遵纪守法,秉公办事。对经办的工程造价文件质量负有经济的和法律的责任。 (3)及时掌握国内外新技术、新材料、新工艺的发展应用,为工程造价管理部门制订、修订工程定额提供依据。 (4)自觉接受继续教育,更新知识,积极参加职业培训,不断提高业务技术水平。 (5)不得参与与经办工程有关的其他单位事关本项工程的经营活动。 (6)严格保守执业中得知的技术和经济秘密

2.5　工程造价咨询

2.5.1　工程造价咨询的概念

工程造价咨询系指面向社会接受委托，承担建设项目的可行性研究投资估算，项目经济评价，工程概算、预算、工程结算、竣工决算、工程招标标底、投标报价的编制和审核，对工程造价进行监控以及提供有关工程造价信息资料等的业务工作。

2.5.2　我国工程造价咨询单位资质管理

1. 工程造价咨询单位资质等级和业务范围

工程造价咨询单位是指取得“工程造价咨询单位资质证书”，具有独立法人资格的企、事业单位。甲级单位业务范围可跨地区、跨部门承担各类建设项目的工程造价咨询业务；乙级单位可在本部门、本地区内承担中型以下建设项目的咨询业务；丙级单位的业务范围由省、自治区、直辖市建设主管部门和国务院有关部门制定。

2. 工程造价咨询单位的资质审批

工程造价咨询单位的资质审批实行分级管理和分级审批。建设部负责全国工程造价咨询单位资质的归口管理，并负责甲级单位的资质审批和发证工作；省、自治区、直辖市和国务院有关部门负责本行政区和本部门工程造价咨询单位资质管理，并负责本地区和本部门内乙、丙级单位的资质审批和发证工作，然后报建设部备案。

3. 资质证书的动态管理

按现行规定，甲级单位每三年核定一次，乙级单位每两年核定一次。

第3章 建筑工程造价的构成

3.1 概述

3.1.1 我国现行投资构成和工程造价的构成

建设项目投资包含固定资产投资和流动资产投资两部分。建设项目投资中的固定资产投资与建设项目的工程造价在量上相等,由设备及工器具购置费用、建筑安装工程费用、工程建设其他费用、预备费、建设期贷款利息和固定资产投资方向调节税(自2000年1月起发生的投资额,暂停征收该税种)构成。工程造价构成内容如图3.1.1所示。

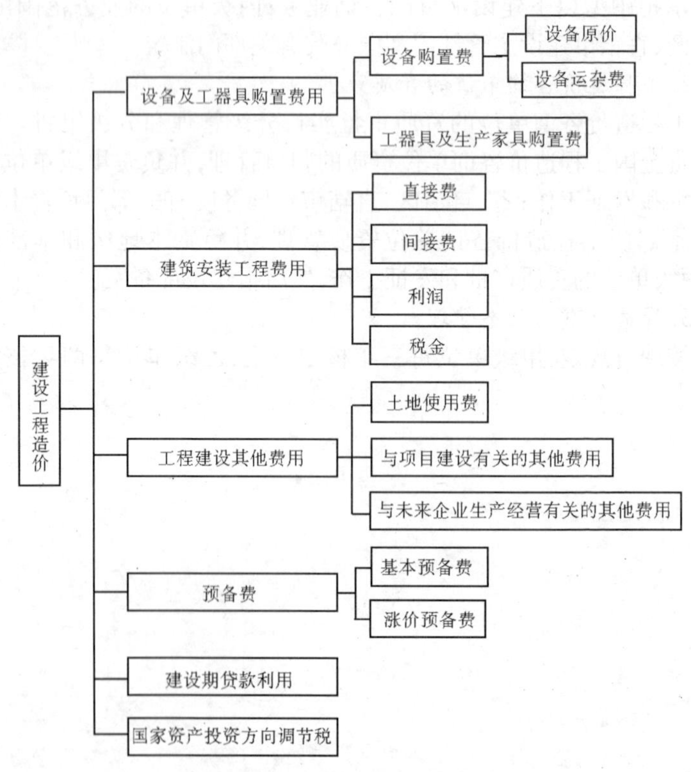

图3.1.1 工程造价的构成

3.1.2　世界银行工程造价的构成

1978 年，世界银行、国际咨询工程师联合会对项目的总建设成本（相当于我国的工程造价）作了统一规定，其详细内容见表 3.1.1。

表 3.1.1　世界银行工程造价的构成

序号	构成	说明
1	项目直接建设成本	项目直接建设成本包括以下内容： (1)土地征购费。 (2)场外设施费用：如道路、码头、桥梁、机场、输电线路等设施费用。 (3)场地费用：指用于场地准备、厂区道路、铁路、围栏、场内设施等的建设费用。 (4)工艺设备费：指主要设备、辅助设备及零配件的购置费用，包括海运包装费用。交货港离岸价，但不包括税金。 (5)设备安装费：指设备供应商的监理费用，本国劳务及工资费用，辅助材料、施工设备、消耗品和工具等费用，以及安装承包商的管理费和利润等。 (6)管道系统费用：指与系统的材料及劳务相关的全部费用。 (7)电气设备费：其内容与第(4)项相似。 (8)电气安装费：指设备供应商的监理费用，本国劳务与工资费用，辅助材料、电缆、管道和工具费用，以及安装承包商的管理费和利润。 (9)仪器仪表费：指所有自动仪表、控制板、配线和辅助材料的费用以及供应商的监理费用，外国或本国劳务及工资费用，承包商的管理费和利润。 (10)机械的绝缘和油漆费：指与机械及管道的绝缘和油漆相关的全部费用。 (11)工艺建筑费：指原材料费、劳务费以及与基础、建筑结构、屋顶、内外装修、公共设施有关的全部费用。 (12)服务性建筑费用：其内容与第(11)项相似。 (13)工厂普通公共设施费：包括材料费和劳务费以及与供水、燃料供应、通风、蒸汽发生及分配、下水道、污物处理等公共设施有关的费用。 (14)车辆费：指工艺操作必需的机动设备零件费用，包括海运包装费用以及交货港的离岸价，但不包括税金。 (15)其他当地费用：指那些不能归类于以上任何一个项目，不能计入项目的间接成本，但在建设期间又是必不可少的当地费用。如临时设备、临时公共设施及场地的维持费，营地设施及其管理、建筑保险和债券、杂项开支等费用

（续表）

序号	构成	说明
2	项目间接建设成本	项目间接建设成本包括以下内容： (1)项目管理费。 ①总部人员的薪金和福利费，以及用于初步和详细工程设计、采购、时间和成本控制、行政和其他一般管理的费用。 ②施工管理现场人员的薪金、福利费和用于施工现场监督、质量保证、现场采购、时间及成本控制、行政及其他施工管理机构的费用。 ③零星杂项费用，如返工、旅行、生活津贴及业务支出等。 ④各项酬金。 (2)开工试车费：指工厂投料试车必需的劳务和材料费用(项目直接成本包括项目完工后的试车和空运转费用)。 (3)业主的行政性费用：指业主的项目管理人员费用及支出(其中某些费用必须排除在外，并在“估算基础”中详细说明)。 (4)生产前费用：指前期研究、勘测、建矿、采矿等费用(其中一些费用必须排除在外，并在“估算基础”中详细说明)。 (5)运费和保险费：指海运、国内运输、许可证及佣金、海洋保险、综合保险等费用。 (6)地方税：指地方关税、地方税及对特殊项目征收的税金
3	应急费	应急费包括以下内容： (1)未明确项目的准备金：此项准备金用于在估算时不可能明确的潜在项目，包括那些在进行成本估算时因为缺乏完整、准确和详细的资料而不能完全预见和不能注明的项目，并且这些项目是必须完成的，或它们的费用是必定要发生的。在每一个组成部分中均单独以一定的百分比确定，并作为估算的一个项目单独列出。此项准备金不是为了支付工作范围以外可能增加的项目，不是用以应付天灾、非正常经济情况及罢工等情况，也不是用来补偿估算的任何误差，而是用来支付那些几乎可以肯定要发生的费用。因此，它是估算中不可缺少的一个组成部分。 (2)不可预见准备金：此项准备金(在未明确项目准备金之外)用于在估算达到了一定的完整性并符合技术标准的基础上，由于物质、社会和经济的变化，导致估算增加的情况。此种情况可能发生，也可能不发生。因此，不可预见准备金只是一种储备，可能不动用

（续表）

序号	构成	说明
4	建设成本上升费用	通常，估算中使用的构成工资率、材料和设备价格基础的截止日期就是“估算日期”。必须对该日期或已知成本基础进行调整，以补偿直至工程结束时的未知价格增长。 工程的各个主要组成部分（国内劳务和相关成本、本国材料、外国材料、本国设备、外国设备、项目管理机构）的细目划分决定以后，便可确定每一个主要组成部分的增长率。这个增长率是一项判断因素，它以已发表的国内和国际成本指数、公司记录等为依据，并与实际供应商进行核对，然后根据确定的增长率和从工程进度表中获得的每项活动的中点值，计算出每项主要组成部分的成本上升值

3.2　设备及工器具购置费的构成

由图3.1.1可看出，设备及工器具购置费由设备购置费和工器具及生产家具购置费两部分组成。

3.2.1　设备购置费

设备购置费的组成及其计算方法见表3.2.1。

表3.2.1　设备购置费的组成及其计算方法

序号	设备购置费的组成		说明
1	设备购置费	概念	设备购置费，是指为建设项目自制的或购置达到固定资产标准的各种国产或进口设备的购置费用。它由设备原价和设备运杂费构成
		计算方法	设备购置费 = 设备原价 + 设备运杂费 其中，设备原价是指国产设备或进口设备的原价；运杂费是指设备原价之外的关于设备采购、运输、途中包装及仓库保管等方面支出费用的总和
2	国产设备原价	国产设备原价的概念	国产设备原价，一般是指设备制造厂的交货价或订货合同价。它一般根据生产厂或供应商的询价、报价、合同价确定，或采用一定的方法计算确定。国产设备原价分为国产标准设备原价和国产非标准设备原价

（续表）

<table>
<tr><th>序号</th><th colspan="3">设备购置费的组成</th><th>说明</th></tr>
<tr><td rowspan="4">2</td><td rowspan="4">国产设备原价</td><td rowspan="2">国产标准设备</td><td>种类</td><td>国产标准设备原价有两种，即带有备件的原价和不带有备件的原价</td></tr>
<tr><td>计算方法</td><td>在计算时，一般采用带有备件的出厂价确定原价</td></tr>
<tr><td rowspan="2">国产非标准设备</td><td>计算方法</td><td>国产非标准设备原价有多种不同的计算方法，如成本计算估价法、系列设备插入估价法、分部组合估价法、定额估价法等。但无论采用哪种方法都应该使非标准设备计价接近实际出厂价。按成本计算估价法，非标准设备的原价由材料费、加工费、辅助材料费、专用工具费、废品损失费、外购配套件费、包装费、利润、税金、非标准设备设计费等费用组成</td></tr>
<tr><td>计算公式</td><td>单台非标准设备原价 = {[（材料费 + 加工费 + 辅助材料费）×（1 + 专用工具费费率）×（1 + 废品损失率）+ 外购配套件费] ×（1 + 包装费费率）− 外购配套件费}×（1 + 利润率）+ 增值税销项税 + 非标准设备设计费 + 外购配套件费</td></tr>
<tr><td rowspan="3">3</td><td rowspan="3">进口设备原价</td><td colspan="2">概念</td><td>进口设备原价是指进口设备的到岸价格，即进口设备抵达买方边境港口或边境车站，且缴纳完关税等税费之后的价格</td></tr>
<tr><td colspan="2">计算方法</td><td>进口设备采用最多的是装运港交货方式，即卖方在出口国装运港交货，主要有装运港船上交货价（FOB），习惯称离岸价格；运费在内价（CFR）及运费、保险费在内价（CIF），习惯称到岸价格。装运港船上交货价（FOB）是我国进口设备采用最多的一种货价</td></tr>
<tr><td colspan="2">计算公式</td><td>进口设备到岸价 = 货价 + 国外运费 + 运输保险费 + 银行财务费 + 外贸手续费 + 关税 + 增值税 + 消费税 + 海关监管手续费 + 车辆购置税</td></tr>
<tr><td>4</td><td>设备运杂费</td><td colspan="2">运费和装卸费</td><td>国产设备由设备制造厂交货地点起至工地仓库（或施工组织设计指定的需要安装设备的堆放地点）止所发生的运费和装卸费；进口设备则是由我国到岸港口或边境车站起至工地仓库（或施工组织设计指定的需安装设备的堆放地点）止所发生的运费和装卸费</td></tr>
</table>

（续表）

序号	设备购置费		说明
4	设备运杂费	包装费	在设备原价中没有包含的，为运输而进行的包装所支出的各种费用
		设备供销部门手续费	按有关部门规定的统一费率计算
		采购与仓库保管部	指采购、验收、保管和收发设备所发生的各种费用，包括设备采购人员、保管人员和管理人员的工资、工资附加费、办公费、差旅交通费，设备供应部门办和仓库所占固定资产使用费、工具用具使用费、劳动保护费、检验实验费等。这些费用应按有关部门规定的采购与保管费费率计算

3.2.2 工器具及生产家具购置费

工器具及生产家具购置费的计算方法见表3.2.2。

表3.2.2 工器具及生产家具购置费的计算

序号	类别	说明
1	概念	工器具及生产家具购置费，是指新建或扩建项目初步设计规定的，保证初期正常生产必须购置的没有达到固定资产标准的设备、仪器、工卡模具、器具、生产家具和备品备件的购置费用
2	计算方法	一般以设备购置费为计算基数，按照部门或行业规定的工器具及生产家具费费率计算
3	计算公式	工器具及生产家具购置费 = 设备购置费 × 定额费率

3.3 建筑安装工程费用的构成

我国现行建筑安装工程费用（即安装工程造价）的构成，按建设部、财政部共同颁发的《建筑安装工程费用项目组成》（建标［2003］206号，自2004年1月1日起施行）文件规定，我国建筑安装工程费用包括直接费、间接费、利润和税金四大部分，如图3.3.1所示。

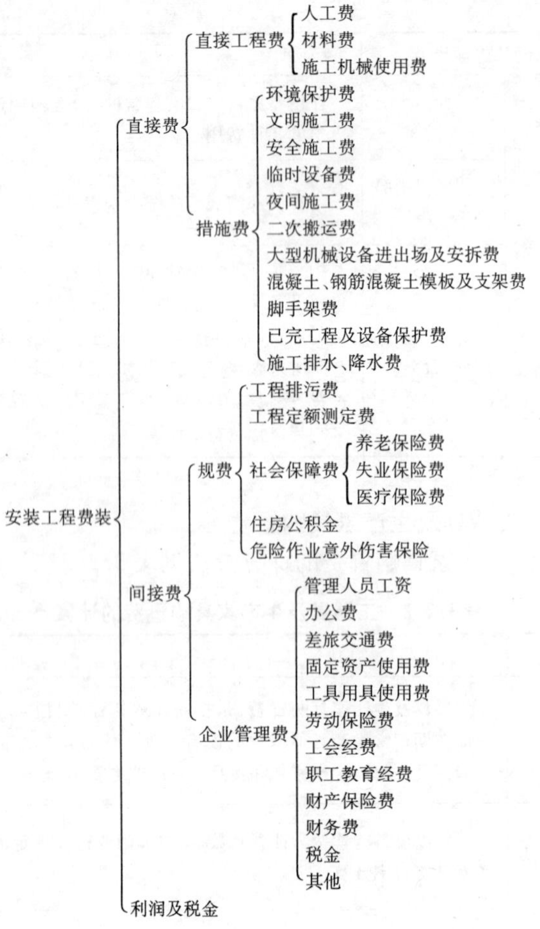

图 3.3.1　我国现行建筑安装工程费用构成

3.3.1　直接费

直接费由直接工程费和措施费组成。

1. 直接工程费

指施工过程中耗费的构成工程实体的各项费用，包括人工费、材料费、施工机械使用费。

(1)人工费

指直接从事建筑安装工程施工的生产工人开支的各项费用，包括的内容见表3.3.1。

表 3.3.1　人工费的构成

序号	构成	说明
1	基本工资	指发放给生产工人的基本工资
2	工资性补贴	指按规定标准发放的物价补贴，煤、燃气补贴，交通补贴，住房补贴，流动施工津贴等
3	生产工人辅助工资	指生产工人年有效施工天数以外非作业天数的工资，包括职工学习、培训期间的工资，调动工作、探亲、休假期间的工资，因气候影响的停工工资，女工哺乳时间的工资，病假在六个月以内的工资及产、婚、丧假期的工资
4	职工福利费	指按规定标准计提的职工福利费
5	生产工人劳动保护费	指按规定标准发放的劳动保护用品的购置费及修理费，徒工服装补贴，防暑降温费，在有碍身体健康环境中施工的保健费用等

(2)材料费

指施工过程中耗费的构成工程实体的原材料、辅助材料、构配件、零件、半成品的费用。具体内容见表 3.3.2。

表 3.3.2　材料费的构成

序号	构成	说明
1	材料运杂费	指材料自来源地运至工地仓库或指定堆放地点所发生的全部费用
2	运输损耗费	指材料在运输装卸过程中不可避免的损耗
3	采购及保管费	指为组织采购、供应和保管材料过程中所需要的各项费用。包括采购费、仓储费、工地保管费、仓储损耗
4	检验试验费	指对建筑材料、构件和建筑安装物进行一般鉴定、检查所发生的费用。包括自设试验室进行试验所耗用的材料和化学药品等费用；不包括新结构、新材料的试验费和建设单位对具有出厂合格证明的材料进行检验，对构件做破坏性试验及其他有特殊要求的检验试验的费用

(3)施工机械使用费

指施工机械作业所发生的机械使用费以及机械安拆费和场外运费。施工机械台班单价应由下列七项费用组成，见表 3.3.3。

表3.3.3 施工机械使用费

序号	构成	说明
1	折旧费	指施工机械在规定的使用年限内,陆续收回其原值及购置资金的时间价值
2	大修理费	指施工机械按规定的大修理间隔台班进行必要的大修理,以恢复其正常功能所需的费用
3	经常修理费	指施工机械除大修理以外的各级保养和临时故障排除所需的费用。包括为保障机械正常运转所需替换的设备与随机配备工具附具的摊销和维护费用、机械运转中日常保养所需润滑与擦拭的材料费用及机械停滞期间的维护和保养费用等
4	安拆费及场外运输费	安拆费指施工机械在现场进行安装与拆卸所需的人工、材料、机械和试运转费用,以及机械辅助设施的折旧、搭设、拆除等费用;场外运费指施工机械整体或分体自停放地点运至施工现场,或由一施工地点运至另一施工地点的运输、装卸、辅助材料及架线等费用
5	人工费	指机上司机(或司炉)和其他操作人员的工作日人工,以费及上述人员在施工机械规定的年工作台班以外的人工费
6	燃料动力费	指施工机械在运转作业中所消耗的固体燃料(煤、木柴)、液体燃料(汽油、柴油)及水、电耗费等
7	养路费及车船使用税	指施工机械按照国家规定和有关部门规定应缴纳的养路费、车船使用税、保险费及年检费等

2. 措施费

指为完成工程项目施工,发生于该工程施工前和施工过程中非工程实体项目的费用。包括的内容见表3.3.4。

表3.3.4 措施费的构成

序号	构成	说明
1	环境保护费	指施工现场为达到环保部门要求所需要的各项费用
2	文明施工费	指施工现场文明施工所需要的各项费用
3	安全施工费	指施工现场安全施工所需要的各项费用

（续表）

序号	构成	说明
4	临时设施费	指施工企业为进行建筑工程施工所必须搭设的生活和生产用的临时建筑物、构筑物和其他临时设施的费用等。 临时设施包括临时宿舍、文化福利及公用事业房屋与构筑物，仓库、办公室、加工厂以及规定范围内的道路、水、电、管线等临时设施和小型临时设施。 临时设施费用包括临时设施的搭设、维修、拆除费或摊销费
5	夜间施工费	指因夜间施工所发生的夜班补助费、夜间施工降效、夜间施工照明设备摊销及照明用电等费用
6	二次搬运费	指因施工场地狭小等特殊情况而发生的二次搬运费用
7	大型机械设备进出场及安拆费	指机械整体或分体自停放场地运至施工现场或由一个施工地点运至另一个施工地点，所发生的机械进出场运输和转移费用以及机械在施工现场进行安装、拆卸所需的人工费、材料费、机械费、试运转费和安装所需的辅助设施的费用
8	混凝土、钢筋混凝土模板及支架费	指混凝土施工过程中需要的各种钢模板、木模板、支架等的支、拆、运输费用及模板、支架的摊销（或租赁）费用
9	脚手架费	指施工需要的各种脚手架搭、拆、运输费用及脚手架的摊销（或租赁）费用
10	已完工程及设备保护费	指竣工验收前，对已完工程及设备进行保护所需的费用
11	施工排水、降水费	指为确保工程在正常条件下施工，采取各种排水、降水措施所发生的各种费用

3.3.2　间接费

间接费由规费、企业管理费组成。

1. 规费

指政府和有关权力部门规定必须缴纳的费用（简称规费），包括的内容见表3.3.5。

表3.3.5　规费的构成

序号	构成	说明
1	工程排污费	指施工现场按规定缴纳的工程排污费

（续表）

序号	构成	说明
2	工程定额测定费	指按规定支付工程造价（定额）管理部门的定额测定费
3	社会保障费	(1)养老保险费：指企业按规定标准为职工缴纳的基本养老保险费。 (2)失业保险费：指企业按照国家规定标准为职工缴纳的失业保险费。 (3)医疗保险费：指企业按照规定标准为职工缴纳的基本医疗保险费
4	住房公积金	指企业按规定标准为职工缴纳的住房公积金
5	危险作业意外伤害保险	指按照建筑法规定，企业为从事危险作业的建筑安装施工人员支付的意外伤害保险费

2. 企业管理费

指建筑安装企业组织施工生产和经营管理所需费用，具体内容见表3.3.6。

表3.3.6 企业管理费的构成

序号	构成	说明
1	管理人员工资	指管理人员的基本工资、工资性补贴、职工福利费、劳动保护费等
2	办公费	指企业管理办公用的文具、纸张、账表、印刷、邮电、书报、会议、水电、烧水和集体取暖（包括现场临时宿舍取暖）用煤等费用
3	差旅交通费	指职工因公出差、调动工作的差旅费、住勤补助费，市内交通费和误餐补助费，职工探亲路费，劳动力招募费，职工离退休、退职一次性路费，工伤人员就医路费，工地转移费以及管理部门使用的交通工具的油料、燃料、养路费及牌照费
4	固定资产使用费	指管理和试验部门及附属生产单位使用的属于固定资产的房屋、设备仪器等的折旧、大修、维修或租赁费
5	工具用具使用费	指管理使用的不属于固定资产的生产工具、器具、家具、交通工具和检验、试验、测绘、消防用具等的购置、维修和摊销费

（续表）

序号	构成	说明
6	劳动保险费	指由企业支付离退休职工的易地安家补助费、职工退职金、六个月以上的病假人员工资、职工死亡丧葬补助费、抚恤费、按规定支付给离休干部的各项经费
7	工会经费	指企业按职工工资总额计提的工会经费
8	职工教育经费	指企业为职工学习先进技术和提高文化水平，按职工工资总额计提的费用
9	财产保险费	指施工管理用财产、车辆保险
10	财务费	指企业为筹集资金而发生的各种费用
11	税金	指企业按规定缴纳的房产税、车船使用税、土地使用税、印花税等
12	其他	包括技术转让费、技术开发费、业务招待费、绿化费、广告费、公证费、法律顾问费、审计费、咨询费等

3.3.3　利润

利润是指施工企业完成所承包工程获得的盈利。

3.3.4　税金

税金是指国家税法规定的应计入建筑安装工程造价内的营业税、城市维护建设税及教育费附加等。

3.3.5　建筑工程费用的计算方法

建筑工程费用的计算方法见表 3.3.7。

表 3.3.7　建筑工程费用的计算方法

序号	类别	费用的计取方法
1	直接费	直接费由直接工程费和措施费构成。其计算公式： 直接费 = 直接工程费 + 措施费 (1)直接工程费。 直接工程费 = 人工费 + 材料费 + 施工机械使用费 ①人工费： 人工费 = ∑(分项工程工日消耗量 × 日工资综合单价) 其中，日工资综合单价包括生产工人基本工资、工资性津贴、生产工人辅助工资、职工福利费及劳动保护费。不同地区、不同行业、不同时

（续表）

序号	类别	费用的计取方法
1	直接费	期的日工资单价都是不同的。 ②材料费： 材料费 = ∑（分项工程材料消耗量 × 材料预算单价）+ 检验试验费 其中，材料预算价格包括材料原价、材料运杂费、运输损耗费、采购保管费。 ③施工机械使用费： 施工机械使用费 = ∑（分项工程施工机械台班消耗量 × 机械台班单价） 其中，机械台班单价包括折旧费、大修理费、经常修理费、安拆费及场外运费、人工费、燃料动力费、养路费及车船使用费。租赁施工机械台班单价除上述费用外，还包括租赁企业的管理费、利润和税金。 （2）措施费。 措施费 = 技术措施费 + 其他措施费 ①技术措施费： 技术措施费 = 人工费 + 材料费 + 施工机械使用费 其中，人工费、材料费、施工机械使用费的计取方法同直接工程费中相应费用的计取方法。 ②其他措施费： A. 临时设施费 = 计费基数 × 费率（%） 计费基数建筑工程为直接费，装饰工程为人工费。 B. 环境保护费 = 计费基数 × 费率（%） 计费基数建筑工程为直接费，装饰工程为人工费。 C. 文明施工费 = 计费基数 × 费率（%） 计费基数建筑工程为直接费，装饰工程为人工费。 D. 安全施工费 = 计费基数 × 费率（%） 计费基数建筑工程为直接费，装饰工程为人工费。 E. 夜间施工增加费 =（1 − 合同工期/定额工期）×（直接工程费中的人工费/平均日工资单价）× 每工日夜间施工费开支 F. 二次搬运费。由于施工现场狭小等原因必须发生二次搬运费的，以现场签证为准，按实计算。 G. 已完工程及设备保护费。按施工组织设计中确定的保护措施计算。包括成品保护所需的人工费、材料费、机械费等相关费用
2	间接费	间接费 = 规费 + 企业管理费 （1）规费： 规费 = 计费基数 × 费率（%） （2）企业管理费： 企业管理费 = 计费基数 × 费率（%）

（续表）

序号	类别	费用的计取方法
2	间接费	其中，计费基数建筑工程为直接费，装饰工程为人工费，费率按各地规定执行
3	利润	利润 = 计费基数 × 费率(%) 其中，计费基数建筑工程为直接费与间接费之和，装饰工程为人工费，费率按各地规定执行
4	税金	税金是以直接费、间接费、利润之和(即不含税工程造价)为基数计算。其计算公式： 税金 = (直接费 + 间接费 + 利润) × 税率(%)

3.3.6 建筑安装工程计价程序

根据建设部第107号部令《建筑工程施工发包与承包计价管理办法》的规定，发包与承包价的计算方法分为工料单价法和综合单价法。

1. 工料单价法计价程序

工料单价法是以分部分项工程量乘以单价后的合计为直接工程费，直接工程费以人工、材料、机械的消耗量及其相应价格确定。直接工程费汇总后另加间接费、利润、税金生成工程发承包价，其计算程序分为以下三种。

(1)以直接费为计算基础(表3.3.8)。

表3.3.8 以直接费为基础的工料单价法计价程序

序号	费用项目	计算方法	备注
1	直接工程费	按预算表	
2	措施费	按规定标准计算	
3	小计	1 + 2	
4	间接费	3 × 相应费率	
5	利润	(3 + 4) × 相应利润率	
6	合计	3 + 4 + 5	
7	含税造价	6 × (1 + 相应税率)	

(2)以人工费和机械费为计算基础(表3.3.9)。

表 3.3.9　以人工费和机械费为基础的工料单价法计价程序

序号	费用项目	计算方法	备注
1	直接工程费	按预算表	
2	其中人工费和机械费	按预算表	
3	措施费	按规定标准计算	
4	其中人工费和机械费	按规定标准计算	
5	小计	1+3	
6	人工费和机械费小计	2+4	
7	间接费	6×相应费率	
8	利润	6×相应利润率	
9	合计	5+7+8	
10	含税造价	9×(1+相应税率)	

(3)以人工费为计算基础(表 3.3.10)。

表 3.3.10　以人工费为基础的工料单价法计价程序

序号	费用项目	计算方法	备注
1	直接工程费	按预算表	
2	直接工程费中人工费	按预算表	
3	措施费	按规定标准计算	
4	措施费中人工费	按规定标准计算	
5	小计	1+3	
6	人工费小计	2+4	
7	间接费	6×相应费率	
8	利润	6×相应利润率	
9	合计	5+7+8	
10	含税造价	9×(1+相应税率)	

2. 综合单价法计价程序

综合单价法,是分部分项工程单价为全费用单价,全费用单价经综合计算后生成,其内容包括直接工程费、间接费、利润和税金(措施

费也可按此方法生成全费用价格）。

各分项工程量乘以综合单价的合价汇总后，生成工程发承包价。

由于各分部分项工程中的人工、材料、机械含量的比例不同，各分项工程可根据其材料费占人工费、材料费、机械费合计的比例（以字母“C”代表该项比值）在以下三种计算程序中选择一种计算其综合单价。

（1）当$C > C_0$（C_0为本地区原费用定额测算所选典型工程材料费占人工费、材料费和机械费合计的比例）时，可采用以人工费、材料费、机械费合计为基数计算该分项的间接费和利润（表3.3.11）。

表3.3.11 以直接费为基础的综合单价法计价程序

序号	费用项目	计算方法	备注
1	分项直接工程费	人工费＋材料费＋机械费	
2	间接费	1×相应费率	
3	利润	(1＋2)×相应利润率	
4	合计	1＋2＋3	
5	含税造价	4×(1＋相应税率)	

（2）当$C < C_0$值的下限时，可采用以人工费和机械费合计为基数计算该分项的间接费和利润（表3.3.12）。

表3.3.12 以人工费和机械费为基础的综合单价法计价程序

序号	费用项目	计算方法	备注
1	分项直接工程费	人工费＋材料费＋机械费	
2	其中人工费和机械费	人工费＋机械费	
3	间接费	2×相应费率	
4	利润	2×相应利润率	
5	合计	1＋3＋4	
6	含税造价	5×(1＋相应税率)	

（3）如该分项的直接费仅为人工费，无材料费和机械费时，可采用以人工费为基数计算该分项的间接费和利润（表3.3.13）。

表 3.3.13　以人工费为基础的综合单价法计价程序

序号	费用项目	计算方法	备注
1	分项直接工程费	人工费 + 材料费 + 机械费	
2	直接工程费中人工费	人工费	
3	间接费	2 × 相应费率	
4	利润	2 × 相应利润率	
5	合计	1 + 3 + 4	
6	含税造价	5 × (1 + 相应税率)	

3.4　工程建设其他费用构成

工程建设其他费用构成见表 3.4.1。

表 3.4.1　工程建设其他费用构成

费用构成		费用内容	备注
土地使用费	土地征用及迁移补偿费	土地补偿费;青苗补偿费和被征用土地上的房屋、水井、树木等附着物补偿费;安置补助费;耕地占用税或城镇土地使用税、土地登记费及征地管理费;征地动迁费;水利水电工程水库淹没处理补偿费	通过划拨方式取得无限期的土地使用权所支付的费用; 费用补偿的基本规定
	土地使用权出让金	取得有限期的土地使用权所支付的土地使用权出让费用	出让有协议、招标、公开拍卖等方式; 土地使用期限
与项目建设有关的其他费用	建设单位管理费	建设单位开办费、建设单位经费	以单项工程费用之和为基数计算
	勘察设计费	提供项目建议书、可行性研究报告及设计文件等所需费用	—
	研究试验费	提供和验证设计参数、数据、资料进行的必要试验费用以及施工中试验、验证的费用	—
	建设单位临时设施费	—	—

（续表）

费用构成		费用内容	备注
与项目建设有关的其他费用	工程监理费	—	可按照概预算的百分比或者参与监理工作的年度平均人数计算
	工程保险费	建筑工程一切险、安装工程一切险和机器损坏保险的费用	—
	引进技术和进口设备其他费用	出国人员费用；国外工程技术人员来华费用；技术引进费；分期或延期付款利息；担保费和进口设备检验鉴定费用	应注意与进口设备购置费的构成相互区别
	工程承包费	组织勘察设计、设备材料采购，非标准设备设计、制造与销售，施工招标，发包，工程预决算，项目管理，施工质量监督，隐蔽工程检查、验收和试车直至投产的各种管理费用	不实行工程总承包的项目不计算本项费用
与未来企业生产经营有关的其他费用	联合试运转费	竣工验收前，进行整个车间的负荷或无负荷联合试运转发生的费用支出大于试运转收入的亏损部分	不包括应由设备安装工程费项下开支的单台设备调试费及试车费用
	生产准备费	生产人员培训费；生产单位提前进厂的各项费用	—
	办公和生活家具购置费	—	—

3.5　预备费、建设期贷款利息、固定资产投资方向调节税

预备费、建设期贷款利息、固定资产投资方向调节税的内容见表3.5.1。

表3.5.1　预备费、建设期贷款利息、固定资产投资方向调节税

费用构成		费用内容	计算公式
预备费	基本预备费	包括技术设计、施工图设计及施工过程中增加的费用、设计变更费用；自然灾害造成的费用；竣工验收时，对隐蔽工程进行必要挖掘和修复产生的费用	（设备及工、器具购置费 + 建筑安装工程费用 + 工程建设其他费用）× 基本预备费费率

（续表）

费用构成		费用内容	计算公式
预备费	涨价预备费	人工、设备、材料、施工机械的价差费，建筑安装工程费及工程建设其他费用调整，利率、汇率调整等增加的费用	$PF\sum_{t=1}^{n} I_t[(1+f)_t-1]$
建设期贷款利息		向国内银行和其他非银行金融机构贷款、出口信贷、外国政府代理、国际商业银行贷款，以及在境内外发行的债券等在建设期间内应偿还的借款利息	$q_j=\left(P_{j-1}+\frac{1}{2}A_j\right)i$
固定资产投资方向调节税		目前暂停征收	

注：计算建设期贷款利息的假设前提是总贷款分年均衡发放，则建设期贷款和利息可按当年借款在年中支用考虑，当年贷款按半年计息，上一年贷款按全年计息。

第4章　建筑工程造价依据(一)

4.1　概述

4.1.1　建筑工程定额

1. 建筑定额的基本含义

定额是在正常的施工生产条件下,完成单位合格产品所必需的人工、材料、施工机械设备及其资金消耗数量的标准,也叫技术经济定额。通俗地说,建筑工程定额就是进行生产经营活动时,在人力、物力、财力消耗方面所应遵守或达到的数量标准。在建筑生产过程中,为了完成建筑产品,必须消耗一定数量的生产质量合格的单位建筑产品所需要的劳动力、材料和机械台班费等的数量标准,就称为建筑工程定额。

在建筑工程施工过程中,为了完成某一工程项目或结构构件,就必须消耗一定数量的人力、物力和财力资源。这些资源是随着施工对象、施工方式和施工条件的变化而变化的。不同产品具有不同的质量要求。因此,不能把定额看成单纯的数量关系,而应看成是质量和安全的统一体。

尽管管理科学在不断发展,但是它仍然离不开定额。没有定额提供可靠的基本管理数据,任何好的管理方法和手段都不能取得理想的结果。因此,定额虽然是科学管理发展初期的产物,但它在企业管理中一直有重要的地位。

2. 建设工程中应用定额的意义

建设工程中应用定额的意义见表4.1.1。

表4.1.1　建设工程中应用定额的意义

序号	意义	说明
1	定额是编制计划的基础	工程建设活动需要编制各种计划来组织与指导生产,而计划编制中又需要各种定额来作为计算人力、物力、财力等资源需要量的依据。定额是编制计划的重要基础

（续表）

序号	意义	说明
2	定额是确定工程造价的依据和评价设计方案经济合理性的尺度	工程造价是根据由设计规定的工程规模、工程数量及相应需要的劳动力、材料、机械设备消耗量及其他必须消耗的资金确定的。其中，劳动力、材料、机械设备的消耗量又是根据定额计算出来的，定额是确定工程造价的依据。同时，建设项目投资的大小又反映了各种不同设计方案技术经济水平的高低。因此，定额又是比较和评价设计方案经济合理性的尺度
3	定额是组织和管理施工的工具	建筑企业要计算平衡资源需要量、组织材料供应、调配劳动力、签发任务单、组织劳动竞赛、调动人的积极因素、考核工程消耗和劳动生产率、贯彻按劳分配工资制度、计算工人报酬等，都要利用定额。因此，从组织施工和管理生产的角度来说，企业定额又是建筑企业组织和管理施工的工具
4	定额是总结先进生产方法的手段	定额是在平均先进的条件下，通过对生产流程的观察、分析、综合等过程制定的，它可以最严格地反映出生产技术和劳动组织的先进合理程度。因此，我们可以以定额方法为手段，对同一产品在同一操作条件下的不同的生产方法进行观察、分析和总结，从而得到一套比较完整的、优良的生产方法，作为生产中推广的范例

由此可见，定额是实现工程项目，确定人力、物力和财力等资源需要量，有计划地组织生产，提高劳动生产率，降低工程造价，完成和超额完成计划的重要的技术经济工具，是工程管理和企业管理的基础。

3. 定额的特性

定额是科学管理的产物，是实行科学管理的基础，它在社会主义市场经济的条件下，定额特性见表4.1.2。

表4.1.2　定额的特性

序号	特性	解释
1	权威性	在建设工程当中，定额具有很大的权威性，这种权威在一些情况下具有经济法规性质。权威性反映统一的意志和统一的要求，也反映信誉和信赖程度以及反映定额的严肃性。

(续表)

序号	特性	解释
1	权威性	工程建设定额的权威性的客观基础是定额的科学性。只有科学的定额才具有权威,但是在社会主义市场经济条件下,它必然涉及各有关方面的经济关系和利益关系。赋予工程建设定额以一定的权威性,就意味着在规定的范围内,对定额的使用者和执行者来说,不论主观上愿意不愿意,都必须按定额的规定执行。在当前市场不规范的情况下,赋予工程建设定额以权威性是十分重要的。但是在竞争机制引入工程建设的情况下,定额的水平必然会受市场供求状况的影响,从而在执行中可能产生定额水平的浮动。 应该说明的是,在社会主义经济条件下,对定额的权威性不应该绝对化。定额毕竟是主观对客观的反映,定额的科学性会受到人们认识的局限。与此相关,定额的权威性也就会受到削弱核心的挑战。更为重要的是,随着投资体制的改革和投资主体多元化格局的形成,随着企业经营机制的转换,它们都可以根据市场的变化和自身的情况,自主地调整自己的决策行为。因此,在这里,一些与经营决策有关的工程建设定额的权威性特征就弱化了
2	科学性	工程建设定额的科学性首先表现在定额是在认真研究客观规律的基础上,自觉地遵守客观规律的要求,实事求是地制定的。因此,它能正确地反映单位产品生产所必需的劳动量,从而以最少的劳动消耗取得最大的经济效果,促进劳动生产率的不断提高。 定额的科学性还表现在制定定额所采用的方法上,通过不断吸收现代科学技术的新成就,不断完善,形成一套严密的确定定额水平的科学方法。这些方法不仅在实践中已经行之有效,而且还有利于研究建筑产品生产过程中的工时利用情况,从中找出影响劳动消耗的各种主、客观因素,设计出合理的施工组织方案,挖掘生产潜力,提高企业管理水平,减少以至杜绝生产中的浪费现象,促进生产的不断发展
3	统一性	工程建设定额的统一性,主要是由国家对经济发展的有计划的宏观调控职能决定的。为了使国民经济按照既定的目标发展,就需要借助于某些标准、定额、参数等,对工程建设进行规划、组织、调节、控制。而这些标准、定额、参数必须在一定的范围内是一种统一的尺度,才能实现上述职能,才能利用它对项目的决策、设计方案、投标报价、成本控制进行比较评价。 工程建设定额的统一性按照其影响力和执行范围来看,有全国统一定额、地区统一定额和行业统一定额等;按照定额的制定、颁布和贯彻使用来看,有统一的程序、统一的原则、统一的要求和统一的用途。 在生产资料私有制的条件下,定额的统一性是很难想象的,充其量

（续表）

序号	特性	解释
3	统计性	也只是工程量计算规则的统一和信息提供。我国工程建设定额的统一性和工程建设本身的巨大投入和巨大产出有关。它对国民经济的影响不仅表现在投资的总规模和全部建设项目的投资效益等方面，而且往往还表现在具体建设项目的投资数额及其投资效益方面。因而需要借助统一的工程建设以定额进行社会监督。这一点和工业生产、农业生产中的工时定额、原材料定额也是不同的
4	时效性	工程建设定额的时效性主要表现在定额所规定的各种工料消耗量是由一定时期的社会生产力水平确定的。当生产条件发生较大变化时，定额制定授权部门必须对定额进行修订与补充。因此，定额具有一定的时效性
5	稳定性	工程建设定额中的任何一种都是一定时期技术发展和管理水平的反映，因而在一段时间内都表现出稳定的状态。稳定的时间有长有短，一般在5~10年。保持定额的稳定性是维护定额的权威性所必需的，更是有效地贯彻定额所必要的。如果某种定额处于经常修改变动之中，那么必然造成执行中的困难和混乱，使人们感到没有必要去认真对待它，很容易导致定额权威性的丧失。工程建设定额的不稳定也会给定额的编制工作带来极大的困难。 但是工程建设定额的稳定性是相对的。当生产力向前发展了，定额就会与已经发展了的生产力不相适应。这样，它原有的作用就会逐步减弱以至消失，需要重新编制或修订

4.1.2 建筑工程定额的分类

建筑工程定额是一个综合的概念，是建筑工程中生产消耗定额的总称。在建筑施工生产中，根据需要而采用不同的定额。建筑工程定额种类很多，一般建筑工程定额的分类方法见表4.1.3。

表4.1.3 建筑工程定额的分类

序号	分类方式		说明
1	按生产因素分类(图4.1.1)	劳动定额	劳动定额，又称人工定额，它规定了在正常施工技术条件下和合理劳动组织下为生产单位合格产品所必须消耗的工作时间，或在一定的工作时间中必须生产的产品数量标准

(续表)

序号	分类方式		说明
1	按生产因素分类(图4.1.1)	材料消耗定额	材料消耗定额,是指在节约和合理使用材料的条件下,生产单位合格产品必须消耗的建筑材料的数量标准
		机械台班使用定额	机械台班使用定额,又称机械使用定额,是指在正常施工条件和合理的劳动组织条件下,完成单位合格产品所必须消耗的机械台班数量标准
2	按定额编制程序和用途分类(图4.1.2)	工序定额	工序定额,是以最基本的施工过程为标定对象,表示其生产产品数量的时间消耗关系的定额
		施工定额	施工定额,是施工企业内部直接用于施工管理的一种技术定额。这是以工作过程或复合工作过程为标定对象,规定某种建筑产品的人工消耗量、材料消耗量和机械台班使用消耗量。施工定额是建筑企业中最基本的定额,可用来编制施工预算、施工组织设计、施工作业计划,考核劳动生产率和进行成本核算的依据。施工定额也是编制预算定额的基础资料
		预算定额	预算定额,是以建筑物或构筑物的各个分部分项工程为单位编制的。定额中包括所需人工工日数、各种材料的消耗量和机械台班使用量,同时表示对应的地区基价。预算定额是以施工定额为基础编制的,它是在施工定额的基础上综合和扩大,用以编制施工图预算,确定建筑安装工程造价,编制施工组织设计和工程竣工决算。预算定额也是编制概算定额和概算指标的基础
		概算定额	概算定额,是预算定额的扩大与合并,它是确定完成合格的单位扩大分项工程或结构构件所需人工、材料和施工机械台班的消耗以及费用标准。概算指标是方案设计阶段编制概算的依据,是进行技术经济分析、考核建设成本的标准,是国家控制基本建设投资的主要依据
		概算指标	概算指标,是以每100m^2建筑面积或100m^3建筑体积为计算单位,构筑物以“座”为计算单位,规定所需人工、材料、机械消耗和资金数量的定额指标

（续表）

序号	分类方式		说明
2	按定额编制程序和用途分类（图4.1.2）	投资估算指标	投资估算指标，是指确定和控制建设项目全过程各项技术支出的技术经济指标，其范围涉及建设前期、建设实施期和竣工交付使用期等各个阶段的费用支出，内容因行业不同而不同。投资估算指标是决策阶段编制投资估算的依据，是进行技术经济分析、方案比较的依据，对于项目前期的方案选定和投资计划编制有着重要的作用
3	按编制单位和执行范围分类（图4.1.3）	全国统一定额	全国统一定额，是综合全国基本建设的生产技术和施工组织、生产劳动的一般情况而编制的，在全国范围内执行，如全国统一的劳动定额、全国统一建筑工程基础定额、专业通用和专业专用定额等
		行业统一定额	行业统一定额，是指一个行业根据本行业的特点、行业标准和行业施工规范要求编制的，只在本行业的工程中使用，如公路定额、水利定额、化工定额、电力定额等
		地区统一定额	地区统一定额，是在考虑地区特点和统一定额水平的条件下编制的，只在规定的地区范围内使用。各地区不同的气候条件、物质技术条件、地方资源条件和交通运输条件，是确定定额内容和水平的重要依据，如一般地区通用的建筑工程预算定额、概算定额和补充劳动定额等
		企业定额	企业定额，是指由建筑安装企业考虑本企业生产技术和组织管理等具体情况。它是参照统一部门或地方定额的水平制定的，只在本企业内部使用的定额。生产经营管理水平高的施工企业，都有企业内部使用的，比较完善的施工定额和预算定额，它是反映企业素质的重要标志之一
		临时补充定额	临时补充定额，是指统一定额和企业定额中未列入的项目，或在特殊施工条件下无法执行统一的定额，由预算员和有经验的工作人员根据施工特点、工艺要求等直接估算的定额。补充定额制定后必须报上级主管部门批准

(续表)

序号	分类方式		说明
4	按专业分类(图 4.1.4)	建筑工程消耗量定额	建筑工程即指房屋建筑的土建工程。 建筑工程消耗量定额,是指各地区(或企业)编制确定的完成每一建筑分项工程(即每一土建分项工程)所需人工、材料和机械台班消耗量标准的定额。它是业主或建筑施工企业(承包商)计算建筑工程造价主要的参考依据
		装饰工程消耗量定额	装饰工程即指房屋建筑室内外的装饰装修工程。 装饰工程消耗量定额,是指各地区(或企业)编制确定的完成每一装饰分项工程所需人工、材料和机械台班消耗量标准的定额。它是业主或装饰施工企业(承包商)计算装饰工程造价主要的参考依据
		安装工程消耗量定额	安装工程即指房屋建筑室内外各种管线、设备的安装工程。 安装工程消耗量定额,是指各地区(或企业)编制确定的完成每一安装分项工程所需人工、材料和机械台班消耗量标准的定额。它是业主或安装施工企业(承包商)计算安装工程造价主要的参考依据
		园林工程消耗量定额	园林绿化工程即指城市园林、房屋环境等的绿化通称。 园林绿化工程消耗量定额,是指各地区(或企业)编制确定的完成每一园林绿化分项工程所需人工、材料和机械台班消耗量标准的定额。它是业主或园林绿化施工企业(承包商)计算安装工程造价主要的参考依据
		市政工程消耗量定额	市政工程,指城市道路、桥梁等公共公用设施的建设工程。 市政工程消耗量定额,是指各地区(或企业)编制确定的完成每一市政分项工程所需人工、材料和机械台班消耗量标准的定额。它是业主或市政施工企业(承包商)计算市政工程造价的主要参考依据

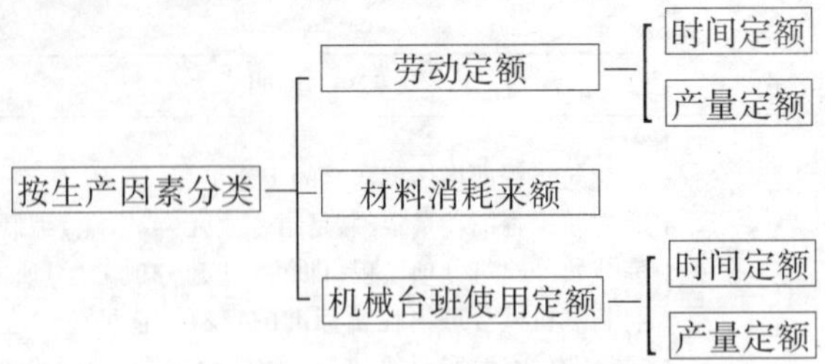

图 4.1.1 按生产因素分类

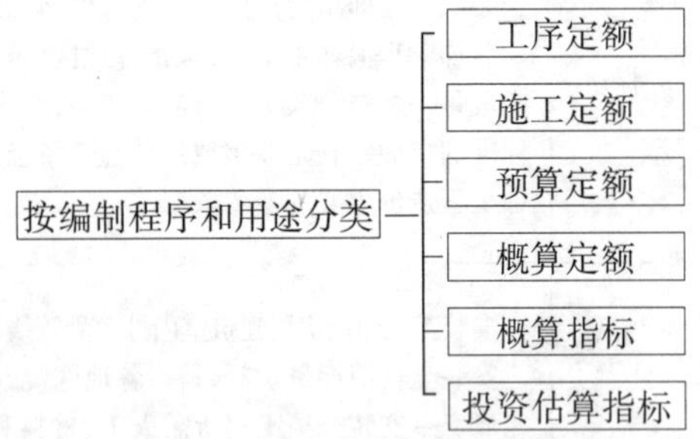

图 4.1.2 按编制程序和用途分类

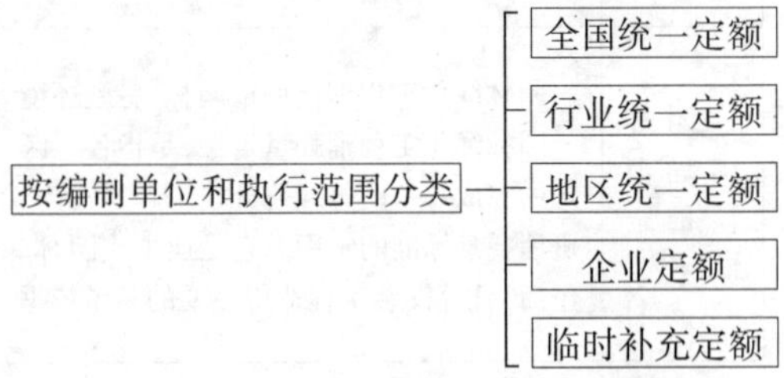

图 4.1.3 按编制单位和执行范围分类

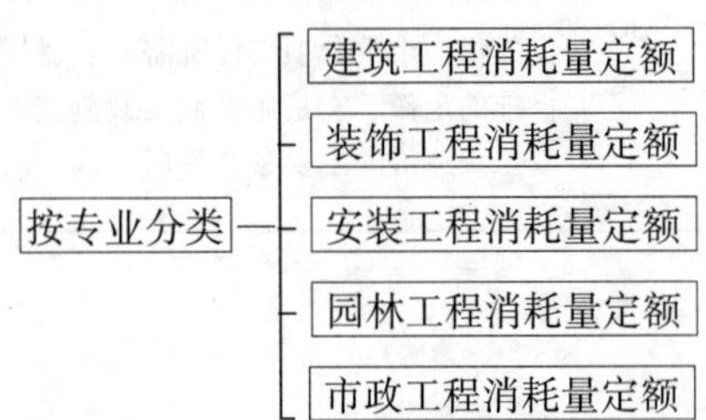

图 4.1.4 按专业分类

4.2　建筑工程施工定额

4.2.1　施工定额

施工定额的概念与作用见表4.2.1。

表4.2.1　施工定额的概念与作用

序号	构成	说明
1	施工定额的概念	施工定额是指规定在工作过程或复合工作过程中所生产合格单位产品必须消耗的活劳动与物化劳动的数量标准。 施工定额是施工企业内部直接用于施工管理的一种技术定额,由劳动定额、机械台班使用定额和材料消耗定额所组成。施工定额中,除汽车运输、吊装及机械打桩部分列有具体使用的机械名称、规格和台班用量外,一般中小型机械只列机械名称和台班用量,不标出规格
2	施工定额的作用	由于施工定额包括了劳动定额、机械台班定额和材料消耗定额三个部分,施工定额的作用主要表现在合理地组织施工生产和按劳分配两个方面。因此,认真执行施工定额,正确地发挥施工定额在施工管理中的作用,对于促进施工企业的发展,具有十分重要的意义。总的来说,在施工过程中施工定额具有以下几方面的作用: (1)是编制单位工程施工预算、进行“两算”对比、加强企业成本管理的依据。 (2)是编制施工组织设计,制订施工作业计划和人工、材料、机械台班需用量计划的依据。 (3)是施工队向工人班组签发施工任务书和限额领料单的依据。 (4)是实行计件、定额包工包料、考核工效、计算劳动报酬与奖励的依据。 (5)是班组开展劳动竞赛、班组核算的依据。 (6)是编制预算定额和企业补充定额的基础资料。 总之,编制和执行好施工定额并充分发挥其作用,对于促进施工企业内部施工组织管理水平的提高、加强经济核算、提高劳动生产率、降低工程成本、提高经济效益,具有十分重要的意义

（续表）

序号	构成	说明
3	施工定额的编制水平	定额水平是指规定消耗在单位产品上的劳动、机械和材料数量的多少。施工定额的水平应直接反映劳动生产率水平，也反映劳动和物质消耗水平。 所谓平均先进水平，是指在正常条件下，多数施工班组或生产者经过努力可以达到、少数班组或生产者可以接近、个别班组或生产者可以超过的水平。通常，它低于先进水平，略高于平均水平。这种水平使先进的班组和工人感到有一定压力，大多数处于中间水平的班组或工人感到定额水平可望也可及。平均先进水平不迁就少数落后者，而是使他们产生努力工作的责任感，尽快达到定额水平。所以，平均先进水平是一种鼓励先进、勉励中间、鞭策后进的定额水平。贯彻“平均先进”的原则，才能促进企业科学管理和不断提高劳动生产率，进而达到提高企业经济效益的目的

4.2.2 劳动定额

1. 劳动定额的概念与作用

劳动定额的概念与作用见表4.2.2。

表4.2.2 劳动定额的概念与作用

序号	类别	说明
1	劳动定额的概念	劳动定额，又称人工定额，是指在正常的施工技术和组织条件下，某级工人在完成合格产品所必需的劳动消耗量标准。这个标准是国家和企业对工人在单位时间内完成产品的数量和质量的综合要求。在各种定额中，劳动定额是重要的组成部分
2	劳动定额的作用	劳动定额的作用主要表现在组织生产和按劳分配两个方面。在一般情况下，两者是相辅相成的，即生产决定分配，分配促进生产。当前对企业基层推行的各种形式的经济责任制的分配形式，无一不是以劳动定额作为核算基础的。具体来说，劳动定额的作用主要表现在以下几个方面： (1)劳动定额是编制施工作业计划的依据。 (2)劳动定额是贯彻按劳分配原则的重要依据。 (3)劳动定额是开展社会主义劳动竞赛的必要条件。 (4)劳动定额是企业经济核算的重要基础

2. 劳动定额的表现形式

劳动定额的表现形式见表4.2.3。

表4.2.3　劳动定额的表现形式

序号	表现形式	说明
1	时间定额	1. 时间定额的概念 时间定额亦称工时定额,是指在正常的施工技术和合理的劳动组织条件下,完成单位合格建筑产品所必需的工日数。定额时间包括准备与结束工作时间、基本工作时间、辅助工作时间、不可避免的中断时间及必需的休息时间等。 工作时间是指工人在工作中的所有时间,包括定额时间和非定额时间。 工人工作时间的分类一般如图4.2.1所示。从图4.2.1中可以看出,定额时间包括有效工作时间、不可避免的中断时间和休息时间。 有效工作时间是指准备与结束时间、基本工作时间、辅助工作时间。 非定额时间包括多余或偶然工作的时间、停工时间和违反劳动纪律损失的时间。 2. 时间定额的计算方法 时间定额以一个工人8 h工作日的工作时间为一个“工日”单位。其计算方法如下: $$单位产品的时间定额(工日)=\frac{1}{每工日的产量}$$ 如果以小组来计算,则为 $$单位产品的时间定额(工日)=\frac{小组成员工日数的总和}{小组(班)产量}$$ 时间定额的计量单位,一般以工日和完成产品的单位(如m^3、m^2、m、t、根等)来表示,如工日/m^3(或m^2、m、t、根等)
2	产量定额	1. 产量定额的概念 产量定额,是指在合理的劳动组织和正常的施工条件下,某专业某种技术等级的工人小组(班组)或个人,在单位时间(工日)内,所应完成合格产品的数量。 2. 产量定额的计算方法 $$每工产量=\frac{1}{单位产品的时间定额(工日)}$$ 或 $$台班产量=\frac{小组成员工日数的总和}{单位产品的时间定额(工日)}$$

（续表）

序号	表现形式	说明
2	产量定额	产量定额的单位，一般以产品的计量单位（如 m^3、m^2、m、t、根等）和工日来表示，如 m^3（或 m^2、m、t、根等）/工日
3	时间定额与产量定额的关系	时间定额与产量定额互为倒数，即： $$时间定额 \times 产量定额 = 1$$ 或 $$时间定额 = \frac{1}{产量定额}$$ $$产量定额 = \frac{1}{时间定额}$$ 时间定额与产量定额都表示同一个劳动定额，但各有其作用。 时间定额以工日/m、工日/m^3、工日/m^2、工日/根、工日/t 等为单位，不同的工作内容由于有相同的时间单位，定额完成量可以相加，故时间定额适用于劳动计划的编制和统计完成定额的工作需要。因时间定额计算比较方便，且便于综合，故劳动定额采用时间定额的形式比较普遍。 产量定额以 m^3/工日、m^2/工日、m/工日、t/工日、根/工日等为单位，具有形象化特点，数量直观、具体，容易为工人所接受和理解。因此，产量定额适用于向工人班组下达和分配生产任务。但是由于产量定额的单位不同，在统计完成生产任务时不能直接相加，因而不能满足计划统计工作的要求

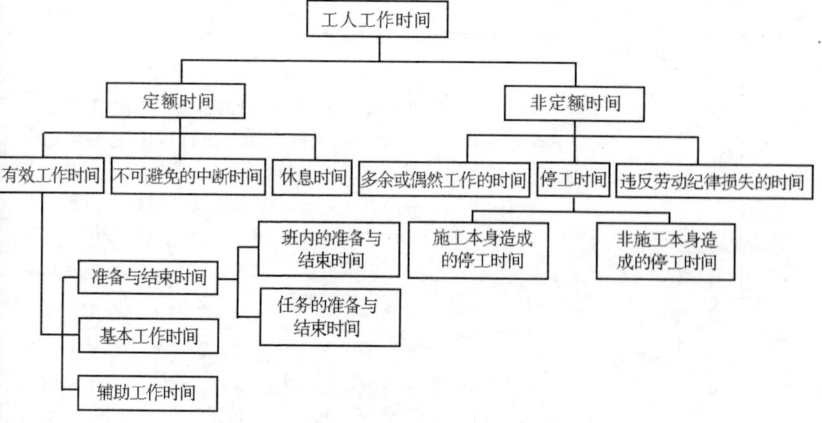

图 4.2.1 工人工作时间的分类

3. 劳动定额的编制方法

劳动定额的编制技术测定法、统计分析法、比较类推法和经验估工法等。见表4.2.4。

表 4.2.4 劳动定额的编制方法

序号	编制方法		编制说明
1	技术测定法	概念	技术测定法是在先进合理的技术、组织及施工条件下,在充分发挥生产潜力的基础上,详细地记录施工过程各组成部分的工时、材料、机械台班消耗,完成产品数量及各种影响因素,并对记录进行整理,科学地分析各因素对消耗量的影响,从而获得编制定额的技术资料和基础数据
		优缺点	技术测定法的优点:技术依据充分,定额水平先进合理,能反映客观实际。 技术测定法的缺点:工作量大,操作复杂
		主要步骤	(1)确定拟编定额项目的施工过程,对其组成部分进行必要的划分。 (2)选择正常的施工条件和合适的观察对象。 (3)到施工现场对观察对象进行测时观察,记录完成产品的数量、工时消耗及影响工时消耗的有关因素。 (4)分析整理观察资料

（续表）

<table>
<tr><th>序号</th><th colspan="2">编制方法</th><th colspan="2">编制说明</th></tr>
<tr><td rowspan="3">1</td><td rowspan="3">技术测定法</td><td rowspan="3">常用方法</td><td>测时法</td><td>测时法是一种最基本的技术测定方法，它是指在一定的时间内，对特定作业进行直接的连续观测、记录，从而获得工时消耗数据，并据以分析制定劳动定额的方法。测时法的优点是对作业过程的各种情况记录比较详细，数据比较准确，分析研究比较充分。但缺点是技术测定工作量大，一般适用于重复程度比较高的工作过程或重复性手工作业</td></tr>
<tr><td>写实记录法</td><td>写实记录法是一种研究各种性质工作的时间消耗的技术测定法。采用该方法可以获得工作时间消耗的全部资料。写实记录法的特点是：精度较高，观察方法比较简单。观察对象是一个工人或一个工人小组（班组），采用普通表为计时工具</td></tr>
<tr><td>工作日写实法</td><td>工作日写实法是研究整个工作班内的各种损失时间、休息时间和不可避免中断时间的方法。工作日写实法的特点是：技术简单、资料全面</td></tr>
<tr><td rowspan="3">2</td><td rowspan="3">统计分析会</td><td>概念</td><td colspan="2">统计分析法是把过去一定时期内实际施工中的同类工程和生产同类产品的实际工时消耗和产品数量的统计资料（施工任务书、考勤报表和其他相关资料）通过整理，结合当前生产技术组织条件，进行分析对比和研究来制定定额的一种方法。所考虑的统计对象应该具有一定的代表性，应以具有平均先进水平的地区、企业、施工队伍的情况作为统计计算定额的依据。统计中要特别注意资料的真实性、系统性和完整性，确保定额的编制质量</td></tr>
<tr><td>优缺点</td><td colspan="2">统计分析法的优点：简单易行，工作量小。
统计分析法的缺点：要使统计分析法制定的定额有较好的质量，就应在基层健全原始记录和统计报表制度，并剔除一些不合理的虚假因素，为了使定额保持平均先进水平，可从统计资料中求出平均先进值</td></tr>
<tr><td>主要步骤</td><td colspan="2">（1）先从资料中删除特别偏高、偏低及明显不合格的数据。
（2）计算出算术平均值。
（3）在工时统计数值中，取小于上述算术平均值的数组，再计算其平均值，即为所求的平均先进值</td></tr>
</table>

(续表)

序号	编制方式		编制说明
2	统计分析会	计算实例	例:某建筑工程有工时消耗统计数组:30,40,70,50,70,70,40,50,40,50,90,试求平均先进值。 解:上述数组中 90 是明显偏高的数,应删去;删去 90 后,求算术平均值: 算术平均值 = (30 + 40 + 70 + 50 + 70 + 70 + 40 + 50 + 40 + 50)/10 = 51 选数组中小于算术值平均值 51 的数求平均先进值: 平均先进值 = (30 + 3 × 40 + 3 × 50)/7 = 42.9
3	比较类推法	概念	比较类推法也叫典型定额法。该方法是在同类型的定额子目中,选择有代表性的典型子目,用技术测定法确定各种消耗量,然后根据测定的定额用比较类推的方法编制其他相关定额
		优缺点	比较类推法的优点:简单易行,有一定的准确性。 比较类推法的缺点:该方法运用了正比例的关系来编制定额,故有一定的局限性。采用这种方法,要特别注意掌握工序、产品的施工工艺和劳动组织的“类似”或“近似”的特征,细致地分析施工过程的各种影响因素,防止将因素变化很大的项目作为同类型项目比较类推
		计算公式	比较类推法的计算公式为 $t = Pt_0$ 式中　t——比较类推同类相邻定额项目的时间定额; P——各同类相邻项目耗用工时的比例; t_0——典型定额项目的时间定额
		计算实例	例:已知某建筑工程挖一类土地槽的时间定额为 0.133 工日,二类土耗用工时比例 P 为 1.43,请推算二类土的时间定额。解:挖二类土的时间定额为: $t_2 = P_2 t_0 = 1.43 \times 0.133 = 0.190$ 工日/ m^3
4	经验估工法	概念	经验估工法是由定额编制人员、技术人员、生产工人相结合,总结以往施工中的生产、管理经验,参照图纸、规范等资料进行讨论、研究、计算来制定定额
		优缺点	经验估工法的优点:简单、快速、易于掌握、工作量小。 经验估工法的缺点:技术根据不足,有主观性、偶然性因素,准确、可靠性较差,一般用于一次性定额的制定

4.2.3 材料消耗定额

1. 材料消耗定额的基本含义

材料消耗定额的基本含义见表4.2.5。

表4.2.5 材料消耗定额的基本含义

<table>
<tr><th>序号</th><th>类别</th><th>说明</th></tr>
<tr><td>1</td><td>材料消耗定额的概念</td><td>材料消耗定额是指在正常的施工(生产)条件下,在节约和合理使用材料的情况下,生产单位合格产品所必须消耗的一定品种、规格的材料、半成品、配件等的数量标准。
在我国建筑产品的成本中,材料费占整个工程费用的70%左右。因此,材料的运输储存、管理和使用在施工中占有极其重要的地位。降低工程成本,在很大程度上取决于减少建筑材料的消耗量。用科学方法正确制定材料消耗定额,对合理使用材料、减少浪费、正确计算工程造价,保证正常施工都具有极其重要的意义</td></tr>
<tr><td>2</td><td>施工中材料消耗的组成</td><td>施工中材料的消耗,可分为必需的材料消耗和损失的材料两类性质。
必须消耗的材料,是指在合理用料的条件下,生产合格产品所需消耗的材料。它包括:直接用于建筑和安装工程的材料;不可避免的施工废料;不可避免的材料损耗。
必须消耗的材料属于施工正常消耗,是确定材料消耗定额的基本数据。其中:直接用于建筑和安装工程的材料,编制材料净用量定额;不可避免的施工废料和材料损耗,编制材料损耗定额。
材料各种类型的损耗量之和称为材料损耗量,除去损耗量之后净用于工程实体上的数量称为材料净用量,材料净用量与材料损耗量之和称为材料总消耗量,损耗量与总消耗量之比称为材料损耗率,它们的关系用下列公式表示:
$$材料损耗率=\frac{材料损耗量}{材料总消耗量}\times100\%$$
$$材料损耗量=材料总消耗量-材料净用量$$
$$材料净用量=材料总消耗量-材料损耗量$$
$$材料总消耗量=\frac{材料净用量}{1-材料损耗量}$$
或
材料总消耗量=材料净用量+材料损耗量
为了简便,通常将损耗量与净用量之比,作为损耗率。即:
$$材料损耗率=\frac{材料损耗量}{材料净用量}\times100\%$$
$$材料总消耗量=材料净用量\times(1+材料损耗率)$$
现场施工中,各种建筑材料的消耗,主要取决于材料的消耗定额。
以上各式中的损耗率可参考表4.2.6</td></tr>
</table>

表4.2.6　部分建筑材料、成品、半成品损耗率参考表

材料名称	工程项目	损耗率(%)	材料名称	工程项目	损耗率(%)
普通黏土砖	地面、屋面、空花(斗)墙	1.5	水泥砂浆	抹墙及墙裙	2.0
普通黏土砖	基础	0.5	水泥砂浆	地面、屋面、构筑物	1.0
普通黏土砖	实砖墙	2.0	素水泥浆		1.0
普通黏土砖	方砖柱	3.0	混凝土(预制)	柱、基础梁	1.0
普通黏土砖	圆砖柱	7.0	混凝土(预制)	其他	1.5
普通黏土砖	烟囱	4.0	混凝土(现浇)	二次灌浆	3.0
普通黏土砖	水塔	3.0	混凝土(现浇)	地面	1.0
白瓷砖		3.5	混凝土(现浇)	其余部分	1.5
陶瓷锦砖(马赛克)		1.5	细石混凝土		1.0
面砖、缸砖		2.5	轻质混凝土		2.0
水磨石板		1.5	钢筋(预应力)	后张吊车梁	13.0
大理石板		1.5	钢筋(预应力)	先张高强丝	9.0
混凝土板		1.5	钢材	其他部分	6.0
水泥瓦、黏土瓦	包括脊瓦	3.5	铁件	成品	1.0
石棉垄瓦(板瓦)		4.0	镀锌铁皮	屋面	2.0
砂	混凝土、砂浆	3.0	镀锌铁皮	排水管、沟	6.0
白石子		4.0	铁钉		2.0
砾(碎)石		3.0	电焊条		12.0
乱毛石	砌墙	2.0	小五金	成品	1.0
乱毛石	其他	1.0	木材	窗扇、框(包括配料)	6.0
方整石	砌体	3.5	木材	镶板门芯板制作	13.1
方整石	其他	1.0	木材	镶板门企口板制作	22.0
碎砖、炉(矿)渣		1.5	木材	木屋架、檩、椽原木	5.0

（续表）

材料名称	工程项目	损耗率（%）	材料名称	工程项目	损耗率（%）
珍珠岩粉		4.0	木材	木屋架、檩、椽方木	6.0
生石膏		2.0	木材	屋面板平口制作	4.4
滑石粉	油漆工程用	5.0	木材	屋面板平口安装	3.3
滑石粉	其他	1.0	木材	木栏杆及扶手	4.7
砌筑砂浆	砖、毛方石砌体	1.0	模板制作	各种混凝土结构	5.0
砌筑砂浆	空斗墙	5.0	模板安装	工具式钢模板	1.0
砌筑砂浆	泡沫混凝土地墙	2.0	模板安装	支撑系统	1.0
砌筑砂浆	多孔砖墙	10.0	模板制作	圆形储仓	3.0
砌筑砂浆	加气混凝土块	2.0	胶合板、纤维板	顶棚、间壁	5.0
混合砂浆	抹顶棚	3.0	吸声板	顶棚、间壁	5.0
混合砂浆	抹墙及墙裙	2.0	石油沥青		1.0
石灰砂浆	抹顶棚	1.5	玻璃	配制	15.0
石灰砂浆	抹墙及墙裙	1.0	清漆		3.0
水泥砂浆	抹顶棚、梁柱腰线、挑檐	2.5	环氧树脂		2.5

2. 材料消耗定额的制定方法

材料消耗定额必须在充分研究材料消耗规律的基础上制定。科学的材料消耗定额应当是材料消耗规律的正确反映。材料消耗定额是通过施工生产过程中对材料消耗进行观测、试验以及根据技术资料的统计与计算等方法制定的，见表4.2.7。

表4.2.7 材料消耗定额的制定方法

序号	制定方法	制定说明
1	观测法	观测法亦称现场测定法，是在合理使用材料的条件下，在施工现场按一定程序对完成合格产品的材料耗用量进行测定，通过分析、整理，最后得出一定的施工过程单位产品的材料消耗定额。 利用现场测定法主要是编制材料损耗定额，也可以提供编制材料净

（续表）

序号	制定方法	制定说明
1	观测法	用量定额的数据。其优点是能通过现场观察、测定,取得产品产量和材料消耗的情况,为编制材料定额提供技术根据。 观测法的首要任务是选择典型的工程项目,其施工技术、组织及产品质量,均要符合技术规范的要求;材料的品种、型号、质量也应符合设计要求;产品检验合格,操作工人能合理使用材料和保证产品质量。 在观测前要充分做好准备工作,如选用标准的运输工具和衡量工具,采取减少材料损耗措施等。 观测的结果,是要取得材料消耗的数量和产品数量的数据资料。 观测法是在现场实际施工中进行的。其优点是真实可靠,能发现一些问题,也能消除一部分消耗的材料不合理的浪费因素。但是,用这种方法制定材料消耗定额,由于受到一定的生产技术条件和观测人员的水平等限制,仍然不能把所消耗材料不合理的因素都揭露出来。同时,也有可能把生产和管理工作中的某些与消耗材料有关的缺点保留下来。 对观测取得的数据资料要进行分析研究,区分哪些是合理的,哪些是不合理的,哪些是不可避免的,以制定出在一般情况下都可以达到的材料消耗定额
2	试验法	试验法是指在材料试验室中进行试验和测定数据。例如:以各种原材料为变量因素,求得不同强度等级混凝土的配合比,从而计算出每立方米混凝土的各种材料耗用量。 利用试验法,主要是编制材料净用量定额。通过试验,能够对材料的结构、化学成分和物理性能以及按强度等级控制的混凝土、砂浆配比做出科学的结论,为编制材料消耗定额提供有技术根据的、比较精确的计算数据。 但是,试验法不能取得在施工现场实际条件下,由于各种客观因素对材料耗用量影响而产生的实际数据。这是该法的不足之处。 试验室试验必须符合国家有关标准规范,计量要使用标准容器和称量设备,质量要符合施工验收规范要求,以保证获得可靠的定额编制依据
3	统计法	统计法是指通过对现场进料、用料的大量统计资料进行分析计算,以获得材料消耗的数据。这种方法由于不能分清材料消耗的性质,因而不能作为确定材料净用量定额和材料损耗定额的精确依据。 对积累的各分部分项工程结算的产品所耗用材料的统计分析,是根据各分部分项工程拨付材料数量、剩余材料数量及总完成产品数量来进行计算的。

（续表）

序号	制定方法	制定说明
3	统计法	采用统计法，必须要保证统计和测算的耗用材料和相应产品一致。对于在施工现场中的某些材料，往往难以区分将其用在各个不同部位上的准确数量。因此，要有意识地加以区分，才能得到有效的统计数据。　用统计法制定材料消耗定额一般采取两种方法： (1)经验估算法。指以有关人员的经验或以往同类产品的材料实耗统计资料为依据，通过研究分析并在考虑有关影响因素的基础上制定材料消耗定额的方法。 (2)统计法。统计法是对某一确定的单位工程拨付一定的材料，待工程完工后，根据已完产品数量和领退材料的数量，进行统计和计算的一种方法。这种方法的优点是不需要专门人员测定和实验。由统计得到的定额有一定的参考价值，但其准确程度较差，应对其分析研究后才能采用
4	理论计算法	理论计算法是根据施工图，运用一定的数学公式，直接计算材料耗用量。计算法只能计算出单位产品的材料净用量，而材料的损耗量仍要在现场通过实测取得。采用这种方法必须对工程结构、图纸要求、材料特性和规格、施工及验收规范、施工方法等先进行了解和研究。计算法适宜于不易产生损耗且容易确定废料的材料，如木材、钢材、砖瓦、预制构件等材料。因为这些材料根据施工图纸和技术资料从理论上都可以计算出来，不可避免的损耗也有一定的规律可找。 理论计算法是材料消耗定额制定方法中比较先进的方法。但是，用这种方法制定材料消耗定额，要求掌握一定的技术资料和各方面的知识以及有较丰富的现场施工经验

3. 周转性材料消耗量的计算

在编制材料消耗定额时，某些工序定额、单项定额和综合定额中涉及周转材料的确定和计算。如劳动定额中的架子工程、模板工程等。周转性材料在施工过程中不属于通常的一次性消耗材料，而是可多次周转使用，经过修理、补充才逐渐消耗尽的材料。如：模板、钢板桩、脚手架等，实际上它亦是作为一种施工工具和措施。在编制材料消耗定额时，应按多次使用、分次摊销的办法确定。

周转性材料消耗的定额量是指每使用一次摊销的数量，其计算必须考虑一次使用量、周转使用量、回收价值和摊销量之间的关系。

4.2.4　机械台班使用定额

1. 机械台班使用定额的概念与作用

机械台班使用定额的概念与作用见表4.2.8。

表4.2.8　机械台班使用定额的概念与作用

序号	类别	说明
1	概念	在建筑工程中,有些工程产品或工作是由工人来完成的,有些是由机械来完成的,有些则是由人工和机械配合共同完成的。由机械或人机配合共同完成的产品或工作中,就包含一个机械工作时间。 机械台班使用定额或称机械台班消耗定额,是指在正常施工条件下,合理的劳动组合和使用机械,完成单位合格产品或某项工作所必需的机械工作时间,包括准备与结束时间、基本工作时间、辅助工作时间、不可避免的中断时间以及使用机械的工人生理需要与休息时间
2	内容	机械台班使用定额内容是以机械作业为主体划分期日,列出完成各种分项工程或施工过程的台班产量标准,并包括机械性能、作业条件和劳动组合等说明
3	作用	施工机械台班使用定额的作用是施工企业对工人班组签发施工任务书、下达施工任务,实行计划奖励的依据;是编制机械需用量计划和作业计划,考核机械效率,核定企业机械调度和维修计划的依据;是编制预算定额的基础资料

2. 机械台班使用定额的表现形式

机械台班使用定额的形式按其表现形式不同,可分为机械时间定额和机械台班产量定额两种。见表4.2.9。

表4.2.9　机械台班使用定额的表现形式

序号	类别	说明
1	机械时间定额	机械时间定额就是在正常的施工条件和劳动组织的条件下,使用某种规定的机械,完成单位合格产品所必须消耗的台班数量。机械时间定额以“台班”表示,即一台机械工作一个作业班时间,一个作业班时间为8h。即: $$单位产品机械时间定额(台班)=\frac{1}{机械台班产量定额}$$ 由于机械必须由工人小组配合,所以完成单位合格产品的时间定额,同时列出人工时间定额。即: $$单位产品人工时间定额(工日)=\frac{小组成员总人数}{台班产量}$$

（续表）

序号	类别	说明
1	机械时间定额	例：斗容量 1 m^3 正铲挖土机，挖四类土，装车，深度在 2m 内，小组成员两人，机械台班产量为 4.76（定额单位 100 m^3），试求该小组成员的人工时间定额和机械时间定额。 解：挖 100 m^3 的人工时间定额：$\frac{小组成员总人数}{台班产量}=\frac{2}{4.76}=0.42$ 工日 挖 100 m^3 的机械时间定额：$\frac{1}{机械台班产量定额}=\frac{1}{4.76}=0.21$ 台班
2	机械台班产量定额	机械台班产量定额就是在正常的施工条件和劳动组织条件下，某种机械在一个台班时间内必须完成的单位合格产品的数量。即： $$机械台班产量定额=\frac{1}{机械时间定额（台班）}$$ 机械时间定额和机械产量定额互为倒数关系
3	人工配合机械工作时的人工定额	人工配合机械工作时除了要有机械时间定额或机械台班产量定额外，还需综合的人工时间定额以及分工种的人工时间定额和产量定额，其计算公式： $$配合机械综合小组的人工时间定额（工日）=\frac{班组总工日数}{台班的产量}$$ 或 $$配合机械综合小组每工的产量定额=\frac{台班的产量}{班组总工日数}$$
		例：某建筑工程用 6t 塔式起重机吊装某种混凝土构件，由 1 名吊车司机、7 名安装起重工、2 名电焊工组成的综合小组共同完成。已知机械台班产量定额为 40 块，试求吊装每一块混凝土构件的机械时间定额和人工时间定额。 解：1. 吊装每一块混凝土构件的机械时间定额 $机械时间定额=\frac{1}{机械时间定额（台班）}=\frac{1}{40}=0.025$ 台班 2. 吊装每一块混凝土构件的人工时间定额 （1）按综合小组计算。 $人工时间定额=\frac{1+7+2}{40}=0.25$ 工日 或 $人工时间定额=(1+7+2)\times0.025=0.25$ 工日

(续表)

序号	类别	说明
3	人工配合机械工作时的人工定额	(2)分工种计算。 吊车司机时间定额 =1 ×0.025 =0.025 工日 吊装起重机工时间定额 =7 ×0.025 =0.175 工日 电焊工时间定额 =2 ×0.025 =0.050 工日

3. 机械台班使用定额的编制

机械台班使用定额的编制方法及其要求见表 4.2.10。

表 4.2.10　机械台班使用定额的编制方法及其要求

序号	类别	说明
1	确定正常的施工条件	拟定机械工作正常条件,主要是拟定工作地点的合理组织和合理的工人编制。 工作地点的合理组织,就是对施工地点机械和材料的放置位置、工人从事操作的场所,做出科学合理的平面布置和空间安排。它要求施工机械和操纵机械的工人在最小范围内移动,但又不阻碍机械运转和工人操作;应使机械的开关和操纵装置尽可能集中地装置在操纵工人的近旁,以节省工作时间和减轻劳动强度;应最大限度发挥机械的效能,减少工人的手工操作。 拟定合理的工人编制,就是根据施工机械的性能和设计能力、工人的专业分工和劳动工效,合理确定操纵机械的工人和直接参加机械化施工过程的工人的编制人数。 拟定合理的工人编制,应要求保持机械的正常生产率和工人正常的劳动工效
2	确定机械 1h 纯工作正常生产率	确定机械正常生产率时,必须首先确定出机械纯工作 1h 的正常生产率。 机械纯工作时间,就是指机械的必需消耗时间。机械 1h 纯工作正常生产率,就是在正常施工组织条件下,具有必需的知识和技能的技术工人操纵机械 1h 的生产率。根据机械工作特点的不同,机械 1h 纯工作正常生产率的确定方法也有所不同。对于循环动作机械,确定机械纯工作 1h 正常生产率的计算公式如下: 机械一次循环的正常延续时间 = ∑(循环各组成部分正常延续时间) - 交叠时间 $$\text{机械纯工作 1h 循环次数} = \frac{60 \times 60(\text{s})}{\text{一次循环的正常延续时间}}$$

序号	类别	说明
2	确定机械1h纯工作正常生产率	机械纯工作1h正常生产率＝机械纯工作1h正常循环次数×一次循环生产的产品数量 从公式中可以看到,计算循环机械纯工作1h正常生产率的步骤是:根据现场观察资料和机械说明书,确定各循环组成部分的延续时间;将各循环组成部分的延续时间相加,减去各组成部分之间的交叠时间,求出循环过程的正常延续时间;计算机械纯工作1h的正常循环次数;计算循环机械纯工作1h的正常生产率。 对于连续动作机械,确定机械纯工作1h正常生产率需根据机械的类型和结构特征,以及工作过程的特点来进行。计算公式如下: $$连续动作机械纯工作1h正常生产率=\frac{工作时间内生产的产品数量}{工作时间(h)}$$ 工作时间内的产品数量和工作时间的消耗,要通过多次现场观察和机械说明书来取得数据。 对于同一机械进行作业属于不同的工作过程,如挖掘机所挖土壤的类别不同,碎石机所破碎的石块硬度和粒径不同,均需分别确定其纯工作1h的正常生产率
3	确定施工机械的正常利用系数	确定施工机械的正常利用系数,是指机械在工作班内对工作时间的利用率。机械的利用系数和机械在工作班内的工作状况有着密切的关系。所以,要确定机械的正常利用系数。首先要拟定机械工作班的正常工作状况。保证合理利用工时。 确定机械正常利用系数,要计算工作班正常状况下准备与结束工作,机械启动、机械维护等工作所必须消耗的时间,以及机械有效工作的开始与结束时间,从而进一步计算出机械在工作班内的纯工作时间和机械正常利用系数。机械正常利用系数的计算公式如下: $$机械正常利用系数=\frac{机械在一个工作班内纯工作时间}{一个工作班延续时间(8h)}$$
4	计算施工机械台班定额	计算施工机械定额是编制机械定额工作的最后一步。在确定了机械工作正常条件、机械1h纯工作正常生产率和机械正常利用系数之后,采用下列公式计算施工机械的产量定额: 施工机械台班产量定额＝机械1h纯工作正常生产率×工作班纯工作时间 或 施工机械台班产量定额＝机械1h纯工作正常生产率×工作班延续时间×机械正常利用系数 $$施工机械时间定额=\frac{1}{机械台班产量定额指标}$$

4.3 建筑工程预算定额

4.3.1 建筑工程预算定额的基本含义

1. 建筑工程预算定额的概念与作用

建筑工程预算定额的概念与作用见表4.3.1。

表4.3.1　建筑工程预算定额的概念与作用

序号	类别	说明
1	概念	建筑工程预算定额是以工程基本构造要求(分项工程和结构构件)为对象。它规定了在正常的施工条件下,完成单位合格产品的人工、材料和机械台班消耗的数量标准。在建筑工程预算定额中,除了规定上述各项资源和资金消耗的数量标准外,还规定了它应完成的工程内容和相应的质量标准及安全要求等内容
2	内容	预算定额是工程建设中一项重要的技术经济文件。它的各项指标反映了国家要求施工企业和建设单位,在完成施工任务中所消耗人工、材料和机械等消耗量的限度。预算定额体现了国家、建设单位和施工企业之间的一种经济关系。预算定额在控制投资中起指导作用,国家和建设单位按预算定额的规定,为建设工程提供必要的人力、物力和资金供应;在招标投标的工程量清单计价中起参考作用,施工企业可以按预算定额的消耗量范围内,通过自己的施工活动,按质按量地完成施工任务
3	作用	预算定额在我国建设工程中具有以下重要作用: (1)对设计方案进行技术经济评价,是新结构、新材料进行技术经济分析的依据。 (2)是编制施工图预算,确定工程预算造价的依据。 (3)是施工企业编制人工、材料、机械台班需用量计算,统计完成工程量,考核工程成本,实行经济核算的依据。 (4)是建筑工程招标、投标中确定标底和标价,实行招标承包制的重要依据。 (5)是建设单位和建设银行拨付工程价款、建设资金贷款和竣工结(决)算的依据。 (6)是编制地区单位估价表、概算定额和概算指标的基础资料

2. 预算定额与施工定额的区别

预算定额与施工定额的区别见表4.3.2。

表 4.3.2　预算定额与施工定额的区别

序号	类别	说明
1	预算定额与施工定额的联系	预算定额以施工定额为基础进行编制，它们都规定了为完成单位合格产品所需人工、材料、机械台班消耗的数量标准。但这两种定额是不同的
2	预算定额与施工定额的区别	(1)研究对象不同。预算定额以分部分项工程为研究对象，施工定额以施工过程为研究对象。前者在后者的基础上，在研究对象方面进行了科学的综合扩大。 (2)编制单位和使用范围不同。预算定额由国家、行业或地区建设主管部门编制，是国家、行业或地区建设工程造价计价法规性标准。施工定额是由施工企业编制，是企业内部使用的定额。 (3)编制时考虑的因素不同。预算定额编制考虑的是一般情况，考虑了施工过程中，对前面施工工序的检验，对后继施工工序的准备，以及相互搭接中的技术间歇、零星用工及停工损失等人工、材料和机械台班消耗量的增加因素。施工定额考虑的是企业施工的特殊情况。所以，预算定额比施工定额考虑的因素更多、更复杂。 (4)编制水平不同。预算定额采用社会平均水平编制，施工定额采用企业平均先进水平编制。一般情况是，在人工消耗量方面，预算定额比施工定额低10% ~15%

4.3.2　预算定额的编制

1. 预算定额的构成要素

预算定额一般由项目名称、单位、人工、材料、机械台班消耗量构成，若反映货币量，还包括项目的定额基价。预算定额示例见表 4.3.3。

(1)项目名称。预算定额的项目名称也称定额子目名称。定额子目是构成工程实体或有助于构成工程实体的最小组成部分，一般是按工程部位或工程材料划分。一个单位工程预算可由几十到上百个定额子目构成。

(2)工料机消耗量。工料机消耗量是预算定额的主要内容，这些消耗量是完成单位产品(一个单位定额子目)的规定数量。

(3)定额基价。定额基价也称工程单价，是上述定额子目中工料机消耗量的货币表现。

$$定额基价 = 工日数 \times 工日单价 + \sum_{i=1}^{n}(材料用量 \times 材料单价)_i + \sum_{i=1}^{n}(机械台班量 \times 台班单价)_j$$

表 4.3.3　预算定额摘录

定额编号		5-408		
项目		单位	单价	现浇 C20 混凝土圈梁(m^3)
基价		元		199.05
其中	人工费	元		58.60
	材料费	元		137.50
	机械费	元		2.95
人工	综合用工	工日	20.00	2.93
材料	C20 混凝土	m^3	134.50	1.015
	水	m^3	0.90	1.087
机械	混凝土搅拌机 400L	台班	55.24	0.039
	插入式振动器	台班	10.37	0.077

2. 预算定额的编制原则

预算定额的编制原则见表4.3.4。

表 4.3.4　预算定额的编制原则

序号	编制原则	说明
1	社会平均必要劳动量确定定额水平的原则	在社会主义市场经济条件下,确定预算定额的各种消耗量指标,应遵循价值规律的要求,按照产品生产中所消耗的社会平均必要劳动量确定其定额水平。即在正常施工的条件下,以平均的劳动强度、平均的劳动熟练程度、平均的技术装备水平,确定完成每一单位分项工程或结构构件所需要的劳动消耗量,并据此作为确定预算定额水平的主要原则
2	简明扼要、适用方便的原则	预算定额的内容与形式,既要体现简明扼要、层次清楚、结构严谨、数据准确,还应满足各方面使用的需要,如编制施工图预算、办理工程结算、编制各种计划和进行成本核算等的需要,使其具有多方面的适用性,且使用方便

3. 预算定额的编制依据

预算定额的编制依据见表4.3.5。

表4.3.5　预算定额的编制依据

序号	编制依据
1	现行的《全国统一建筑工程基础定额》和《全国统一建筑装饰装修工程消耗量定额》
2	现行的设计规范、施工验收规范、质量评定标准和安全操作规程
3	通用的标准图集、定型设计图纸和有代表性的设计图样
4	有关科学实验、技术测定和可靠的统计资料
5	已推广的新技术、新材料、新结构和新工艺等资料
6	现行的预算定额基础资料、人工工资标准、材料预算价格和机械台班预算价格等

4. 预算定额的编制步骤

预算定额的编制，大致可分为四个阶段，见表4.3.6。

表4.3.6　预算定额的编制步骤

序号	编制步骤		说明
1	准备工作阶段(第一阶段)	拟定编制方案	提出编制定额目的和任务、定额编制范围和内容，明确编制原则、要求、项目划分和编制依据，拟定编制单位和编制人员，做出工作计划、时间、地点安排和经费预算等
		成立编制小组	抽调人员，根据专业需要划分编制小组。如土建定额组、设备定额组、混凝土及木构件组、混凝土及砌筑砂浆配合比测算组和综合组等
		收集资料	在已确定的编制范围内，采用表格化收集定额编制基础资料，以统计资料为主，注明所需要的资料内容、填表要求和时间范围。例如收集一些现行规定、规范和政策法规资料；收集定额管理部门积累的资料（如日常定额解释资料、补充定额资料、工程实践资料等）等。其优点是统一口径，便于资料整理，并具有广泛性
		专题座谈	邀请建设单位、设计单位、施工单位及管理单位的有经验的专业人员开座谈会，从不同的角度就以往定额存在的问题谈各自意见和建议，以便在编制新定额时改进

(续表)

序号	编制步骤		说明
2	定额编制阶段(第二阶段)		(1)确定编制细则。该项工作主要包括:统一编制表格和统一编制方法;统一计算口径、计量单位和小数点位数的要求;有关统一性的规定,即用字、专业用语、符号代码的统一以及简化字的规范化和文字的简练明确;人工、材料、机械单价的统一等。 (2)确定定额的项目划分和工程量计算规则。 (3)定额人工、材料、机械台班消耗用量的计算、复核和测算
3	定额审核报批阶段(第三阶段)	审核定稿	定额初稿的审核工作是定额编制工作的法定程序,是保证定额编制质量的措施之一。审稿工作应由经验丰富、责任心强、多年从事定额工作的专业技术人员来承担。审稿主要内容如下:文字表达确切通顺,简明易懂;定额的数字准确无误;章节、项目之间无矛盾等
		预算定额水平测算	向主管机关报告新定额编制成稿向主管机关报告之前,必须与原定额进行对比测算,分析水平升降原因。新编定额的水平一般应不低于历史上已经达到过的水平,并略有提高
4	修改定稿阶段	征求意见	定额编制初稿完成以后,需要组织征求各有关方面意见,通过反馈意见分析研究。在统一意见基础上整理分类,制定修改方案
		修改整理报批	根据确定的修改方案,按定额的顺序对初稿进行修改,并经审核无误后形成报批稿,经批准后交付印刷
		撰写编制说明	为贯彻定额,方便使用,需要撰写新定额编写说明,内容主要包括:项目、子目数量;人工、材料、机械消耗的内容范围;资料的依据和综合取定情况;定额中允许换算和不允许换算的规定;人工、材料、机械单价的计算和资料;施工方法、工艺的选择及材料运距的考虑;各种材料损耗率的取定资料;调整系数的使用;其他应说明的事项与计算数据、资料等
		立档、成卷	定额编制资料是贯彻执行中需查对资料的唯一依据,也为修编定额提供历史资料数据。作为技术档案应予以永久保存。立档成卷目录包括:编制文件资料档;编制依据资料档;编制计算资料档;编制方案资料档;编制一、二稿原始资料档;讨论意见资料档;修改方案资料档(包括定额印刷底稿全套);新定额水平测算资料档;工作总结和汇报材料档;简报资料、工作会议记录、记录资料档等

5. 预算定额的编制方法

预算定额的编制方法见表4.3.7。

表4.3.7 预算定额的编制方法

序号	确定指标		确定方法
1	确定分项工程的名称、工作内容及施工方法		预算定额除一部分新编项目要确定名称和工作内容外，过去的预算定额的项目名称和工作内容绝大部分可以使用。对于施工方法，因为原定额是反映当时技术水平下的施工方法，新编和修编预算定额时，应根据现行施工及验收规范的规定重新核定。确定时，要力求便于编制工程预算，便于进行工程计划、统计和成本核算工作
2	确定预算定额的计量单位与计算精度	定额计算单位的确定	定额计量单位应与定额项目内容相适应，要能确切反映各分项工程产品的形态特征、变化规律与实物数量，并便于计算和使用。 当物体的断面形状一定而长度不定时，宜采用长度“m”或“延长米”为计量单位，如木装饰、落水管安装等。 当物体有一定的厚度而长与宽变化不定时，宜采用面积“m^2”为计量单位，如楼地面、墙面抹灰、屋面工程等。 当物体的长、宽、高均变化不定时，宜采用体积“m^3”作为计量单位，如土方、砖石、混凝土和钢筋混凝土工程等。 当物体的长、宽、高均变化不大，但其质量与价格差异却很大时，宜采用“kg”或“t”为计量单位，如金属构件的制作、运输等。 在预算定额项目表中，一般都采用扩大的计量单位，如100m、$100m^2$、$100m^3$等，以便于预算定额的编制和使用
		计算精度的确定	预算定额项目中各种消耗量指标的数值单位和计算时小数位数的取定见表4.3.8
3	确定预算定额指标	一般规定	预算定额中的人工消耗量指标，包括完成该分项工程所必需的基本用工和其他用工数量。这些人工消耗量是根据多个典型工程综合取定的工程量数据和《全国统一建筑工程劳动定额》计算求得
		基本用工	基本用工指完成质量合格单位产品所必需消耗的技术工种用工。可按技术工种相应劳动定额的工时定额计算，以不同工种列出定额工日数
		其他用工	其他用工包括辅助用工、超运距用工和人工幅度差。见表4.3.9

(续表)

序号	确定指标		确定方法
4	确定材料消耗量指标	一般规定	预算定额中的材料消耗量指标由材料净用量和材料损耗量构成。其中材料损耗量包括材料的施工操作损耗、场内运输损耗、加工制作损耗和场内管理损耗
		主材净用量的确定	预算定额中主材净用量的确定,应结合分项工程的构造做法,按照综合取定的工程量及有关资料进行计算确定
		主材损耗量的确定	预算定额中主材损耗量的确定,是在计算出主材净用量的基础上乘以损耗率系数就可求得损耗量。在已知主材净用量和损耗率的条件下,要计算出主材损耗量就需要找出它们之间的关系系数,这个关系系数称为损耗率系数。主材损耗量和损耗率系数的计算公式如下: $$\text{主材损耗量}=\text{主材净用量}\times\text{损耗系数}$$ $$\text{损耗系数}=\frac{\text{损耗量}}{\text{净用量}}=\frac{\text{损耗率}}{1-\text{损耗率}}$$
		次要材料消耗量的确定	预算定额中对于用量很少、价值又不大的建筑材料,在估算其用量后,合并成“其他材料费”,以“元”为单位列入预算定额表内
		周转性材料摊销量的确定	周转性材料按“多次使用、分次摊销”的方式计入预算定额
5	确定机械台班消耗指标		预算定额中的机械台班消耗量指标,一般按《全国建筑安装工程统一劳动定额》中的机械台班产量,并考虑一定的机械幅度差进行计算。机械幅度差是指在合理的施工组织条件下机械的停歇时间。 在确定机械台班消耗指标时,机械幅度差以系数表示,大型机械的幅度差系数规定:土石方机械为1.25,吊装机械为1.3,打桩机械为1.33,其他专用机械(打桩、钢筋加工、木工等)为1.1。 垂直运输的塔吊、卷扬机以及混凝土搅拌机、砂浆搅拌机这些中小型机械是按工人小组配合使用的,应按小组产量计算台班产量,不增加机械幅度差。计算公式如下: $$\text{分项定额机械台班消耗量}=\frac{\text{分项定额计算单位值}}{\text{小组总产量}}$$ $$=\frac{\text{分项定额计算单位值}}{\text{小组总人数}\times\sum(\text{分项计算取定比值}\times\text{劳动定额综合产量})}$$

表 4.3.8 预算定额项目中各消耗量指标的数值单位和计算时小数位数的确定

序号	各消耗量指标数值单位	计算时小数位数的确定
1	人工以“工日”为单位	取小数后 2 位
2	机械以“台班”为单位	取小数后 2 位
3	木材以“m^3”为单位	取小数后 3 位
4	钢材以“t”为单位	取小数后 3 位
5	标准砖以“千匹”为单位	取小数后 2 位
6	砂浆、混凝土、沥青膏等半成品以“m^3”为单位	取小数后 2 位

表 4.3.9 其他用工的说明

序号	其他用工	说明
1	辅助用工	辅助用工指技术工种劳动定额内不包括而在预算定额内又必须考虑的用工。如机械土方工程配合、材料加工(包括筛砂子、洗石子、淋石灰膏等)模板整理等用工
2	超运距用工	超运距用工指预算定额中材料及半成品的场内水平运距超过了劳动定额规定的水平运距部分所需增加的用工。 超运距 = 预算定额取定的运距 - 劳动定额已包括的运距
3	人工幅度差	人工幅度差指预算定额与劳动定额的定额水平不同而产生的差异。它是劳动定额作业时间之外,预算定额内应考虑的、在正常施工条件下所发生的各种工时损失。其内容包括:①工种间的工序搭接、交叉作业及互相配合所发生的停歇用工;②现场内施工机械转移及临时水电线路移动所造成的停工;③质量检查和隐蔽工程验收工作影响工人操作的时间;④工序交接时对前一工序不可避免的修整用工;⑤班组操作地点转移而影响工人操作的时间;⑥施工中不可避免的其他零星用工。人工幅度差计算公式如下: 人工幅度差 =(基本用工 + 超运距用工 + 辅助用工)× 人工幅度差系数 式中 人工幅度差系数——一般取 10% ~15%

4.3.3 预算定额的应用

预算定额的应用见表 4.3.10。

表4.3.10　预算定额的应用

序号	类别		做法与说明
1	预算定额的直接套用		当施工图的设计要求与预算定额的项目内容一致时,可直接套用预算定额中的预算单价(基价)的工料消耗量,并据此计算该分项工程的工程直接费及工料需用量。 在编制单位工程施工图预算的过程中,大多数项目可以直接套用预算定额。套用时应注意以下几点: (1)根据施工图、设计说明和做法说明,选择定额项目。 (2)要从工程内容、技术特征和施工方法这几个方面仔细核对,才能较准确地确定相对应的定额项目。 (3)分项工程的名称和计量单位要与预算定额相一致
2	预算定额的换算	一般说明	当施工图中的分项工程项目不能直接套用预算定额时,就产生定额的换算
		换算原则	为了保持定额的水平,在预算定额的说明中规定了有关换算原则,一般包括: (1)定额的泵浆、混凝土强度等级,如设计与定额不同时,允许按定额附录的砂浆、混凝土配合比表换算,但配合比中的各种材料用量不得调整。 (2)定额中抹灰项目已考虑了常用厚度,各层砂浆的厚度一般不作调整。如果设计有特殊要求时,定额中工、料可以按厚度比例换算。 (3)必须按预算定额中的各项规定换算定额
		预算定额的换算类型	(1)砂浆换算:即砌筑砂浆换强度等级、抹灰砂浆换配合比及砂浆用量。 (2)混凝土换算:即构件混凝土、楼地面混凝土的强度等级、混凝土类型的换算。 (3)系数换算:按规定对定额中的人工费、材料费、机械费乘以各种系数的换算 (4)其他换算:除上述三种情况以外的定额换算
		定额换算的基本思路	定额换算的基本思路:根据选定的预算定额基价,按规定换入增加的费用,减去应扣除的费用。即: 换算后的定额基价 = 原定额基价 + 换入的费用 - 换出的费用

4.4 概算定额

4.4.1 概算定额的概念与作用

概算定额的基本含义与作用见表4.4.1。

表4.4.1 概算定额的基本含义与作用

序号	类别	说明
1	概念	概算定额是指生产按一定计量单位规定的扩大分部分项工程或扩大结构部分的人工、材料和机械台班的消耗量标准和综合价格。 建筑工程概算定额是在建筑工程预算定额基础上,根据有代表性的建筑工程通用图和标准图等资料,对预算定额相应子目进行适当地综合、合并、扩大而成,是介于预算定额和概算指标之间的一种定额。由于它是在预算定额的基础上编制的,因此,在编排次序、内容形式上基本与预算定额相同;只是相对预算定额而言,篇幅减少、子目减少,更容易编制和计算
2	分类	概算定额根据专业性质不同可分为建筑工程概算定额和安装工程概算定额两大类别,如图4.4.1所示
3	作用	(1)建筑工程概算定额是对设计方案进行技术经济分析比较的依据。设计方案比较,主要是对不同的建筑及结构方案的人工、材料和机械台班消耗量、材料用量、材料资源短缺程度等比较,弄清不同方案、人工材料和机械台班消耗量对工程造价的影响,材料用量对基础工程量和材料运输量的影响,以及由此产生的对工程造价的影响,短缺材料用量及其供给的可能性,某些轻型材料和变废为利的材料应用所产生的环境效益和国民经济宏观效益等。其目的是选出经济合理的建筑设计方案,在满足功能和技术性能要求的条件下,降低造价和人工、材料消耗。概算定额按扩大建筑结构构件或扩大综合内容划分定额项目,对上述诸方面,均能提供直接的或间接的比较依据,从而有助于做出最佳的选择。 对于新结构和新材料的选择与推广,也需要借助于概算定额进行技术经济分析和比较,从经济角度考虑普遍采用的可能性和效益。 (2)建筑工程概算定额是初步设计阶段编制工程设计概算、技术设计阶段编制修整概算、施工图设计阶段编制施工概算的主要依据。 概算项目的划分与初步设计的深度相一致,一般是以分部工程为对象。根据国家有关规定,按设计的不同阶段对拟建工程进行估价,编制工程概算和休整概算。这样,就需要与设计深度相适应的计价定额,概算定额正是使用了这种深度而编制的。

（续表）

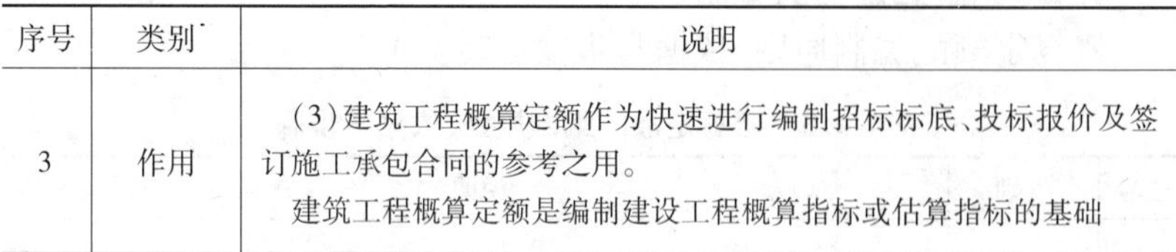

序号	类别	说明
3	作用	(3)建筑工程概算定额作为快速进行编制招标标底、投标报价及签订施工承包合同的参考之用。 建筑工程概算定额是编制建设工程概算指标或估算指标的基础

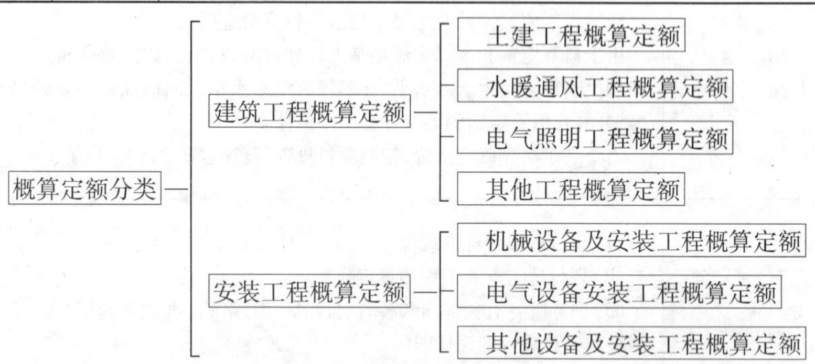

图4.4.1　概算定额的分类

4.4.2　概算定额的内容

概算定额的内容见表4.4.2。

表4.4.2　概算定额的内容

序号	类别	说明
1	一般说明	建筑工程概算定额的主要内容包括总说明、建筑面积计算规则、册章节说明、定额项目表和附录、附件等
2	总说明	主要介绍概算定额的作用、编制依据、编制原则、使用范围、有关规定等内容
3	建筑面积计算规则	规定了计算建筑面积的范围、计算方法,不计算建筑面积的范围等。建筑面积是分析建筑工程技术指标的重要项目,现行建筑面积的计算规则,是由国家统一规定的
4	册章节说明	册章节(又称章分部)说明主要是对本章定额运用、界限划分、工程量计算规则、调整换算规定等内容进行说明
5	概算定额项目表	概算定额项目表是概算定额的核心,它反映了一定计量单位扩大结构或扩大分项工程的概算单价,以及主要材料消耗量的标准。表头部分有工程内容,表中有项目计算单位、概算单价、主要工程量及材料用量等
6	附录、附件	附录一般列在概算定额手册的后面,包括砂浆、混凝土配合比表,各种材料、机械台班造价表有关资料,供定额换算、编制工作业计划使用

4.4.3 概算定额的编制

概算定额的编制原则、依据与步骤见表4.4.3。

表4.4.3 概算定额的编制原则、依据与步骤

序号	类别	说明
1	编制原则	概算定额应贯彻社会主义平均水平和简明适用的原则。 由于概算定额和预算定额都是工程计价的依据,所以应符合价值规律和反映现阶段生产力水平,在概预算定额水平之间应保留必要的幅度差,并在概算定额的编制过程中严格控制。 为了满足事先确定造价,控制项目投资,概算定额要尽量准确
2	编制依据	(1)现行的设计标准规范。 (2)现行建筑安装工程预算定额。 (3)国务院各有关部门和各省、自治区、直辖市批准颁发的标准设计图集和有代表性的设计图样。 (4)现行的概算定额及其他相关资料
3	编制步骤	一般分三阶段进行,即准备阶段、编制初稿阶段和审查定稿阶段。 (1)准备阶段,主要是确定编制机构和人员组成,进行调查研究,了解现行概算定额执行情况和存在问题,明确编制的目的,制定概算定额的编制方案和确定概算定额的项目。 (2)编制初稿阶段,是根据已经确定的编制方案和概算定额项目,收集和整理各种编制依据,对各种资料进行深入细致的测算和分析,确定人工、材料和机械台班的消耗量指标,最后编制概算定额初稿。 (3)审查定稿阶段,主要工作是测算概算定额水平,即测算新编制概算定额与原概算定额及现行预算定额之间的水平。测算的方法既要分项进行测算,又要通过编制单位工程概算以单位工程为对象进行综合测算。概算定额水平与预算定额水平之间应有一定的幅度差,幅度差一般在5%以内

4.4.4 概算定额的应用

使用概算定额前,首先要学习概算定额的总说明,册章节说明,以及附录、附件,熟悉定额的有关规定,才能正确地使用概算定额。概算定额的使用方法同预算定额一样,分为直接套用、定额的调整和补充定额项目等三项情况。

4.5　人工、材料、机械台班单价的组成和编制方法

4.5.1　工程单价的概念与作用

1. 工程单价的概念与作用

工程单价的概念与作用见表4.5.1。

表4.5.1　工程单价的概念与作用

序号	类别	解释
1	概念	所谓工程单价，一般是指单位假定建筑产品的不完全价格。通常是指建筑工程的预算单价和概算单价。 工程单价与完整的建筑产品(如单位产品、最终产品)价值在概念上是完全不同的一种单价。完整的建筑产品价值，是建筑物或构筑物在真实意义上的全部价值，即完全成本加利税。单位假定建筑产品单价，不仅不是可以独立发挥建筑物或构筑物价值的价格，甚至也不是单位假定建筑产品的完整价格，因为这种工程单价仅仅是由某一单位工程直接费中的人工、材料和机械费构成。 工程单价是以概预算定额量为依据编制概预算时的一个特有的概念术语，是传统概预算编制制度中采用单位估价法编制工程概预算的重要文件，也是计算程序中的一个重要环节。我国建设工程概预算制度中长期采用单位估价法编制概预算，因为在价格比较稳定或价格指数比较完整、准确的情况下，有可能编制出地区的统一工程单价，以简化概预算编制工作。 地区统一的工程单价是以统一地区单位估价表形式出现的，这就是所谓量价合一的现象。在单位估价表中"基价"所列的内容，是每一定额计量单位分项工程的人工费、材料费和机械费，以及这三者之和。全国统一的预算定额按北京地区的人工工资单价、材料预算价格、机械台班预算价格计算基价(主管部门另有规定的除外)。地区统一定额以省会所在地的人工工资单价、材料预算价格、机械台班预算价格计算基价
2	作用	(1)确定和控制工程造价。工程单价是确定和控制概预算造价的基本依据。由于它的编制依据和编制方法规范，在确定和控制工程造价方面有不可忽视的作用。 (2)利用编制统一性地区工程单价。简化编制预算和概算的工作量和缩短工作周期，同时也为投标报价提供依据。 (3)利用工程单价可以对结构方案进行经济比较，优先设计方案。 (4)利用工程单价进行工程款的期中结算

2. 工程单价的编制

工程单价的编制依据与编制方法见表4.5.2。

表4.5.2　工程单价的编制依据与编制方法

序号	类别	具体要求
1	编制依据	(1)预算定额和概算定额。编制预算单价或概算单价,主要依据之一是预算定额或概算定额。首先,工程单价的分项是根据定额的分项划分的,所以工程单价的编号、名称、计量单位的确定均以相应的定额为依据。其次,分部分项工程的人工、材料和机械台班消耗的种类和数量,也是依据相应的定额。 (2)人工单价、材料预算价格和机械台班单价。工程单价除了要依据概预算定额确定分部分项工程的工、料、机的消耗数量外,还必须依据上述三项"价"的因素,才能计算出分部分项工程的人工费、材料费和机械费,进而计算出工程单价。 (3)措施费和间接费的取费标准。这是计算综合单价的必要依据
2	编制方法	工程单价的编制方法,简单说就是工、料、机的消耗量和工、料、机单价的结合过程,计算公式: (1)分部分项工程基本直接费单价(基价)。 分部分项工程基本直接费单价(基价)=单位分部分项工程人工费+材料费+机械使用费 式中 人工费=Σ(人工工日用量×人工日工资单价) 材料费=Σ(各种材料耗用量×材料预算价格) 机械使用费=Σ(机械台班用量×机械台班单价) (2)分部分项工程全费用单价。 分部分项工程全费用单价=单位分部分项工程直接工程费+措施费+间接费 其中,措施费、间接费,一般按规定的费率及其计算基础计算,或按综合费率计算
3	地区工程单价的编制	编制地区单价的意义,主要是简化工程造价的计算,同时也有利于工程造价的正确计算和控制。因为一个建设工程所包括的分部分项工程多达数千项,为确定预算单价所编制的单位估价表就有数千张。要套用不同的定额和预算价格,要经过多次运算,不仅需要大量的人力、物力,也不能保证预算编制的及时性和准确性。所以,编制地区单价不仅十分必要,而且也很有意义。 编制地区单价的方法主要是加权平均法。要使编制出的工程单价能适应该地区的所有工程,就必须全面考虑各个影响工程单价的因素

(续表)

<table>
<tr><th>序号</th><th>类别</th><th>具体要求</th></tr>
<tr><td>3</td><td>地区工程单价的编制</td><td>对所有工程的影响。一般来说,在一个地区范围内影响工程单价的因素有些是统一的也比较稳定,如预算定额和概算定额、工资单价、台班单价等。不统一、不稳定的因素主要是材料预算价格。因为同一种材料由于原价不同,交货地点不同,运输方式和运输地点不同,以及工程所在地点和区域不同,所形成的材料预算价格也不同。所以要编地区单价,就要综合考虑上述因素,采用加权平均法计算出地区统一材料预算价格。
材料预算价格的组成因素,按有关部门规定,供销部门手续费、包装费、采购及保管费的费率,在地区范围是相同的。材料原价一般也是基本相同的。因此,编制地区性统一材料预算价格的主要问题,是材料运输费。
就一个地区看,每种材料运输费都可以分为两部分。一部分是自发货地点至当地一个中心点的运输费;而另一部分是自这一中心点至各用料地点的运输费。与此相适应,材料运输费也可以分为长途(外地)运输费和短途(当地)运输费。对于这两部分运输费,要分别采用加权平均法计算出平均运输费。
计算长途运输的平均运输费,主要应考虑:由于供应者不同而引起的同一材料的运距和运输方式不同;每个供应者供应的材料数量不同。采用加权平均法计算其平均运输费的公式:
$$T_A=\frac{Q_1T_1+Q_2T_2+\cdots+Q_nT_n}{Q_1+Q_2+\cdots+Q_n}=R_1T_1+R_2T_2+\cdots+R_nT_n$$
式中　T_A——平均长途运输费;
$Q_1,Q_2,\cdots,Q_n$——自各不同交货地点起运的同一材料数量;
$T_1,T_2,\cdots,T_n$——自各交货地点至当地中心点的同一材料运输费;
$R_1,R_2,\cdots,R_n$——自各交货地点起运的材料占该种材料总量的比重。
计算当地运输的平均运输费,主要应考虑从中心仓库到各用料地点的运距不同对运输费的影响和用料数量。计算方法和长途运输基本相同,即
$$T_B=M_1T_1+M_2T_2+\cdots+M_nT_n$$
式中　T_B——平均当地运输费;
$M_1,M_2,\cdots,M_n$——各用料地点对某种材料需要量占该种材料总量的比重;
$T_1,T_2,\cdots,T_n$——自当地中心仓库至各用料地点的运输费。
材料平均运输费 $=T_A+T_B$</td></tr>
</table>

（续表）

序号	类别	具体要求
3	地区工程单价的编制	如果原价不同,也可以采用加权平均法计算。 把经过计算的各项因素相加,就是地区材料预算价格。 地区单价是建立在定额和统一地区材料预算价格的基础上的。当这个基础发生变化,地区单价也就相应地变化。在一定时期内,地区单价应具有相对稳定性。不断研究和改善地区单价和地区材料预算价格的编制和管理工作,并使之具有相对稳定的基础,是加强概预算管理,提高基本建设管理水平和投资效果的客观要求

3. 单位估价表

单位估价表的作用、分类及其编制见表4.5.3。

表4.5.3　单位估价表的作用、分类及其编制

序号	类别	说明
1	作用	(1)单位估价表是确定工程预算造价的基本依据之一,即按设计图纸计算出分项工程量后,分别乘以相应的定额单价(单位估价表)得出分项直接费,汇总各分部分项直接费,按规定计取各项费用,即得出单位工程全部预算造价。 (2)单位估价表是对设计方案进行技术经济分析的基础资料,即每个分项工程,如各自墙体、地面、装修等,同部位选择什么样的设计方案,除考虑生产、功能、坚固、美观等条件外,还必须考虑经济条件。这就需要采用单位估价表进行衡量、比较,在同样条件下当然要选择一种经济合理的方案。 (3)单位估价表是进行已完工程结算的依据,即建设单位和施工企业,按单位估价表核对已完工程的单价是否正确,以便进行分部分项工程结算。 (4)单位估价表是施工企业进行经济分析的依据,即企业为了考核成本执行情况,必须按单位估价表中所定的单价和实际成本进行比较。通过对两者的比较,算出降低成本多少并找出原因。 总之,单位估价表的作用很大,合理地确定单价,正确使用单位估价表,是准确确定工程造价,促进企业加强经济核算、提高投资效益的重要环节

(续表)

序号	类别		说明
2	分类	按定额性质划分	(1)建设工程单价估价表,适用于一般建筑工程。 (2)设备安装工程单位估价表,适用于机械、电气设备安装工程、给排水工程、电气照明工程、采暖工程、通风工程等
		按使用范围划分	(1)全国统一定额单位估价表,适用于各地区、各部门的建筑及设备安装工程。 (2)地区单位估价表,是在地方统一预算定额的基础上,按本地区的工资标准、地区材料预算价格、建筑机械台班费用及本地区建设的需要而编制的。只适于在本地区范围内使用。 (3)专业工程单位估价表,是仅适用于专业工程的建筑及设备安装工程的单位估价表
		按编制依据不同划分	按编制依据分为定额单位估价表和补充单位估价表。 补充单位估价表,是指定额缺项,没有相应项目可使用时,可按设计图纸资料,依照定额单位估价表的编制原则,制定补充单位估价表
3	编制方法		单位估价表的内容由两大部分组成,一是预算定额规定的工、料、机数量,即合计用工量、各种材料消耗量、施工机械台班消耗量;二是地区预算价格,即与上述三种"量"相适应的人工工资单价、材料预算价格和机械台班预算价格。 编制单位估价表就是把三种"量"与三种"价"分别结合起来,得出各分项工程人工费、材料费和施工机械使用费,三者汇总起来就是工程预算单价。 为了使用方便,在单位估价表的基础上,应编制单位估价汇总表。单位估价汇总表的项目划分与预算定额和单位估价表是相互对应的,为了简化预算的编制,单位估价汇总表已纳入预算定额中一些常用的分部分项工程和定额中需要调整换算的项目。单位估价汇总表略去了人工、材料和机械台班的消耗数量(即"三量"),保留了单位估价表中的人工费、材料费、机械费(即"三费")和预算价值

4.5.2 人工单价的确定

人工单价一般包括基本工资、工资性补贴及有关保险费等。

传统的基本工资是根据工资标准计算的。现阶段企业的工资标准基本上由企业内部制定。

1. 人工单价的构成

(1)工资标准的确定。

工资标准的确定及其计算见表4.5.4。

表4.5.4 工资标准的确定及其计算

序号	类别	说明
1	一般说明	研究工资标准的主要目的是为了计算非整数等级的基本工资
2	工资标准的概念	工资标准,是指国家规定的工人在单位时间内(日或月)按照不同的工资等级所取得的工资数额
3	工资等级	工资等级,是按国家有关规定或企业有关规定,按照劳动者的技术水平、熟练程度和工作责任大小等因素所划分的工资级别
4	工资等级系数	工资等级系数也称工资级差系数,是表示建筑安装企业各级工人工资标准的比例关系,通常以各级工人工资标准与一级工人工资标准的比例关系来表示。例如,国家规定的建筑工人的工资等级系数 K_n 的计算公式: $$K_n = (1.187)^{n-1}$$ 式中 n——工资等级; K_n——n 级工资等级系数; 1.187——工资等级系数的公比。 我国建筑业现行工资制度规定,建筑工人工资分为七级,安装工人工资分为八级。各工资等级之间的关系用工资等级系数表示。各级建筑安装工人工资等级系数见表4.5.5
5	工资标准的计算方法	计算月工资标准的计算公式: $$F_n = F_1 \times K_n$$ 式中 F_n——n 级工资标准; F_1——一级工工资标准; K_n——工资等级系数
6	计算实例	已知北方某地区一级工月工资标准为1200元,求4.8级建筑工人的月工资标准。 解:(1)依据公式 $K_n = (1.187)^{n-1}$,先算出该工资等级的系数: $K_{4.8} = (1.187)^{4.8-1} = 1.918$ (2)然后根据公式 $F_n = F_1 \times K_n$ 就能计算出4.8级建筑工人的月工资标准: $F_{4.8} = 1200 \times 1.918 = 2301.6$ 元/月

表4.5.5 各级建筑安装工人工资等级系数

工资等级	一	二	三	四	五	六	七	八
建筑工人	1.000	1.187	1.409	1.672	1.985	2.360	2.800	
安装工人	1.000	1.178	1.388	1.635	1.926	2.269	2.673	3.150

(2)人工工日单价的构成。

人工工日单价的构成见表4.5.6。

表4.5.6 人工工日单价的构成

序号	类别	说明
1	人工工日单价的概念	人工工日单价是指一个建筑工人一个工作日在预算中应计入的全部人工费用。当前,生产工人的工日单价组成如图4.5.1所示
2	基本工资	基本工资,是指发放的生产工人的基本工资,包括岗位工资、技能工资、工龄工资。根据有关规定,生产工人基本工资应执行岗位工资和技能工资制度。根据有关部门制定的《全民所有制大中型建筑安装企业的岗位技能工资制试行方案》,生产工人的基本工资按照岗位工资、技能工资和年功工资(按职工工作年限确定的工资)计算
3	工资性补贴	工资性补贴,是指为了补偿工人额外或特殊的劳动消耗及为了保证工人的工资水平不受特殊条件影响,而以补贴形式支付给工人的劳动报酬,它包括按规定标准发放的物价补贴,煤、燃气补贴,交通费补贴,住房补贴,流动施工津贴及地区津贴等
4	辅助工资	辅助工资,是指生产工人年有效施工天数以外非作业天数的工资,包括职工学习、培训期间的工资,调动工作、探亲、休假期间的工资,因气候影响的停工工资,女工哺乳时间的工资,病假在六个月以内的工资及产、婚、丧假期的工资
5	职工福利费	职工福利费,是指按规定标准计提的职工福利费
6	劳动保护费	劳动保护费,是指按规定标准发放的劳动保护用品的购置费及修理费,徒工服装补贴,防暑降温费,在有碍身体健康环境中施工的保健费用等。 人工工日单价的组成内容,在各部门、各地区并不完全相同,但其中每一项内容都是根据有关法规、政策文件的精神,结合本部门、本地区

（续表）

序号	类别	说明
6	劳动保护费	的特点，通过反复测算最终确定的。 近几年国家陆续出台了养老保险、医疗保险、住房公积金、失业保险等社会保障的改革措施，新的工资标准正逐步将其纳入到人工预算单价中

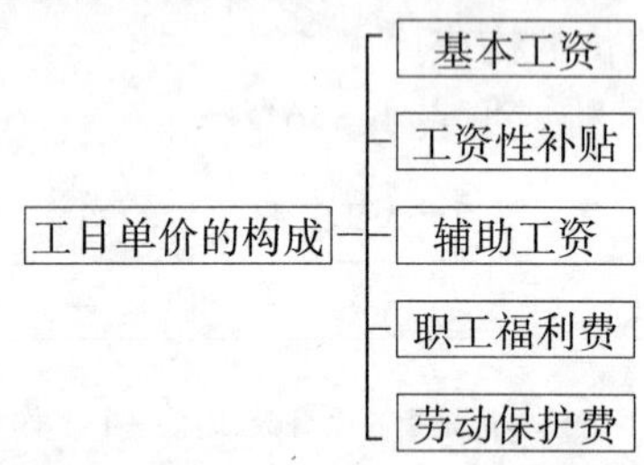

图 4.5.1　人工工日单价的构成

(3)影响人工单价的因素。

影响建筑安装工人人工单价的因素有很多，归纳起来主要有表4.5.7中所列的几条。

表 4.5.7　影响人工单价的因素

序号	影响人工单价的因素
1	社会平均工资水平
2	生活消费指数
3	人工单价的组成内容
4	劳动力市场供需变化
5	政府推行的社会保障和福利政策也会影响人工单价的浮动

2. 工日单价的计算与确定

(1)人工单价的计算。

人工单价的计算方法见表4.5.8。

表 4.5.8　人工单价的计算方法

序号	类别	说明
1	一般说明	建筑安装工人的日工资单价包括基本工资的日工资标准和工资补贴及属于生产工人开支范围的各项费用的日标准工资

（续表）

序号	类别	说明
2	计算公式	$人工单价=\frac{月基本工资+工资性补贴(如有)+保险费(如有)}{月平均工作天数}$ 其中: $月平均工作天数=\frac{全年天数-星期六和星期日天数-法定节日天数}{全年月数}$ $=\frac{365-104-10}{12}=20.92$
3	计算实例	某架子工小组综合平均月工资标准为 1300 元/月,月工资性补贴为 210 元/月,月保险费为 50 元/月,求人工单价。 解:依据公式 $人工单价=\frac{月基本工资+工资性补贴(如有)+保险费(如有)}{月平均工作天数}$ 进行计算,结果为 $人工单价=\frac{1300+210+50}{20.92}\approx 74.60$ 元/日

(2)预算定额基价的人工费计算

预算定额基价的人工费计算见表 4.5.9。

表 4.5.9　预算定额基价的人工费计算

序号	类别	说明
1	计算公式	预算定额基价中的人工费按以下公式进行计算: 预算定额基价人工费 = 定额用工量 × 人工单价
2	计算实例	某工程有 $20m^3$ 一砖厚混水内墙要进行砌筑,综合用工为 1.24 工日/ m^3,人工单价为 75.00 元/工日,求该定额项目的人工费。 解:(1)先计算完成砌筑需要的定额用工量:$20\times1.24=24.8$ 工日 (2)再计算砌筑 $20\ m^3$ 的定额人工费:$24.8\times75.00=1860$ 元

4.5.3　材料单价的确定

工程建设需要的材料品种繁多,材料费在各类工程直接费中所占的比重大,如一般土建工程约为 70%,金属结构制作工程为 80%,电气安装工程为 90%。所以,材料价格的正确编制有利于准确计价。

1. 材料价格的概念与构成

材料价格的概念与构成见表 4.5.10。

表 4.5.10　材料价格的概念与构成

序号	类别	说明
1	概念	材料价格，是指由材料交货地点到达施工工地（或堆放材料地点）后的出库价格。因为材料的来源地点、供应和运输方式不同，从交货地点、发货开始，到用料地点仓库后出库为止，要经过材料采购、装卸、包装、运输、保管等过程，在这些过程中，都需要支付一定的费用，由这些费用组成材料的价格
2	构成	按现行规定，材料价格由材料原价、供销部分手续费、包装费、运杂费、采购及保管费组成

2. 材料价格的续组成及确定方法

材料价格的组成及确定方法见表 4.5.11。

表 4.5.11　材料价格的组成及确定方法

序号	类别		说明
1	材料原价	概念	材料原价是指材料的出厂价格，或者是销售部门（如材料金属公司等）的批发牌价和市场采购价格（或信息价）。预算价格中的材料原价按出厂价、批发价、市场价综合考虑
		计算公式	在确定原价时，凡同一种材料因来源地、交货地、供货单位、生产厂家不同，而有几种价格（原价）时，根据不同来源地供货数量比例，采取加权平均的方法确定其综合原价。计算公式： $$加权平均原价=\frac{K_1C_1+K_2C_2+\cdots+K_nC_n}{K_1+K_2+\cdots+K_n}$$ 式中　$K_1,K_2,\cdots,K_n$——各不同供应地点的供应量或各不同使用地点的需求量； $C_1,C_2,\cdots,C_n$——各不同供应地点的原价
		计算实例	某工程计划用砖 12 万块，由三家砖厂供应，其中向第一家砖厂采购 5 万块，单价为 230 元/千块；向第二家砖厂采购 4 万块，单价为 240 元/千块；向第三家砖厂采购 3 万块，单价为 260 元/千块。试计算砖的加权平均原价。

(续表)

序号	类别		说明
1	材料原价	计算实例	解:根据公式:加权平均原价 $=\dfrac{K_1C_1+K_2C_2+\cdots+K_nC_n}{K_1+K_2+\cdots+K_n}$计算得知: 该砖的加权平均原价 $=\dfrac{50\times230+40\times240+30\times260}{120}\approx240.84$ 元/千块
2	供销部门手续费	概念	供销部门手续费,是指根据国家现行的物资供应体制,不能直接向生产厂采购、订货,需通过物资部门供应而发生的经营管理费用。不经物资供应部门的材料,不计供销部门手续费
		计算公式	供销部门手续费按费率计算,其费率由地区物资管理部门规定,一般为1% ~3%。计算公式: 供销部门手续费=材料原价×供销部门手续费费率×供销部门供应比重 或 供销部门手续费=材料净重×供销部门单位质量手续费×供应比重 材料供应价=材料原价+供销部门手续费
		计算实例	某工地所需的墙面面砖由供销部门供货,其数量为20000m^2,供货单价为43 元/m^2,双方约定手续费费率为2.5%,试计算供销部门的手续费(假设供应比重为30%)。 解:供销部门手续费=20000m^2 ×43m^2 ×2.5% ×30% =5160 元
3	包装费	概念	包装费,是指为了便于材料运输或为保护材料而进行包装所发生的费用。包括水运、陆运中的支撑、篷布等。凡由生产厂负责包装,其包装费已计入材料原价者,不再另行计算,但包装品有回收价值者,应扣回包装回收价值。包装器材的回收价值可参照表4.5.12 执行
		计算公式	(1)简易包装应按下式计算: 包装费=包装材料原价-包装材料回收价值 包装材料回收价值=包装原价×回收量比例×回收价值比例 (2)容器包装应按下式计算: 包装材料回收价值 $=\dfrac{\text{包装材料原价}\times\text{回收量比例}\times\text{回收价值比例}}{\text{包装容器标准容重}}$

（续表）

序号	类别		说明
3	包装费	计算公式	包装费 = $\frac{\text{包装材料的价}\times(1-\text{回收量比例}\times\text{回收价值比例})+\text{使用期间维修费}}{\text{周转使用次数}\times\text{包装容器标准容重}}$
		计算公式	某工地每吨水泥用纸袋25个，每个纸袋0.50元，试计算每吨水泥包装品回收价格。 解：从表4.5.12可查出纸袋的回收率和回收折价率分别为60%和50%，于是得出结果： 每吨水泥包装品回收价格 =0.50×25×60%×50% =3.75元/t
4	运杂费	概念	运杂费，是指材料由来源地起至工地仓库或施工工地材料堆放点（包括经材料中心仓库转运）为止的全部运输过程中所需要的费用。包括车船等的运输费、调车费、出入库费、装卸费和运输过程中分类整理、堆放的附加费，超长、超重增加费，腐蚀、易碎、危险性物资增加费，笨重、轻浮物资附加费及各种经地方政府物价部门批准的收费站标准收费和合理的运输损耗费等。材料运输流程图如图4.5.2所示
		计算公式	材料运输费按运输价格计算，若供货来源地不同且供货数量不同时，需要计算加权平均运输费，其计算公式： $\text{加权平均运输费}=\frac{\sum_{i=1}^{n}(\text{运输单价}\times\text{材料数量})}{\sum_{i=1}^{n}(\text{材料数量})_i}$ 材料运输损耗费是指在运输和装卸材料过程中产生不可避免的损耗所发生的费用，一般按下列公式计算： 材料运输损耗费 =（材料原价 + 装卸费 + 运输费）×途中损耗率
		计算实例	某建筑工地所需的瓷砖由四个生产厂家供货，其数量、运输单价、装卸费用及运输损耗率见下表：

(续表)

<table>
<tr><th>序号</th><th colspan="2">类别</th><th>说明</th></tr>
<tr><td>4</td><td>运杂费</td><td>计算实例</td><td>
<table>
<tr><th>供货地点</th><th>瓷砖数量(m^2)</th><th>供货单价(元/m^2)</th><th>运输单价(元/m^2)</th><th>装卸费(元/m^2)</th><th>运输损耗率(%)</th></tr>
<tr><td>A</td><td>350</td><td>35.50</td><td>1.80</td><td>0.90</td><td>1.5</td></tr>
<tr><td>B</td><td>790</td><td>35.00</td><td>2.20</td><td>1.00</td><td>1.5</td></tr>
<tr><td>C</td><td>950</td><td>34.80</td><td>2.60</td><td>0.95</td><td>1.5</td></tr>
<tr><td>D</td><td>980</td><td>34.80</td><td>2.55</td><td>0.95</td><td>1.5</td></tr>
</table>
请根据上表所列资料计算该瓷砖的运杂费用。
解:
(1)计算瓷砖加权平均装卸费。
加权平均装卸费 =
$$\frac{0.90\times350+1.00\times790+0.95\times950+0.95\times980}{350+790+950+980}\approx0.96\text{ 元/ }m^2$$
(2)计算瓷砖加权平均运输费。
加权平均运输费 =
$$\frac{1.80\times350+2.20\times790+2.60\times950+2.55\times980}{350+790+950+980}\approx2.39\text{ 元/ }m^2$$
(3)计算瓷砖加权平均原价。
加权平均原价 =
$$\frac{35.50\times350+35.00\times790+34.80\times950+34.80\times980}{350+790+950+980}\approx34.93\text{ 元/ }m^2$$
(4)计算瓷砖运输损耗费。
运输损耗费 = $(34.93+0.96+2.39)\times1.5\%=0.5742$ 元/ m^2
(5)计算瓷砖运杂费。
运杂费 = $0.96+2.39+0.5742=3.9242$ 元/ m^2
</td></tr>
<tr><td>5</td><td>材料采购及保管费</td><td>概念</td><td>材料采购及保管费,是指材料部门在组织采购、供应和保管材料过程中所需要的各种费用。包括各级材料部门的职工工资、职工福利、劳动保护费、差旅费、办公费及交通费等</td></tr>
</table>

（续表）

<table>
<tr><th>序号</th><th colspan="2">类别</th><th>说明</th></tr>
<tr><td rowspan="2">5</td><td rowspan="2">材料采购及保管费</td><td>计算公式</td><td>建筑材料的种类、规格繁多，采购保管费不可能按每种材料在采购过程中所发生的实际费用计取，只能规定几种费率。目前国家规定的综合采购保管费费率为2.5%（其中采购费费率为1%，保管费费率为1.5%）。由建设单位供应材料到现场仓库，施工单位只收保管费。其计算公式如下：
采购保管费＝（材料原价＋供销部门手续费＋包装费＋运杂费）×采购保管费费率</td></tr>
<tr><td>计算实例</td><td>南方某地区标号为425#的普通水泥供应情况见下表，每个水泥袋0.50元，每吨水泥用纸袋20个，由水泥厂负责包装，假设运输标准为2.50元/(t·km)（包括装卸费），途中损耗率为1.5%，采购保管费费率为2.5%，水泥包装袋回收率为60%，回收折价率为50%，试计算水泥的预算价格。
<table>
<tr><th>供应厂家</th><th>出厂价格(元/t)</th><th>运输距离(km)</th><th>供货比例(%)</th></tr>
<tr><td>A水泥厂</td><td>320</td><td>180</td><td>30%</td></tr>
<tr><td>B水泥厂</td><td>340</td><td>200</td><td>35%</td></tr>
<tr><td>C水泥厂</td><td>360</td><td>220</td><td>45%</td></tr>
</table>
解：(1)计算水泥原价。
水泥原价＝320×30%＋340×35%＋360×45%＝377元/t
(2)计算平均运输费。
平均运输费＝180×2.5×30%＋200×2.5×35%＋220×2.5×45%＝558.5元/t
(3)计算运输损耗费。
运输损耗费＝(377＋558.5)×1.5%≈14.03元/t
(4)计算采购保管费。
采购保管费＝(377＋0＋558.5＋14.03)×2.5%≈23.74元/t
(5)计算包装品回收价值。
包装品回收价值＝0.50×60%×50%×20＝3元/t
(6)计算水泥预算价格。
水泥预算价格＝377＋0＋558.5＋14.03＋23.74－3＝970.27元/t</td></tr>
</table>

表 4.5.12　包装品回收率、回收折价率表　　(%)

包装材料	回收率	回收折价率
木材、木桶、木箱	70	20
铁桶	95	50
铁皮	50	50
铁丝	20	50
纸袋、纤维品	60	50
草绳、草袋	0	0

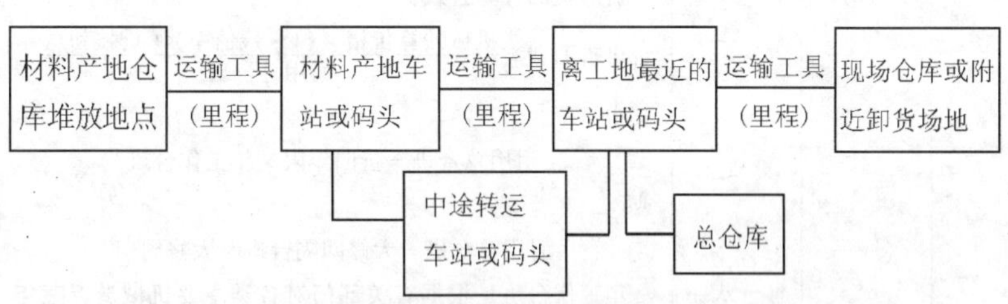

图 4.5.2　材料运输流程图

4.5.4　机械台班单价的确定

1. 机械台班单价的费用构成

机械台班单价的费用构成见表 4.5.13。

表 4.5.13　机械台班单价的费用构成

序号	类别	说明
1	一般规定	施工机械使用费是根据施工中耗用的机械台班数量与机械台班单价确定的。施工机械台班耗用量按预算定额规定计算；施工机械台班单价是指一台施工机械，在正常运转条件下一个工作班中所发生的全部费用，每台班按 8h 工作制计算。正确制定施工机械台班单价是合理控制工程造价的重要方面
2	第一类费用	第一类费用也称不变费用，是指属于分摊性质的费用，包括折旧费、大修理费、经常修理费、安拆费及场外运输费等
3	第二类费用	第二类费用也称可变费用，是指属于支出性质的费用，包括燃料动力费、人工费、养路费及车船使用税等

2. 机械台班单价的计算

(1)第一类费用的计算。

第一类费用的计算方法见表4.5.14。

表4.5.14 第一类费用的计算方法

<table>
<tr><th>序号</th><th colspan="2">类别</th><th>说明</th></tr>
<tr><td rowspan="3">1</td><td rowspan="3">折旧费</td><td>概念</td><td>折旧费，是指机械在规定的寿命期(使用年限或耐用总台班)内，陆续收回其原值的费用及支付贷款利用的费用</td></tr>
<tr><td>计算公式</td><td>折旧费的计算公式：
$$台班折旧费=\frac{机械预算价格\times(1-残值率)+贷款利息}{耐用总台班}$$
其中，
耐用总台班=折旧年限×年工作台班
或
耐用总台班=大修间隔台班×大修周期
年工作台班是根据有关部门对各类主要机械最近三年的统计资料分析确定。
大修间隔台班是指机械自投入使用起至第一次大修或自上一次大修投入使用起至下一次大修止，应达到的使用台班数。
大修周期是指机械在正常的施工作业条件下，将其寿命期按规定的大修次数划分为若干个周期。其计算公式：
大修周期=寿命期大修次数+1</td></tr>
<tr><td>计算实例</td><td>假设6t载重汽车的预算价格为200000元(包含购置税、运杂费等全部费用)，残值率为5%，大修间隔台班为550个，大修周期为3个，贷款利息为29000元，试计算台班折旧费。
解：
(1)计算耐用总台班。
耐用总台班=550×3=1650个
(2)计算台班折旧费。
$$台班折旧费=\frac{200000\times(1-5\%)+29000}{1650}$$
≈132.73元/台班</td></tr>
</table>

（续表）

序号	类别		说明
2	大修理费	概念	大修理费是指机械设备按规定的大修理间隔台班进行大修理，以恢复正常使用功能所需支出的费用
		计算实例	大修理费的计算公式如下： $\text{台班大修理费}=\dfrac{\text{一次大修理费}\times\text{大修理次数}}{\text{耐用总台班}}=\dfrac{\text{一次大修理费}\times(\text{大修理周期}-1)}{\text{耐用总台班}}$
		计算实例	假设某6t载重汽车一次大修理费为10000元，大修理周期为3个，耐用总台班1650个，试计算台班大修理费。 解：$\text{台班大修理费}=\dfrac{10000\times(3-1)}{1650}\approx 12.12$ 元/台班
3	经常修理费	概念	经常修理费，是指机械设备除大修理外的各级保养及临时故障所需支出的费用，包括为保障机械正常运转所需替换设备、随机配置的工具、附具的摊销及维护费用，包括机械正常运转及日常保养所需润滑、擦拭材料费用和机械停置期间的维护保养费用等
		计算公式	经常修理费的计算公式： 台班经常修理费 = 台班大修理费 × 经常修理费系数(K) 式中，经常修理费系数(K)，是根据历次编定额时台班经常维修费与台班大修理费之间的比例关系资料确定的
		计算实例	假设某6t载重汽车的台班经常修理系数为6.1，台班大修理费为12.12元/台班，试计算台班经常修理费。 解：经常修理费 = 12.12 × 6.1 = 73.932元/台班
4	安拆费	概念	安拆费，是指机械在施工现场进行安装、拆卸所需的人工、材料、机械和试运转费用，以及机械辅助设施（如底座、固定锚桩、行走轨迹、枕木等）的折旧费及搭设、拆除等费用
		计算公式	安拆费的计算公式如下： $\text{台班安拆费}=\dfrac{\text{一次安拆费}\times\text{年平均安拆次数}}{\text{年工作台班}}+\dfrac{\text{辅助设施一次使用费}\times(1-\text{残值率})}{\text{辅助设施耐用台班}}$

（续表）

序号	类别		说明
5	场外运输费	概念	场外运输费，是指机械整体或分体自停放场地运至施工现场或由一个工地运至另一个工地、运距在25km以内的机械进出场运输及转移费用(包括机械的装卸、运输、辅助材料及架线费用等)
		计算公式	台班场外运输费 = $\frac{(\text{一次运输及装卸费}+\text{辅助材料一次摊销费}+\text{一次架线费})}{\text{年工作台班}}$ ×年平均场外运输次数

(2)第二类费用的计算。

第二类费用的计算方法见表4.5.15

表4.5.15 第二类费用的计算方法

序号	类别		说明
1	燃料动力费	概念	燃料动力费，是指机械设备在运转施工作业中所耗用的固体燃料(煤炭、木材)、液体燃料(汽油、柴油)、电力、水和风力等费用
		计算公式	燃料动力费的计算公式如下： 台班燃料动力费 = 台班燃料动力消耗量 × 各省、市、自治区规定的相应单价
		计算实例	假设某省工地6t载重汽车每台班耗用柴油43kg，每千克柴油的单价为6.20元，求台班燃料动力费。 解：台班燃料动力费 = 43 ×6.20 = 266.6 元/台班
2	人工费	概念	人工费，是指机上司机、司炉和其他操作人员的工作日工资以及上述人员在机械规定的年工作台班以外的基本工资和工资性质的津贴(年工作台班以外机上人员工资指机械保管所支出的工资，以"增加系数表示")
		计算公式	工作台班以外的机上人员人工费用，以增加机上人员的工日数形式列入定额，按下列公式计算： 台班人工费 = 定额机上人工工日 × 日工资单价 定额机上人工工日 = 机上定员工日 ×(1 + 增加工日系数)

(续表)

序号	类别		说明
2	人工费	计算公式	增加工日系数 =(年日历天数 - 规定节假公休日 - 辅助工资中年非工作日 - 机械年工作台班)/机械年工作台班 其中,增加工日系数取定 0.25
		计算实例	假设某省工地挖掘机每台班机上操作人工工日 2.35 个,人工日工资单价为 90.00 元,试求台班人工费。 解:台班人工费 = 2.35 × 90.00 = 211.5 元/台班
3	养路费及车船使用税	概念	养路费及车船使用税指按照国家有关规定应缴纳的运输机械养路费和车船使用税,按各省、自治区、直辖市规定标准计算后列入定额
		计算公式	养路费及车船使用税的计算公式如下: $台班养路费及车船使用税 = \frac{载质量(或核定吨位) \times \{养路费[元/(t \cdot 月)] \times 12 + 车船使用税[元/(t \cdot 车)]\}}{年工作台班} + 保险费及年检费$ 其中,核定吨位:运输车辆按载质量计算;汽车吊、轮胎吊、装载机按自重计算。 $保险费及年检费 = \frac{年保险费及年检费}{年工作台班}$
		计算实例	假设某工地 6t 载重汽车每月应缴纳养路费 220 元/t,每年应缴纳车船使用税 80 元/t,每年工作台班 240 个,保险费及年检费共计 2400 元,试求台班养路和车船使用税。 解:$台班养路费和车船使用税 = \frac{6 \times (220 \times 12 + 80)}{240} + \frac{2400}{240} = 168$ 元/台班

第5章　建筑工程造价依据(二)

5.1　建筑安装工程费用定额

5.1.1　建筑安装工程费用定额的编制原则

(1)确定定额水平的原则。

(2)简明、适用性原则。

(3)要贯彻灵活性和准确性结合的原则。

5.1.2　建筑安装工程其他直接费定额

建筑安装工程其他直接费定额见表5.1.1。

表5.1.1　建筑安装工程其他直接费定额

序号	构成
1	冬、雨季施工增加费定额。冬、雨季施工增加费定额采取两种方法进行计算，一种方法是按工程的具体情况和实际需要计算，另一种方法是按年平均需要以费率形式年计取、包干使用。计算公式： $冬、雨季施工增加费费率=\frac{建筑安装生产工人每人平均冬、雨季施工增加费}{全年有效施工天数\times平均每一工日人工费}\times人工费占直接费\times100\%$
2	夜间施工增加费定额。夜间施工增加费定额一般按照实际参加夜间施工人员数量计算。计算公式： $人均夜间施工增加费=\frac{夜间施工增加开支额}{夜间施工人数}$ 也可以按费率形式常年计取
3	材料二次搬运费定额。材料二次搬运费定额一般以费率形式包干使用
4	特殊工种培训费定额。特殊工种培训费定额应根据工程所确定的培训人数、每人培训费标准和培训时间计算
5	仪器仪表使用费定额
6	生产工具用具使用费定额
7	检验试验费定额
8	工程定位复测、工程点交、场地清理等费用定额

5.1.3　建筑安装工程现场经费定额

1. 临时设施费定额

(1)当以直接费作为计算基础时：

$$临时设施费费率=\frac{建筑安装生产工人每人平均临时设施费开支额}{全年有效施工天数\times平均每一工日人工费}\times人工费占直接费百分比$$

(2)当以人工费作为计算基础时：

$$临时设施费费率=\frac{建筑安装生产工人每人年均临时设施费开支额}{全年有效施工天数\times平均每一工日人工费}\times100\%$$

2. 现场管理费定额

(1)当以直接费作为计算基础时：

$$现场管理费费率=\frac{建筑安装生产工人年均现场管理费开支额}{全年有效施工天数\times平均每一工日人工费}\times人工费占直接费百分比$$

(2)当以人工费作为计算基础时：

$$现场管理费费率=\frac{建筑安装生产工人年均现场管理费开支额}{全年有效施工天数\times平均每一工日人工费}\times100\%$$

5.1.4　建筑安装工程间接费定额

1. 间接费定额的计算基础

土建工程的间接费定额以直接工程费为基数计算，安装工程的间接费定额以人工费为基数计算。

2. 计算公式

(1)以直接工程费为计算基础的计算公式如下：

$$间接费定额(\%)=\frac{企业每一建筑生产工人平均企业管理分摊开支额}{年有效施工天数\times日平均工资}\times人工费占直接工程费中的比例(\%)$$

(2)以人工费为计算基础的计算公式如下：

$$间接费定额(\%)=\frac{企业每一定装生产工人平均企业管理费分摊开支额}{年有效施工天数\times日平均工资}\times100\%$$

5.2 工程建设其他费用定额

5.2.1 工程建设其他费用定额的编制原则

定额的编制应贯彻细算粗编、精准的原则,以利于实行费用包干。

5.2.2 工程建设其他费用定额的编制方法

工程建设其他费用中的每一项都是独立的费用项目,标准的编制和表现形式也都不尽相同。具体内容见表5.2.1。

表5.2.1 工程建设其他费用定额的编制方法

序号	项目	说明
1	建设单位管理费	(1)建设单位开办费和建设单位经营费。计算公式如下: 建设单位管理费=工程费用×建设单位管理费指标 (2)建设单位临时设施费。新建项目按照建筑安装工程费的1%计算,改扩建项目可按小于建筑安装工程费的0.6%计算。 (3)工程监理费。按照国家物价局和建设部《关于发布工程建设监理费有关规定的通知》的规定计算。 (4)工程保险费。根据不同工程类别,分别以建筑、安装工程费用乘以建筑、安装工程保险费费率计算
2	土地使用费	土地征用及迁移补偿费和土地使用权出让金两项费用要根据批准的建设用地、临时用地面积,按工程所在省、自治区、直辖市人民政府制定颁发的各项补偿费、安置补助费标准计算
3	研究试验费	按照设计单位根据本工程的需要提出的研究试验内容和要求计算
4	勘察设计费	按照国家计委颁发的工程勘察设计收费标准及有关规定编制
5	供电贴费	—
6	生产准备费	(1)生产人员培训费。根据初步设计规定的培训人员数、提前进厂人数、培训方法、培训时间(一般为4~6个月),按生产准备费指标进行计算。 (2)办公及生活家具购置费。新建项目及改、扩建项目按照设计定员新增人数乘以综合指标计算
7	引进技术和进口设备其他费用	—
8	国内专有技术及专利使用费	—

（续表）

序号	项目	说明
9	样品样机购置费	—
10	施工机构迁移费	—
11	联合试运转费	按照工程项目的不同规模分别规定的试运转费费率计算
12	预备费	基本预备费是按工程费用和工程建设其他费用两者之和为计取基础，乘以基本预备费费率进行计算。即： 基本预备费＝(工程费用＋工程建设其他费用)×基本预备费费率 基本预备费费率的取值应执行国家及部门的有关规定。 涨价预备费是指针对建设项目在建设期间内由于材料、人工、设备等价格可能发生变化引起工程造价变化，而事先预留的费用，亦称为价格变动不可预见费。涨价预备费一般根据国家规定的投资综合价格指数，以估算年份价格水平的投资额为基数，采用复利方法计算。 计算公式为： $$PF=\sum_{t=1}^{n}I_t[(1+f)^m(1+f)^{0.5}(1+f)^{t-1}-1]$$ 式中　PF——涨价预备费； t——建设期年份数； n——建设期中 t 年的投资计划额，包括工程费用、工程建设其他费用及基本预备费，即第 t 年的静态投资； f——年均投资价格上涨率； m——建设前期年限(从编制估算到开工建设，单位：年)
13	固定资产投资方向调节税	—
14	建设期财务费用的取费标准	1. 国内借款建设期利息 假定借款发生当年均在年中支用，按半年计息，其后年份按全年计息；还款当年按年末还款，按全年计处。计算公式如下： 国内借款建设期利息＝各年应计利息之和 $$各年应计利息=本年年初借款本息累计+\frac{本年借款额}{2}\times 年利率$$ 2. 国外借款建设利息 国外借款建设期利息需将借款名义年利率按计息时间折算成有效年利率： 有效率利率＝$(1+r/m)^m-1$ 式中　r——名义年利率； m——每年计息次数

5.3 概算指标

5.3.1 概算指标的相关含义

概算指标的分类与作用见表5.3.1。

表5.3.1 概算指标的分类与作用

序号	类别	解释
1	概念	概算指标是按一定的计量单位规定的，比概算定额更加综合扩大的单位工程或单项工程等的人工、材料、机械台班的消耗量标准和造价指标。通常以 m^2、m^3、台、座、组等为计量单位，因而估算工程造价较为简单
2	分类	概算指标分为建筑工程概算指标和安装工程概算指标。 建筑工程概算指标包括一般土建工程概算指标、给排水工程概算指标、采暖工程概算指标、通信工程概算指标、电气照明工程概算指标；安装工程概算指标包括机械设备及安装工程概算指标、电气设备及安装工程概算指标、器具及生产家具购置费概算指标
3	作用	概算指标与概算定额、预算定额一样，都是与各个设计阶段相适应的多次计价的产物，它主要用于投资估价、初步设计阶段，其作用大致有以下几点： (1)概算指标是编制投资估价和控制初步设计概算、工程概算造价的依据。 (2)概算指标是设计单位进行设计方案的技术经济分析、衡量设计水平、考核投资效果的标准。 (3)概算指标是建设单位编制基本建设计划、申请投资贷款和主要材料计划的依据
4	表现形式	概算指标在具体内容的表示方法上，分综合指标和单项指标两种形式。 (1)综合概算指标。综合概算指标是按照工业或民用建筑及其结构类型而制定的概算指标。综合概算指标的概括性较大，其准确性、针对性不如单项指标。 (2)单项概算指标。单项概算指标是指为某种建筑物或构筑物而编制的概算指标。单项概算指标的针对性较强，故指标中对工程结构形式要作介绍。只要工程项目的结构形式及工程内容与单项指标中的工程概况相吻合，编制出的设计概算就比较准确

5.3.2　概算指标的编制

概算指标的编制原则与依据见表5.3.2。

表5.3.2　概算指标的编制原则与依据

序号	类别	解释
1	编制原则	(1)按平均水平确定概算指标的原则。 (2)概算指标的内容和表现形式,要贯彻简明适用的原则。 (3)概算指标的编制依据,必须具有代表性
2	编制依据	(1)现行的设计标准规范。 (2)现行的概算指标及其他相关资料。 (3)国务院各有关部门和各省、自治区、直辖市批准颁发的标准设计图集和有代表性的设计图样。 (4)编制期相应地区人工工资标准、材料价格、机械台班费用等
3	编制步骤	(1)准备阶段。主要是收集资料,确定指标项目,研究编制概算指标的有关方针、政策和技术性的问题。 (2)编制阶段。主要是选定图样,并根据图样资料计算工程量和编制单位工程预算书,以及按照编制方案确定的指标项目和人工及主要材料消耗指标,填写概算指标表格。 (3)审核定案及审批。概算指标初步确定后要进行审查、比较,并作必要的调整后,送国家授权机关审批

5.3.3　概算指标的内容

概算指标的内容见表5.3.3。

表5.3.3　概算指标的基本内容

序号	内容	内容简介
1	总说明	总说明主要从总体上说明概算指标的作用、编制依据、适用范围、工程量计算规则及其他有关规定
2	示意图	表明工程的结构形式、工业项目,还表示出吊车及起重能力等
3	结构特征	主要对工程的结构形式、层高、层数和建筑面积进行说明
4	经济指标	包括工程造价指标,人工、材料消耗指标等

5.3.4 概算指标的应用

概算指标的应用比概算定额具有更大的灵活性，由于它是一种综合性很强的指标，不可能与拟建工程的建筑特征、结构特征、自然条件、施工条件完全一致。因此在选用概算指标时要十分慎重，选用的指标与设计对象在各个方面应尽量一致或接近，不一致的地方要进行换算，以提高准确性。

概算指标的应用一般有以下两种情况：

(1)如果设计对象的结构特征与概算指标一致时，可直接套用。

(2)如果设计对象的结构特征与概算指标的规定局部不同，则要对指标的局部内容调整后再套用。

5.4 投资估算指标

5.4.1 投资估算的编制依据

投资估算的编制依据见表5.4.1。

表5.4.1 投资估算编制依据

序号	依据
1	主要工程项目、辅助工程项目及其他各单项工程的建设内容及工程量
2	专门机构发布的建设工程造价及费用构成、估算指标、计算方法，以及其他有关估算文件
3	专门机构发布的建设工程其他费用的计算办法和费用标准，以及政府部门发布的物价指数
4	已建同类工程项目的投资档案资料
5	影响工程项目投资的动态因素，如利率、汇率、税率等

5.4.2 投资估算的编制步骤

投资估算的编制步骤见表5.4.2。

表5.4.2 投资估算编制步骤

序号	步骤
1	估算建筑工程费用

（续表）

序号	步骤
2	估算设备、工器具购置费用以及需安装设备的安装工程费用
3	估算其他费用
4	估算流动资金
5	汇总出总投资

5.4.3　投资估算的编制方法

投资估算的编制方法见表5.4.3。

5.4.3 常用的估算方法

序号	估算方法	说明
1	比例估算法	这种方法适用于设备投资占比例较大的项目
2	指标估算法	投资估算指标分为建设工程项目综合指标、单项工程指标和单位工程指标三种
3	建设投资分类估算法	1. 建筑工程费的估算 建筑工程投资估算一般采用以下方法： (1)单位建筑工程投资估算法。 (2)单位实物工程量投资估算法。 (3)概算指标投资估算法。 2. 设备及工器具购置费估算 3. 安装工程费估算 安装工程费 = 设备原价 × 安装费费率 安装工程费 = 设备吨位 × 每吨安装费 安装工程费 = 安装工程实物量 × 安装费用指标 4. 工程建设其他费用估算 5. 基本预备费估算 6. 涨价预备费估算
4	流动资金估算的方法	1. 分项详细估算法 对存货、现金、应收账款这三项流动资产和应付账款这项流动负债进行估算。 2. 扩大指标估算法 (1)按建设投资的一定比例估算。

（续表）

序号	估算方法	说明
4	流动资金估算的方法	(2)按经营成本的一定比例估算。 (3)按年销售收入的一定比例估算。 (4)按单位产量占用流动资金的比例估算

5.4.4 投资估算的内容

投资估算是拟建项目编制项目建议书、可行性研究报告的重要组成部分，是项目决策的重要依据之一。

投资估算的内容,从费用构成来讲应包括该项目从筹建、设计、施工直至竣工投产所需的全部费用,分为建设投资和流动资金两部分。

5.4.5 投资估算的作用

投资估算的作用见表5.4.4。

表5.4.4 投资估算的作用

序号	作用
1	项目建议书阶段的投资估算,是项目主管部门审批项目建议书的依据之一
2	项目可行性研究阶段的投资估算,是项目投资决策的重要依据
3	项目投资估算对工程设计概算起控制作用
4	项目投资估算可作为项目资金筹措及制定建设贷款计划的依据
5	项目投资估算是核算建设工程项目建设投资需要额和编制建设投资计划的重要依据
6	合理准确的投资估算是进行工程造价管理改革,实现工程造价事前管理和主动控制的前提条件

5.5 工程造价指数

5.5.1 工程造价指数的概念

工程造价指数是反映一定时期由于价格变化对工程造价影响程度的一种指标,它是进行工程计价和价差调整的依据。工程造价指数反映了报告期与基期相比的价格变动趋势,利用它来研究实际工作中的下列问题很有意义。

(1)可以利用工程造价指数分析价格变动趋势及其原因。

(2)可以利用工程造价指数估计工程造价变化对宏观经济的影响。

(3)工程造价指数是工程承发包双方进行工程估价和结算的重要依据。

5.5.2　工程造价指数的分类

工程造价指数的分类见表5.5.1。

表5.5.1　工程造价指数的分类

序号	分类依据	类别
1	按工程范围、类别、用途分类	(1)单项价格指数:是分别反映各类工程的人工、材料、施工机械及主要设备报告期对基期价格的变化程度的指标,如人工费价格指数、主要材料价格指数、施工机械台班价格指数。 (2)综合造价指数:是综合反映各类项目或单项工程人工费、材料费、施工机械使用费和设备费等报告期价格对基期价格变化而影响工程造价程度的指标,它是研究造价总水平变化趋势和程度的主要依据,如建筑安装工程造价指数、建设项目或单项工程造价指数、建筑安装工程直接费造价指数、其他直接费及间接费造价指数、工程建设其他费用造价指数等
2	按造价资料期限长短分类	(1)时点造价指数:是不同时点(例如1999年9月9日0时对上一年同一时点)价格对比计算的相对数。 (2)月指数:是不同月份价格对比计算的相对数。 (3)季指数:是不同季度价格对比计算的相对数。 (4)年指数:是不同年度价格对比计算的相对数
3	按不同基数分类	(1)定基指数:是各时期价格与某固定时期的价格对比后编制的指数。 (2)环比指数:是各时期价格都以其前一期价格为基础计算的造价指数。例如,与上月对比计算的指数,为月环比指数

5.5.3　工程造价指数的编制

工程造价指数一般应按各主要构成要素(建筑安装工程造价、设备工器具购置费和工程建设其他费用)分别编制价格指数,然后经汇总得到工程造价指数。见表5.5.2。

表 5.5.2 工程造价指数的编制

序号	项目	说明
1	人工、机械台班、材料等要素价格指数的编制	人工、机械台班、材料等要素价格指数的编制是编制安装工程造价指数的基础。其计算公式如下： 材料（设备、人工、机械）价格指数 = 报告期人工费，施工机械台班和材料、设备价格/基期人工费，施工机械和材料、设备价格
2	建筑安装工程造价指数的编制	建筑安装工程造价指数是一种综合性极强的价格指数，可按照下列公式计算： 建筑安装工程造价指数 = 人工费指数 × 基期人工费占建筑安装工程造价比例 + Σ（单项材料价格指数 × 基期该单项材料费占建筑安装工程造价比例）+ Σ（单项施工机械台班价格指数 × 基期该单项机械费占建筑安装工程造价比例）+ 其他直接费、间接费综合指数 × 基期其他直接费、间接费占建筑安装工程造价比例
3	设备工器具和工程建设其他费用价格指数的编制	（1）设备工器具价格指数：设备工器具的种类、品种和规格很多，其指数一般可选择其中用量大、价格高、变动多的主要设备工器具的购置数量和单价进行登记，按照下面的公式进行计算： 设备、工器具价格指数 = Σ（报告期设备工器具单价 × 报告期购置数量）/Σ（基期设备工器具单价 × 报告期购置数量） （2）工程建设其他费用指数：工程建设其他费用指数可以按照每万元投资额中的其他费用支出定额计算，计算公式如下： 工程建设其他费用指数 = 报告期每万元投资支出中其他费用/基期每万元投资支出中其他费
4	建设项目或单项工程造价指数的编制	建设项目或单项工程造价指数 = 建筑安装工程造价指数 × 基期建筑安装工程费占总造价的比例 + Σ（单项设备价格指数 × 基期该项设备费占总造价比例）+ 工程建设其他费用指数 × 基期工程建设其他费用占总造价比例

5.6 工程造价资料积累分析和运用

工程造价资料积累是基本建设管理的一项基础工作。全面系统地积累和利用工程造价资料，建立稳定的造价资料积累制度，对加强

工程造价管理、合理确定和有效控制工程造价具有十分重要的意义,也是改进工程造价管理工作的重要组成部分。为了加强工程造价资料积累工作,应建立积累工程造价资料的工作制度(表5.6.1)。

表5.6.1　工程造价资料积累

序号	项目	说明
1	工程造价资料的作用	工程造价资料是为工程造价管理服务的。它是工程造价宏观管理、决策的基础;是制定修订投资估算指标、概预算定额和其他技术经济指标以及研究工程造价变化规律的基础;是编制、审查、评估项目建议书、设计任务书(或可行性研究报告)投资估算,进行设计方案比选,编制设计概算,投标报价的重要参考;也可作为核定固定资产价值,考核投资效果的参考
2	工程造价资料积累的范围	工程造价资料的积累应贯穿于工程建设的全过程,按照基本建设程序以及工程造价多次计价和定价的特点,造价资料积累的范围应包括:经主管部门批准的设计任务书(或可行性研究报告)投资估算,初步设计概算,修正概算;经有关单位审定或签订的施工图预算,合同价,结算价和竣工决算。按照建设项目的组成,一般包括建设项目总造价、单项工程造价和单位工程造价资料
3	工程造价资料积累的内容	工程造价资料积累的内容应包括“量”和“价”,以及工程概况、建设条件等。 (1)建设项目和单项工程造价资料一般包括: ①对造价有主要影响的技术经济条件。如建设标准,建设工期,建设地点等。 ②主要的工程量,主要材料量和主要设备的名称、型号、规格、数量等。 ③投资估算,概算,预算,竣工决算及造价指数等。 (2)单位工程造价资料一般包括:工程内容,建筑结构特征,主要工程量,主要设备、材料用量和单价,人工工日和人工费以及相应的造价。 (3)还应包括有关新材料、新工艺、新设备、新技术分部分项工程的人工工日及人工费,主要材料量及单价,主要机械使用费及台班单价,以及相应的造价
4	工程造价资料积累的原则	为了保证工程造价资料的质量,使其具有真实性、合理性、适用性,充分发挥其应有的作用,工程造价资料的积累要求做到: (1)造价资料的收集必须选择符合国家产业政策和行业发展方向的工程项目,使资料具有重复使用价值。 (2)工程造价资料的积累必须有量有价,区别造价资料服务对象的

（续表）

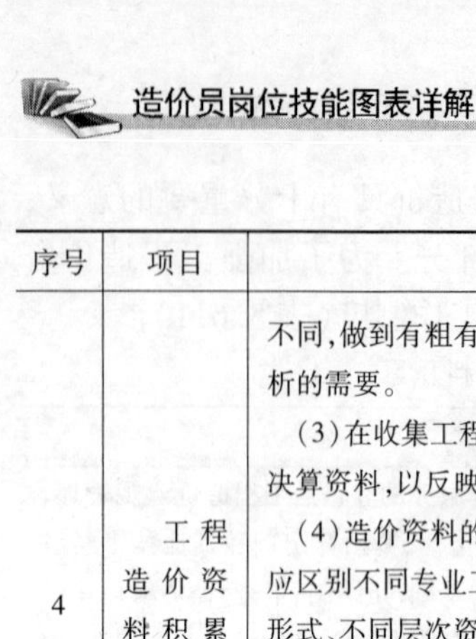

序号	项目	说明
4	工程造价资料积累的原则	不同,做到有粗有细,所收集的造价基础资料应满足工程造价动态分析的需要。 (3)在收集工程建设各阶段的造价时,应注意收集整理完整的竣工决算资料,以反映全过程造价管理的最终成果。 (4)造价资料的收集、整理应做到规范化,标准化。各行业、各地区应区别不同专业工程做到:工程项目划分、设备材料目录及编码、表现形式、不同层次资料收集深度和计算口径的“五统一”,并与估算、概算、预算等有关规定相适应。 (5)既要注重工程造价资料的真实性,又要做好科学的对比分析,反映出造价变动情况和合理造价。 (6)积极推广使用计算机建立数据库,开发通用程序,以提高资料的适用性和可靠性
5	开展工程造价资料积累工作的组织和步骤	工程造价资料积累的工作量大,涉及面广,主要依靠国务院各有关部门和各省、自治区、直辖市建委(建设厅、计委)组织力量进行。国务院有关部门负责组织收集本部门建设项目(单项工程、单位工程)造价资料;各省、自治区、直辖市负责组织收集本地区一般工业民用工程造价资料。 国务院各有关部门,各省、自治区、直辖市建委(建设厅、计委)要根据本通知的要求,结合本部门、本地区的特点,做好规划、计划,制定出工程造价资料积累的实施办法;要会同计划、建行、统计和物资供应部门,组织建设、设计、施工等单位,共同配合,做到既有分工、又有协作,既有提供资料的义务、又有享有资料的权利,逐步形成工程造价资料积累的组织网络;要赋予本部门、本地区定额站(工程造价管理处)造价资料积累的任务,使其逐步成为工程造价资料积累中心,发挥其工程造价信息管理咨询的作用。 在工程造价资料积累工作的起步阶段,可先易后难,急用先行。对于已完工程造价资料的积累可由近及远,量力而行进行积累;当前应抓好在建工程和计划安排建设工程的造价资料的积累,做到经常化、制度化。争取通过“八五”期间的努力,建立起本部门、本地区工程造价资料积累制度

第6章　建筑工程工程量清单计价

6.1　工程量计算概述

6.1.1　工程量的概念与正确计算工程量的意义

工程量的概念与正确计算工程量的意义见表6.1.1。

表6.1.1　工程量的概念与正确计算工程量的意义

序号	类别	说明
1	工程量的概念	工程量是以规定的物理计量单位或自然计量单位所表示的各个具体分项工程或构配件的数量。 物理计量单位是指法定计量单位，如长度单位m、面积单位m^2、体积单位m^3、质量单位kg等。 自然计量单位，一般是以物体的自然形态表示的计量单位，如套、组、台、件、个等
2	正确计算工程量的意义	工程量计算是编制施工图预算的重要环节。施工图预算是否正确，主要取决于分项工程或构件、配件数量和预算定额基价，因为分项工程或构件、配件定额直接费就是这两项相乘的结果。因此，工程量计算是否正确，直接影响工程预算造价的准确，而且在编制施工图预算工作中，工程量计算所花的劳动量占整个预算工作量的70%左右。在编制施工图预算时，必须充分重视工程量计算这个重要环节

6.1.2　工程量计算的依据

工程量计算的依据见表6.1.2。

表6.1.2　工程量计算的依据

序号	计算依据	说明
1	经审定的施工设计图纸及设计说明	设计施工图是计算工程量的基础资料，因为施工图纸反映工程的构造和各部位尺寸，是计算工程量的基本依据。在取得施工图和设计说明等资料后，必须全面、细致地熟悉和核对有关图样和资料，检查图样是否齐全、正确。如果发现设计图样有错漏或相互间有矛盾，应及时

（续表）

序号	计算依据	说明
		向设计人员提出修正意见，予以更正。经过审核、修正后的施工图才能作为计算工程量的依据
2	建筑工程预算定额	建筑工程预算定额系指《全国统一建筑工程基础定额》（以下简称《基础定额》）、《全国统一建筑工程预算工程量计算规则》（以下简称《工程量计算规则》）以及省、市、自治区颁发的地区性工程定额
3	经审定的施工组织设计或施工技术措施方案	计算工程量时，还必须参照施工组织设计或施工技术措施方案进行。例如，计算土方工程量仅仅依据施工图是不够的，因为施工图上并未标明实际施工场地土壤的类别以及施工中是否采取放坡或是否用挡土板的方式进行。对这类问题就需要借助于施工组织设计或者施工技术措施予以解决。 计算工程量中有时还要结合施工现场的实际情况进行。例如，平整场地和余土外运工程量一般在施工图纸上是不反映的，应根据建设基地的具体情况予以计算确定

6.1.3 工程量计算的一般原则

工程量计算的一般原则见表6.1.3。

表6.1.3 工程量计算的一般原则

序号	一般原则	说明
1	工程量计算规则要一致	工程量计算必须与定额中规定的工程量计算规则（或计算方法）相一致，才符合定额的要求。 预算定额中对分项工程的工程量计算规则和计算方法都做了具体规定，计算时必须严格按规定执行。例如墙体工程量计算中，外墙长度按外墙中心线长度计算，内墙长度按内墙净长线计算，又如楼梯面层及台阶面层的工程量按水平投影面积计算。 按施工图纸计算工程量采用的计算规则，必须与本地区现行预算定额计算规则相一致。 各省、自治区、直辖市预算定额的工程量计算规则，其主要内容基本相同，差异不大。在计算工程量时，应按工程所在地预算定额规定的工程量计算规则进行计算

（续表）

序号	一般原则	说明
2	计算口径要一致	计算工程量时，根据施工图纸列出的工程子目的口径（指工程子目所包括的工作内容），必须与土建基础定额中相应的工程子目的口径相一致。不能将定额子目中已包含了的工作内容拿出来另列子目计算
3	计算单位要一致	计算工程量时，所计算工程子目的工程量单位必须与土建基础定额中相应子目的单位相一致。 在土建预算定额中，工程量的计算单位作以下规定： (1)以体积计算的为立方米(m^3)。 (2)以面积计算的为平方米(m^2)。 (3)长度为米(m)。 (4)质量为吨或千克(t或kg)。 (5)以件(个或组)计算的为件(个或组)。 例如，预算定额中，钢筋混凝土现浇整体楼梯的计量单位为m^2，而钢筋混凝土预制楼梯段的计量单位为m^3。在计算工程量时，应注意分清，使所列项目的计量单位与之一致
4	计算尺寸的取定要准确	计算工程量时，首先要对施工图尺寸进行核对，并对各子目计算尺寸的取定要准确
5	计算的顺序要统一	要遵循一定的顺序进行计算。计算工程量时要遵循一定的计算顺序，依次进行计算，这是避免发生漏算或重算的重要措施
6	计算精确度要统一	工程量的数字计算要准确，一般应精确到小数点后三位，汇总时，其准确度取值要达到： (1)立方米(m^3)、平方米(m^2)及米(m)以下取两位小数。 (2)吨(t)以下取三位小数。 (3)千克(kg)、件等取整数。 (4)建筑面积一般取整数

6.1.4　工程量计算的方法

工程量计算的方法见表6.1.4。

表6.1.4　工程量计算的方法

序号	计算方法	说明
1	一般规定	施工图预算的工程量计算,通常采用按施工先后顺序,按预算定额的分部、分项顺序和统筹法进行计算
2	按施工顺序计算	即按工程施工顺序的先后来计算工程量。计算时,先地下,后地上;先底层,后上层;先主要,后次要。大型和复杂工程应先划成区域,编成区号,分区计算
3	按定额项目的顺序计算	即按《基础定额》所列分部分项工程的次序来计算工程量。 由前到后,逐项对照施工图设计内容,能对上号的就计算。采用这种方法计算工程量,要求熟悉施工图纸,具有较多的工程设计基础知识,并且要注意施工图中有的项目可能套不上定额项目,这时应单独列项;待编制补充定额时,切记不可因定额缺项而漏项
4	用统筹法计算工程量	统筹法计算工程量是根据各分项工程量计算之间的固有规律和相互之间的依赖关系,运用统筹原理和统筹图来合理安排工程量的计算程序,并按其顺序计算工程量。 用统筹法计算工程量的基本要点:统筹程序,合理安排;利用基数,连续计算;场次计算,多次使用;结合实际,灵活机动

6.1.5　工程量计算的顺序

工程量计算的顺序见表6.1.5。

表6.1.5　工程量计算的顺序

序号	计算顺序	说明
1	按轴线编号顺序计算	按轴线编号顺序计算,就是按横向轴线从①~⑩编号顺序计算横向构造工程量;按竖向轴线从④~⑨编号顺序计算纵向构造工程量,如图6.1.1所示。这种方法适用于计算内外墙的挖基槽、做基础、砌墙体、墙面装修等分项工程量
2	按顺时针顺序计算	先从工程平面图左上角开始,按顺时针方向先横后竖、自左至右、自上而下逐步计算,环绕一周后再回到左上方为止。如计算外墙、外墙基础、楼地面、顶棚等都可按此法进行,如图6.1.2所示。 例如:计算外墙工程量,由左上角开始,沿图中箭头所示方向逐段计算;楼地面、顶棚的工程量亦可按图中箭头或编号顺序进行
3	按编号顺序计算	按图纸上所注各种构件、配件的编号顺序进行计算。例如在施工图上,对钢、木门窗构件、钢筋混凝土构件(柱、梁、板等),木结构构件、金

（续表）

序号	计算顺序	说明
3	按编号顺序计算	属结构构件及屋架等都按序编号，计算它们的工程量时，可分别按所注编号逐一分别计算。 如图 6.1.3 所示，其构配件工程量计算顺序为：构造柱 Z_1、Z_2、Z_3、Z_4 →主梁 L_1、L_2、L_3、L_4→过梁 GL_1、GL_2、GL_3、GL_4→楼板 B_1、B_2

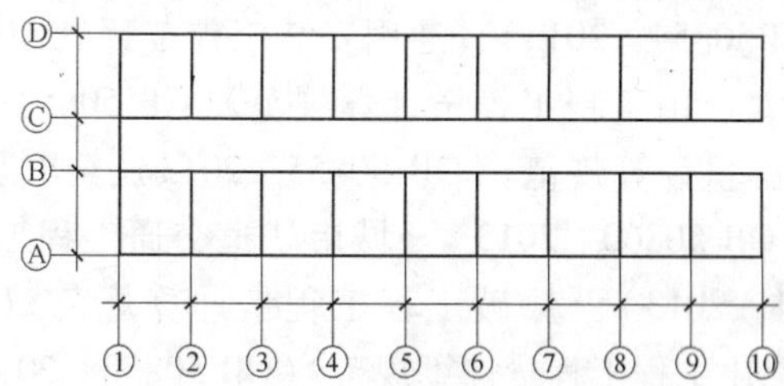

图 6.1.1　按轴线编号顺序计算

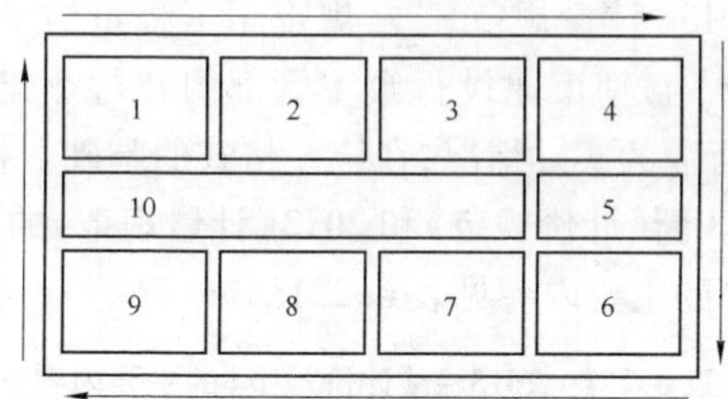

图 6.1.2　按顺时针计算

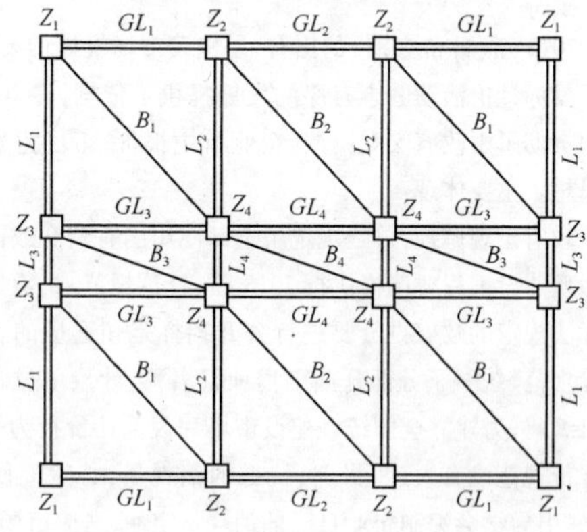

图 6.1.3　按构件的编号顺序计算

6.2 《建设工程工程量清单计价规范》简介

2012 年 12 月 25 日，住房城乡建设部发布第 1567、1568、1569、1570、1571、1752、1573、1574、1575、1576 号公告发布，并于 2013 年 7 月 1 日起施行的《建设工程工程量清单计价规范》（GB 50500—2013）（以下简称“2013 新《计价规范》”）以及《房屋建筑与装饰工程工程量计算规范》（GB 50854—2013）、《通用安装工程工程量计算规范》（GB 50856—2013）、《矿山工程工程量计算规范》（GB 50859—2013）、《仿古建筑工程工程量计算规范》（GB 50855—2013）、《构筑物工程工程量计算规范》（GB 50860—2013）、《城市轨道交通工程工程量计算规范》（GB 50861—2013）、《爆破工程工程量计算规范》（GB 50862—2013）、《园林绿化工程工程量计算规范》（GB 50858—2013）、《市政工程工程量计算规范》（GB 50857—2013）十项新标准（以上 9 项“计量规范”简称为“2013《计量规范》”），规定了工程量清单应采用统一格式。各省、自治区、直辖市建设行政主管部门和行业建设主管部门可根据本地区、本行业的实际情况，在统一格式的基础上补充完善。

6.2.1 2013 新《计价规范》和 2013《计量规范》的主要内容

《计价规范》的主要内容见表 6.2.1。

表 6.2.1 2013 新《计价规范》的主要内容

序号	类别	说明
1	基本内容	2013 新《计价规范》的出台，是建设市场发展的要求，为建设工程招标投标计价活动健康有序的发展提供了依据，在 2013 新《计价规范》中贯彻了由政府宏观调控、企业自主报价、市场竞争形成价格的指导思想。主要体现： 政府宏观调控：一是规定了全部使用国有资金或国有资金投资的大中型建设工程要严格执行 2013 新《计价规范》的有关规定。与招标投标法规定的政府投资要进行公开招标是相适应的。二是 2013 新《计价规范》统一了分部分项工程项目名称、计量单位、工程计算规则、项目编码，为建立全国统一建设市场和规范计价行为提供了依据。三是计价规范没有人工、材料、机械的消耗量，必然促使企业提高管理水平，引导学会编制企业自己的消耗量定额，适应市场需要。

（续表）

序号	类别	说明
1	基本内容	企业自主报价、市场竞争形成价格：由于 2013 新《计价规范》不规定人工、材料、机械消耗量，为企业报价提供了自主空间，投标企业可以结合自身的生产效率、消耗水平和管理能力与已储备的本企业报价资料，按照 2013 新《计价规范》规定的原则和方法投标报价。工程造价的最终确定，由承包双方在市场竞争中按价值规律通过合同确定
2	2013《新计价规范》的内容	2013 新《计价规范》包括正文和附录两大部分，两者具有同等效力。正文共 16 章，包括总则、术语、工程量清单编制、招标控制价、投标报价、合同价款约定、工程计量、合同价款调整、合同价款其中支付、竣工结算与支付、合同解除的价款结算与支付、合同价款争议的解决、工程造价鉴定、工程计价资料与档案、工程计价表格等内容。分别就 2013 新《计价规范》的适用遵循原则、编制工程量清单应遵循的规则、合同价款的支付与结算方式、工程计价资料与档案的管理规则、工程量清单计价活动的规则、工程量清单及其计价格式、计价表格的应用方法作了明确的规定。 附录包括：附录 A 物价变化合同价款调整方法，附录 B 工程计价文件封面，附录 C 工程计价文件扉页，附录 D 工程计价总说明，附录 E 工程计价汇总表，附录 F 分部分项工程和措施项目计价表，附录 G 其他项目计价表，附录 H 规、税金项目计价表，附录 I 工程计量申请（核准）表，附录 J 合同价款支付申请（核准）表，附录 K 主要材料、工程设备一览表等
3	2013 年计量规范的内容	2013《计量规范》主要包括房屋建筑与装饰工程工程量计算、仿古建筑工程工程量计算、通用安装工程工程量计算、市政工程工程量计算、园林绿化工程工程量计算、矿山工程工程量计算、构筑物工程工程量计算、城市轨道交通工程工程量计算、爆破工程工程量计算这 9 大项目，每个项目均包括项目编码、项目名称、项目特征、计量单位、工程量计算规则和工程内容，其中项目编码、项目名称、计量单位、工程量计算规则作为“四统一”的内容，要求招标人在编制工程量清单时必须执行

6.2.2　2013 新《计价规范》和 2013《计量规范》的特点

2013 新《计价规范》和 2013《计量规范》的特点见表 6.2.2。

表 6.2.2　2013 新《计价规范》和 2013《计量规范》的特点

特点	说明
强制性	主要表现在:一般由建设行政主管部门按照强制性标准的要求批准颁发,规定全部使用国有资金或国有资金投资为主的大、中型建设工程按计价规范规定执行。 二是明确工程量清单是招标文件的一部分,并规定了招标人在编制工程量清单时必须遵守的规则,做到"四统一",即统一项目编码、统一项目名称、统一计量单位、统一工程量计算规则
实用性	附录中工程量清单项目及计算规则的项目名称表现的是工程实体项目,项目明确清晰,工程量计算规则简洁明了。 特别还有项目特征和工程内容,易于编制工程量清单
竞争性	一是 2013 新《计价规范》和 2013《计量规范》中的措施项目,在工程量清单中只列"措施项目"一栏,具体采用什么措施,如模板、脚手架、临时设施、施工排水等详细内容由投标人根据企业的施工组织设计,视具体情况报价,因为这些项目在各个企业间各有不同,是企业竞争项目,是留给企业竞争的空间 二是 2013 新《计价规范》和 2013《计量规范》中人工、材料和施工机械没有具体的消耗量,投标企业可以依据企业的定额和市场价格信息,也可以参照建设行政主管部门发布的社会平均消耗量定额报价,2013 新《计价规范》和 2013《计量规范》将报价权交给企业
通用性	采用工程量清单计价将与国际惯例接轨,符合工程量清单计算方法标准化、工程量计算规则统一化、工程造价确定市场化的规定

6.3　工程量清单编制

6.3.1　工程量清单的概念与编制

工程量清单的概念与编制方法见表 6.3.1。

表 6.3.1　工程量清单的概念与编制方法

序号	类别	说明
1	工程量清单的概念	工程量清单是表现拟建工程的分部分项工程项目、措施项目、其他项目名称和相应数量的明细清单;是按照招标要求和施工设计图纸要求规定拟建工程的全部项目和内容,依据统一的计算规则、统一的工程量清单项目编制规则要求,计算拟建工程分部分

（续表）

序号	类别		说明
1	工程量清单的概念		项工程数量的表格。 工程量清单是招标文件的组成部分,是招标人发出的一套注有拟建工程各实物工程名称、性质、特征、单位、数量及开办税费等相关表格组成的文件。在理解工程量清单的概念时,首先注意到:工程量清单是一份招标人提供的文件,编制人是招标人或委托具有资质的中介机构。其次,从性质上说,工程量清单是招标文件的组成部分,一经中标且签订合同,即成为合同的组成部分。因此,无论招标人还是投标人都要慎重对待。再次,工程量清单的描述对象是拟建工程,其内容涉及清单项目的性质、数量等,并以表格为主要表现形式
2	工程量清单的内容	一般说明	工程量清单是招标文件的重要组成部分,一个最基本的功能是作为信息的载体,以便投标人能对工程有全面充分的了解。从这个意义上讲,工程量清单的内容应全面、准确。以建设部颁发的《房屋建筑和市政基础设施工程施工招标文件范本》为例,工程量清单主要包括工程量清单说明和工程量清单表两部分
		工程量清单说明	工程量清单说明主要是招标人解释拟招标工程的工程量清单的编制依据以及重要作用,明确清单中的工程量是招标人估算得出的,仅仅作为投标报价的基础,结算时的工程量应以招标人或由其授权委托的监理工程师核准的实际完成量为依据,提示投标申请人重视清单,以及如何使用清单
		工程量清单表	工程量清单表作为清单项目和工程数量的载体,是工程量清单的重要组成部分。工程量清单表式见表6.3.2。 合理的清单项目设置和准确的工程数量,是清单计价的前提和基础。对于招标人而言,工程量清单是进行投资控制的前提和基础,工程量清单表编制的质量直接关系和影响到工程建设的最终结果
3	工程量清单的标准格式		(1)2013新《计价规范》规定了工程量清单应采用统一格式。各省、自治区、直辖市建设行政主管部门和行业建设主管部门可根据本地区、本行业的实际情况,在统一格式的基础上补充完善。其格式见表6.3.3～表6.3.37。 (2)工程量清单的编制应符合下列规定:

（续表）

序号	类别	说明
3	工程量清单的标准格式	①工程量清单编制使用表格包括：封－1、扉－1、表－01、表－08、表－11、表－12（不含表－12－6～表－12－8）、表－13、表－20、表－21或表－22。 ②扉页应按规定的内容填写、签字、盖章，由造价员编制的工程量清单应由负责审核的造价工程师签字、盖章。受委托编制的工程量清单，应由造价工程师签字、盖章以及工程造价咨询人盖章。 ③总说明应按下列内容填写： ·工程概况：建设规模、工程特征、计划工期、施工现场实际情况、自然地理条件、环境保护要求等。 ·工程招标和专业工程发包范围。 ·工程量清单编制依据。 ·工程质量、材料、施工等的特殊要求。 ·其他需要说明的问题。 (3)招标控制价、投标报价、竣工结算的编制应符合下列规定： ①使用表格： 招标控制价使用表格包括：封－2、扉－2、表－01、表－02、表－03、表－04、表－08、表－09、表－11、表－12（不含表－12－6～表－12－8）、表－13、表－20、表－21或表－22。 投标报价使用的表格包括：封－3、扉－3、表－01、表－02、表－03、表－04、表－08、表－09、表－11、表－12（不含表－12－6～表－12－8）、表－13、表－16、招标文件提供的表－20、表－21或表－22。 竣工结算使用的表格包括：封－4、扉－4、表－01、表－05、表－06、表－07、表－08、表－09、表－10、表－11、表－12、表－13、表－14、表－15、表－16、表－17、表－18、表－19、表－20、表－21或表－22。 ②扉页应按规定的内容填写、签字、盖章，除承包人自行编制的投标报价和竣工结算外，受委托编制的招标控制价、投标报价、竣工结算，由造价员编制的应由负责审核的造价工程师签字、盖章以及工程造价咨询人盖章。 ③总说明应按下列内容填写：

（续表）

序号	类别	说明
3	工程量清单的标准格式	·工程概况：建设规模、工程特征、计划工期、合同工期、实际工期、施工现场及变化情况、施工组织设计的特点、自然地理条件、环境保护要求等。 ·编制依据等。 （4）工程造价鉴定应符合下列规定： ①工程造价鉴定使用表格包括：封-5、扉-5、表-01、表-05~表-20、表-21或表-22。 ②扉页应按规定内容填写、签字、盖章，应由承担鉴定和负责审核的注册造价工程师签字、盖执业专用章。 ③说明应按2013新《计价规范》第14.3.5条第1款至第6款的规定填写。 （5）投标人应按招标文件的要求，附工程量清单综合单价分析表
4	工程量清单编制一般规定	（1）工程量清单应由具有编制能力的招标人或受其委托，具有相应资质的工程造价咨询人编制。 （2）采用工程量清单方式招标，工程量清单必须作为招标文件的组成部分，其准确性和完整性由招标人负责。 （3）工程量清单是工程量清单计价的基础，应作为编制招标控制价、投标报价、计算工程量、支付工程款、调整合同价款、办理竣工结算以及工程索赔等的依据之一。 （4）工程量清单应由分部分项工程量清单、措施项目清单、其他项目清单、规费项目清单、税金项目清单组成
5	工程量清单编制的依据	（1）2013新《计价规范》和2013《新计量规范》。 （2）国家或省级、行业建设主管部门颁发的计价依据和办法。 （3）建设工程设计文件。 （4）与建设工程项目有关的标准、规范、技术资料。 （5）招标文件及其补充通知、答疑纪要。 （6）施工现场情况、工程特点及常规施工方案。 （7）其他相关资料

表 6.3.2　工程量清单

工程名称：　　　　　　　　　　　　　　　　　　　　　　　　　　　　第　页　共　页

序号	项目编码	项目名称	计量单位	工程数量
一		分部工程名称		
1		分项工程名称		
2				
二		分部工程名称		
1		分项工程名称		
2				

表 6.3.3　工程量清单封面格式

____________________工程

招标工程量清单

招　标　人：____________________

（单位盖章）

造价咨询人：____________________

（单位盖章）

年　　月　　日

封 -1

表 6.3.4 招标控制价

______________________工程

招标控制价

招　标　人：__________________________

（单位盖章）

造价咨询人：__________________________

（单位盖章）

年　　月　　日

封 -2

表 6.3.5　投标总价

______________________工程

投　标　总　价

招　标　人:__________________________

（单位盖章）

年　　月　　日

封 - 3

表 6.3.6　竣工结算书

________________工程

竣工结算书

发　包　人：________________

（单位盖章）

承　包　人：________________

（单位盖章）

造价咨询人：________________

（单位盖章）

年　　月　　日

封 -4

表6.3.7　工程造价鉴定意见书

________________工程

编号：×××[2×××]××号

工程造价鉴定意见书

造价咨询人：________________

（单位盖章）

年　　月　　日

封-5

表 6.3.8 总说明

总 说 明

工程名称：　　　　　　　　　　　　　　　　　　第 页 共 页

表 -01

表6.3.9　建设项目招标控制价/投标报价汇总表

工程名称:　　　　　　　　　　　　　　　　　　　　第　页　共　页

序号	单项工程名称	金额(元)	其中		
			暂估价(元)	安全文明施工费(元)	规费(元)
合计					

注:本表适用于工程项目招标控制价或投标报价的汇总。

表-02

表 6.3.10　单项工程招标控制价/投标报价汇总表

工程名称：　　　　　　　　　　　　　　　　　　　　　　　第　页　共　页

序号	单项工程名称	金额(元)	其中		
			暂估价(元)	安全文明施工费(元)	规费(元)
	合计				

注:本表适用于单项工程招标控制价或投标报价的汇总。暂估价包括分部分项工程中的暂估价和专业工程暂估价。

表-03

表6.3.11 单位工程招标控制价/投标报价汇总表

工程名称: 标段: 第 页 共 页

序号	汇总内容	金额(元)	其中:暂估价(元)
1	分部分项工程		
1.1			
1.2			
1.3			
1.4			
1.5			
2	措施项目		
2.1	其中:安全文明施工费		
3	其他项目		
3.1	其中:暂列金额		
3.2	其中:专业工程暂估价		
3.3	其中:计日工		
3.4	其中:总承包服务费		
4	规费		
5	税金		
招标控制价合计=1+2+3+4+5			

注:本表适用于单位工程招标控制价或投标报价的汇总,如无单位工程划分,单项工程也使用本表汇总。

表-04

表 6.3.12　建设项目竣工结算汇总表

工程名称:　　　　　　　　　　　　　　　　　　　　第　页　共　页

序号	单项工程名称	金额(元)	其中	
			安全文明施工费(元)	规费(元)
	合计			

表 -05

表 6.3.13　单项工程竣工结算汇总表

工程名称：　　　　　　　　　　　　　　　　　　　　　第　页　共　页

序号	单项工程名称	金额(元)	其中	
			安全文明施工费(元)	规费(元)
	合计			

表 -06

表 6.3.14　单位工程竣工结算汇总表

工程名称：　　　　　　　　标段：　　　　　　　　第　页　共　页

序号	汇总内容	金额(元)	其中:暂估价(元)
1	分部分项工程		
1.1			
1.2			
1.3			
1.4			
1.5			
2	措施项目		
2.1	其中:安全文明施工费		
3	其他项目		
3.1	其中:专业工程结算价		
3.2	其中:计日工		
3.3	其中:总承包服务费		
3.4	其中:索赔与现场签证		
4	规费		
5	税金		
竣工结算总价合计 =1 +2 +3 +4 +5			

注:如无单位工程划分,单项工程也使用本表汇总。

表 -07

表 6.3.15 分部分项工程量清单与计价表

工程名称： 标段： 第 页 共 页

序号	项目编码	项目名称	项目特征描述	计量单位	工程量	金额(元)		
						综合单价	合价	其中:暂估价
本页小计								
合计								

注:为计取规费等的使用,可在表中增设“其中:定额人工费”。

表 - 08

表 6.3.16 工程量清单综合单价分析表

工程名称：　　　　　　　　　　　标段：　　　　　　　　　　　第　页　共　页

<table>
<tr><td colspan="2">项目编码</td><td></td><td colspan="2">项目名称</td><td colspan="3"></td><td colspan="2">计量单位</td><td colspan="3"></td></tr>
<tr><td colspan="13">清单综合单价组成明细</td></tr>
<tr><td rowspan="2">定额编号</td><td rowspan="2" colspan="2">定额名称</td><td rowspan="2">定额单位</td><td rowspan="2">数量</td><td colspan="4">单价(元)</td><td colspan="4">合价(元)</td></tr>
<tr><td>人工费</td><td>材料费</td><td>机械费</td><td>管理费和利润</td><td>人工费</td><td>材料费</td><td>机械费</td><td>管理费和利润</td></tr>
<tr><td></td><td colspan="2"></td><td></td><td></td><td></td><td></td><td></td><td></td><td></td><td></td><td></td><td></td></tr>
<tr><td></td><td colspan="2"></td><td></td><td></td><td></td><td></td><td></td><td></td><td></td><td></td><td></td><td></td></tr>
<tr><td></td><td colspan="2"></td><td></td><td></td><td></td><td></td><td></td><td></td><td></td><td></td><td></td><td></td></tr>
<tr><td></td><td colspan="2"></td><td></td><td></td><td></td><td></td><td></td><td></td><td></td><td></td><td></td><td></td></tr>
<tr><td colspan="3">人工单价</td><td colspan="6">小计</td><td></td><td></td><td></td><td></td></tr>
<tr><td colspan="3">元/工日</td><td colspan="6">未计价材料费</td><td colspan="4"></td></tr>
<tr><td colspan="9">清单项目综合单价</td><td colspan="4"></td></tr>
<tr><td rowspan="9" colspan="2">材料费明细</td><td colspan="4">主要材料名称、规格、型号</td><td>单位</td><td>数量</td><td colspan="2">单价(元)</td><td>合价(元)</td><td>暂估单价(元)</td><td>暂估合价(元)</td></tr>
<tr><td colspan="4"></td><td></td><td></td><td colspan="2"></td><td></td><td></td><td></td></tr>
<tr><td colspan="4"></td><td></td><td></td><td colspan="2"></td><td></td><td></td><td></td></tr>
<tr><td colspan="4"></td><td></td><td></td><td colspan="2"></td><td></td><td></td><td></td></tr>
<tr><td colspan="4"></td><td></td><td></td><td colspan="2"></td><td></td><td></td><td></td></tr>
<tr><td colspan="4"></td><td></td><td></td><td colspan="2"></td><td></td><td></td><td></td></tr>
<tr><td colspan="4"></td><td></td><td></td><td colspan="2"></td><td></td><td></td><td></td></tr>
<tr><td colspan="4">其他材料费</td><td>—</td><td></td><td colspan="2">—</td><td></td><td></td><td></td></tr>
<tr><td colspan="4">材料费小计</td><td>—</td><td></td><td colspan="2">—</td><td></td><td></td><td></td></tr>
</table>

注：1. 如不使用省级或行业建设主管部门发布的计价依据，可不填定额项目、编号等。

2. 招标文件提供了暂估单价的材料，按暂估的单价填入表内“暂估单价”栏及“暂估合价”栏。

表 -09

表6.3.17 综合单价调整表

工程名称：　　　　　　　　　　　　标段：　　　　　　　　　　　　第　页　共　页

序号	项目编码	项目名称	已标价清单综合单价(元)					调整后综合单价(元)				
			综合单价	其中				综合单价	其中			
				人工费	材料费	机械费	管理费和利润		人工费	材料费	机械费	管理费和利润

造价工程师(签章)：　发包人代表(签章)：	造价人员(签章)：　承包人代表(签章)：
日期：	日期：

注：综合单价调整应附调整依据。

表-10

表 6.3.18　总价措施项目清单与计价表

工程名称：　　　　　　　　　　标段：　　　　　　　　　　第　页　共　页

序号	项目编码	项目名称	计算基础	费率（%）	金额（元）	调整费率（%）	调整后金额（元）	备注
		安全文明施工费						
		夜间施工增加费						
		二次搬运费						
		冬、雨季施工增加费						
		已完工程及设备保护费						
合计								

编制人（造价人员）：　　　　　　　　　　复核人（造价工程师）：

注：1.“计算基础”中安全文明施工费可为“定额基价”、“定额人工费”或“定额人工费 + 定额机械费”，其他项目可为“定额人工费”或“定额人工费 + 定额机械费”。

2. 按施工方案计算的措施费，若无“计算基础”和“费率”的数值，也可只填“金额”数值，但应在备注栏说明施工方案出处或计算方法。

表 -11

表 6.3.19　其他项目清单与计价汇总表

工程名称:　　　　　　　　　　　　标段:　　　　　　　　　　　　第　页　共　页

序号	项目名称	计量单位	金额(元)	备注
1	暂列金额			明细详见表 - 12 - 1
2	暂估价			
2.1	材料暂估价		—	明细详见表 - 12 - 2
2.2	专业工程暂估价			明细详见表 - 12 - 3
3	计日工			明细详见表 - 12 - 4
4	总承包服务费			明细详见表 - 12 - 5
5	索赔与现场签证			明细详见表 - 12 - 6
合计				—

注:材料暂估单价进入清单项目综合单价,此处不汇总。

表 - 12

表 6.3.20　暂列金额明细表

工程名称：　　　　　　　　　　标段：　　　　　　　　　　第　页　共　页

序号	项目名称	计量单位	暂定金额(元)	备注
1				
2				
3				
4				
5				
6				
7				
8				
9				
10				
11				
12				
合计				—

注：本表由招标人填写，如不能详列，也可只列暂定金额总额，投标人应将上述暂列金额计入投标总价中。

表 – 12 – 1

表 6.3.21　材料(工程设备)暂估单价及调整表

工程名称：　　　　　　　　　　　　　　标段：　　　　　　　　　　　　　第　页　共　页

序号	材料(工程设备)名称、规格、型号	计量单位	数量		暂估(元)		确认(元)		差额±(元)		备注
			暂估	确认	单价	合价	单价	合价	单价	合价	
	合计										

注：此表由招标人填写“暂估单价”，并在备注栏说明暂估价的材料、工程设备拟用在哪些清单项目上，投标人应将上述材料、工程设备暂估单价计入工程量清单综合单价报价中。

表－12－2

表 6.3.22　专业工程暂估价及结算价表

工程名称:　　　　　　　　　　　　标段:　　　　　　　　　　　　第　页　共　页

序号	工程名称	工程内容	暂估金额(元)	结算金额(元)	差额 ±(元)	备注
合计						

注:此表“暂估金额”由招标人填写,投标人应将“暂估金额”计入投标总价中。结算时按合同约定结算金额填写。

表 -12 -3

表 6.3.23　计日工表

工程名称：　　　　　　　　　　标段：　　　　　　　　　　第　页 共　页

编号	项目名称	单位	暂定数量	实际数量	综合单价(元)	合价(元)	
						暂定	实际
一	人工						
1							
2							
3							
4							
人工小计							
二	材料						
1							
2							
3							
4							
5							
6							
材料小计							
三	施工机械						
1							
2							
3							
4							
施工机械小计							
四、企业管理费和利润							
总计							

注：此表项目名称、暂定数量由招标人填写，编制招标控制价时，单价由招标人按有关计价规定确定；投标时，单价由投标人自主报价，按暂定数量计算合价计入投标总价中。结算时，按发承包双方确认的实际数量计算合价。

表－12－4

表 6.3.24　总承包服务费计价表

工程名称：　　　　　　　　　　标段：　　　　　　　　　　第　页　共　页

序号	项目名称	项目价值(元)	服务内容	计算基础	费率(%)	金额(元)
1	发包人发包专业工程					
2	发包人提供材料					
	合计	—	—		—	

注：此表项目名称、服务内容由招标人填写，编制招标控制价时，费率及金额由招标人按有关计价规定确定；投标时，费率及金额由投标人自主报价，计入投标总价中。

表 -12 -5

表 6.3.25　索赔与现场签证计价汇总表

工程名称：　　　　　　　　　　　　标段：　　　　　　　　　　　　第　页　共　页

序号	签证及索赔项目名称	计量单位	数量	单价（元）	合价（元）	索赔及签证依据
本页小计						—
合计						—

注：签证及索赔依据是指经双方认可的签证单和索赔依据的编号。

表－12－6

表 6.3.26 费用索赔申请(核准)表

工程名称: 标段: 编号:

致:________________________________(发包人全称)

根据施工合同条款第______条的约定,由于____________原因,我方要求索赔金额(大写)____________元,(小写)__________元,请予核准。

附:1.费用索赔的详细理由和依据:

2.索赔金额的计算:

3.证明材料:

承包人(章)

承包人代表____________

日　　期____________

复核意见:	复核意见:
根据施工合同条款第__________条的约定,你方提出的费用索赔申请经复核: □不同意此项索赔,具体意见见附件。 □同意此项索赔,索赔金额的计算,由造价工程师复核。 监理工程师__________ 日　　期__________	根据施工合同条款第__________条的约定,你方提出的费用索赔申请经复核,索赔金额为(大写)__________元,(小写)__________元。 造价工程师__________ 日　　期__________

审核意见:

□不同意此项索赔。

□同意此项索赔,与本期进度款同期支付。

发包人(章)

发包人代表____________

日　　期____________

注:1.在选择栏中的"□"内作标识"√"。

2.本表一式四份,由承包人填报,发包人、监理人、造价咨询人、承包人各存一份。

表-12-7

表 6.3.27 现场签证表

工程名称: 标段: 编号:

施工部位		日 期	

致:______________________________(发包人全称)

根据______(指令人姓名) 年 月 日的口头指令或你方________(或监理人) 年 月 日的书面通知,我方要求完成此项工作应支付价款金额为(大写)________元,(小写)________元,请予核准。

附:1. 签证事由及原因:

2. 附图及计算式:

承包人(章)

承包人代表____________

日 期____________

复核意见:

你方提出的此项签证申请经复核:

□不同意此项签证,具体意见见附件。

□同意此项签证,签证金额的计算,由造价工程复核。

监理工程师__________

日 期__________

复核意见:

□此项签证按承包人中标的计日工单价计算,金额为(大写)________元,(小写)________元。

□此项签证因无计日工单价,金额为(大写)________元,(小写)________元。

造价工程师__________

日 期__________

审核意义:

□不同意此项签证。

□同意此项签证,价款与本期进度款同期支付。

发包人(章)

监理工程师____________

日 期____________

注:1. 在选择栏中的“□”内作标识“√”。

2. 本表一式四份,由承包人收到发包人(监理人)的口头或书面通知后填写,发包人、监理人、造价咨询人、承包人各存一份。

表 -12 -8

表 6.3.28　规费、税金项目计价表

工程名称：　　　　　　　　　　　　标段：　　　　　　　　　　　　第　页　共　页

序号	项目名称	计算基础	计算基数	计算费率(%)	金额(元)
1	规费	定额人工费			
1.1	社会保险费	定额人工费			
(1)	养老保险费	定额人工费			
(2)	失业保险费	定额人工费			
(3)	医疗保险费	定额人工费			
(4)	工伤保险费	定额人工费			
(5)	生育保险费	定额人工费			
1.2	住房公积金	定额人工费			
1.3	工程排污费	按工程所在地环境保护部门收取标准，按实计入			
2	税金	分部分项工程费+措施项目费+其他项目费+规费-按规定不计税的工程设备金额			
合计					

编制人(造价人员)：　　　　　　　　　　　　　　复核人(造价工程师)：

表-13

表 6.3.29　工程计量申请(核准)表

工程名称：　　　　　　　　　　标段：　　　　　　　　　　第　页　共　页

序号	项目编码	项目名称	计量单位	承包人申报数量	发包人核实数量	发承包人确认数量	备注
承包人代表： 日期：		监理工程师： 日期：		造价工程师： 日期：		发包人代表： 日期：	

表 - 14

表 6.3.30 预付款支付申请(核准)表

工程名称: 标段: 编号:

致:______________________________(发包人全称)

我方根据施工合同的约定,现申请支付工程预付款额为(大写)______________(小写______________),请予核准。

序号	名称	申请金额(元)	复核金额(元)	备注
1	已签约合同价款金额			
2	其中:安全文明施工费			
3	应支付的预付款			
4	应支付的安全文明施工费			
5	合计应支付的预付款			

承包人(章)

造价人员__________ 承包人代表__________ 日期__________

<table>
<tr>
<td>复核意见:
□与合同约定不相符,修改意见见附件。
□与合同约定相符,具体金额由造价工程师复核。

监理工程师__________
日　　期__________</td>
<td>复核意见:
你方提出的支付申请经复核,应支付预付款金额为(大写)__________(小写__________)。

造价工程师__________
日　　期__________</td>
</tr>
</table>

审核意见:

□不同意。

□同意,支付时间为本表签发后的 15 天内。

发包人(章)

发包人代表__________

日　　期__________

注:1. 在选择栏中的"□"内作标识"√"。

2. 本表一式四份,由承包人填报,发包人、监理人、造价咨询人、承包人各存一份。

表-15

表 6.3.31　总价项目进度款支付分解表

工程名称：　　　　　　　　　　标段：　　　　　　　　　　单位：元

序号	项目名称	总价金额	首次支付	二次支付	三次支付	四次支付	五次支付	
	安全文明施工费							
	夜间施工增加费							
	二次搬运费							
	社会保险费							
	住房公积金							
	合计							

编制人(造价人员)：　　　　　　　　　　　　　　　复核人(造价工程师)：

注：1. 本表应由承包人在投标报价时根据发包人在招标文件明确的进度款支付周期与报价填写，签订合同时，发承包双方可就支付分解协商调整后作为合同附件。

2. 单价合同使用本表，“支付”栏时间应与单价项目进度款支付周期相同。

3. 总价合同使用本表，“支付”栏时间应与约定的工程计量周期相同。

表 - 16

表 6.3.32 进度款支付申请(核准)表

工程名称: 标段: 编号:

致:________________________________(发包人全称)

我方于________至________期间已完成了________工作,根据施工合同的约定,现申请支付本周期的合同款额为(大写)________(小写________),请予核准。

序号	名称	实际金额(元)	申请金额(元)	复核金额(元)	备注
1	累计已完成的合同价款				
2	累计已实际支付的合同价款				
3	本周期合计完成的合同价款				
3.1	本周期已完成单价项目的金额				
3.2	本周期应支付的总价项目的金额				
3.3	本周期已完成的计日工价款				
3.4	本周期应支付的安全文明施工费				
3.5	本周期应增加的合同价款				
4	本周期合计应扣减的金额				
4.1	本周期应抵扣的预付款				
4.2	本周期应扣减的金额				
5	本周期应支付的合同价款				

附:上述3、4详见附件清单。

承包人(章)

造价人员________ 承包人代表________ 日期________

复核意见: □与实际施工情况不相符,修改意见见附件。 □与实际施工情况相符,具体金额由造价工程师复核。 监理工程师________ 日　　期________	复核意见: 你方提出的支付申请经复核,本周期已完成合同款额为(大写)________(小写________),本周期应支付金额为(大写)________(小写________)。 造价工程师________ 日　　期________

审核意见:

□不同意。

□同意,支付时间为本表签发后的15天内。

发包人(章)

发包人代表________

日　　期________

注:1. 在选择栏中的"□"内作标识"√"。

2. 本表一式四份,由承包人填报,发包人、监理人、造价咨询人、承包人各存一份。

表-17

表 6.3.33 竣工结算款支付申请(核准)表

工程名称： 标段： 编号：

致：____（发包人全称）

我方于__________至__________期间已完成合同约定的工作，工程已经完工，根据施工合同的约定，现申请支付竣工结算合同款额为（大写）__________（小写__________），请予核准。

序号	名称	申请金额（元）	复核金额（元）	备注
1	竣工结算合同价款总额			
2	累计已实际支付的合同价款			
3	应预留的质量保证金			
4	应支付的竣工结算款金额			

承包人（章）

造价人员__________ 承包人代表__________ 日期__________

复核意见：	复核意见：
□与实际施工情况不相符，修改意见见附件。 □与实际施工情况相符，具体金额由造价工程师复核。 监理工程师__________ 日　　期__________	你方提出的竣工结算款支付申请经复核，竣工结算款总额为（大写）__________（小写__________），扣除前期支付以及质量保证金后应支付金额为（大写）__________（小写__________）。 造价工程师__________ 日　　期__________

审核意见：

□不同意。

□同意，支付时间为本表签发后的 15 天内。

发包人（章）

发包人代表__________

日　　期__________

注：1. 在选择栏中的"□"内作标识"√"。

2. 本表一式四份，由承包人填报，发包人、监理人、造价咨询人、承包人各存一份。

表 – 18

表 6.3.34 最终结清支付申请(核准)表

工程名称: 标段: 编号:

致:__________________________(发包人全称)

我方于________至________期间已完成了缺陷修复工作,根据施工合同的约定,现申请支付最终结清合同款额为(大写)________(小写________),请予核准。

序号	名称	申请金额(元)	复核金额(元)	备注
1	已预留的质量保证金			
2	应增加因发包人原因造成缺陷的修复金额			
3	应扣减承包人不修复缺陷、发包人组织修理的金额			
4	最终应支付的合同价款			

附:上述 3、4 详见附件清单。

承包人(章)

造价人员________ 承包人代表________ 日期________

复核意见: □与实际施工情况不相符,修改意见见附件。 □与实际施工情况相符,具体金额由造价工程师复核。 监理工程师________ 日　　期________	复核意见: 你方提出的支付申请经复核,最终应支付金额为(大写)________(小写________)。 造价工程师________ 日　　期________

审核意见:

□不同意。

□同意,支付时间为本表签发后的 15 天内。

发包人(章)

发包人代表________

日　　期________

注:1. 在选择栏中的“□”内作标识“√”。

2. 本表一式四份,由承包人填报,发包人、监理人、造价咨询人、承包人各存一份。

表-19

表6.3.35　发包人提供材料和工程设备一览表

工程名称：　　　　　　　　　　　　　　标段：　　　　　　　　　　　　第　页　共　页

序号	材料（工程设备）名称、规格、型号	单位	数量	单价（元）	交货方式	送达地点	备注

注：此表由招标人填写，供投标人在投标报价、确定总承包服务费时参考。

表－20

表6.3.36　承包人提供主要材料和工程设备一览表（适用于造价信息差额调整法）

工程名称：　　　　　　　　　　　　　　标段：　　　　　　　　　　　　第　页　共　页

序号	名称、规格、型号	单位	数量	风险（%）	基准单价（元）	投标单价（元）	发承包人确认单价（元）	备注

注：1. 此表由招标人填写除“投标单价”栏的内容，投标人在投标时自主确定投标单价。

2. 招标人应优先采用工程造价管理机构发布的单价作为基准单价，未发布的，通过市场调查确定其基准单价。

表－21

表 6.3.37　承包人提供主要材料和工程设备一览表(适用于价格指数差额调整法)

工程名称:　　　　　　　　　　　标段:　　　　　　　　　　　第　页　共　页

序号	名称、规格、型号	变值权重 B	基本价格指数 F_0	现行价格指数 F_t	备注
	定值权重 A		—	—	
	合计	1	—	—	

注:1."名称、规格、型号"、"基本价格指数"栏由招标人填写,基本价格指数应首先采用工程造价管理机构发布的价格指数,没有时,可采用发布的价格代替。如人工、机械费也采用本法调整,由招标人在"名称"栏填写。

2."变值权重"栏由投标人根据该项人工、机械费和材料、工程设备价值在投标总报价中所占的比例填写,1 减去其比例为定值权重。

3."现行价格指数"按约定的付款证书相关周期最后一天的前 42 天的各项价格指数填写,该指数应首先采用工程造价管理机构发布的价格指数,没有时,可采用发布的价格代替。

表 -22

6.3.2　分部分项工程量清单编制

分部分项工程量清单的编制顺序及其方法见表 6.3.38。

表 6.3.38　分部分项工程量清单的编制顺序及其方法

序号	编制顺序及其方法
1	分部分项工程量清单应包括项目编码、项目名称、项目特征、计量单位和工程量
2	分部分项工程量清单应根据 2013 新《计价规范》规定的项目编码、项目名称、项目特征、计量单位和工程量计算规则进行编制
3	分部分项工程量清单的项目编码,应采用十二位阿拉伯数字表示。一至九位按位应按 2013 新《计价规范》的规定设置,十至十二位应根据拟建工程量清单项目名称设置,同一招标工程的项目编码不得有重码
4	分部分项工程量清单的项目名称应按 2013 新《计价规范》的项目名称结合拟建工程的实际确定
5	分部分项工程量清单中所列工程量应按 2013 新《计价规范》中规定的工程量计算规则计算
6	分部分项工程量清单的计量单位应按 2013 新《计价规范》中规定的计量单位确定
7	分部分项工程量清单项目特征应按 2013 新《计价规范》中规定的项目特征,结合拟建工程项目的实际予以描述
8	编制工程量清单出现 2013 新《计价规范》中未包括的项目,编制人应作补充,并报省级或行业工程造价管理机构备案,省级或行业工程造价管理机构应汇总报住房和城乡建设部标准定额研究所
9	补充项目的编码由 2013 新《计价规范》的顺序码与 B 和三位阿拉伯数字组成,并应从 ×B001 起顺序编制,同一招标工程的项目不得重码。工程量清单中需附有补充项目的名称、项目特征、计量单位、工程量计算规则、工程内容

6.3.3　措施项目清单编制

措施项目清单的编制方法见表 6.3.39。

表 6.3.39　措施项目清单的编制方法

序号	编制方法
1	措施项目清单应根据拟建工程的具体情况列项。通用措施项目可按表 6.3.40 选择列项,专业工程的措施项目可按 2013 新《计价规范》中规定的项目选择列项。

（续表）

序号	编制方法
1	若出现2013新《计价规范》未列的项目，可根据工程实际情况补充
2	措施项目中可以计算工程量的项目清单宜采用分部分项工程量清单的方式编制，列出项目编码、项目名称、项目特征、计量单位和工程量计算规则；不能计算工程量的项目清单，以“项”为计量单位

表6.3.40　通用措施项目一览表

序号	项目名称
1	安全文明施工（含环境保护、文明施工、安全施工、临时设施）
2	夜间施工
3	二次搬运
4	冬、雨季施工
5	大型机械设备进出场及安拆
6	施工排水
7	施工降水
8	地上、地下设施，建筑物的临时保护设施
9	已完工程及设备保护

6.3.4　规费项目清单编制

规费项目清单的编制方法见表6.3.41。

表6.3.41　规费项目清单的编制方法

序号	编制方法
1	规费项目清单应按照下列内容列项： ①工程排污费； ②工程定额测定费； ③社会保障费：包括养老保险费、失业保险费、医疗保险费； ④住房公积金； ⑤危险作业意外伤害保险
2	出现以上未列的项目，应根据省级政府或省级有关权力部门的规定列项

6.3.5　税金项目清单编制

税金项目清单的编制方法见表6.3.42。

表6.3.42　税金项目清单的编制方法

序号	编制方法
1	税金项目清单应包括下列内容： ①营业税； ②城市维护建设税； ③教育费附加
2	出现以上未列的项目，应根据税务部门的规定列项

6.3.6　其他项目清单编制

其他项目清单的编制方法见表6.3.43。

表6.3.43　其他项目清单的编制方法

序号	编制方法
1	其他项目清单宜按照下列内容列项： ①暂列金额； ②暂估价：包括材料暂估单价、专业工程暂估价； ③计日工； ④总承包服务费
2	出现以上未列的项目，可根据工程实际情况补充

6.4　工程量清单计价

6.4.1　工程量清单计价的概念与特点

1. 工程量清单计价的含义

工程量清单计价，是指投标人完成由招标人提供的工程量清单所需的全部费用，包括分部分项工程费、措施项目费、其他项目费和规费、税金。如图6.4.1所示。

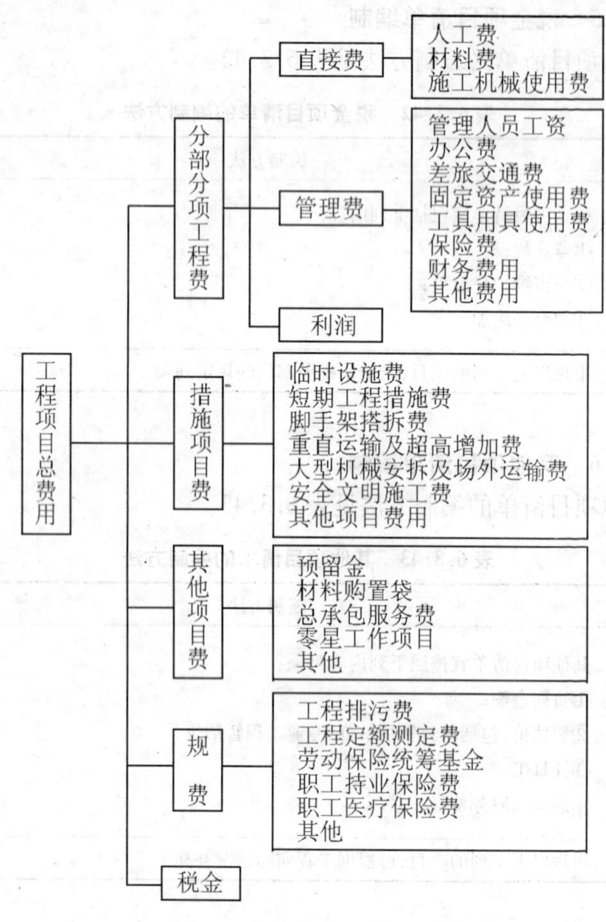

图 6.4.1 工程量清单费用构成

工程量清单计价方法，是在建设工程招标中，招标人或委托具有资质的中介机构编制反映工程实体消耗和措施性消耗的工程量清单，并作为招标文件一部分提供给投标人，由投标人依据工程量清单自主报价的计价方式。在工程招标投标中采用工程量清单计价是国际上较为通行的做法。

工程量清单计价办法的主旨就是在全国范围内，统一项目编码、项目名称、计量单位、工程量计算规则。在此前提下，由国家主管职能部门统一编制《建设工程工程量清单计价规范》作为强制性标准，在全

国统一实施。

2. 工程量清单计价的特点

在工程量清单计价方法的招标方式下，由业主或招标单位根据统一的工程量清单项目设置规则和工程量清单计量规则编制工程量清单，鼓励企业自主报价；业主根据其报价，结合质量、工期等因素综合评定，选择最佳的投标企业中标。在这种模式下，标底不再成为评标的主要依据，甚至可以不编标底。从而在工程价格的形成过程中摆脱了长期以来的计划管理色彩，而由市场的参与双方主体自主定价，符合价格形成的基本原理。

工程量清单计价真实反映了工程实际，为把定价自主权交给市场参与方提供了可能。在工程招标投标过程中，投标企业在投标报价时必须考虑工程本身的内容、范围、技术特点要求以及招标文件的有关规定、工程现场情况等因素；同时还必须充分考虑到许多其他方面的因素，如投标单位自己制定的工程总进度计划、施工方案、分包计划、资源安排计划行装。这些因素对投标报价有着直接而重大的影响，而且对每一项招标工程来讲都具有其特殊性的一面，所以应该允许投标单位针对这些方面灵活机动地调整报价，以使报价能够比较准确地与工程实际相吻合。只有这样，才能把投标定价自主权真正交给招标和投标单位，投标单位才会对自己的报价承担相应的风险与责任，从而建立起真正的风险制约和竞争机制，避免合同实施过程中的推诿和扯皮现象的发生，为工程管理提供方便。工程量清单计价的特点具体体现见表 6.4.1。

表 6.4.1　工程量清单计价的特点

序号	特点	说明
1	统一计价规则	通过制定统一的建设工程量清单计价办法、工程量计量规则、工程量清单项目设置规则，达到规范计价行为的目的。这些规则和办法是强制性的，建设各方面都应该遵守，这是工程造价管理部门首次在文件中明确政府应管什么，不应管什么。 实行工程量清单计价，工程量清单造价文件必须做到工程量清单的项目划分、计量规则、计量单位以及清单项目编码“四统一”，以达到清单项目工程量统一的目的

(续表)

序号	特点	说明
2	有效控制消耗量	通过由政府发布统一的社会平均消耗量指导标准,为企业提供一个社会平均尺度,避免企业盲目或随意大幅度减少或扩大消耗量,从而起到保证工程质量的目的
3	彻底放开价格	将工程消耗量定额中的工、料、机价格和利润、管理费全面放开,由市场的供求关系自行确定价格
4	企业自主报价	投标企业根据自身的技术专长、材料采购渠道和管理水平等,制定企业自己的报价定额,自主报价。企业尚无报价定额的,可参考使用造价管理部门分布的《建筑工程消耗量定额》
5	市场有序竞争形成价格	通过建立与国际惯例接轨的工程量清单计价模式,引入充分竞争形成价格的机制,制定衡量投标报价合理性的基础标准,在投标过程中,有效引入竞争机制,淡化标底的作用,在保证质量、工期的前提下,按国家"招标投标法"及有关条款规定,最终以"不低于成本"的合理低价者中标

3. 实行工程量清单计价的目的与意义

实行工程量清单计价的目的与意义见表6.4.2。

表6.4.2 实行工程量清单计价的目的与意义

序号	目的与意义	说明
1	实行工程量清单计价,是我国工程造价管理深化改革与发展的需要	长期以来,我国发承包计价、定价以工程预算定额作为主要依据。1992年,为了适应建设市场改革的要求,针对工程预算定额编制和使用中存在的问题,提出了"控制量、指导价、竞争费"的改革措施,工程造价管理由静态管理模式逐步转变为动态管理模式。当时对工程预算定额改革的主要做法是:将预算定额中的人工、材料、机械的消耗量与相应的单价分离,人工、材料、机械的消耗量按照国家现行的标准、规范和社会平均消耗水平确定。"控制量"的目的是为保证工程质量,"指导价"是要逐步走向市场竞争形成价格,这项改革措施对在我国实行社会主义市场经济的初期起到了积极作用。随着建设市场化进程的发展,仍然难以改变工程预算定额中国家指令

（续表）

序号	目的与意义	说明
1	实行工程量清单计价，是我国工程造价管理深化改革与发展的需要	性的状况，特别是“招标投标法”自2000年颁布实施以来，难以满足招标投标和评标的要求。因为，“控制量”反映的是社会平均消耗水平，不能准确地反映各个企业的实际消耗量，不能准确地体现企业管理能力、技术装备水平和劳动生产率，不能充分体现市场公平竞争。“指导价”实际上仍然受政府定价因素影响较多。因此，有必要对现行工程造价计价依据、方法进行相应的改革。实行工程量清单计价，将改变以工程预算定额为计价依据的计价模式，适应工程招标投标和由市场竞争形成工程造价的需要，推进我国工程造价事业的发展
2	实行工程量清单计价，是整顿和规范建设市场秩序，适应社会主义市场经济发展的需要	（1）工程造价是工程建设的核心内容，也是建设市场运行的核心内容。建设市场存在的许多不规范行为，影响工程造价计价。过去采用工程预算定额计价，在工程发包与承包工程计价中调节双方利益及反映市场价格、需求等方面严重滞后，特别是在公开、公平、公正竞争力方面，缺乏合理、完善的机制，甚至出现了一些漏洞，滋生工程建设领域的腐败。实现建设市场的良性发展，除加强法律、法规和行政监管外，发挥市场经济规律中“竞争”和“价格”的作用是治本之策。采用工程量清单计价，是由市场竞争形成工程造价的主要形式，工程量清单计价能反映工程的个别成本，有利于发挥企业自主报价的能力，实现政府定价到市场定价的转变；有利于规范业主在招标中的行为，有效纠正招标单位在招标中盲目压价的行为，避免工程招标中弄虚作假、暗箱操作等不规范行为，促进其提高管理水平，从而真正体现公开、公平、公正的原则，反映市场经济规律；有利于规范建设市场计价行为，从源头上遏制工程招投标中滋生的腐败，整顿建设市场的秩序，促进建设市场的有序竞争。 （2）实行工程量清单计价，是适应我国社会主义市场经济发展的需要。市场经济的主要特点是竞争，建设工程领域的竞争主要体现在价格和质量上，工程量清单计价的本质是价格市场化。投标人可以通过采用先进技术、先进设备和现代化管理方式，降低工程成本（工、料、机三项生产要素的消耗量标准），低于社会平均消耗水平，成本低廉、质优效高的企业，才能形成利润空间，被市场接受和承认，促进施工企业加快技术进步，改善经营管理，促进施工企业管理由粗放型经营向集约型经营方式转变。同时，采用

（续表）

序号	目的与意义	说明
2	实行工程量清单计价，是整顿和规范建设市场秩序，适应社会主义市场经济发展的需要	工程量清单计价，有利于招标人科学合理地控制投资，提高资金的使用效益。实行工程量清单计价，对于在全国建立一个统一、开放、健康、有序的建筑市场具有重要的作用
3	实行工程量清单计价，是适应我国工程造价管理政府职能转变的需要	按照政府部门推行的“经济调节、市场监督、社会管理和公共服务”的要求，政府对工程造价管理模式要相应地改变，推行政府宏观调控、企业自主报价、市场竞争形成价格的工程造价管理模式。实行工程量清单计价，有利于我国工程造价管理政府职能的转变；由过去制定政府控制的指令性定额转变为制定适应市场经济规律需要的工程量清单计价原则和方法，引导和指导全国实行工程量清单计价，以适应建设市场发展的需要；由过去行政直接干预转变为对工程造价依法监管，有效地强化政府对工程造价的宏观调控
4	实行工程量清单计价，是适应我国加入世界贸易组织（WTO）融入世界大市场的需要	随着我国改革开放的进一步加快，中国经济日益融入全球市场，特别是我国加入世界贸易组织（WTO）后，行业技术贸易壁垒下降，建设市场进一步对外开放，外国建筑企业进入我国，我国的建筑企业更广泛地参与国际竞争。为了适应建设市场对外开放发展的需要，我国的工程造价计价必须与国际通行的计价方法相适应，工程量清单计价是国际通行的计价方法，为建设市场主体创造一个与国际惯例接轨的市场竞争环境。在我国实行工程量清单计价，有利于进一步对外开放交流，有利于提高国内建设各方主体参与国际竞争的能力，有利于提高我国工程建设的管理水平。 工程量清单计价是国际上工程建设招投标活动的通行做法，它反映的是工程的个别成本，而不是按定额的社会平均成本计价。工程量清单将实体消耗量费用和措施费分离，使施工企业在投标中技术水平的竞争能够分别表现出来，可以充分发挥施工企业自主定价的能力，从而改变现有定额中有关束缚企业自主报价的限制。 工程量清单计价本质上是单价合同的计价模式。首先，它反映“量价分离”的特点，在工程量没有很大变化的情况下，单位工程量的单价都不发生变化。其次，有利于实现工程风险的合理分组，建设工程一般都比较复杂，建设周期长，工程变更多，因而建设的风险比较大，采用工程量清单计价，投标人只对自己所报单价负责，而工程量变更的风险由业主承担，这种格局符合风险合

（续表）

序号	目的与意义	说明
4	实行工程量清单计价，是适应我国加入世界贸易组织（WTO）融入世界大市场的需要	理分担与责权利关系对等的一般原则。第三，有利于标底的管理与控制，采用工程量清单招标，工程量是公开的，是招标文件的一部分，标底只控制中标价不能突破工程概算，而在评标过程中并不像现行的招投标那样重要，甚至有时不编制标底，这就从根本上消除了标底的准确性和标底泄漏所带来的负面影响

6.4.2　工程量清单计价说明

工程量清单计价说明见表 6.4.3。

表 6.4.3　工程量清单计价说明

序号	类别	说明
1	一般规定	（1）采用工程量清单计价，建设工程造价由分部分项工程费、措施项目费、其他项目费、规费和税金组成。 （2）分部分项工程量清单应采用综合单价计价。 （3）招标文件中的工程量清单标明的工程量是投标人投标报价的共同基础，竣工结算的工程量按发、承包双方在合同中约定应予计量且实际完成的工程量确定。 （4）措施项目清单计价应根据拟建工程的施工组织设计，可以计算工程量的措施项目，应按分部分项工程量清单的方式采用综合单价计价；其余的措施项目可以以“项”为单位的方式计价，应包括除规费、税金的全部费用。 （5）措施项目清单中的安全文明施工费应按照国家或省级、行业建设主管部门的规定计价，不得作为竞争性费用。 （6）其他项目清单应根据工程特点和 2013 新《计价规范》的规定计价。 （7）招标人在工程量清单中提供了暂估价的材料和专业工程属于依法必须招标的，由承包人和招标人共同通过招标确定材料单价与专业工程分包价。 若材料不属于依法必须招标的，经发、承包双方协商确认单价后计价。 若专业工程不属于依法必须招标的，由发包人、总承包人与分包人按有关计价依据进行计价。 （8）规费和税金应按国家或省级、行业建设主管部门的规定计算，不得作为竞争性费用。

（续表）

序号	类别	说明
1	一般规定	(9)采用工程量清单计价的工程,应在招标文件或合同中明确风险内容及其范围(幅度),不得采用无限风险、所有风险或类似语句规定风险内容及其范围(幅度)
2	招标控制价	(1)国有资金投资的建设工程招标,招标人必须编制招标控制价。 (2)招标控制价应由具有编制能力的招标人或受其委托具有相应资质的工程造价咨询人编制和复核。 (3)工程造价咨询人接受招标人委托编制招标控制价,不得再就同一工程接受投标人委托编制投标报价。 (4)招标控制价应按照2013新《计价规范》第5.2.1条的规定编制,不应上调或下浮。 (5)当招标控制价超过批准的概算时,招标人应将其报原概算审批部门审核。 (6)招标人应在发布招标文件时公布招标控制价,同时应将招标控制价及有关资料报送工程所在地或有该工程管辖权的行业管理部门工程造价管理机构备查。 (7)招标控制价应根据下列依据编制与复核: ①2013新《计价规范》。 ②国家或省级、行业建设主管部门颁发的计价定额和计价办法。 ③建设工程设计文件及相关资料。 ④拟定的招标文件及招标工程量清单。 ⑤与建设项目相关的标准、规范、技术资料。 ⑥施工现场情况、工程特点及常规施工方案。 ⑦工程造价管理机构发布的工程造价信息,当工程造价信息没有发布时,参照市场价。 ⑧其他的相关资料。 (8)综合单价中应包括招标文件中划分的应由投标人承担的风险范围及其费用。招标文件中没有明确的,如由工程造价咨询人编制,应提请招标人明确;如由招标人编制,应予明确。 分部分项工程和措施项目中的单价项目,应根据拟定的招标文件和招标工程量清单项目中的特征描述及有关要求确定综合单价计算。 措施项目中的总价项目应根据拟定的招标文件和常规施工方案按2013新《计价规范》第4.3.1条和4.3.2条的规定计价。 (9)其他项目应按下列规定计价: ①暂列金额应按招标工程量清单中列出的金额填写。 ②暂估价中的材料、工程设备单价应按招标工程量清单中列出的单价计入综合单价。

（续表）

<table>
<tr><th>序号</th><th>类别</th><th>说明</th></tr>
<tr><td>2</td><td>招标控制价</td><td>③暂估价中的专业工程金额应按招标工程量清单中列出的金额填写。
④计日工应按招标工程量清单中列出的项目根据工程特点和有关计价依据确定综合单价计算。
⑤总承包服务费应根据招标工程量清单列出的内容和要求估算。
(10)规费和税金应按2013新《计价规范》第4.5节和第4.6节的规定计算。
(11)投标人经复核认为招标人公布的招标控制价未按照2013新《计价规范》的规定进行编制的，应在招标控制价公布后5d内向招投标监督机构和工程造价管理机构投诉。
(12)投诉人投诉时，应当提交由单位盖章和法定代表人或其委托人签名或盖章的书面投诉书。投诉书应包括下列内容：
①投诉人与被投诉人的名称、地址及有效联系方式。
②投诉的招标工程名称、具体事项及理由。
③投诉依据及有关证明材料。
④相关的请求及主张。
(13)投诉人不得进行虚假、恶意投诉，阻碍招投标活动的正常进行。
(14)工程造价管理机构在接到投诉书后应在2个工作日内进行审查，对有下列情况之一的，不予受理：
①投诉人不是所投诉招标工程招标文件的收受人。
②投诉书提交的时间不符合2013新《计价规范》第5.3.1条规定的。
③投诉书不符合2013新《计价规范》第5.3.2条规定的。
④投诉事项已进入行政复议或行政诉讼程序的。
(15)工程造价管理机构应在不迟于结束审查的次日将是否受理投诉的决定书面通知投诉人、被投诉人以及负责该工程招投标监督的招投标管理机构。
工程造价管理机构受理投诉后，应立即对招标控制价进行复查，组织投诉人、被投诉人或其委托的招标控制价编制人等单位人员对投诉问题逐一核对。有关当事人应当予以配合，并应保证所提供资料的真实性。
工程造价管理机构应当在受理投诉的10d内完成复查，特殊情况下可适当延长，并做出书面结论通知投诉人、被投诉人及负责该工程招投标监督的招投标管理机构。</td></tr>
</table>

（续表）

序号	类别	说明
2	招标控制价	当招标控制价复查结论与原公布的招标控制价误差大于 ±3% 时，应当责成招标人改正。 招标人根据招标控制价复查结论需要重新公布招标控制价的，其最终公布的时间至招标文件要求提交投标文件截止时间不足 15d 的，应相应延长投标文件的截止时间
3	投标报价	（1）投标价应由投标人或受其委托具有相应资质的工程造价咨询人编制。投标人应依据 2013 新《计价规范》第 6.2 节的规定自主确定投标报价。投标报价不得低于工程成本。投标人必须按招标工程量清单填报价格。项目编码、项目名称、项目特征、计量单位、工程量必须与招标工程量清单一致。投标人的投标报价高于招标控制价的应予废标。 （2）投标报价应根据下列依据编制和复核： ①2013 新《计价规范》。 ②国家或省级、行业建设主管部门颁发的计价办法。 ③企业定额，国家或省级、行业建设主管部门颁发的计价定额和计价办法。 ④招标文件、招标工程量清单及其补充通知、答疑纪要。 ⑤建设工程设计文件及相关资料。 ⑥施工现场情况、工程特点及投标时拟定的施工组织设计或施工方案。 ⑦与建设项目相关的标准、规范等技术资料。 ⑧市场价格信息或工程造价管理机构发布的工程造价信息。 ⑨其他的相关资料。 （3）综合单价中应包括招标文件中划分的应由投标人承担的风险范围及其费用，招标文件中没有明确的，应提请招标人明确。 （4）分部分项工程和措施项目中的单价项目，应根据招标文件和招标工程量清单项目中的特征描述确定综合单价计算。 （5）措施项目中的总价项目金额应根据招标文件及投标时拟定的施工组织设计或施工方案，按 2013 新《计价规范》第 3.1.4 条的规定自主确定。其中安全文明施工费应按照 2013 新《计价规范》第 3.1.5 条的规定确定。 （6）其他项目应按下列规定报价： ①暂列金额应按招标工程量清单中列出的金额填写。

（续表）

序号	类别	说明
3	投标报价	②材料、工程设备暂估价应按招标工程量清单中列出的单价计入综合单价。 ③专业工程暂估价应按招标工程量清单中列出的金额填写。 ④计日工应按招标工程量清单中列出的项目和数量，自主确定综合单价并计算计日工金额。 ⑤总承包服务费应根据招标工程量清单中列出的内容和提出的要求自主确定。 （7）规费和税金应按2013新《计价规范》第3.1.6条的规定确定。 （8）招标工程量清单与计价表中列明的所有需要填写单价和合价的项目，投标人均应填写且只允许有一个报价。未填写单价和合价的项目，可视为此项费用已包含在已标价工程量清单中其他项目的单价和合价之中。当竣工结算时，此项目不得重新组价予以调整。 （9）投标总价应当与分部分项工程费、措施项目费、其他项目费和规费、税金的合计金额一致
4	合同价款约定	（1）实行招标的工程合同价款应在中标通知书发出之日起30d内，由发承包双方依据招标文件和中标人的投标文件在书面合同中约定。 合同约定不得违背招标、投标文件中关于工期、造价、质量等方面的实质性内容。招标文件与中标人投标文件不一致的地方，应以投标文件为准。 不实行招标的工程合同价款，应在发承包双方认可的工程价款基础上，由发承包双方在合同中约定。 实行工程量清单计价的工程，应采用单价合同；建设规模较小、技术难度较低、工期较短且施工图设计已审查批准的建设工程，可采用总价合同；紧急抢险、救灾以及施工技术特别复杂的建设工程，可采用成本加酬金合同。 （2）发承包双方应在合同条款中对下列事项进行约定： ①预付工程款的数额、支付时间及抵扣方式。 ②安全文明施工措施的支付计划、使用要求等。 ③工程计量与支付工程进度款的方式、数额及时间。 ④工程价款的调整因素、方法、程序、支付及时间。 ⑤施工索赔与现场签证的程序、金额确认与支付时间。 ⑥承担计价风险的内容、范围以及超出约定内容、范围的调整办法。 ⑦工程竣工价款结算编制与核对、支付及时间。

（续表）

序号	类别	说明
4	合同价款约定	⑧工程质量保证金的数额、预留方式及时间。 ⑨违约责任以及发生合同价款争议的解决方法及时间。 ⑩与履行合同、支付价款有关的其他事项等。 (3)合同中没有按照2013新《计价规范》第7.2.1条的要求约定或约定不明的,若发承包双方在合同履行中发生争议由双方协商确定;当协商不能达成一致时,应按2013新《计价规范》的规定执行
5	工程计量	(1)工程量必须按照相关工程现行国家计量规范规定的工程量计算规则计算。工程计量可选择按月或按工程形象进度分段计量,具体计量周期应在合同中约定。因承包人原因造成的超出合同工程范围施工或返工的工程量,发包人不予计量。成本加酬金合同应按2013新《计价规范》第8.2节的规定计量。 (2)工程量必须以承包人完成合同工程应予计量的工程量确定。 施工中进行工程计量,当发现招标工程量清单中出现缺项、工程量偏差,或因工程变更引起工程量增减时,应按承包人在履行合同义务中完成的工程量计算。 承包人应当按照合同约定的计量周期和时间向发包人提交当期已完工程量报告。发包人应在收到报告后7d内核实,并将核实计量结果通知承包人。发包人未在约定时间内进行核实的,承包人提交的计量报告中所列的工程量应视为承包人实际完成的工程量。 发包人认为需要进行现场计量核实时,应在计量前24h通知承包人,承包人应为计量提供便利条件并派人参加。当双方均同意核实结果时,双方应在上述记录上签字确认。承包人收到通知后不派人参加计量,视为认可发包人的计量核实结果。发包人不按照约定时间通知承包人,致使承包人未能派人参加计量的,计量核实结果无效。 当承包人认为发包人核实后的计量结果有误时,应在收到计量结果通知后的7d内向发包人提出书面意见,并应附上其认为正确的计量结果和详细的计算资料。发包人收到书面意见后,应在7d内对承包人的计量结果进行复核后通知承包人。承包人对复核计量结果仍有异议的,按照合同约定的争议解决办法处理。 承包人完成已标价工程量清单中每个项目的工程量并经发包人核实无误后,发承包双方应对每个项目的历次计量报表进行汇总,以核实最终结算工程量,并应在汇总表上签字确认。

（续表）

序号	类别	说明
5	工程计量	(3)采用工程量清单方式招标形成的总价合同,其工程量应按照2013新《计价规范》第8.3节的规定计算。 采用经审定批准的施工图纸及其预算方式发包形成的总价合同,除按照工程变更规定的工程量增减外,总价合同各项目的工程量应为承包人用于结算的最终工程量。 总价合同约定的项目计量应以合同工程经审定批准的施工图纸为依据,发承包双方应在合同中约定工程计量的形象目标或时间节点进行计量。 承包人应在合同约定的每个计量周期内对已完成的工程进行计量,并向发包人提交达到工程形象目标完成的工程量和有关计量资料的报告。 发包人应在收到报告后7d内对承包人提交的上述资料进行复核,以确定实际完成的工程量和工程形象目标。对其有异议的,应通知承包人进行共同复核
6	合同价款调整	(1)下列事项(但不限于)发生,发承包双方应当按照合同约定调整合同价款: ①法律法规变化。 ②工程变更。 ③项目特征不符。 ④工程量清单缺项。 ⑤工程量偏差。 ⑥计日工。 ⑦物价变化。 ⑧暂估价。 ⑨不可抗力。 ⑩提前竣工(赶工补偿)。 ⑪误期赔偿。 ⑫索赔。 ⑬现场签证。 ⑭暂列金额。 ⑮发承包双方约定的其他调整事项。 (2)出现合同价款调增事项(不含工程量偏差、计日工、现场签证、索赔)后的14d内,承包人应向发包人提交合同价款调增报告并附上相

（续表）

序号	类别	说明
6	合同价款调整	关资料；承包人在14d内未提交合同价款调增报告的，应视为承包人对该事项不存在调整价款请求。 出现合同价款调减事项（不含工程量偏差、索赔）后的14d内，发包人应向承包人提交合同价款调减报告并附相关资料；发包人在14d内未提交合同价款调减报告的，应视为发包人对该事项不存在调整价款请求。 发（承）包人应在收到承（发）包人合同价款调增（减）报告及相关资料之日起14d内对其核实，予以确认的应书面通知承（发）包人。当有疑问时，应向承（发）包人提出协商意见。发（承）包人在收到合同价款调增（减）报告之日起14d内未确认也未提出协商意见的，应视为承（发）包人提交的合同价款调增（减）报告已被发（承）包人认可。发（承）包人提出协商意见的，承（发）包人应在收到协商意见后的14d内对其核实，予以确认的应书面通知发（承）包人。承（发）包人在收到发（承）包人的协商意见后14d内既不确认也未提出不同意见的，应视为发（承）包人提出的意见已被承（发）包人认可。 发包人与承包人对合同价款调整的不同意见不能达成一致的，只要对发承包双方履约不产生实质影响，双方应继续履行合同义务，直到其按照合同约定的争议解决方式得到处理。 经发承包双方确认调整的合同价款，作为追加（减）合同价款，应与工程进度款或结算款同期支付。 （3）招标工程以投标截止日前28d、非招标工程以合同签订前28d为基准日，其后因国家的法律、法规、规章和政策发生变化引起工程造价增减变化的，发承包双方应按照省级或行业建设主管部门或其授权的工程造价管理机构据此发布的规定调整合同价款。 因承包人原因导致工期延误的，按2013新《计价规范》第9.2.1条规定的调整时间，在合同工程原定竣工时间之后，合同价款调增的不予调整，合同价款调减的予以调整。 （4）因工程变更引起已标价工程量清单项目或其工程数量发生变化时，应按照下列规定调整： ①已标价工程量清单中有适用于变更工程项目的，应采用该项目的单价；但当工程变更导致该清单项目的工程数量发生变化，且工程量偏差超过15%时，该项目单价应按照2013新《计价规范》第9.6.2条的规定调整。

（续表）

序号	类别	说明
6	合同价款调整	②已标价工程量清单中没有适用但有类似于变更工程项目的，可在合理范围内参照类似项目的单价。 ③已标价工程量清单中没有适用也没有类似于变更工程项目的，应由承包人根据变更工程资料、计量规则和计价办法、工程造价管理机构发布的信息价格和承包人报价浮动率提出变更工程项目的单价，并应报发包人确认后调整。承包人报价浮动率可按下列公式计算： 招标工程： 承包人报价浮动率 $L=(1-中标价/招标控制价)\times100\%$（9.3.1－1） 非招标工程： 承包人报价浮动率 $L=(1-报价/施工图预算)\times100\%$（9.3.2－2） ④已标价工程量清单中没有适用也没有类似于变更工程项目，且工程造价管理机构发布的信息价格缺价的，应由承包人根据变更工程资料、计量规则、计价办法和通过市场调查等取得有合法依据的市场价格提出变更工程项目的单价，并应报发包人确认后调整。 （5）工程变更引起施工方案改变并使措施项目发生变化时，承包人提出调整措施项目费的，应事先将拟实施的方案提交发包人确认，并应详细说明与原方案措施项目相比的变化情况。拟实施的方案经发承包双方确认后执行，并应按照下列规定调整措施项目费： ①安全文明施工费应按照实际发生变化的措施项目依据 2013 新《计价规范》第 3.1.5 条的规定计算。 ②采用单价计算的措施项目费，应按照实际发生变化的措施项目，按 2013 新《计价规范》第 9.3.1 条的规定确定单价。 ③按总价（或系数）计算的措施项目费，按照实际发生变化的措施项目调整，但应考虑承包人报价浮动因素，即调整金额按照实际调整金额乘以 2013 新《计价规范》第 9.3.1 条规定的承包人报价浮动率计算。 如果承包人未事先将拟实施的方案提交给发包人确认，则应视为工程变更不引起措施项目费的调整或承包人放弃调整措施项目费的权利。 （6）当发包人提出的工程变更因非承包人原因删减了合同中的某项原定工作或工程，致使承包人发生的费用或（和）得到的收益不能被包括在其他已支付或应支付的项目中，也未被包含在任何替代的工作或工程中时，承包人有权提出并应得到合理的费用及利润补偿。

（续表）

序号	类别	说明
6	合同价款调整	(7)发包人在招标工程量清单中对项目特征的描述,应被认为是准确的和全面的,并且与实际施工要求相符合。承包人应按照发包人提供的招标工程量清单,根据项目特征描述的内容及有关要求实施合同工程,直到项目被改变为止。 承包人应按照发包人提供的设计图纸实施合同工程,若在合同履行期间出现设计图纸(含设计变更)与招标工程量清单任一项目的特征描述不符,且该变化引起该项目工程造价增减变化的,应按照实际施工的项目特征,按2013新《计价规范》第9.3节相关条款的规定重新确定相应工程量清单项目的综合单价,并调整合同价款。 (8)合同履行期间,由于招标工程量清单中缺项,新增分部分项工程清单项目的,应按照2013新《计价规范》第9.3.1条的规定确定单价,并调整合同价款。 新增分部分项工程清单项目后,引起措施项目发生变化的,应按照2013新《计价规范》第9.3.2条的规定,在承包人提交的实施方案被发包人批准后调整合同价款。 由于招标工程量清单中措施项目缺项,承包人应将新增措施项目实施方案提交发包人批准后,按照2013新《计价规范》第9.3.1条、第9.3.2条的规定调整合同价款。 (9)合同履行期间,当应予以计算的实际工程量与招标工程量清单出现偏差,且符合2013新《计价规范》第9.6.2条、第9.6.3条规定时,发承包双方应调整合同价款。 对于任一招标工程量清单项目,当因本节规定的工程量偏差和第9.3节规定的工程变更等原因导致工程量偏差超过15%时,可进行调整。当工程量增加15%以上时,增加部分的工程量的综合单价应予调低;当工程量减少15%以上时,减少后剩余部分的工程量的综合单价应予调高。 当工程量出现2013新《计价规范》第9.6.2条的变化,且该变化引起相关措施项目相应发生变化时,按系数或单一总价方式计价的,工程量增加的措施项目费调增,工程量减少的措施项目费调减。 (10)发包人通知承包人以计日工方式实施的零星工作,承包人应予执行。 采用计日工计价的任何一项变更工作,在该项变更的实施过程中,承包人应按合同约定提交下列报表和有关凭证送发包人复核: ①工作名称、内容和数量。

（续表）

序号	类别	说明
6	合同价款调整	②投入该工作所有人员的姓名、工种、级别和耗用工时。 ③投入该工作的材料名称、类别和数量。 ④投入该工作的施工设备型号、台数和耗用台时。 ⑤发包人要求提交的其他资料和凭证。 (11)任一计日工项目持续进行时，承包人应在该项工作实施结束后的24h内向发包人提交有计日工记录汇总的现场签证报告一式三份。发包人在收到承包人提交现场签证报告后的2d内予以确认并将其中一份返还给承包人，作为计日工计价和支付的依据。发包人逾期未确认也未提出修改意见的，应视为承包人提交的现场签证报告已被发包人认可。 任一计日工项目实施结束后，承包人应按照确认的计日工现场签证报告核实该类项目的工程数量，并应根据核实的工程数量和承包人已标价工程量清单中的计日工单价计算，提出应付价款；已标价工程量清单中没有该类计日工单价的，由发承包双方按2013新《计价规范》第9.3节的规定商定计日工单价计算。 每个支付期末，承包人应按照2013新《计价规范》第10.3节的规定向发包人提交本期间所有计日工记录的签证汇总表，并应说明本期间自己认为有权得到的计日工金额，调整合同价款，列入进度款支付。 (12)合同履行期间，因人工、材料、工程设备、机械台班价格波动影响合同价款时，应根据合同约定，按2013新《计价规范》附录A的方法之一调整合同价款。 承包人采购材料和工程设备的，应在合同中约定主要材料、工程设备价格变化的范围或幅度；当没有约定，且材料、工程设备单价变化超过5%时，超过部分的价格应按照2013新《计价规范》附录A的方法计算调整材料、工程设备费。 (13)发生合同工程工期延误的，应按照下列规定确定合同履行期的价格调整： ①因非承包人原因导致工期延误的，计划进度日期后续工程的价格，应采用计划进度日期与实际进度日期两者的较高者。 ②因承包人原因导致工期延误的，计划进度日期后续工程的价格，应采用计划进度日期与实际进度日期两者的较低者。 (14)发包人供应材料和工程设备的，不适用2013新《计价规范》第9.8.1条、第9.8.2条规定，应由发包人按照实际变化调整，列入合同工程的工程造价内。

（续表）

<table>
<tr><th>序号</th><th>类别</th><th>说明</th></tr>
<tr><td>6</td><td>合同价款调整</td><td>（15）发包人在招标工程量清单中给定暂估价的材料、工程设备属于依法必须招标的，应由发承包双方以招标的方式选择供应商，确定价格，并应以此为依据取代暂估价，调整合同价款。
发包人在招标工程量清单中给定暂估价的材料、工程设备不属于依法必须招标的，应由承包人按照合同约定采购，经发包人确认单价后取代暂估价，调整合同价款。
发包人在工程量清单中给定暂估价的专业工程不属于依法必须招标的，应按照2013新《计价规范》第9.3节相应条款的规定确定专业工程价款，并应以此为依据取代专业工程暂估价，调整合同价款。
发包人在招标工程量清单中给定暂估价的专业工程，依法必须招标的，应当由发承包双方依法组织招标选择专业分包人，并接受有管辖权的建设工程招标投标管理机构的监督，还应符合下列要求：
①除合同另有约定外，承包人不参加投标的专业工程发包招标，应由承包人作为招标人，但拟定的招标文件、评标工作、评标结果应报送发包人批准。与组织招标工作有关的费用应当被认为已经包括在承包人的签约合同价（投标总报价）中。
②承包人参加投标的专业工程发包招标，应由发包人作为招标人，与组织招标工作有关的费用由发包人承担。同等条件下，应优先选择承包人中标。
③应以专业工程发包中标价为依据取代专业工程暂估价，调整合同价款。
（16）因不可抗力事件导致的人员伤亡、财产损失及其费用增加，发承包双方应按下列原则分别承担并调整合同价款和工期：
①合同工程本身的损害、因工程损害导致第三方人员伤亡和财产损失以及运至施工场地用于施工的材料和待安装的设备的损害，应由发包人承担。
②发包人、承包人人员伤亡应由其所在单位负责，并应承担相应费用。
③承包人的施工机械设备损坏及停工损失，应由承包人承担。
④停工期间，承包人应发包人要求留在施工场地的必要的管理人员及保卫人员的费用应由发包人承担。
⑤工程所需清理、修复费用，应由发包人承担。
不可抗力解除后复工的，若不能按期竣工，应合理延长工期。发包人要求赶工的，赶工费用应由发包人承担。</td></tr>
</table>

（续表）

序号	类别	说明
6	合同价款调整	因不可抗力解除合同的，应按2013新《计价规范》第12.0.2条的规定办理。 （17）招标人应依据相关工程的工期定额合理计算工期，压缩的工期天数不得超过定额工期的20%；超过者，应在招标文件中明示增加赶工费用。 发包人要求合同工程提前竣工的，应征得承包人同意后与承包人商定采取加快工程进度的措施，并应修订合同工程进度计划。发包人应承担承包人由此增加的提前竣工（赶工补偿）费用。 发承包双方应在合同中约定提前竣工每日历天应补偿额度，此项费用应作为增加合同价款列入竣工结算文件中，应与结算款一并支付。 （18）承包人未按照合同约定施工，导致实际进度迟于计划进度的，承包人应加快进度，实现合同工期。 合同工程发生误期，承包人应赔偿发包人由此造成的损失，并应按照合同约定向发包人支付误期赔偿费。即使承包人支付误期赔偿费，也不能免除承包人按照合同约定应承担的任何责任和应履行的任何义务。 发承包双方应在合同中约定误期赔偿费，并应明确每日历天应赔额度。误期赔偿费应列入竣工结算文件中，并应在结算款中扣除。 在工程竣工之前，合同工程内的某单项（位）工程已通过了竣工验收，且该单项（位）工程接收证书中表明的竣工日期并未延误，而是合同工程的其他部分产生了工期延误时，误期赔偿费应按照已颁发工程接收证书的单项（位）工程造价占合同价款的比例幅度予以扣减。 （19）当合同一方向另一方提出索赔时，应有正当的索赔理由和有效证据，并应符合合同的相关约定。 根据合同约定，承包人认为非承包人原因发生的事件造成了承包人的损失，应按下列程序向发包人提出索赔： ①承包人应在知道或应当知道索赔事件发生后的28d内，向发包人提交索赔意向通知书，说明发生索赔事件的事由。承包人逾期未发出索赔意向通知书的，丧失索赔的权利。 ②承包人应在发出索赔意向通知书后28d内，向发包人正式提交索赔通知书。索赔通知书应详细说明索赔理由和要求，并应附必要的记录和证明材料。 ③索赔事件具有连续影响的，承包人应继续提交延续索赔通知，说明连续影响的实际情况和记录。

（续表）

序号	类别	说明
6	合同价款调整	④在索赔事件影响结束后的28d内，承包人应向发包人提交最终索赔通知书，说明最终索赔要求，并应附必要的记录和证明材料。 (20)承包人索赔应按下列程序处理： ①发包人收到承包人的索赔通知书后，应及时查验承包人的记录和证明材料。 ②发包人应在收到索赔通知书或有关索赔的进一步证明材料后的28d内，将索赔处理结果答复承包人，如果发包人逾期未作出答复，视为承包人索赔要求已被发包人认可。 ③承包人接受索赔处理结果的，索赔款项应作为增加合同价款，在当期进度款中进行支付；承包人不接受索赔处理结果的，应按合同约定的争议解决方式办理。 (21)承包人要求赔偿时，可以选择下列一项或几项方式获得赔偿： ①延长工期。 ②要求发包人支付实际发生的额外费用。 ③要求发包人支付合理的预期利润。 ④要求发包人按合同的约定支付违约金。 (22)当承包人的费用索赔与工期索赔要求相关联时，发包人在做出费用索赔的批准决定时，应结合工程延期，综合做出费用赔偿和工程延期的决定。 发承包双方在按合同约定办理了竣工结算后，应被认为承包人已无权再提出竣工结算前所发生的任何索赔。承包人在提交的最终结清申请中，只限于提出竣工结算后的索赔，提出索赔的期限应自发承包双方最终结清时终止。 根据合同约定，发包人认为由于承包人的原因造成发包人的损失，宜按承包人索赔的程序进行索赔。 (23)发包人要求赔偿时，可以选择下列一项或几项方式获得赔偿： ①延长质量缺陷修复期限。 ②要求承包人支付实际发生的额外费用。 ③要求承包人按合同的约定支付违约金。 承包人应付给发包人的索赔金额可从拟支付给承包人的合同价款中扣除，或由承包人以其他方式支付给发包人。 (24)承包人应发包人要求完成合同以外的零星项目、非承包人责任事件等工作的，发包人应及时以书面形式向承包人发出指令，并应提供所需的相关资料；承包人在收到指令后，应及时向发包人提出现场

（续表）

序号	类别	说明
6	合同价款调整	签证要求。 承包人应在收到发包人指令后的7d内向发包人提交现场签证报告，发包人应在收到现场签证报告后的48h内对报告内容进行核实，予以确认或提出修改意见。发包人在收到承包人现场签证报告后的48h内未确认也未提出修改意见的，应视为承包人提交的现场签证报告已被发包人认可。 现场签证的工作如已有相应的计日工单价，现场签证中应列明完成该类项目所需的人工、材料、工程设备和施工机械台班的数量。 如现场签证的工作没有相应的计日工单价，应在现场签证报告中列明完成该签证工作所需的人工、材料设备和施工机械台班的数量及单价。 合同工程发生现场签证事项，未经发包人签证确认，承包人便擅自施工的，除非征得发包人书面同意，否则发生的费用应由承包人承担。 现场签证工作完成后的7d内，承包人应按照现场签证内容计算价款，报送发包人确认后，作为增加合同价款，与进度款同期支付。 在施工过程中，当发现合同工程内容因场地条件、地质水文、发包人要求等不一致时，承包人应提供所需的相关资料，并提交发包人签证认可，作为合同价款调整的依据。 （25）已签约合同价中的暂列金额应由发包人掌握使用。 发包人按照2013新《计价规范》第9.1节至第9.14节的规定支付后，暂列金额余额应归发包人所有
7	合同价款期中支付	（1）承包人应将预付款专用于合同工程。包工包料工程的预付款的支付比例不得低于签约合同价（扣除暂列金额）的10%，不宜高于签约合同价（扣除暂列金额）的30%。 承包人应在签订合同或向发包人提供与预付款等额的预付款保函后向发包人提交预付款支付申请。 发包人应在收到支付申请的7d内进行核实，向承包人发出预付款支付证书，并在签发支付证书后的7d内向承包人支付预付款。 发包人没有按合同约定按时支付预付款的，承包人可催告发包人支付；发包人在预付款期满后的7d内仍未支付的，承包人可在付款期满后的第8d起暂停施工。发包人应承担由此增加的费用和延误的工期，并应向承包人支付合理利润。 预付款应从每一个支付期应支付给承包人的工程进度款中扣回，直到扣回的金额达到合同约定的预付款金额为止。

（续表）

序号	类别	说明
7	合同价款期中支付	承包人的预付款保函的担保金额根据预付款扣回的数额相应递减，但在预付款全部扣回之前一直保持有效。发包人应在预付款扣完后的14d内将预付款保函退还给承包人。 (2)安全文明施工费包括的内容和使用范围，应符合国家有关文件和计量规范的规定。 发包人应在工程开工后的28d内预付不低于当年施工进度计划的安全文明施工费总额的60%，其余部分应按照提前安排的原则进行分解，并应与进度款同期支付。 发包人没有按时支付安全文明施工费的，承包人可催告发包人支付；发包人在付款期满后的7d内仍未支付的，若发生安全事故，发包人应承担相应责任。 承包人对安全文明施工费应专款专用，在财务账目中应单独列项备查，不得挪作他用，否则发包人有权要求其限期改正；逾期未改正的，造成的损失和延误的工期应由承包人承担。 (3)发承包双方应按照合同约定的时间、程序和方法，根据工程计量结果，办理期中价款结算，支付进度款。 进度款支付周期应与合同约定的工程计量周期一致。 已标价工程量清单中的单价项目，承包人应按工程计量确认的工程量与综合单价计算；综合单价发生调整的，以发承包双方确认调整的综合单价计算进度款。 已标价工程量清单中的总价项目和按照2013新《计价规范》第8.3.2条规定形成的总价合同，承包人应按合同中约定的进度款支付分解，分别列入进度款支付申请中的安全文明施工费和本周期应支付的总价项目的金额中。 发包人提供的甲供材料金额，应按照发包人签约提供的单价和数量从进度款支付中扣除，列入本周期应扣减的金额中。 承包人现场签证和得到发包人确认的索赔金额应列入本周期应增加的金额中。 进度款的支付比例按照合同约定，按期中结算价款总额计，不低于60%，不高于90%。 (4)承包人应在每个计量周期到期后的7d内向发包人提交已完工程进度款支付申请一式四份，详细说明此周期认为有权得到的款额，包括分包人已完工程的价款。支付申请应包括下列内容：

（续表）

序号	类别	说明
7	合同价款期中支付	①累计已完成的合同价款。 ②累计已实际支付的合同价款。 ③本周期合计完成的合同价款：本周期已完成单价项目的金额、本周期应支付的总价项目的金额、本周期已完成的计日工价款、本周期应支付的安全文明施工费、本周期应增加的金额。 ④本周期合计应扣减的金额：本周期应扣回的预付款、本周期应扣减的金额、本周期实际应支付的合同价款。 发包人应在收到承包人进度款支付申请后的14d内，根据计量结果和合同约定对申请内容予以核实，确认后向承包人出具进度款支付证书。若发承包双方对部分清单项目的计量结果出现争议，发包人应对无争议部分的工程计量结果向承包人出具进度款支付证书。 发包人应在签发进度款支付证书后的14d内，按照支付证书列明的金额向承包人支付进度款。 若发包人逾期未签发进度款支付证书，则视为承包人提交的进度款支付申请已被发包人认可，承包人可向发包人发出催告付款的通知。发包人应在收到通知后的14d内，按照承包人支付申请的金额向承包人支付进度款。 发包人未按照2013新《计价规范》第10.3.9～10.3.11条的规定支付进度款的，承包人可催告发包人支付，并有权获得延迟支付的利息；发包人在付款期满后的7d内仍未支付的，承包人可在付款期满后的第8d起暂停施工。发包人应承担由此增加的费用和延误的工期，向承包人支付合理利润，并应承担违约责任。 发现已签发的任何支付证书有错、漏或重复的数额，发包人有权予以修正，承包人也有权提出修正申请。经发承包双方复核同意修正的，应在本次到期的进度款中支付或扣除
8	竣工结算与支付	(1)工程完工后，发承包双方必须在合同约定时间内办理工程竣工结算。 工程竣工结算应由承包人或受其委托具有相应资质的工程造价咨询人编制，并应由发包人或受其委托具有相应资质的工程造价咨询人核对。 当发承包双方或一方对工程造价咨询人出具的竣工结算文件有异议时，可向工程造价管理机构投诉，申请对其进行执业质量鉴定。

（续表）

序号	类别	说明
8	竣工结算与支付	工程造价管理机构对投诉的竣工结算文件进行质量鉴定，宜按2013新《计价规范》第14章的相关规定进行。 竣工结算办理完毕，发包人应将竣工结算文件报送工程所在地或有该工程管辖权的行业管理部门的工程造价管理机构备案，竣工结算文件应作为工程竣工验收备案、交付使用的必备文件。 （2）工程竣工结算应根据下列依据编制和复核： ①2013新《计价规范》。 ②工程合同。 ③发承包双方实施过程中已确认的工程量及其结算的合同价款。 ④发承包双方实施过程中已确认调整后追加（减）的合同价款。 ⑤建设工程设计文件及相关资料。 ⑥投标文件。 ⑦其他依据。 （3）分部分项工程和措施项目中的单价项目应依据发承包双方确认的工程量与已标价工程量清单的综合单价计算；发生调整的，应以发承包双方确认调整的综合单价计算。 （4）措施项目中的总价项目应依据已标价工程量清单的项目和金额计算；发生调整的，应以发承包双方确认调整的金额计算，其中安全文明施工费应按2013新《计价规范》第3.1.5条的规定计算。11.2.4其他项目应按下列规定计价： ①计日工应按发包人实际签证确认的事项计算。 ②暂估价应按2013新《计价规范》第9.9节的规定计算。 ③总承包服务费应依据已标价工程量清单金额计算；发生调整的，应以发承包双方确认调整的金额计算。 ④索赔费用应依据发承包双方确认的索赔事项和金额计算。 ⑤现场签证费用应依据发承包双方签证资料确认的金额计算。 ⑥暂列金额应减去合同价款调整（包括索赔、现场签证）金额计算，如有余额归发包人。 （5）规费和税金应按2013新《计价规范》第3.1.6条的规定计算。规费中的工程排污费应按工程所在地环境保护部门规定的标准缴纳后按实列入。 发承包双方在合同工程实施过程中已经确认的工程计量结果和合同价款，在竣工结算办理中应直接进入结算。 （6）合同工程完工后，承包人应在经发承包双方确认的合同工程期

（续表）

序号	类别	说明
8	竣工结算与支付	中价款结算的基础上汇总编制完成竣工结算文件，应在提交竣工验收申请的同时向发包人提交竣工结算文件。 承包人未在合同约定的时间内提交竣工结算文件，经发包人催告后14d内仍未提交或没有明确答复的，发包人有权根据已有资料编制竣工结算文件，作为办理竣工结算和支付结算款的依据，承包人应予以认可。 发包人应在收到承包人提交的竣工结算文件后的28d内核对。发包人经核实，认为承包人还应进一步补充资料和修改结算文件，应在上述时限内向承包人提出核实意见，承包人在收到核实意见后的28d内应按照发包人提出的合理要求补充资料，修改竣工结算文件，并应再次提交给发包人复核后批准。 （7）发包人应在收到承包人再次提交的竣工结算文件后的28d内予以复核，将复核结果通知承包人，并应遵守下列规定： ①发包人、承包人对复核结果无异议的，应在7d内在竣工结算文件上签字确认，竣工结算办理完毕。 ②发包人或承包人对复核结果认为有误的，无异议部分按照本条第1款规定办理不完全竣工结算；有异议部分由发承包双方协商解决；协商不成的，应按照合同约定的争议解决方式处理。 （8）发包人在收到承包人竣工结算文件后的28d内，不核对竣工结算或未提出核对意见的，应视为承包人提交的竣工结算文件已被发包人认可，竣工结算办理完毕。 承包人在收到发包人提出的核实意见后的28d内，不确认也未提出异议的，应视为发包人提出的核实意见已被承包人认可，竣工结算办理完毕。 发包人委托工程造价咨询人核对竣工结算的，工程造价咨询人应在28d内核对完毕，核对结论与承包人竣工结算文件不一致的，应提交给承包人复核；承包人应在14d内将同意核对结论或不同意见的说明提交工程造价咨询人。工程造价咨询人收到承包人提出的异议后，应再次复核，复核无异议的，应按2013新《计价规范》第11.3.3条第1款的规定办理，复核后仍有异议的，按2013新《计价规范》第11.3.3条第2款的规定办理。 承包人逾期未提出书面异议的，应视为工程造价咨询人核对的竣工结算文件已经承包人认可。 （9）对发包人或发包人委托的工程造价咨询人指派的专业人员与承

（续表）

序号	类别	说明
8	竣工结算与支付	包人指派的专业人员经核对后无异议并签名确认的竣工结算文件，除非发承包人能提出具体、详细的不同意见，发承包人都应在竣工结算文件上签名确认，如其中一方拒不签认的，按下列规定办理： ①若发包人拒不签认的，承包人可不提供竣工验收备案资料，并有权拒绝与发包人或其上级部门委托的工程造价咨询人重新核对竣工结算文件。 ②若承包人拒不签认的，发包人要求办理竣工验收备案的，承包人不得拒绝提供竣工验收资料，否则，对于由此造成的损失，承包人承担相应责任。 (10)合同工程竣工结算核对完成，发承包双方签字确认后，发包人不得要求承包人与另一个或多个工程造价咨询人重复核对竣工结算。 发包人对工程质量有异议，拒绝办理工程竣工结算的，已竣工验收或已竣工未验收但实际投入使用的工程，其质量争议应按该工程保修合同执行，竣工结算应按合同约定办理；已竣工未验收且未实际投入使用的工程以及停工、停建工程的质量争议，双方应就有争议的部分委托有资质的检测鉴定机构进行检测，并应根据检测结果确定解决方案，或按工程质量监督机构的处理决定执行后办理竣工结算，无争议部分的竣工结算应按合同约定办理。 (11)承包人应根据办理的竣工结算文件向发包人提交竣工结算款支付申请。申请应包括下列内容： ①竣工结算合同价款总额。 ②累计已实际支付的合同价款。 ③应预留的质量保证金。 ④实际应支付的竣工结算款金额。 (12)发包人应在收到承包人提交竣工结算款支付申请后的7d内予以核实，向承包人签发竣工结算支付证书。 发包人签发竣工结算支付证书后的14d内，应按照竣工结算支付证书列明的金额向承包人支付结算款。 发包人在收到承包人提交的竣工结算款支付申请后的7d内不予核实，不向承包人签发竣工结算支付证书的，视为承包人的竣工结算款支付申请已被发包人认可；发包人应在收到承包人提交的竣工结算款支付申请7d后的14d内，按照承包人提交的竣工结算款支付申请列明的金额向承包人支付结算款。

（续表）

<table>
<tr><th>序号</th><th>类别</th><th>说明</th></tr>
<tr><td>8</td><td>竣工结算与支付</td><td>发包人未按照2013新《计价规范》第11.4.3条、第11.4.4条规定支付竣工结算款的，承包人可催告发包人支付，并有权获得延迟支付的利息。发包人在竣工结算支付证书签发后或者在收到承包人提交的竣工结算款支付申请7d后的56d内仍未支付的，除法律另有规定外，承包人可与发包人协商将该工程折价，也可直接向人民法院申请将该工程依法拍卖。承包人应就该工程折价或拍卖的价款优先受偿。
（13）发包人应按照合同约定的质量保证金比例从结算款中预留质量保证金。承包人未按照合同约定履行属于自身责任的工程缺陷修复义务的，发包人有权从质量保证金中扣除用于缺陷修复的各项支出。经查验，工程缺陷属于发包人原因造成的，应由发包人承担查验和缺陷修复的费用。在合同约定的缺陷责任期终止后，发包人应按照2013新《计价规范》第11.6节的规定，将剩余的质量保证金返还给承包人。
（14）缺陷责任期终止后，承包人应按照合同约定向发包人提交最终结清支付申请。发包人对最终结清支付申请有异议的，有权要求承包人进行修正和提供补充资料。承包人修正后，应再次向发包人提交修正后的最终结清支付申请。
发包人应在收到最终结清支付申请后的14d内予以核实，并应向承包人签发最终结清支付证书。
发包人应在签发最终结清支付证书后的14d内，按照最终结清支付证书列明的金额向承包人支付最终结清款。
发包人未在约定的时间内核实，又未提出具体意见的，应视为承包人提交的最终结清支付申请已被发包人认可。
发包人未按期最终结清支付的，承包人可催告发包人支付，并有权获得延迟支付的利息。
最终结清时，承包人被预留的质量保证金不足以抵减发包人工程缺陷修复费用的，承包人应承担不足部分的补偿责任。
承包人对发包人支付的最终结清款有异议的，应按照合同约定的争议解决方式处理</td></tr>
<tr><td>9</td><td>合同解除的价款结算与支付</td><td>（1）发承包双方协商一致解除合同的，应按照达成的协议办理结算和支付合同价款。
（2）由于不可抗力致使合同无法履行解除合同的，发包人应向承包人支付合同解除之日前已完成工程但尚未支付的合同价款，此外，还应支付下列金额：</td></tr>
</table>

（续表）

序号	类别	说明
9	合同解除的价款结算与支付	①2013 新《计价规范》第 9.11.1 条规定的由发包人承担的费用。 ②已实施或部分实施的措施项目应付价款。 ③承包人为合同工程合理订购且已交付的材料和工程设备货款。 ④承包人撤离现场所需的合理费用，包括员工遣送费和临时工程拆除、施工设备运离现场的费用。 ⑤承包人为完成合同工程而预期开支的任何合理费用，且该项费用未包括在本款其他各项支付之内。 发承包双方办理结算合同价款时，应扣除合同解除之日前发包人应向承包人收回的价款。当发包人应扣除的金额超过了应支付的金额，承包人应在合同解除后的 56d 内将其差额退还给发包人。 （3）因承包人违约解除合同的，发包人应暂停向承包人支付任何价款。发包人应在合同解除后的 28d 内核实合同解除时承包人已完成的全部合同价款以及按施工进度计划已运至现场的材料和工程设备货款，按合同约定核算承包人应支付的违约金以及造成损失的索赔金额，并将结果通知承包人。发承包双方应在 28d 内予以确认或提出意见，并应办理结算合同价款。如果发包人应扣除的金额超过了应支付的金额，承包人应在合同解除后的 56d 内将其差额退还给发包人。发承包双方不能就解除合同后的结算达成一致的，按照合同约定的争议解决方式处理。 （4）因发包人违约解除合同的，发包人除应按照 2013 新《计价规范》第 12.0.2 条的规定向承包人支付各项价款外，还应按合同约定核算发包人应支付的违约金以及给承包人造成损失或损害的索赔金额费用。该笔费用应由承包人提出，发包人核实后应与承包人协商确定后的 7d 内向承包人签发支付证书。协商不能达成一致的，应按照合同约定的争议解决方式处理
10	合同价款争议的解决	（1）若发包人和承包人之间就工程质量、进度、价款支付与扣除、工期延期、索赔、价款调整等发生任何法律上、经济上或技术上的争议，首先应根据已签约合同的规定，提交合同约定职责范围内的总监理工程师或造价工程师解决，并应抄送另一方。总监理工程师或造价工程师在收到此提交件后的 14d 内应将暂定结果通知发包人和承包人。发承包双方对暂定结果认可的，应以书面形式予以确认，暂定结果成为最终决定。 发承包双方在收到总监理工程师或造价工程师的暂定结果通知之

（续表）

序号	类别	说明
10	合同价款争议的解决	后的 14d 内未对暂定结果予以确认也未提出不同意见的，应视为发承包双方已认可该暂定结果。 发承包双方或一方不同意暂定结果的，应以书面形式向总监理工程师或造价工程师提出，说明自己认为正确的结果，同时抄送另一方，此时该暂定结果成为争议。在暂定结果对发承包双方当事人履约不产生实质影响的前提下，发承包双方应实施该结果，直到按照发承包双方认可的争议解决办法被改变为止。 (2)合同价款争议发生后，发承包双方可就工程计价依据的争议以书面形式提请工程造价管理机构对争议以书面文件进行解释或认定。工程造价管理机构应在收到申请的 10 个工作日内就发承包双方提请的争议问题进行解释或认定。 发承包双方或一方在收到工程造价管理机构书面解释或认定后仍可按照合同约定的争议解决方式提请仲裁或诉讼。除工程造价管理机构的上级管理部门做出了不同的解释或认定，或在仲裁裁决或法院判决中不予采信的外，工程造价管理机构做出的书面解释或认定应为最终结果，并应对发承包双方均有约束力。 (3)合同价款争议发生后，发承包双方任何时候都可以进行协商。协商达成一致的，双方应签订书面和解协议，和解协议对发承包双方均有约束力。 如果协商不能达成一致协议，发包人或承包人都可以按合同约定的其他方式解决争议。 (4)发承包双方应在合同中约定或在合同签订后共同约定争议调解人，负责双方在合同履行过程中发生争议的调解。 合同履行期间，发承包双方可协议调换或终止任何调解人，但发包人或承包人都不能单独采取行动。除非双方另有协议，在最终结清支付证书生效后，调解人的任期应即终止。 如果发承包双方发生了争议，任何一方可将该争议以书面形式提交调解人，并将副本抄送另一方，委托调解人调解。 发承包双方应按照调解人提出的要求，给调解人提供所需要的资料、现场进入权及相应设施。调解人应被视为不是在进行仲裁人的工作。 调解人应在收到调解委托后 28d 内或由调解人建议并经发承包双方认可的其他期限内提出调解书，发承包双方接受调解书的，经双方签字后作为合同的补充文件，对发承包双方均具有约束力，双方都应立即遵照执行。

（续表）

序号	类别	说明
10	合同价款争议的解决	当发承包双方中任一方对调解人的调解书有异议时，应在收到调解书后28d内向另一方发出异议通知，并应说明争议的事项和理由。但除非并直到调解书在协商和解或仲裁裁决、诉讼判决中做出修改，或合同已经解除，承包人应继续按照合同实施工程。 当调解人已就争议事项向发承包双方提交了调解书，而任一方在收到调解书后28d内均未发出表示异议的通知时，调解书对发承包双方应均具有约束力。 （5）发承包双方的协商和解或调解均未达成一致意见，其中的一方已就此争议事项根据合同约定的仲裁协议申请仲裁，应同时通知另一方。 仲裁可在竣工之前或之后进行，但发包人、承包人、调解人各自的义务不得因在工程实施期间进行仲裁而有所改变。当仲裁是在仲裁机构要求停止施工的情况下进行时，承包人应对合同工程采取保护措施，由此增加的费用应由败诉方承担。 在2013新《计价规范》第13.1节至第13.4节规定的期限之内，暂定或和解协议或调解书已经有约束力的情况下，当发承包中一方未能遵守暂定或和解协议或调解书时，另一方可在不损害其可能具有的任何其他权利的情况下，将未能遵守暂定或不执行和解协议或调解书达成的事项提交仲裁。 发包人、承包人在履行合同时发生争议，双方不愿和解、调解或者和解、调解不成，又没有达成仲裁协议的，可依法向人民法院提起诉讼
11	工程造价鉴定	（1）在工程合同价款纠纷案件处理中，需作工程造价司法鉴定的，应委托具有相应资质的工程造价咨询人进行。 工程造价咨询人接受委托时提供工程造价司法鉴定服务，应按仲裁、诉讼程序和要求进行，并应符合国家关于司法鉴定的规定。 工程造价咨询人进行工程造价司法鉴定时，应指派专业对口、经验丰富的注册造价工程师承担鉴定工作。 工程造价咨询人应在收到工程造价司法鉴定资料后10d内，根据自身专业能力和证据资料判断能否胜任该项委托，如不能，应辞去该项委托。工程造价咨询人不得在鉴定期满后以上述理由不作出鉴定结论，影响案件处理。 接受工程造价司法鉴定委托的工程造价咨询人或造价工程师如是鉴定项目一方当事人的近亲属或代理人、咨询人以及其他关系可能影

（续表）

序号	类别	说明
11	工程造价鉴定	响鉴定公正的，应当自行回避；未自行回避的，鉴定项目委托人以该理由要求其回避的，必须回避。 工程造价咨询人应当依法出庭接受鉴定项目当事人对工程造价司法鉴定意见书的质询。如确因特殊原因无法出庭的，经审理该鉴定项目的仲裁机关或人民法院准许，可以书面形式答复当事人的质询。 （2）工程造价咨询人进行工程造价鉴定工作时，应自行收集以下（但不限于）鉴定资料： ①适用于鉴定项目的法律、法规、规章、规范性文件以及规范、标准、定额。 ②鉴定项目同时期同类型工程的技术经济指标及其各类要素价格等。 （3）工程造价咨询人收集鉴定项目的鉴定依据时，应向鉴定项目委托人提出具体书面要求，其内容包括： ①与鉴定项目相关的合同、协议及其附件。 ②相应的施工图纸等技术经济文件。 ③施工过程中的施工组织、质量、工期和造价等工程资料。 ④存在争议的事实及各方当事人的理由。 ⑤其他有关资料。 工程造价咨询人在鉴定过程中要求鉴定项目当事人对缺陷资料进行补充的，应征得鉴定项目委托人同意，或者协调鉴定项目各方当事人共同签认。 根据鉴定工作需要现场勘验的，工程造价咨询人应提请鉴定项目委托人组织各方当事人对被鉴定项目所涉及的实物标的进行现场勘验。 勘验现场应制作勘验记录、笔录或勘验图表，记录勘验的时间、地点、勘验人、在场人、勘验经过、结果，由勘验人、在场人签名或者盖章确认。绘制的现场图应注明绘制的时间及测绘人姓名、身份等内容。必要时应采取拍照或摄像取证，留下影像资料。 鉴定项目当事人未对现场勘验图表或勘验笔录等签字确认的，工程造价咨询人应提请鉴定项目委托人决定处理意见，并在鉴定意见书中做出表述。 （4）工程造价咨询人在鉴定项目合同有效的情况下应根据合同约定进行鉴定，不得任意改变双方合法的合意。 工程造价咨询人在鉴定项目合同无效或合同条款约定不明确的情况下应根据法律法规、相关国家标准和2013新《计价规范》的规定，选

（续表）

序号	类别	说明
11	工程造价鉴定	择相应专业工程的计价依据和方法进行鉴定。 工程造价咨询人出具正式鉴定意见书之前，可报请鉴定项目委托人向鉴定项目各方当事人发出鉴定意见书征求意见稿，并指明应书面答复的期限及其不答复的相应法律责任。 工程造价咨询人收到鉴定项目各方当事人对鉴定意见书征求意见稿的书面复函后，应对不同意见认真复核，修改完善后再出具正式鉴定意见书。 (5)工程造价咨询人出具的工程造价鉴定书应包括下列内容： ①鉴定项目委托人名称、委托鉴定的内容。 ②委托鉴定的证据材料。 ③鉴定的依据及使用的专业技术手段。 ④对鉴定过程的说明。 ⑤明确的鉴定结论。 ⑥其他需说明的事宜。 ⑦工程造价咨询人盖章及注册造价工程师签名盖执业专用章。 (6)工程造价咨询人应在委托鉴定项目的鉴定期限内完成鉴定工作，如确因特殊原因不能在原定期限内完成鉴定工作的，应按照相应法规提前向鉴定项目委托人申请延长鉴定期限，并应在此期限内完成鉴定工作。 经鉴定项目委托人同意等待鉴定项目当事人提交、补充证据的，质证所用的时间不应计入鉴定期限。 (7)对于已经出具的正式鉴定意见书中有部分缺陷的鉴定结论，工程造价咨询人应通过补充鉴定做出补充结论
12	工程计价资料与档案	(1)发承包双方应当在合同中约定各自在合同工程中现场管理人员的职责范围，双方现场管理人员在职责范围内签字确认的书面文件是工程计价的有效凭证，但如有其他有效证据或经实证证明其是虚假的除外。 发承包双方不论在何种场合对与工程计价有关的事项所给予的批准、证明、同意、指令、商定、确定、确认、通知和请求，或表示同意、否定、提出要求和意见等，均应采用书面形式，口头指令不得作为计价凭证。 任何书面文件送达时，应由对方签收，通过邮寄应采用挂号、特快专递传送，或以发承包双方商定的电子传输方式发送，交付、传送或传输

（续表）

序号	类别	说明
12	工程计价资料与档案	至指定的接收人的地址。如接收人通知了另外地址时，随后通信信息应按新地址发送。 发承包双方分别向对方发出的任何书面文件，均应将其抄送现场管理人员，如系复印件应加盖合同工程管理机构印章，证明与原件相同。双方现场管理人员向对方所发任何书面文件，也应将其复印件发送给发承包双方，复印件应加盖合同工程管理机构印章，证明与原件相同。 发承包双方均应当及时签收另一方送达其指定接收地点的来往信函，拒不签收的，送达信函的一方可以采用特快专递或者公证方式送达，所造成的费用增加（包括被迫采用特殊送达方式所发生的费用）和延误的工期由拒绝签收一方承担。 书面文件和通知不得扣压，一方能够提供证据证明另一方拒绝签收或已送达的，应视为对方已签收并应承担相应责任。 (2)发承包双方以及工程造价咨询人对具有保存价值的各种载体的计价文件，均应收集齐全，整理立卷后归档。 发承包双方和工程造价咨询人应建立完善的工程计价档案管理制度，并应符合国家和有关部门发布的档案管理相关规定。工程造价咨询人归档的计价文件，保存期不宜少于五年。 归档的工程计价成果文件应包括纸质原件和电子文件，其他归档文件及依据可为纸质原件、复印件或电子文件。归档文件应经过分类整理，并应组成符合要求的案卷。归档可以分阶段进行，也可以在项目竣工结算完成后进行。向接受单位移交档案时，应编制移交清单，双方应签字、盖章后方可交接

第7章 建筑工程工程量计算规则

7.1 建筑面积计算

7.1.1 建筑面积的概念

建筑面积的基本概念见表7.1.1。

表7.1.1 建筑面积的基本概念

序号	类别	解释
1	建筑面积	建筑面积,是表示建筑物平面特征的几何参数,是指建筑物外墙勒脚以上各层水平投影面积之和。建筑面积是确定建设规模的重要指标。建筑面积是以“m^2”为计量单位反映房屋建筑规模的实物量指标,它广泛应用于基本建设计划、统计、设计、施工和工程概预算等各个方面,在建筑工程造价管理方面起着非常重要的作用,是房屋建筑计价的主要指标之一。 建筑面积,也称建筑展开面积,是建筑物各层面积的总和。 建筑面积包括使用面积、辅助面积和结构面积三部分(图7.1.1)
2	使用面积	使用面积,是指建筑物各层平面中直接为生产或生活使用的净面积之和。例如,住宅建筑中的居室、客厅、书房、厨房、卫生间、储藏室等
3	辅助面积	辅助面积,是指建筑物各层平面中为辅助生产或辅助生活所占净面积之和。例如,建筑物中的楼梯、走道、电梯间、杂物间等。使用面积与辅助面积之和称有效面积
4	结构面积	结构面积,是指建筑各层平面中的墙、柱等结构所占面积之和

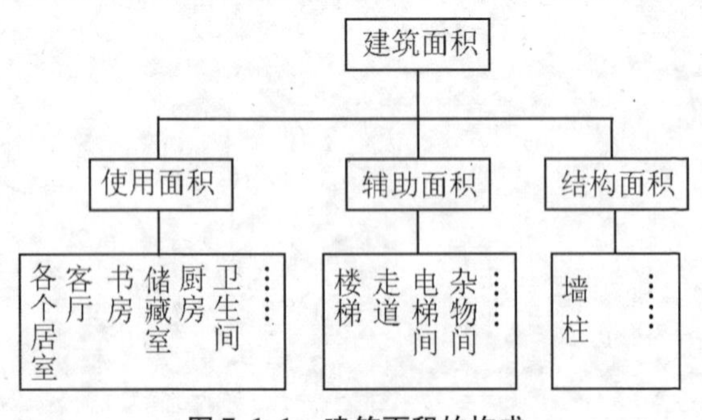

图7.1.1 建筑面积的构成

7.1.2　建筑面积的作用与计算公式

建筑面积的作用与计算公式见表7.1.2。

表7.1.2　建筑面积的作用与计算公式

序号	类别	说明
1	建筑面积的作用	(1)建筑面积反映了建筑规模的大小,它是国家编制基本建设计划、控制投资规模的一项重要技术指标。 (2)建筑面积是检查控制施工进度、竣工任务的重要指标,如开工面积、已完工面积、竣工面积、在建面积、优良工程率、建筑装饰规模等都是以建筑面积为指标表示的。 (3)建筑面积是初步设计阶段选择概算指标的重要依据之一。 (4)建筑面积是计算面积利用系数、土地利用系数及单位建筑面积经济指标的依据
2	计算公式	各经济指标的计算公式如下: $$每平方米工程造价=\frac{工程造价}{建筑面积}(元/m^2)$$ $$每平方米人工消耗=\frac{单位工程用工量}{建筑面积}(工日/m^2)$$ $$每平方米材料消耗=\frac{单位工程某材料用量}{建筑面积}(kg/m^2、m^3/m^2等)$$ $$每平方米机械台班消耗=\frac{单位工程某机械台班用量}{建筑面积}(台班/m^2等)$$ $$每平方米工程量=\frac{单位工程某工程量}{建筑面积}(m^2/m^2、m/m^2等)$$

7.1.3　建筑面积计算规则

建筑面积的计算规则见表7.1.3。

表7.1.3　建筑面积的计算规则

序号	类别	计算规则
1	一般规定	由于建筑面积是计算各种技术指标的重要依据,这些指标又起着衡量和评价建设规模、投资效益、工程成本等方面重要尺度的作用。因此,中华人民共和国建设部颁发了《建筑工程建筑面积计算规范》(GB/T 5035—2005),规定了建筑面积的计算方法

（续表）

<table>
<tr><th>序号</th><th colspan="2">类别</th><th colspan="2">计算规则</th></tr>
<tr><td rowspan="3">2</td><td rowspan="3">计算建筑面积的规则</td><td rowspan="2">单层建筑物建筑面积</td><td>计算方法</td><td>(1)单层建筑物的建筑面积,应按其外墙勒脚以上结构外围水平面积计算。勒脚是墙根部很矮的一部分墙体加厚,不能代表整个外墙结构,因此,要扣除勒脚墙体加厚的部分。并应符合下列规定:
①单层建筑物高度在2.20m及以上者应计算全面积;高度不足2.20m者应计算1/2面积。
②利用坡屋顶内空间时,顶板下表面至楼面的净高超过2.10m的部位应计算全面积;净高在1.20～2.10m的部位应计算1/2面积;净高不足1.20m的部位不应计算面积。单层建筑物可以是民用建筑、公共建筑,也可以是工业厂房。建筑面积只包括外墙的结构面积,不包括外墙抹灰厚度、装饰材料厚度所占的面积。
(2)单层建筑物内设有局部楼层者,局部楼层的二层及以上楼层,有围护结构的应按其围护结构外围水平面积计算,无围护结构的应按其结构底板水平面积计算。层高在2.20m及以上者应计算全面积;层高不足2.20m者应计算1/2面积</td></tr>
<tr><td>计算实例</td><td>实例:如图7.1.2所示,计算该单层房屋建筑面积。
计算规则:单层建筑物的建筑面积按其外墙勒脚以上结构外围水平面积计算。单层建筑物内设有局部楼层者,局部楼层的二层及以上楼层,有围护结构的按围护结构外围水平面积计算,层高在2.2m及以上者应计算全面积。
计算方法:
建筑面积 $=(18+6+0.24)\times(15+0.24)+(6+0.24)\times(15+0.24)=464.52\ m^2$</td></tr>
<tr><td>多层建筑物建筑面积</td><td>计算方法</td><td>(1)多层建筑物首层应按其外墙勒脚以上结构外围水平面积计算;二层及以上楼层应按其外墙结构外围水平面积计算。层高在2.20m及以上者应计算全面积;层高不足2.20m者应计算1/2面积。
(2)多层建筑坡屋顶内和场馆看台下,当设计加以利用时,净高超过2.10m的部位应计算全面积;净高在1.20～2.10m的部位应计算1/2面积;当设计不利用或室内净高不足1.20m时不应计算面积。</td></tr>
</table>

（续表）

序号	类别		计算规则	
2	计算建筑面积的规则	多层建筑物建筑面积	计算方法	外墙上的抹灰厚度或装饰材料厚度不能计入建筑面积。“二层及以上楼层”，是指有可能各层的平面布置不同，面积也不同，因此，要分层计算。多层建筑物的建筑面积应按不同的层高分别计算。层高是指上下两层楼面结构标高之间的垂直距离。建筑物最底层的层高，指当有基础底板时，按基础底板上表面结构标高至上层楼面的结构标高之间的垂直距离确定；当没有基础底板时，按地面标高至上层楼面结构标高之间的垂直距离确定。最上一层的层高，是指楼面结构标高至屋面板板面结构标高之间的垂直距离；若遇到以屋面板找坡的屋面，屋高指楼面结构标高至屋面板最低处板面结构标高之间的垂直距离。多层建筑坡屋顶内和场馆看台下的空间应视为坡屋顶内的空间，设计加以利用时，应按其净高确定其面积的计算；设计不利用的空间，不应计算建筑面积
			计算实例	实例：求如图7.1.3所示的某大厦的建筑面积。 计算规则：多层建筑物的建筑面积应按不同的层高分别计算。首层按其外墙勒脚以上结构外围水平面积计算；二层及以上楼层按其外墙结构水平面积计算。层高在2.20m及以上者应计算全面积；层高不足2.20m者应计算1/2面积。另外，建筑物外有围护结构的挑檐、走廊、檐廊应按其围护结构外围水平面积计算。 计算方法：建筑面积 $=(39.6+0.24)\times(8.0+0.24)\times4=1313.13\ m^2$
		地下室建筑面积	计算方法	地下室、半地下室（车间、商店、车站、车库、仓库等），包括相应的有永久性顶盖的出入口，应按其外墙上口（不包括采光井、外墙防潮层及其保护墙）外边线所围水平面积计算。层高在2.20m及以上者应计算全面积；层高不足2.20m者应计算1/2面积。地下室、半地下室应以其外墙上口外边线所围水平面积计算
			计算实例	实例：如图7.1.4所示，计算该地下建筑物的面积。 计算方法：建筑面积 $=80\times24+(5\times2.4+2.4\times2.4)\times2=1969.92\ m^2$

（续表）

<table>
<tr><th>序号</th><th colspan="2">类别</th><th colspan="2">计算规则</th></tr>
<tr><td rowspan="5">2</td><td rowspan="5">计算建筑面积的规则</td><td rowspan="2">建筑物吊脚架空层、深基架空层面积</td><td>计算方法</td><td>坡地的建筑物吊脚架空层、深基础架空层，设计加以利用并有围护结构的，层高在2.20m及以上的部位应计算全面积；层高不足2.20m的部位应计算1/2面积。设计加以利用、无围护结构的建筑吊脚架空层，应按其利用部位水平面积的1/2计算；设计不利用的深基础架空层、坡地吊脚架空层、多层建筑坡屋顶内、场馆看台下的空间不应计算面积。
层高在2.20m及以上的吊脚架空层可以设计用来作为一个房间使用。深基础架空层2.20m以上层高时，可以设计用来作为安装设备或作储藏间使用</td></tr>
<tr><td>计算实例</td><td>实例：如图7.1.5所示，计算坡地建筑物的建筑面积。
计算方法：建筑面积 $=(7.44\times4.77)\times2+(2.0+0.24)\times4.74+1/2\times1.6\times4.74=84.95\ m^2$</td></tr>
<tr><td rowspan="2">建筑物内门厅、大厅面积</td><td>计算方法</td><td>建筑物的门厅、大厅按一层计算建筑面积。门厅、大厅内设有回廊时，应按其结构底板水平面积计算。回廊层高在2.20m及以上者应计算全面积；层高不足2.20m者应计算1/2面积。
“门厅、大厅内设有回廊”，是指建筑物大厅、门厅的上部（一般该大厅、门厅占两个或两个以上建筑物层高）四周向大厅、门厅、中间挑出的走廊称为回廊。宾馆、大会堂、教学楼等大楼内的门厅或大厅，往往要占建筑物的两层或两层以上的层高，这时也只能计算一层面积。“层高不足2.20m者应计算1/2面积”应该指回廊层高可能出现的情况</td></tr>
<tr><td>计算实例</td><td>实例：试计算如图7.1.6所示某学校6层带回廊实验楼的大厅和回廊的建筑面积。
计算方法：
（1）大厅部分建筑面积：$13\times28=364\ m^2$
（2）回廊部分建筑面积：$(28-1.8+13-1.8)\times1.8\times2\times5=673.2\ m^2$</td></tr>
<tr><td>架空走廊面积</td><td colspan="2">建筑物间有围护结构的架空走廊，应按其围护结构外围水平面积计算，层高在2.20m及以上者应计算全面积；层高不足2.20m者应计算1/2面积。有永久性顶盖无围护结构的应按其结构底板水平面积的1/2计算。架空走廊是指建筑物与建筑物之间，在二层或二层以上专门为水平交通设置的走廊</td></tr>
</table>

（续表）

序号	类别			计算规则
2	计算建筑面积的规则	立体书库、立体仓库、立体车库		立体书库、立体仓库、立体车库，无结构层的应按一层计算，有结构层的应按其结构层面积分别计算。层高在2.20m及以上者应计算全面积；层高不足2.20m者应计算1/2面积。 立体车库、立体仓库、立体书库不规定是否有围护结构，均按是否有结构层，应区分不同的层高确定建筑面积计算的范围
		舞台灯光控制室	计算方法	有围护结构的舞台灯光控制室，应按其围护结构外围水平面积计算。层高在2.20m及以上者应计算全面积；层高不足2.20m者应计算1/2面积。 如果舞台灯光控制室有围护结构且只有一层，那么就不能另外计算面积。因为整个舞台的面积计算已经包含了该灯光控制室的面积
			计算实例	实例：试计算如图7.1.7所示的某电视台搭建的舞台灯光控制室建筑面积。 计算方法： $S_1=(4+0.24+2+0.24)/2\times(4.50+0.12)=14.97\ m^2$ $S_2=(2+0.24)\times(4.5+0.12)=10.35\ m^2$ $S_3=(4.5+0.12)\times100/25=2.31\ m^2$ $S=S_1+S_2+S_3=14.97+10.35+2.31=27.63\ m^2$
		落地橱窗、门斗、挑廊、走廊、檐廊		建筑物外有围护结构的落地橱窗、门斗、挑廊、走廊、檐廊，应按其围护结构外围水平面积计算。层高在2.20m及以上者应计算全面积；层高不足2.20m者应计算1/2面积。有永久性顶盖无围护结构的应按其结构底板水平面积的1/2计算。 落地橱窗是指凸出外墙面、根基落地的橱窗。门斗是指在建筑物出入口设置的起分隔、挡风、御寒等作用的建筑过渡空间。保温门斗一般有围护结构。挑廊是指挑出建筑物外墙的水平交通空间。走廊是指建筑物底层的水平交通空间。檐廊是指设置在建筑物底层檐下的水平交通空间
		场馆看台		有永久性顶盖无围护结构的场馆看台应按其顶盖水平投影面积的1/2计算。 这里所称的“场馆”实际上指“场”（如：网球场、足球场等）看台上有永久性顶盖部分。“馆”应是有永久性顶盖和围护结构的，应按单层或多层建筑相关规定计算面积

（续表）

<table>
<tr><th>序号</th><th colspan="2">类别</th><th>计算规则</th></tr>
<tr><td rowspan="5">2</td><td rowspan="5">计算建筑面积的规则</td><td>建筑物顶部楼梯间、水箱间、电梯机房</td><td>建筑物顶部有围护结构的楼梯间、水箱间、电梯机房等，层高在2.20m及以上者应计算全面积；层高不足2.20m者应计算1/2面积。
如遇建筑物层顶的楼梯间是坡屋顶时，应按坡屋顶的相关规定计算面积。单独放在建筑物屋顶上的混凝土水箱或钢板水箱，不计算面积</td></tr>
<tr><td>不垂直于水平面而超出底板外沿的建筑物</td><td>设有围护结构不垂直于水平面而超出底板外沿的建筑物，应按其底板面的外围水平面积计算。层高在2.20m及以上者应计算全面积；层高不足2.20m者应计算1/2面积。
设有围护结构不垂直于水平面而超出地板外沿的建筑物，是指向建筑物外倾斜的墙体。若遇有向建筑内倾斜的墙体，应视为坡屋面，即应按坡屋顶的有关规定计算面积</td></tr>
<tr><td>室内楼梯间、电梯井、垃圾道等</td><td>建筑物内的室内楼梯间、电梯井、观光电梯井、提物井、管道井、通风排气竖井、垃圾道、附墙烟囱应按建筑物的自然层计算。
室内楼梯间的面积计算，应按楼梯依附的建筑物的自然层数进行计算，合并在建筑物面积内。若遇跃层建筑，其共用的室内楼梯应按自然层计算面积；上下两层错层户室共用的室内楼梯，应选上一层的自然层计算面积，如图7.1.8所示。电梯井是指安装电梯用的垂直通道</td></tr>
<tr><td rowspan="2">雨篷</td><td>计算方法：雨篷结构的外边线至外墙结构外边线的宽度超过2.10m者，应按雨篷结构板的水平投影面积的1/2计算。
雨篷均以其宽度超过2.10m或不超过2.10m进行划分。超过者按雨篷结构板水平投影面积的1/2计算；不超过者不计算。不管雨篷是否有柱或无柱，计算应一致</td></tr>
<tr><td>计算实例：实例：试计算如图7.1.9所示的有柱雨篷的建筑面积。
计算方法：因为，雨篷结构的外边线至外墙结构外边线的宽度超过2.10m者，应按雨篷结构板的水平投影面积的1/2计算。所以，本例中，雨篷结构外边线至外墙结构外边线的宽度没有超过2.10m，则此雨篷不计算建筑面积</td></tr>
</table>

（续表）

序号	类别		计算规则	
2	计算建筑面积的规则	室外楼梯	计算方法	有永久性顶盖的室外楼梯，应按建筑物自然层的水平投影面积的1/2计算。 室外楼梯，最上层楼梯无永久性顶盖或不能完全遮盖楼梯的雨篷，上层楼梯不计算面积；上层楼梯可视为下层楼梯的永久性顶盖，下层楼梯应计算面积
			计算实例	实例：试计算如图7.1.10所示的室外楼梯的建筑面积。 计算方法：有永久性顶盖的室外楼梯，按建筑物自然层的水平投影面积的1/2计算。对于最上层楼梯无永久性楼盖，或不能完全遮盖楼梯的雨篷，上层楼梯不计算面积；上层楼梯可为下层楼梯的永久性顶盖，下层楼梯应计算面积。 本例中，因室外楼梯无永久性顶盖，则应不计算建筑面积
		阳台的计算规则	计算方法	建筑物的阳台均应按其水平投影面积的1/2计算。 建筑物阳台，不论是凹阳台、挑阳台、封闭阳台均按其水平投影面积的1/2计算建筑面积
			计算实例	实例：试计算如图7.1.11所示的封闭式阳台的建筑面积。 计算方法：建筑物的阳台，无论是凹阳台，排檐台、封闭阳台、不封闭阳台均按其水平投影面积的一半计算。 因此，建筑面积：$(3\times1+3\times1+15\times1)\times4/2=15\ m^2$
		其他建筑物的计算规则	（1）有永久性顶盖无围护结构的车棚、货棚、站台、加油站、收费站等，应按其顶盖水平投影面积的1/2计算。 在车棚、货棚、站台、加油站、收费站内高有带围护结构的管理房间、休息室等，应另按有关规定计算面积。 （2）高低联跨的建筑物，应以高跨结构外边线为界分别计算建筑面积；其高低跨内部连通时，其变形缝应计算在低跨面积内。 （3）以幕墙作为围护结构的建筑物，应按幕墙外边线计算建筑面积。 围护性幕墙是指直接作为外墙起围护作用的幕墙。 （4）建筑物外墙外侧有保温隔热层的，应按保温隔热层外边线计算建筑面积。 （5）建筑物内的变形缝，应按其自然层合并在建筑物面积内计算	

（续表）

序号	类别	计算规则
3	不计算建筑面积的范围	下列项目不应计算面积： (1)建筑物通道(骑楼、过街楼的底层)。 (2)建筑物内的设备管道夹层。 (3)建筑物内分隔的单层房间,舞台及后台悬挂幕布、布景的天桥、挑台等。 (4)屋顶水箱、花架、凉棚、露台、露天游泳池。 (5)建筑物内的操作平台、上料平台、安装箱和罐体的平台。 (6)勒脚、附墙柱、垛、台阶、墙面抹灰、装饰面、镶贴块料面层、装饰性幕墙、空调室外机搁板(箱)、飘窗、构件、配件、宽度在2.10m及以内的雨篷以及与建筑物内不相连通的装饰性阳台、挑廊。 (7)无永久性顶盖的架空走廊、室外楼梯和用于检修、消防等的室外钢楼梯、爬梯。 (8)自动扶梯、自动人行道。 (9)独立烟囱、烟道、地沟、油(水)罐、气柜、水塔、贮油(水)池、贮仓、栈桥、地下人防通道、地铁隧道

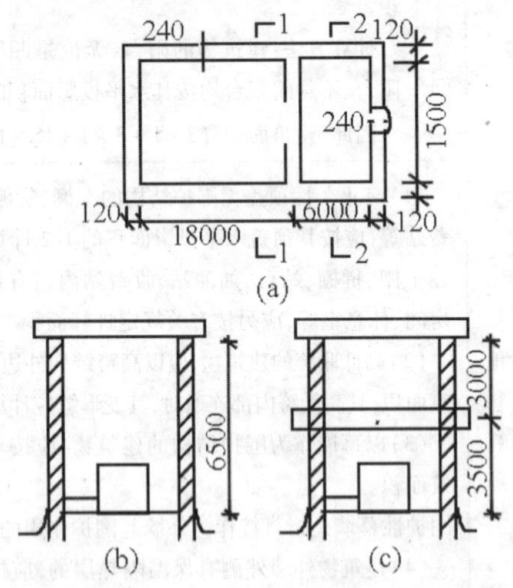

图7.1.2　某单层建筑示意图

(a)平面图;(b)1－1剖面图;(c)2－2剖面图

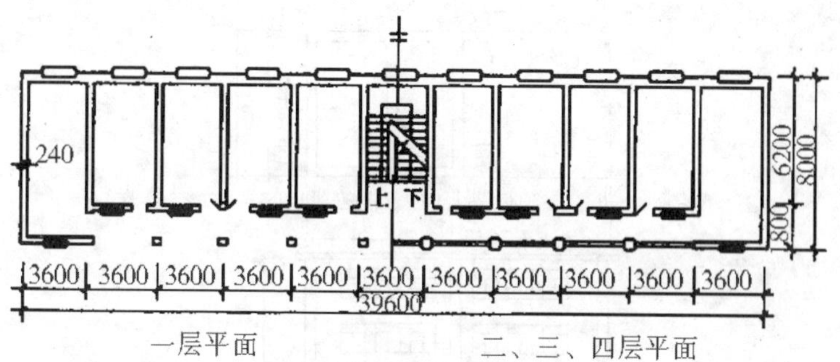

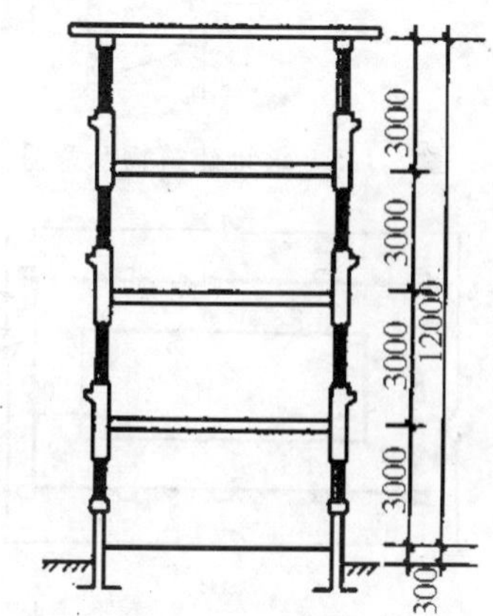

图 7.1.3　某大厦示意图

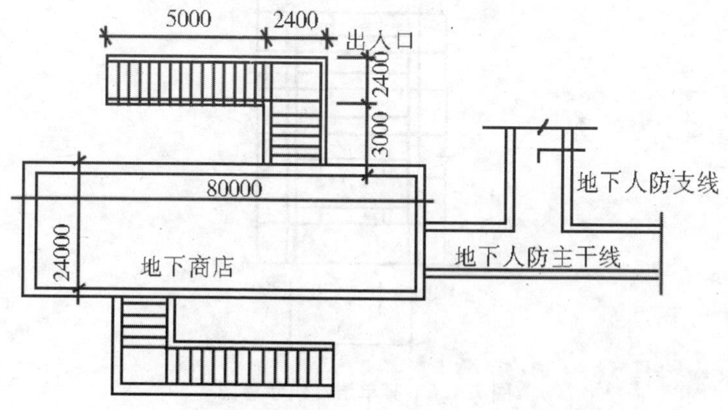

图 7.1.4　地下建筑物示意图

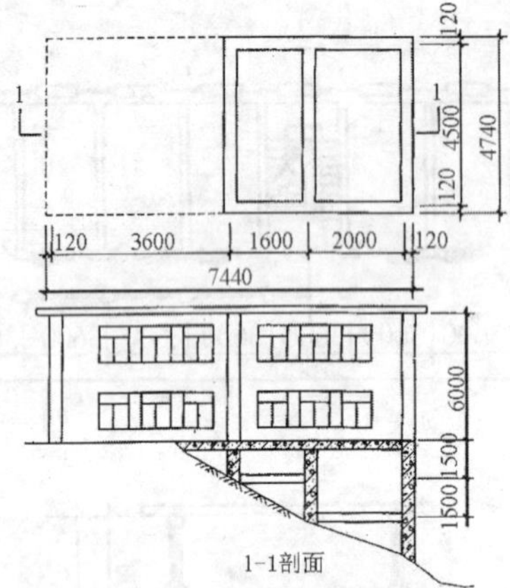

图 7.1.5　坡地建筑物示意图

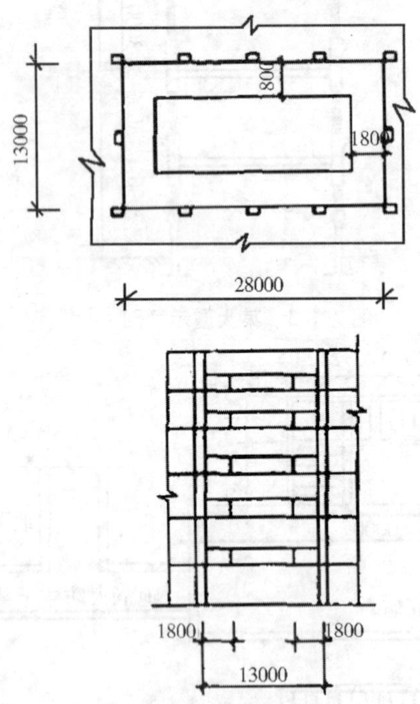

图 7.1.6　某单层建筑示意图

(a)平面图;(b)剖面图

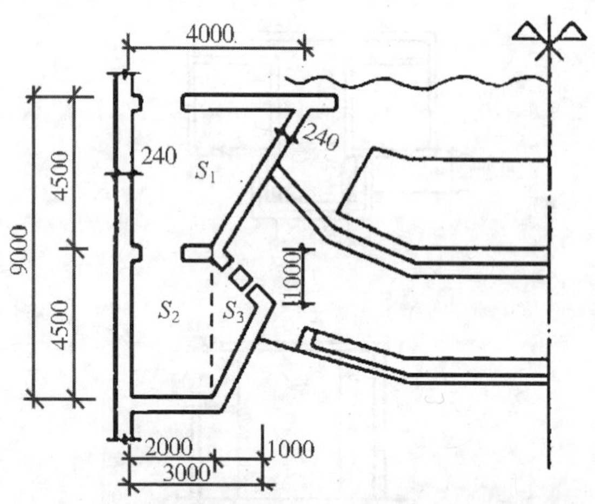

图 7.1.7　有围护结构的舞台灯光控制室示意图

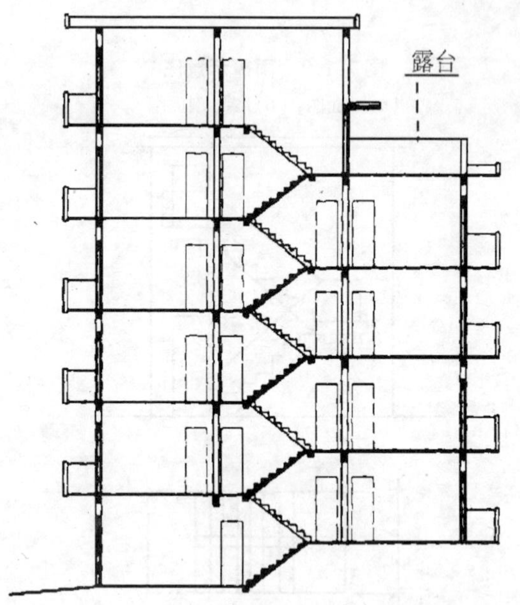

图 7.1.8　户室错层剖面示意图

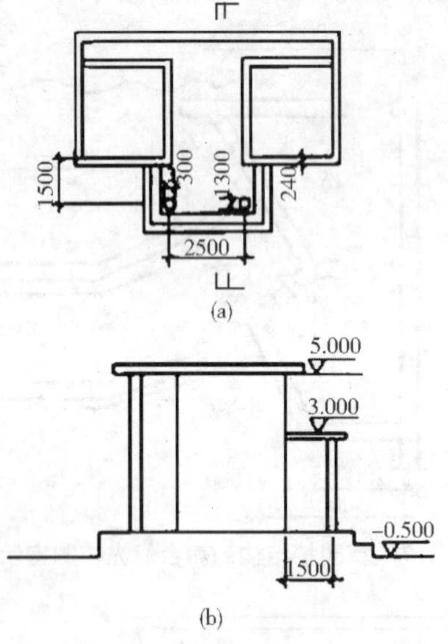

图 7.1.9　雨篷示意图

(a)平面图；(b)1-1 剖面图

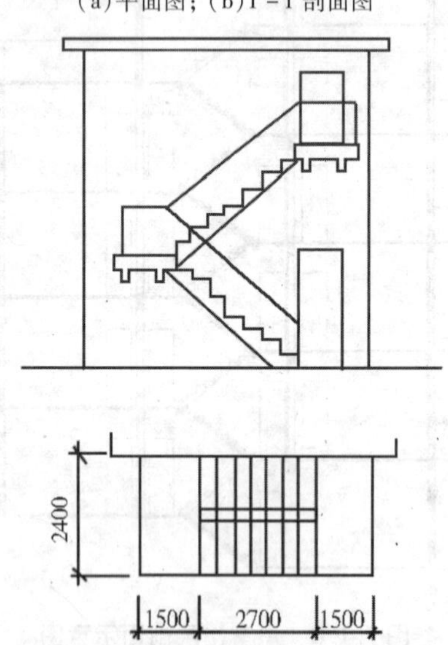

图 7.1.10　无围护结构的室外楼梯示意图

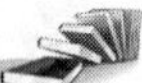

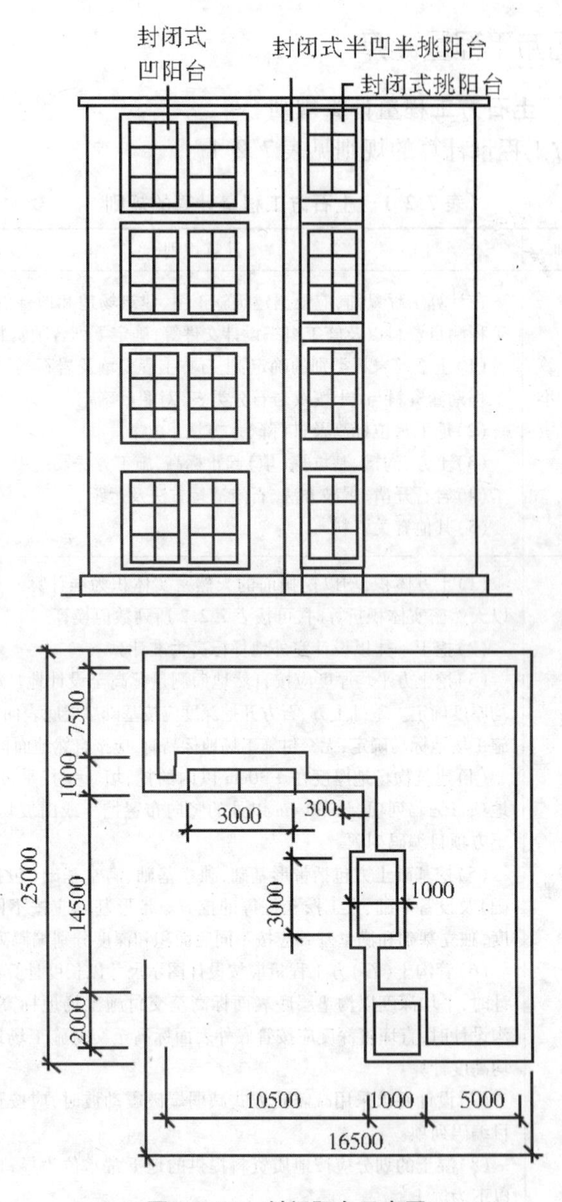

图 7.1.11　封闭阳台示意图

7.2 土石方工程量计算

7.2.1 土石方工程量计算规则

土石方工程量计算的规则见表7.2.1。

表7.2.1 土石方工程量计算的规则

序号	类别	计算规则
1	计算前应准备的资料	在计算工程量前,应根据建筑施工图、建筑场地和地基的地质勘察、工程测量资料以及施工组织设计文件等,确定下列各项资料; (1)土壤及岩石类别的确定:土石方工程土壤及岩石类别的划分,依工程勘测资料与《土壤及岩石分类表》对照后确定。 (2)地下水位标高及排(降)水方法。 (3)土方、沟槽、基坑挖(填)起止标高、施工方法及运距。 (4)岩石开凿、爆破方法、石渣清运方法及运距。 (5)其他有关资料
2	一般计算规则	(1)土方体积,均以挖掘前的天然密实体积为准计算。如遇有必须以天然密实体积折算时,可按表7.2.2所列数值换算。 (2)挖土一律以设计室外地坪标高为准计算。 (3)挖土方平均厚度应按自然地面测量标高至设计地坪标高间的平均厚度确定。基础土方、石方开挖深度应按基础垫层底表面标高至交付施工场地标高确定,无交付施工场地标高时,应按自然地面标高确定。 (4)建筑物场地厚度在±30cm以内的挖、填、运、找平,应按平整场地项目编码列项。±30 cm以外的竖向布置挖土或山坡切土,应按挖土方项目编码列项。 (5)挖基础土方包括带形基础、独立基础、满堂基础(包括地下室基础)及设备基础、人工挖孔桩等的挖方。带形基础应按不同底宽和深度,独立基础和满堂基础应按不同底面积和深度分别编码列项。 (6)管沟土(石)方工程量应按设计图示尺寸以长度计算。有管沟设计时,平均深度以沟垫层底表面标高至交付施工场地标高计算;无管沟设计时,直埋管深度应按管底外表面标高至交付施工场地标高的平均高度计算。 (7)设计要求采用减震孔方式减弱爆破震动波时,应按预裂爆破项目编码列项。 (8)湿土的划分应按地质资料提供的地下常水位为界,地下常水位以下为湿土。 (9)挖方出现流砂、淤泥时,可根据实际情况由发包人与承包人双方认证

表 7.2.2　土石方体积折算系数表　（m^3）

虚方体积	天然密实体积	夯实后体积	松填体积
1.00	0.77	0.67	0.83
1.30	1.00	0.87	1.08
1.49	1.15	1.00	1.24
1.20	0.92	0.80	1.00

7.2.2　平整场地工程量计算

平整场地工程量的计算方法见表 7.2.3。

表 7.2.3　平整场地工程量的计算方法

序号	类别	计算方法
1	平整场地的概念	平整场地是指建筑场地挖填厚度在 ±30cm 以内及找平，如图 7.2.1 所示。挖填方厚度超过 ±30cm 以外时，按场地土方竖向布置图另行计算
2	计算方法	平整场地工程量，按设计图示尺寸以建筑外墙外边线每边各加 2m，以"m^2"计算。其计算公式为： $S_{平} = S_{底} + 2L_{外} + 16$ 式中　$S_{平}$——建筑物平整场地工程量（m^2）； $S_{底}$——底层建筑面积（m^2）； $L_{外}$——建筑物外墙外边线（m）。 规则矩形及不规则多边矩形图形的工程量，均可用该公式计算
3	计算实例	实例：如图 7.2.2 所示为某建筑物底层平面图外连线尺寸，计算平整场地工程量。 计算方法：$S_{平} = (7 + 15 + 2 \times 2) \times (9 + 2 \times 2) + (7 + 2 \times 2) \times 6 = 404.00m^2$

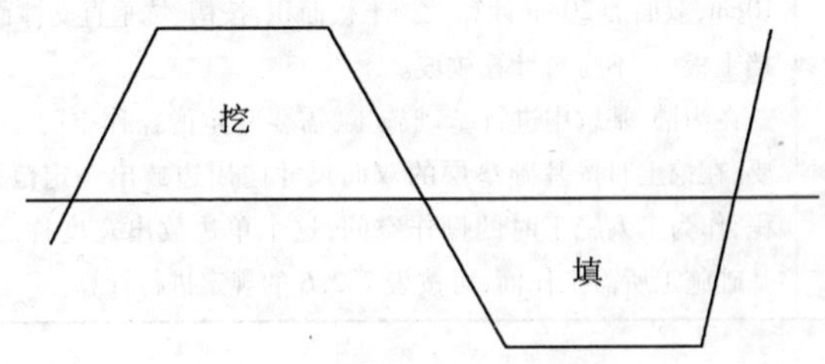

图 7.2.1　平整场地示意图

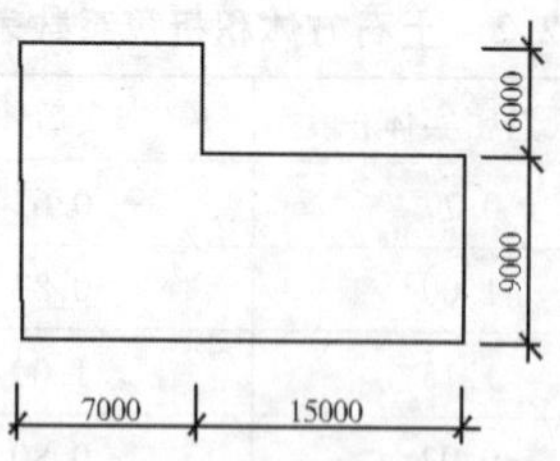

图 7.2.2　某建筑物底层平面示意图

7.2.3　挖掘沟槽、基坑土方工程量计算

挖掘沟槽、基坑土方工程量的计算方法见表 7.2.4。

表 7.2.4　挖掘沟槽、基坑土方工程量的计算方法

序号	类别	计算方法
1	一般规定	挖掘沟槽、基坑土方，按体积以“m^3”进行计算工程量
2	沟槽、基坑的划分	凡图示沟槽底宽在 3m 以内（不包括工作在内），且沟槽长大于槽宽 3 倍以上的，为沟槽。 凡图示基坑底面积在 20 m^2 以内（不包括工程作在内）的为基坑。 凡图示沟槽底宽 3m 以外，坑底面积 20 m^2 以外，平整场地挖土方厚度在 30cm 以外的，均按挖土方进行计算
3	沟槽、基坑土方放坡	在土方工程中，如果挖土较深，为保持土体稳定，防止塌方，保证施工安全，其边沿或侧壁应留有一定斜度的坡，就叫做放坡。 计算挖沟槽、基坑、土方工程量需放坡时，放坡系数按表 7.2.5 规定进行计算。 沟槽、基坑中土壤类别不同时，分别按其放坡起点、放坡系数，依不同土壤厚度加权平均计算。计算放坡时，在交接处重复工程量不予扣除，原槽、坑作基础垫层时，放坡自垫层上表面开始计算。挖冻土不计算放坡。 挖沟槽、基坑需支挡土板时，其宽度按图示沟槽、基坑底宽，单面加 10cm，双面加 20cm 计算。挡土板面积，按槽、坑垂直支撑面积计算，支挡土板后，不得再计算放坡。 在沟槽、基坑中进行基础施工，需要一定的操作空间。为满足该需要，在挖土时按基础垫层的双向尺寸向周边放出一定范围的操作面积，作为工人施工时的操作空间，这个单边放出宽度称之为工作面。基础施工所需工作面，可按表 7.2.6 的规定进行计算。

（续表）

<table>
<tr><th>序号</th><th colspan="2">类别</th><th colspan="2">计算方法</th></tr>
<tr><td>3</td><td colspan="2">沟槽、基坑土方放坡</td><td colspan="2">挖沟槽长度，外墙按图示中心线长度计算；内墙按图示基础底面之间净长线长度计算；内外突出部分（垛、附墙烟囱等）体积并入沟槽土方工程量内计算。
人工挖土方深度超过1.5m时，按表7.2.7增加工日。
挖管道沟槽按图示中心线长度计算。沟底宽度，设计有规定的，按设计规定尺寸计算；设计无规定的，可按表7.2.8规定宽度进行计算。
按表7.2.8计算管道沟土方工程量时，各种井类及管道（不含铸铁给排水管）接口等处需加宽增加的土方量不另行计算，底面积大于20 m^2的井类，其增加工程量，并入管沟土方量内计算。
铺设铸铁给排水管道时，其接口等处的土方增加量，可按铸铁给排水管道地沟土方总量的2.5%计算。
沟槽、基坑深度，按图示槽、坑底面至室外地坪深度计算；管道地沟按图示沟底至室外地坪深度计算</td></tr>
<tr><td>4</td><td>计算方法</td><td>挖基槽</td><td>计算规则</td><td>(1)不放坡、不支挡土板，不留工作面时其挖土工程量计算公式如下：
$$V = LaH$$
式中　V——挖基槽工程量（m^3）；
L——沟槽长度（m）；
a——槽底宽度（m）；
H——挖土深度（m）。
(2)不放坡、不支挡土板，留工作面时其挖土工程量计算公式如下：
$$V = L(a + 2c)H$$
式中　V——挖基槽工程量（m^3）；
L——沟槽长度（m）；
a——槽底宽度（m）；
c——工作面宽度（m），可按表7.2.8规定确定数值；
H——挖土深度（m）。
(3)两侧放坡，留工作面时其挖土工程量计算公式如下：
$$V = L(a + 2c + KH)H$$
式中　V——挖基槽工程量（m^3）；
L——沟槽长度（m）；
a——槽底宽度（m）；
c——工作面宽度（m），可按表7.2.8规定确定数值；
K——放坡系数，可按表7.2.5规定确定数值；
H——挖土深度（m）。</td></tr>
</table>

（续表）

<table>
<tr><th>序号</th><th colspan="2">类别</th><th colspan="2">计算规则</th></tr>
<tr><td>4</td><td>计算方法</td><td>挖基槽</td><td>计算规则</td><td>（4）一侧放坡、一侧支挡土板，留工作面时其挖土工程量计算公式如下：
$$V=L\left(a+0.1+2c+\frac{1}{2}KH\right)H$$
式中 V——挖基槽工程量（m^3）；
L——沟槽长度（m）；
a——槽底宽度（m）；
0.1——定额规定一侧支挡土板厚度（m）；
c——工作面宽度（m），可按表 7.2.8 规定确定数值；
K——放坡系数，可按表 7.2.5 规定确定数值；
H——挖土深度（m）。
（5）两侧支挡土板，留工作面时其挖土工程量计算公式如下：
$$V=L(a+0.2+2c)H$$
式中 V——挖基槽工程量（m^3）；
L——沟槽长度（m）；
a——槽底宽度（m）；
0.2——定额规定两侧支挡土板厚度（m）；
c——工作面宽度（m），可按表 7.2.8 规定确定数值；
H——挖土深度（m）。
（6）自垫层上表面放坡时，其挖土工程量计算公式如下：
$$V=L[(a+KH_1)H_1+aH_2]$$
式中 V——挖基槽工程量（m^3）；
L——沟槽长度（m）；
a——槽底宽度（m）；
H_1——垫层上表面至基槽上口深度（m）；
H_2——垫层厚度（m）；
K——放坡系数，可按表 7.2.5 规定确定数值</td></tr>
<tr><td></td><td></td><td></td><td colspan="2">实例 1：某工程基槽长 90m，挖土深 2m，混凝土基础垫层支模板基础宽 0.70m，无工作面。试计算人工挖地槽工程量。
计算方法：
已知 $a=0.70\text{m}$
$H=2\text{m}$
$L=90\text{m}$</td></tr>
</table>

（续表）

序号	类别		计算规则
4	计算方法	挖基槽	依据公式：$V = LaH = 90 \times 0.70 \times 2 = 126\text{m}^3$ 实例 2：某工程基槽长 90m，挖土深 2m，三类土，混凝土基础垫层支模板基础宽 0.70m，有工作面，试计算人工挖地槽工程量。 计算方法： 已知：$a = 0.70\text{m}$ $c = 0.30$（查表 7.2.8 所得） $H = 2\text{m}$ $L = 90\text{m}$ 依据公式：$V = L(a + 2c)H = 90 \times (0.70 + 2 \times 0.30) \times 2 = 234\text{m}^3$ 实例 3：某工程基槽长 90m，挖土深 2m，三类土，毛石基础宽 0.70m，有工作面，试计算人工挖地槽工程量。 计算方法： 已知：$a = 0.70\text{m}$ $c = 0.15$（查表 7.2.8 所得） $H = 2\text{m}$ $L = 90\text{m}$ $K = 0.33$（查表 7.2.5 所得） 依据公式：$V = L(a + 2c + KH)H = 90 \times (0.70 + 2 \times 0.15 + 0.33 \times 2) \times 2 = 298.8\text{m}^3$ 实例 4：某工程基槽长 90m，挖土深 2m，三类土，毛石基础宽 0.70m，有工作面，采用放坡形式，试计算人工挖地槽工程量。 计算方法： 已知：$a = 0.70\text{m}$ $c = 0.15$（查表 7.2.8 所得） $H = 2\text{m}$ $L = 90\text{m}$ $K = 0.33$（查表 7.2.5 所得） 依据公式：$V = L\left(a + 0.1 + 2c + \frac{1}{2}KH\right)H = 90 \times \quad 0.70 + 0.1 + 2 \times 0.15 + \frac{1}{2} \times 0.33 \times 2 \quad \times 2 = 257.4\ \text{m}^3$ 实例 5：某工程基槽长 90m，挖土深 2m，毛石基础宽 0.70m，有工作面，试计算人工挖地槽工程量。

（续表）

<table>
<tr><th>序号</th><th colspan="2">类别</th><th>计算规则</th></tr>
<tr><td rowspan="2">4</td><td rowspan="2">计算方法</td><td>挖基槽</td><td>计算方法：
已知：$a=0.70\text{m}$
$c=0.15$（查表 7.2.8 所得）
$H=2\text{m}$
$L=90\text{m}$
$K=0.33$（查表 7.2.5 所得）
依据公式：$V=L(a+0.2+2c)H=90\times(0.70+0.2+2\times0.15)\times2=216\ \text{m}^3$</td></tr>
<tr><td>挖基坑</td><td>（1）不放坡、不支挡土板，不留工作面其挖土工程量的计算公式如下：
矩形或方形基坑：$V=HaB$
圆形基坑、桩孔：$V=1/4\pi D^2H=0.7854D^2H$
或 $V=\pi R^2H$
式中 V——挖基槽工程量（m^3）；
B——基础底长度（m）；
a——基础底宽度（m）；
H——挖土深度（m）；
D——圆形基坑底直径（m）；
R——圆形基坑底半径（m）。
（2）不放坡、不支挡土板，留工作面其挖土工程量的计算公式如下：
矩形或方形基坑：$V=H(a+2c)(b+2c)$
圆形基坑、桩孔：$V=1/4\pi(D+2c)^2H=0.7854(D+2c)^2H$
或 $V=\pi(R+C)^2H$
式中 V——挖基槽工程量（m^3）；
b——基础底长度（m）；
a——基础底宽度（m）；
c——工作面宽度（m），按表 7.2.8 值；
H——挖土深度（m）；
D——圆形基坑底直径（m）；
R——圆形基坑底半径（m）。
（3）四面放坡，留工作面时其挖土工程量的计算公式如下：
矩形或方形基坑：$V=(a+2c+KH)(b+2c+KH)H+1/3K^2H^3$</td></tr>
</table>

（续表）

序号	类别		计算规则
4	计算方法	挖基坑	圆形基坑、桩孔：$V = 1/3\pi H(R_1^2 + R_2^2 + R_1 R_2)$ 式中　V——挖基槽工程量（m^3）； b——基础底长度（m）； a——基础底宽度（m）； c——工作面宽度（m），按表7.2.5规定确定数值； H——挖土深度（m）； K——放坡系数，可按表7.2.2规定确定数值； R_1——坑底半径（m）； R_2——坑口半径（m），$R_2 = R_1 + KH$。 （4）不放坡、带挡土板，留工作面时其挖土工程量多土计算公式为： 矩形地坑：$V = (a + 2c + 0.2)(b + 2c + 0.2)H$ 圆形地坑：$V = \pi(R + 0.1 + 2c)^2 H$ 式中　V——挖基槽工程量（m^3）； b——基础底长度（m）； a——基础底宽度（m）； c——工作面宽度（m），按表7.2.8值； H——挖土深度（m）； K——放坡系数，可按表7.2.5值； 0.2——定额规定两侧支挡土板厚度（m）

表7.2.5　放坡系数表

土壤类别	放坡起点（m）	人工挖土	机械挖土	
			在坑内作业	在坑外作业
一、二类土	1.20	0.50	0.33	0.75
三类土	1.50	0.33	0.25	0.67
四类土	2.00	0.25	0.10	0.33

表 7.2.6　基础施工所需工作面宽度计算表

基础材料	每边各增加工作面宽度(mm)	基础材料	每边各增加工作面宽度(mm)
砖基础	200	混凝土基础支模板	300
浆砌毛石、条石基础	150	基础垂直面做防水层	800(防水层面)
混凝土基础垫层支模板	300		

表 7.2.7　人工挖土方超深增加工日表(以 100 m^3 计)

深 2m 以内	深 4m 以内	深 6m 以内
5.55 工日	17.60 工日	26.16 工日

表 7.2.8　管道地沟沟底宽度计算表

管径(mm)	铸铁管、钢管、石棉水泥管(m)	混凝土、钢筋混凝土、预应力混凝土管(m)	陶土管(m)
50～70	0.6	0.80	0.70
100～200	0.7	0.90	0.80
250～300	0.8	1.00	0.90
400～450	1.00	1.30	1.10
500～600	1.30	1.50	1.40
700～800	1.60	1.80	
900～1000	1.80	2.00	
1100～1200	2.00	2.30	
1300～1400	2.20	2.60	

7.2.4　回填土土方体积的计算

回填土土方体积的计算方法见表 7.2.9。

表 7.2.9　回填土土方体积的计算方法

序号	类别	说明
1	一般规定	回填土区分夯填、松填，按图示回填体积并依下列规定以“m^3”计算

（续表）

序号	类别		说明
2	基础回填土的计算	计算说明	基础回填土体积，以挖方体积减去设计室外地坪以下埋设的基础体积（包括基础垫层及其他构筑物）体积计算
		计算公式	其计算公式： $$V_{填} = V_{挖} - V_{基}$$ 式中　$V_{填}$——回填土体积（m^3）； $V_{挖}$——挖土体积（m^3）； $V_{基}$——基础及垫层体积（m^3）。 注：在减去沟槽内砌筑的基础时，不能直接减去砖基础的工程量，因为砖基础与砖墙的分界线在设计室内地面，而回填土的分界线在设计室外地坪，所以要注意调整两个分界线之间相关的工程量
3	室内回填土计算	计算说明	室内回填土，按主墙（承重墙或厚度在15cm以上的墙）之间的面积乘以回填土厚度以体积计算
		计算公式	其计算公式如下： $$V_{填} = S \times \delta$$ 式中　$\delta = H_{差} - H_1$ $V_{填}$——回填土体积（m^3）； δ——回填土厚度（m）； S——室内面积（m^2）； $H_{差}$——室内外设计标高差（m）； H_1——室内垫层和面层厚度（m）
4	场地回填土的计算	计算说明	场地回填，按回填土面积乘以平均回填厚度计算
		计算公式	其计算公式如下： $$V_{填} = S_{填} \times \delta$$ 式中　$V_{填}$——回填土体积（m^3）； $S_{填}$——回填土面积（m^2）； δ——回填土厚度（m）
5	管道沟回填土的计算		管道沟回填，以挖方体积减去管道基础垫层、基础及管道所占体积计算。管径在500mm以下时不扣除管道所占体积，管径超过500mm以上时可按表7.2.10扣除管道所占体积计算

（续表）

序号	类别	说明
6	土方运输工程量的计算	土方运输量是指土方开挖后，把不能用于回填或回填后剩余的土运至指定地点；或是所挖土方量不能满足回填的用量，需从购土地点将外购土运至现场。余土或取土工程量，按下式计算： 余土外运体积 = 挖土总体积 - 回填土总体积 计算结果为正值时为余土外运体积，负值时为取土体积
7	土方运输距离的计算	土方运输距离不同，所选用的定额项目就不同。运距应根据施工组织设计的规定执行，如无规定，可按下列规定计算： (1)推土机推距：按挖方区重心至回填区重心之间的直线距离计算。 (2)铲运机运距：按挖方区重心至卸土区重心加转向距离45m计算。 (3)自卸汽车运距：按挖方区重心至填土区（或堆放地点）重心的最短距离计算

表 7.2.10　管道扣除土方体积表

管道名称	管道直径(mm)					
	501～600	601～800	801～1000	1001～1200	1201～1400	1401～1600
钢管（m^3/m）	0.21	0.44	0.71	按实际计算	按实际计算	按实际计算
铸铁管（m^3/m）	0.24	0.49	0.77	按实际计算	按实际计算	按实际计算
混凝土管（m^3/m）	0.33	0.60	0.92	1.15	1.35	1.55

注：直埋式预制保温管管径，应按成品管的管径计算。

7.2.5　土石方工程工程量清单项目设置及工程量计算规则

1. 土方工程工程量清单项目设置及工程量计算规则

土方工程工程量清单项目设置及工程量计算规则，见表7.2.11。

表 7.2.11　土方工程(编码:010101)

<table>
<tr><th>项目编码</th><th>项目名称</th><th>项目特征</th><th>计量单位</th><th>工程量计算规则</th><th>工程内容</th></tr>
<tr><td>010101001</td><td>平整场地</td><td>1. 土壤类别
2. 弃土运距
3. 取土运距</td><td>m^2</td><td>按设计图示尺寸以建筑物首层面积计算</td><td>1. 土方挖填
2. 场地找平
3. 运输</td></tr>
<tr><td>010101002</td><td>挖一般土方</td><td rowspan="3">1. 土壤类别
2. 挖土深度
3. 弃土运距</td><td rowspan="5">m^3</td><td>按设计图示尺寸以体积计算</td><td rowspan="3">1. 排地表水
2. 土方开挖
3. 围护(挡土板)
4. 基底钎探
5. 运输</td></tr>
<tr><td>010101003</td><td>挖沟槽土方</td><td rowspan="2">按设计图示尺寸以基础垫层底面积乘以挖土深度计算</td></tr>
<tr><td>010101004</td><td>挖基杭土方</td></tr>
<tr><td>010101005</td><td>冻土开挖</td><td>1. 冻土厚度
2. 弃土运距</td><td>按设计图示尺寸开挖面积乘厚度以体积计算</td><td>1. 爆破
2. 开挖
3. 清理
4. 运输</td></tr>
<tr><td>010101006</td><td>挖淤泥、流砂</td><td>1. 挖掘深度
2. 弃淤泥、流砂距离</td><td>按设计图示位置、界限以体积计算</td><td>1. 开挖
2. 运输</td></tr>
<tr><td>010101007</td><td>管沟土方</td><td>1. 土壤类别
2. 管外径
3. 挖沟深度
4. 回填要求</td><td>1. m
2. m^3</td><td>1. 以米计量,按设计图方以管道中心绞长度计算。
2. 以立方米计量,按设计图方管底垫层面积乘以挖土深度计算;无管底垫层按管外径的水平投影面积乘以挖土深度计算。不扣除各类井的长度,井的土方并入</td><td>1. 排地表水
2. 土方开挖
3. 挡土板支拆
4. 运输
5. 回填</td></tr>
</table>

2. 石方工程工程量清单项目设置及工程量计算规则

石方工程工程量清单项目设置及工程量计算规则，见表7.2.12。

表7.2.12　石方工程(编码:010102)

<table>
<tr><th>项目编码</th><th>项目名称</th><th>项目特征</th><th>计量单位</th><th>工程量计算规则</th><th>工程内容</th></tr>
<tr><td>010102001</td><td>挖一般石方</td><td rowspan="2">1. 岩石类别
2. 开凿深度
3. 弃碴运距</td><td rowspan="2">m^3</td><td>按设计图示尺寸以体积计算</td><td rowspan="2">1. 排地表水
2. 凿石
3. 运输</td></tr>
<tr><td>010102002</td><td>石方开挖</td><td>按设计图示尺寸沟槽底面积乘以挖石深度以体积计算</td></tr>
<tr><td>010102003</td><td>挖基坑石方</td><td>按设计图示尺寸基坑底面积乘以挖石深度以体积计算</td><td rowspan="2">1. m
2. m^3</td><td rowspan="2">1. 以料量按设计图示以管道中心线长度计算
2. 以立方米计量，按设计图示截面积乘以长度计算</td><td rowspan="2">1. 排地表水
2. 凿石
3. 回填
4. 运输</td></tr>
<tr><td>010102004</td><td>挖基沟石方</td><td>1. 岩石类别
2. 管外径
3. 挖沟深度</td></tr>
</table>

3. 土石方回填

土石方回填工程量清单项目设置及工程量计算规则，应按表7.2.13的规定执行。

表 7.2.13　土石方运输与回填(编码:010103)

项目编码	项目名称	项目特征	计量单位	工程量计算规则	工程内容
010103001	回填方	1. 密实度要求 2. 填方材料品种 3. 填方粒径要求 4. 填方来源、运距	m^3	按设计图示尺寸以体积计算 1. 场地回填:回填面积乘平均回填厚度 2. 室内回填:主墙间面积乘回填厚度,不扣除间隔墙 3. 基础回填:按挖方清单项目工程量减去自然地坪以下埋设的基础体积(包括基础垫层及其他构筑物)	1. 运输 2. 回填 3. 压实
010103002	余方弃置	1. 废弃料品种 2. 运距		按挖方清单项目工程量减利用回填方体积(正数)计算	余方点装料运输至弃置点

注:1. 填方密实度要求,在无特殊要求情况下,项目特征可描述为满足设计和规范的要求。

2. 填方材料品种可以不描述,但应注明由投标人根据设计要求验方后方可填入,并符合相关工程的质量规范要求。

3. 填方粒径要求,在无特殊要求情况下,项目特征可以不描述。

4. 如需买土回填应在项目特征填方来源中描述,并注明买土方数量。

4. 土石方工程工程量清单项目计价内容说明

(1)概况。

土石方工程包括土方工程、石方工程、土石方回填。适用于建筑物和构筑物的土石方开挖及回填工程。

工程量清单的工程量,是拟建工程分项工程的实体数量。土石方工程除场地、房心填土外,其他土石方工程不构成工程实体。但目前没有一个建筑物或构筑物是不动土可以修建起来的,土石方工程是修建中实实在在的必须发生的施工工序,如果采用基础清单项目内含土石方报价,由于地表以下存在许多不可知的自然条件,势必增加基础项目报价的难度。为此,2013 新《计量规范》中将土方和石方工程单独列项。

(2)有关项目的说明。

①“平整场地”项目适于建筑场地厚度在±30cm以内的挖、填、运、找平。

注意:

A. 可能出现±30cm以内的全部是挖方或全部是填方,需外运土方或借土回填时,在工程量清单项目中应描述弃土运距(或弃土地点)或取土运距(或取土地点),这部分的运输应包括在“平整场地”项目报价内。

B. 工程量“按建筑物首层面积计算”,如施工组织设计规定超面积平整场地时,超出部分应包括在报价内。

②“挖一般土方”项目适用于±30cm以外的竖向布置的挖土或山坡切土,是指设计室外地坪标高以上的挖土,并包括指定范围内的土方运输。

注意:

A. 由于地形起伏变化大,不能提供平均挖土厚度时,应提供方格网法或断面法施工的设计文件。

B. 设计标高以下的填土应按“回填”项目编码列项。

③“挖沟槽土方”项目适用于基础土方开挖(包括人工挖孔桩土方),并包括指定范围内的土方运输。

注意:

A. 根据施工方案规定的放坡、操作工作面和机械挖土进出施工工作面的坡道等的增加的施工量,应包括在挖基础土方报价内。

B. 工程量清单“挖沟槽土方”项目中应描述弃土运距,施工增量的弃土运输包括在报价内。

C. 截桩头包括剔打混凝土、钢筋清理、调查弯钩及清运弃碴、桩头。

D. 深基础的支护结构:如钢板桩、H钢桩、预制钢筋混凝土板桩、钻孔灌注混凝土排桩挡墙、预制钢筋混凝土排桩挡墙、人工挖孔灌注混凝土排桩挡墙、旋喷桩地下连续墙和基坑内的水平钢支撑、水平钢筋混凝土支撑、锚杆拉固、基坑外拉锚、排桩的圈梁、H钢桩之间的木挡土板以及施工降水等,应列入工程量清单措施项目费内。

④“管沟土方”项目适用于管沟土方开挖、回填。

注意:

A. 管沟土方工程量不论有无管沟设计均按长度计算。管沟开挖加宽工作面、放坡和接口处加宽工作面,应包括在管沟土方报价内。

B. 采用多管同一管沟直埋时,管间距离必须符合有关规范的要求。

⑤"石方工程"项目适用于人工凿石、人工打眼爆破、机械打眼爆破等，并包括指定范围内的石方清除运输。

注意：

A. 设计规定需光面爆破的坡面、需摊座的基底，工程量清单中应进行描述。

B. 石方爆破的超挖量，应包括在报价内。

⑥"土（石）方回填"项目适用于场地回填、室内回填和基础回填，并包括指定范围内的运输以及借土回填的土方开挖。

注意：基础土方放坡等施工的增加量，应包括在报价内。

（3）土（石）方共性问题说明。

①"指定范围内的运输"是指由招标人指定的弃土地点或取土地点的运距；若招标文件规定由投标人确定弃土地点或取土地点时，则此条件不必在工程量清单中进行描述。

②土石方清单项目报价应包括指定范围内的土石一次或多次运输、装卸以及基底夯实、修理边坡、清理现场等全部施工工序。

③桩间挖土方工程量不扣除桩所占体积。

④因地质情况变化或设计变更引起的土（石）方工程量的变更，由业主与承包人双方现场认证，依据合同条件进行调整。

（4）土（石）方工程有关名词的解释。

①淤泥，是一种稀软状，不易成形的灰黑色、有臭味、含有半腐朽的植物遗体（占60%以上），置于水中有动植物残体渣滓浮于水面，并常有气泡由水中冒出的泥土。

②流砂，在坑内抽水时，坑底的土会成流动状态，随地下水涌出。这种土无承载力，边挖边冒，无法挖深，强挖会掏空邻近地基。

③预裂爆破，是指为降低爆震波对周围已有建筑物或构筑物的影响，按照设计的开挖边线，钻一排预裂炮眼，炮眼均需按设计规定药量装炸药，在开挖区炮爆破前，预先炸裂一条缝，在开挖炮爆破时，这条缝能够反射，阻隔爆震波。

④减震孔，与预裂爆破起相同作用，在设计开挖边线加密炮眼，缩小排间距离，不装炸药，起反射阻隔爆震波的作用。

⑤光面爆破，是指按照设计要求，某一坡面（多为垂直面）需要实施光面爆破，在这个坡面设计开挖边线，加密炮眼和缩小排间距离，控制药量，达到爆破后该坡面比较规整的要求。

⑥基底摊座，是指开挖炮爆破后，在需要设置基础的基底进行剔

打找平,使基底达到设计标高要求,以便基础垫层的浇筑。

⑦房心回填土工程量以主墙间净面积乘填土厚度计算,这里的“主墙”是指结构厚度在120mm以上(不含120mm)的各类墙体。

7.2.6 土石方工程工程量清单计价编制示例

某多层砖混住宅土方工程,土壤类别为三类土;基础为砖大放脚带形基础;垫层宽度为920mm;挖土深度为1.8m;弃土运距4km。

(1)经业主根据基础施工图计算。

基础挖土截面积:$0.92\times1.8=1.656\ m^2$

基础总长度:1590.6m

土方挖方总量:2634 m^3

(2)经投标人根据地质资料和施工方案计算。

①基础挖土截面:$1.53\times1.8=2.75\ m^2$(工作面宽度各边0.25m,放坡系数为0.2)

基础总长度:1590.6m

土方挖方总量:4380.5m^3

②采用工挖土方量为4380.5m^3,根据施工方案除沟边推土外,现场堆土2170.5 m^3、运距60m,采用人工运输。装载机装,自卸汽车运,运距4km、土方量1210m^3。

③人工挖土、运土(60m内)。

A. 人工费:$4380.5\times8.4+2170.5\times7.38=52814.49$元

B. 机械费:

电动打夯机:8元$\times0.0018\times1463.35=21.07$元

C. 合计:52835.56元

④装载机装自卸汽车运土(4km)。

A. 人工费:$25\times0.006\times1210\times2=363.0$元

B. 材料费:

水:$1.8\times0.012\times1210=26.14$元

C. 机械费:

装载机(轮胎式1 m^3):$280\times0.00398\times1210=1348.42$元

自卸汽车(3.5t):$340\times0.04925\times1210=20467.15$元

推土机(75kW):$500\times0.00296\times1210=1790.80$元

洒水车(400L):$300\times0.0006\times1210=217.80$元

小计:23824.17元

D. 合计:24213.31 元

⑤综合。

A. 直接费合计:77048.87 元

B. 管理费:直接费 ×34% =26196.62 元

C. 利润:直接费 ×8% =6163.91 元

D. 总计:109409.4 元

E. 综合单价:109409.4/2634 =41.54 元/ m^3

⑥大型机械进出场费计算(列入工程量清单措施项目费)。

A. 推土机进出场按平板拖车(15t)1 个台班计算:600 元

B. 装载机(1 m^3)进出场按 1 个台班计算:280 元

C. 自卸汽车进出场费(3 台)按 1.5 台班计算:510 元

D. 机械进出场费总计:1390 元

分部分项工程量清单计价表

工程名称:某多层砖混住宅工程　　　　第　页　共　页

序号	项目	项目名称	计量单位	工程数量	金额(元)	
					综合单价	合价
1	010101003	挖沟槽土方 土壤类别:三类土 基础类型:砖大放脚带形基础 垫层宽度:920mm 挖土深度:1.8m 弃土运距:4km	m^3	2634	41.54	109409.40

分部分项工程量清单综合单价计算表

工程名称:某多层砖混住宅工程　　　　计量单位:m^3

项目编码:010101003　　　　工程数量:2634

项目名称:挖沟槽土方　　　　综合单价:41.55 元

序号	定额编号	工程内容	单位	数量	其中:(元)					
					人工费	材料费	机械费	管理费	利润	小计
1	1 - 8	人工挖土方(三类土,2m 以内)	m^3	1.663	13.97		0.008	4.75	1.12	19.85

（续表）

序号	定额编号	工程内容	单位	数量	其中:(元)					
					人工费	材料费	机械费	管理费	利润	小计
2	1－50	人工运土方(60m)	m^3	0.824	6.08	–	–	2.07	0.49	8.64
3	1－174	装载机自卸汽车运土方(4km)	m^3	0.459	0.14	0.01	9.04	3.13	0.74	13.05
		合计			20.19	0.01	9.05	9.95	2.35	41.55

注:本书工程量清单计价编制范例中参考的定额除特殊注明者外,均是《全国统一建筑工程基础定额》。在实际工作中,各企业应根据自身的实际情况套用相应标准定额。

7.3 桩与地基基础工程量计算

7.3.1 桩基础工程量计算规则

桩基础工程量计算规则见表7.3.1。

表7.3.1 桩基础工程量计算规则

序号	类别	说明
1	计算打桩（灌注桩）工程量前应确定的事项	(1)确定土质级别:依工程地质资料中的土层构造,土壤物理、化学性质及每米沉桩时间鉴别适用定额土质级别。 (2)确定施工方法、工艺流程,采用机型,桩、土壤泥浆运距
2	桩基础工程土的级别划分	桩基础工程定额中土的级别划分应根据工程地质资料中的土层构造和土的物理、力学性能的有关指标,参考纯沉桩时间确定。凡遇有砂夹层者,应首先按砂层情况确定土级。无砂层者,按土的物理力学性能指标并参考每米平均纯沉桩时间确定。用土的力学性能指标鉴别土的级别时,桩长在12m以内,相当于桩长的1/3的土层厚度应达到所规定的指标;12m以外,按5m厚度确定。土壤的级别可按表7.3.2进行确定。 桩基础工程定额中除静力压桩外,均未包括接桩。如需接桩,除按相应打桩定额项目计算外,按设计要求另计算接桩项目

表7.3.2　土质鉴别表

内容		土壤级别	
		一级土	二级土
砂夹层	砂层连续厚度	<1m	>1m
	砂层中卵石含量	—	<15%
物理性能	压缩系数	>0.02	<0.02
	孔隙比	>0.7	<0.7
力学性能	静力触探值	<50	>50
	动力触探系数	<12	>12
每米纯沉桩时间平均值		<2min	>2min
说明		桩经外力作用较易沉入的土，土壤中夹有较薄的砂层	桩经外力作用较难沉入的土，土壤中夹有不超过3m的连续厚度砂层

7.3.2　打预制钢筋混凝土桩工程量的计算

打预制钢筋混凝土桩工程量的计算方法见表7.3.3。

表7.3.3　打预制钢筋混凝土桩工程量的计算

序号	工程量的类别		计算方法
1	方桩(三角)桩工程	计算规则	打预制钢筋混凝土桩的体积，按设计桩长(包括桩尖，不扣除桩尖虚体积)乘以桩截面面积计算
		计算公式	其工程量计算公式： 单桩体积 = 桩截面面积 × 桩全长
		计算实例	实例：某桩基础工程共打预制钢筋混凝土方桩256根，桩长12.5m，其中桩尖0.5m，桩截面为300mm×300mm，试计算打预制钢筋混凝土方桩工程量。 计算方法： 根据公式　单桩体积 = 桩截面面积 × 桩全长，可知： $V = 0.3 \times 0.3 \times 12.5 \times 256 = 288.0\ m^3$

（续表）

序号	工程量的类别		计算方法
2	管桩工程	计算规则	管桩的空心体积应扣除。如管桩的空心部分按设计要求灌注混凝土或其他填充材料时，应另行计算
		计算公式	其计算公式为： $V=S\times L$ $=\frac{1}{4}\pi(D^2-d^2)\times L$ $=\pi(R^2-r^2)\times L$ 式中 V——管桩打桩工程量(m^3)； S——桩截面面积(m)； R——管桩外半径(m)； r——管桩内半径(m)； L——管桩长度(m)； D——管桩外直径(m)； d——管桩内直径(m)
		计算实例	实例：某工程需用如图7.3.1所示的预制钢筋混凝土方桩200根，如图7.3.2所示的预制混凝土管桩150根，已知混凝土强度等级为C40，土壤类别为四类土，求该工程打钢筋混凝土桩及管桩的工程数量。 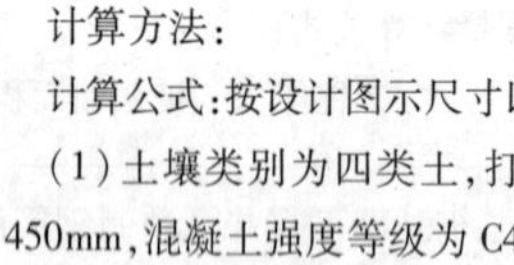 **图7.3.1　预制凝土方桩 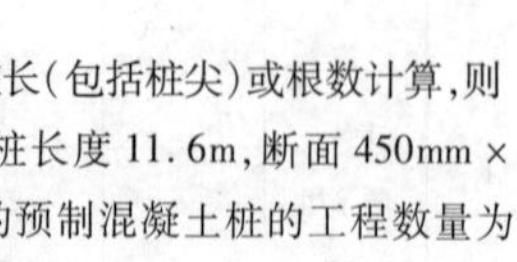　　图7.3.2　预制混凝土管桩** 计算方法： 计算公式：按设计图示尺寸以桩长(包括桩尖)或根数计算，则 (1)土壤类别为四类土，打单桩长度11.6m，断面450mm×450mm，混凝土强度等级为C40的预制混凝土桩的工程数量为200根(或11.6×200=2320m)。 (2)土壤类别为四类土，钢筋混凝土管桩单根长度18.8m，外径600mm，内径300mm，管内灌注C10细石混凝土，混凝土强度等级为C40的预制混凝土管桩的工程数量为150根(工程量清单数量)。

（续表）

<table>
<tr><th>序号</th><th colspan="2">工程量的类别</th><th>计算方法</th></tr>
<tr><td>2</td><td>管桩工程</td><td>计算实例</td><td>如果是施工企业编制投标报价，应按建设主管部门规定办法计算工程量。
(1)方桩单根工程量：$V_{桩}=S_{截}\times H=0.45\times0.45(11+0.6)=2.35\ m^3$
总工程量 $=2.35\times200=469.8\ m^3$
(2)管桩单根工程量：$V_{桩}=\pi\times0.3^2\times18.8-\pi\times0.15^2\times18=4.04\ m^3$
总工程量 $=4.04\times150=606.48\ m^3$</td></tr>
</table>

7.3.3　接桩和送桩工程量的计算

接桩和送桩工程量的计算方法见表7.3.4。

表7.3.4　接桩和送桩工程量的计算方法

<table>
<tr><th>序号</th><th colspan="2">工程量类别</th><th>计算方法</th></tr>
<tr><td rowspan="2">1</td><td rowspan="2">接桩工程量</td><td>计算说明</td><td>往往在打桩过程中会出现预制桩长度满足不了设计要求的情况，这时就需要将两根(或两根以上)预制桩连接起来。接桩时先把前段桩打到地面附近剩1m左右时，采用某种技术措施，把后段桩与前段桩连接起来后，再继续向下打入土中，这种桩与桩连接的过程就叫接桩。
接桩的方式在定额中有两种：
(1)焊接法。当前段桩打到打桩机操作平台高度后，将下一段吊起对准前一段桩的顶端，然后把上下两段桩头预埋的连接件，以钢板(或角钢)包裹后再用电焊焊牢，这就是“电焊接桩”。其工程量按设计接头，以“个”计算。
(2)硫磺胶泥接桩法。在预制桩时将某段桩的一端预留4个锚筋孔，另一段桩的下端预留4根锚筋。打桩时先将留有锚筋孔的桩打入地下，再打留有锚筋的那段桩。接桩时在两段桩的接触面涂抹硫磺胶泥来黏结，然后将桩的锚筋插入前段桩的锚孔中，使上下两段桩黏结起来，这就是“硫磺胶泥接桩”。其工程量按桩断面以“m^2”计算进行</td></tr>
<tr><td>计算实例</td><td>实例：某工程为打预制钢筋混凝土方桩，断面为500mm×500mm，用硫磺胶泥接桩，接桩数量100个，求其工程量。
计算方法：</td></tr>
</table>

（续表）

序号	工程量类别		计算方法
1	接桩工程量	计算实例	接桩的工程数量计算如下。 计算公式:按设计图示规定以接头数量(板桩按接头长度)计算。 则断面为500mm×500mm,用硫磺胶泥接混凝土方桩的工程数量为100个
2	送桩工程量	计算说明	接桩的工程数量计算如下。 在打钢筋混凝土预制桩工程中,由于某种原因,有时要求将桩顶打到低于打桩机架操作平台以下,或将桩顶面打入自然地坪以下,这时桩锤就不能触击到桩头,需要用一根“送桩”接在桩顶部以传递桩锤的锤击力,将桩打到设计要求的位置,然后去掉送桩的这一过程叫做“送桩”
		计算公式	送桩按桩截面面积乘以送桩长度(即打桩架底至桩顶面高度或自桩顶面至自然地坪另加0.5m)计算。单根送桩工程量计算式: $V=S\times(h+0.5)$ 式中 S——桩截面面积(m^2); h——桩顶面至自然地坪高度(m)
		计算实例	实例:某桩基础工程共打预制钢筋混凝土方桩256根,桩截面面积为300mm×300mm,设计桩顶面高度为室外地面以下0.8m,试计算送桩工程量。 计算方法: 根据公式 $V=S\times(h+0.5)$可知: $V=0.3\times0.3\times(0.8+0.5)\times256=29.952\ m^3$

7.3.4 灌注桩工程量的计算

灌注桩工程量的计算方法见表7.3.5。

表7.3.5 灌注桩工程量的计算方法

序号	工程量类别		计算方法
1	打孔灌注桩工程量	计算说明	(1)混凝土桩、砂桩、碎石桩的体积,按设计规定桩长(包括桩尖,不扣除桩尖虚体积)乘以钢管管箍外径截面面积计算。 (2)扩大桩的体积按单柱体积乘以次数。 (3)打孔后先埋入预制混凝土桩尖,再灌注混凝土者,桩尖按钢筋混凝土章节规定计算体积,灌注桩按设计长度(自桩尖顶面至桩顶面高度)乘以钢管管箍外径截面面积计算

（续表）

<table>
<tr><th>序号</th><th colspan="2">工程量类别</th><th>计算方法</th></tr>
<tr><td rowspan="2">1</td><td rowspan="2">打孔灌注桩工程量</td><td>计算公式</td><td>其计算公式：
$$V=\pi\times R^2\times L$$
式中 V——灌注桩工程量（m^3）；
R——灌注桩管箍外半径（m）；
L——灌注桩设计长度（m）</td></tr>
<tr><td>计算实例</td><td>实例：某工程为人工挖孔灌注混凝土桩，混凝土强度等级C20，数量为60根，设计桩长8m，桩径1.2m，已知土壤类别为四类土，求该工程混凝土灌注桩的工程数量。
计算方法：
混凝土灌注桩的工程数量计算如下。
计算公式：按设计图示尺寸以桩长（包括桩尖）或根数计算。
土壤类别为四类土，混凝土强度等级为C20，数量为60根，设计桩长8m，桩径1.2m，人工挖孔灌柱混凝土桩的工程数量：8×60=480（m）（或60根）
如果是施工企业编制投标报价，应按建设主管部门规定方法计算工程量。
单根桩工程量：$V_{桩}=\pi\times\left(\frac{1.2}{2}\right)^2\times8=9.048m^3$
总工程量：$9.048\times60=542.88m^3$</td></tr>
<tr><td rowspan="3">2</td><td rowspan="3">钻孔灌注桩工程量</td><td>计算说明</td><td>钻孔灌注桩按设计桩长（包括桩尖，不扣除桩尖虚体积）增加0.25m乘以设计断面面积计算</td></tr>
<tr><td>计算公式</td><td>其计算公式：
$$V=\pi R^2\times(L+0.25)$$
式中 V——灌注桩工程量（m^3）；
R——灌注桩管箍外半径（m）；
L——灌注桩设计长度（m）</td></tr>
<tr><td>计算实例</td><td>实例：某桩基工程采用长螺旋钻孔灌注桩100根，桩直径为0.5m，长为10m，试计算该钻孔灌注桩工程量。
计算方法：根据公式 $V=\pi R^2(L+0.25)$ 可知：
$R=0.5m$
$L=10m$
$V=3.14\times(0.5/2)^2\times(10+0.25)\times100=201.16m^3$</td></tr>
</table>

（续表）

序号	工程量类别	计算方法
3	灌注桩钢筋	灌注混凝土桩的钢筋笼制作依设计规定，按钢筋混凝土章节相应项目以"吨"进行计算
4	泥浆运输	泥浆运输工程量按钻孔体积以"m^3"为单位进行计算

7.3.5　桩及地基基础工程工程量清单项目设置及工程量计算规则

1. 地基处理工程量清单设置及工程量计算规则

地基处理工程量清单项目设置、项目特征描述的内容、计量单位及工程量计算规则，应按表7.3.6的规定执行。

表7.3.6　地基处理（编号：010201）

项目编码	项目名称	项目特征	计量单位	工程量计算规则	工程内容
010201001	换填垫层	1. 材料种类及配比 2. 压实系数 3. 掺加剂品种	m^3	按设计图示尺寸以体积计算	1. 分层铺填 2. 碾压、振密或夯实 3. 材料运输
010201002	铺设土工合成材料	1. 部位 2. 品种 3. 规格			1. 挖填锚固沟 2. 铺设 3. 固定 4. 运输
010201003	预压地基	1. 排水竖井种类，断面尺寸，排列方式、间距、深度 2. 预压方法 3. 预压荷载、时间 4. 砂垫层厚度	m^2	按设计图示处理范围以面积计算	1. 设置排水竖井、盲沟、滤水管 2. 铺设砂垫层、密封膜 3. 堆载、卸载或电气设备安拆、抽真空 4. 材料运输
010201004	强夯地基	1. 夯击能量 2. 夯击遍数 3. 夯击点布置形式、间距 4. 地耐力要求 5. 夯填材料种类			1. 铺设夯填材料 2. 强夯 3. 夯填材料运输
010201005	振冲密实（不填料）	1. 地层情况 2. 振密深度 3. 孔距			1. 振冲加密 2. 泥浆运输

（续表）

项目编码	项目名称	项目特征	计量单位	工程量计算规则	工程内容
010201006	振冲桩（填料）	1. 地层情况 2. 空桩长度、桩长 3. 桩径 4. 填充材料种类	1. m 2. m^3	1. 以“m”计量，按设计图示尺寸以桩长计算 2. 以“m^3”计量，按设计桩截面乘以桩长以体积计算	1. 振冲成孔、填料、振实 2. 材料运输 3. 泥浆运输
010201007	砂石桩	1. 地层情况 2. 空桩长度、桩长 3. 桩径 4. 成孔方法 5. 材料种类、级配		1. 以“m”计量，按设计图示尺寸以桩长（包括桩尖）计算 2. 以“m^3”计量，按设计桩截面乘以桩长（包括桩尖）以体积计算	1. 成孔 2. 填充、振实 3. 材料运输
010201008	水泥粉煤灰碎石桩	1. 地层情况 2. 空桩长度、桩长 3. 桩径 4. 成孔方法 5. 混合料强度等级	m	按设计图示尺寸以桩长（包括桩尖）计算	1. 成孔 2. 混合料制作、灌注、养护 3. 材料运输
010201009	深层搅拌桩	1. 地层情况 2. 空桩长度、桩长 3. 桩截面尺寸 4. 水泥强度等级、掺量	m	按设计图示尺寸以桩长计算	1. 预搅下钻、水泥浆制作、喷浆搅拌提升成桩 2. 材料运输
010201010	粉喷桩	1. 地层情况 2. 空桩长度、桩长 3. 桩径 4. 粉体种类、掺量 5. 水泥强度等级、石灰粉要求	m	按设计图示尺寸以桩长计算	1. 预搅下钻、喷粉搅拌提升成桩 2. 材料运输

（续表）

项目编码	项目名称	项目特征	计量单位	工程量计算规则	工程内容
010201011	夯实水泥土桩	1. 地层情况 2. 空桩长度、桩长 3. 桩径 4. 成孔方法 5. 水泥强度等级 6. 混合料配比		按设计图示尺寸以桩长（包括桩尖）计算	1. 成孔、夯底 2. 水泥土拌和、填料、夯实 3. 材料运输
010201012	高压喷射注浆桩	1. 地层情况 2. 空桩长度、桩长 3. 桩截面 4. 注浆类型、方法 5. 水泥强度等级		按设计图示尺寸以桩长计算	1. 成孔 2. 水泥浆制作、高压喷射注浆 3. 材料运输
010201013	石灰桩	1. 地层情况 2. 空桩长度、桩长 3. 桩径 4. 成孔方法 5. 掺和料种类、配合比	m	按设计图示尺寸以桩长（包括桩尖）计算	1. 成孔 2. 混合料制作、运输、夯填
010201014	灰土（土）挤密桩	1. 地层情况 2. 空桩长度、桩长 3. 桩径 4. 成孔方法 5. 灰土级配		按设计图示尺寸以桩长计算	1. 成孔 2. 灰土拌和、运输、填充、夯实
010201015	柱锤冲扩桩	1. 地层情况 2. 空桩长度、桩长 3. 桩径 4. 成孔方法 5. 桩体材料种类、配合比			1. 安、拔套管 2. 冲孔、填料、夯实 3. 桩体材料制作、运输

（续表）

项目编码	项目名称	项目特征	计量单位	工程量计算规则	工程内容
010201016	注浆地基	1. 地层情况 2. 空钻深度、注浆深度 3. 注浆间距 4. 浆液种类及配比 5. 注浆方法 6. 水泥强度等级	1. m 2. m^3	1. 以“m”计量，按设计图示尺寸以钻孔深度计算 2. 以“m^3”计量，按设计图示尺寸以加固体积计算	1. 成孔 2. 注浆导管制作、安装 3. 浆液制作、压浆 4. 材料运输
010201017	褥垫层	1. 厚度 2. 材料品种及比例	1. m^2 2. m^3	1. 以“m^2”计量，按设计图示尺寸以铺设面积计算 2. 以“m^3”计量，按设计图示尺寸以体积计算	材料拌和、运输、铺设、压实

注：1. 地层情况按《房屋建筑与装饰工程工程量计算规范》（GB 50854—2013）表 A. 1 - 1 和表 A. 2 - 1 的规定，并根据岩土工程勘察报告按单位工程各地层所占比例（包括范围值）进行描述。对于无法准确描述的地层情况，可注明由投标人根据岩土工程勘察报告自行决定报价。

2. 项目特征中的桩长应包括桩尖，空桩长度 = 孔深 - 桩长，孔深为自然地面至设计桩底的深度。

3. 高压喷射注浆类型包括旋喷、摆喷、定喷，高压喷射注浆方法包括单管法、双重管法、三重管法。

4. 如采用泥浆护壁成孔，工作内容包括土方、废泥浆外运，如采用沉管灌注成孔，工作内容包括桩尖制作、安装。

2. 基坑与边坡支护

基坑与边坡支护工程量清单项目设置、项目特征描述的内容、计量单位及工程量计算规则，应按表 7.3.7 的规定执行。

表 7.3.7　基坑与边坡支护(编号:010202)

项目编码	项目名称	项目特征	计量单位	工程量计算规则	工程内容
010202001	地下连续墙	1. 地层情况 2. 导墙类型、截面 3. 墙体厚度 4. 成槽深度 5. 混凝土种类、强度等级 6. 接头形式	m^3	按设计图示墙中心线长乘以厚度以体积计算	1. 导墙挖填、制作、安装、拆除 2. 挖土成槽、固壁、清底置换 3. 混凝土制作、运输、灌注、养护 4. 接头处理 5. 土方、废泥浆外运 6. 打桩场地硬化及泥浆池、泥浆沟
010202002	咬合灌注桩	1. 地层情况 2. 桩长 3. 桩径 4. 混凝土种类、强度等级 5. 部位	1. m 2. 根	1. 以“m”计量,按设计图示尺寸以桩长计算 2. 以“根”计量,按设计图示数量计算	1. 成孔、固壁 2. 混凝土制作、运输、灌注、养护 3. 套管压拔 4. 土方、废泥浆外运 5. 打桩场地硬化及泥浆池、泥浆沟
010202003	圆木桩	1. 地层情况 2. 桩长 3. 材质 4. 尾径 5. 桩倾斜度		1. 以“m”计量,按设计图示尺寸以桩长(包括桩尖)计算 2. 以“根”计量,按设计图示数量计算	1. 工作平台搭拆 2. 桩机移位 3. 桩靴安装 4. 沉桩
010202004	预制钢筋混凝土板桩	1. 地层情况 2. 送桩深度、桩长 3. 桩截面 4. 沉桩方法 5. 连接方式 6. 混凝土强度等级			1. 工作平台搭拆 2. 桩机移位 3. 沉桩 4. 板桩连接

（续表）

项目编码	项目名称	项目特征	计量单位	工程量计算规则	工程内容
010202005	型钢桩	1. 地层情况或部位 2. 送桩深度、桩长 3. 规格型号 4. 桩倾斜度 5. 防护材料种类 6. 是否拔出	1. t 2. 根	1. 以“t”计量，按设计图示尺寸以质量计算 2. 以“根”计量，按设计图示数量计算	1. 工作平台搭拆 2. 桩机移位 3. 打（拔）桩 4. 接桩 5. 刷防护材料
010202006	钢板桩	1. 地层情况 2. 桩长 3. 板桩厚度	1. t 2. m^2	1. 以“t”计量，按设计图示尺寸以质量计算 2. 以“m^2”计量，按设计图示墙中心线长乘以桩长以面积计算	1. 工作平台搭拆 2. 桩机移位 3. 打拔钢板桩
010202007	锚杆（锚索）	1. 地层情况 2. 锚杆（索）类型、部位 3. 钻孔深度 4. 钻孔直径 5. 杆体材料品种、规格、数量 6. 预应力 7. 浆液种类、强度等级	1. m 2. 根	1. 以“m”计量，按设计图示尺寸以钻孔深度计算 2. 以“根”计量，按设计图示数量计算	1. 钻孔、浆液制作、运输、压浆 2. 锚杆（锚索）制作、安装 3. 张拉锚固 4. 锚杆（锚索）施工平台搭设、拆除
010202008	土钉	1. 地层情况 2. 钻孔深度 3. 钻孔直径 4. 置入方法 5. 杆体材料品种、规格、数量 6. 浆液种类、强度等级			1. 钻孔、浆液制作、运输、压浆 2. 土钉制作、安装 3. 土钉施工平台搭设、拆除

（续表）

项目编码	项目名称	项目特征	计量单位	工程量计算规则	工程内容
010202009	喷射混凝土、水泥砂浆	1. 部位 2. 厚度 3. 材料种类 4. 混凝土（砂浆）类别、强度等级	m^2	按设计图示尺寸以面积计算	1. 修整边坡 2. 混凝土（砂浆）制作、运输、喷射、养护 3. 钻排水孔、安装排水管 4. 喷射施工平台搭设、拆除
010202010	钢筋混凝土支撑	1. 部位 2. 混凝土种类 3. 混凝土强度等级	m^3	按设计图示尺寸以体积计算	1. 模板（支架或支撑）制作、安装、拆除、堆放、运输及清理模内杂物、刷隔离剂等 2. 混凝土制作、运输、浇筑、振捣、养护
010202011	钢支撑	1. 部位 2. 钢材品种、规格 3. 探伤要求	t	按设计图示尺寸以质量计算。不扣除孔眼质量，焊条、铆钉、螺栓等不另增加质量	1. 支撑、铁件制作（摊销、租赁） 2. 支撑、铁件安装 3. 探伤 4. 刷漆 5. 拆除 6. 运输

注：1. 地层情况按《房屋建筑与装饰工程工程量计算规范》（GB 50854—2013）表 A.1－1 和表 A.2－1 的规定，并根据岩土工程勘察报告按单位工程各地层所占比例（包括范围值）进行描述。对于无法准确描述的地层情况，可注明由投标人根据岩土工程勘察报告自行决定报价。

2. 土钉置入方法包括钻孔置入、打入或射入等。

3. 混凝土种类：指清水混凝土、彩色混凝土等，如在同一地区既使用预拌（商品）混凝土，又允许现场搅拌混凝土时，也应注明（下同）。

4. 地下连续墙和喷射混凝土（砂浆）的钢筋网、咬合灌注桩的钢筋笼及钢筋混凝土支

撑的钢筋制作、安装,按《房屋建筑与装饰工程工程量计算规范》(GB 50854—2013)附录E中相关项目列项。本分部未列的基坑与边坡支护的排桩按《房屋建筑与装饰工程工程量计算规范》(GB 50854—2013)附录C中相关项目列项。水泥土墙、坑内加固按《房屋建筑与装饰工程工程量计算规范》(GB 50854—2013)表B.1中相关项目列项。砖、石挡土墙、护坡按《房屋建筑与装饰工程工程量计算规范》(GB 50854—2013)附录D中相关项目列项。混凝土挡土墙按《房屋建筑与装饰工程工程量计算规范》(GB 50854—2013)附录E中相关项目列项。

3. 桩基工程量清单项目设置及工程量计算规则

(1)打桩。打桩工程量清单项目设置、项目特征描述的内容、计量单位及工程量计算规则,应按表7.3.8的规定执行。

表7.3.8　打桩(编号:010301)

项目编码	项目名称	项目特征	计量单位	工程量计算规则	工程内容
010301001	预制钢筋混凝土方桩	1. 地层情况 2. 送桩深度、桩长 3. 桩截面 4. 桩倾斜度 5. 沉桩方法 6. 接桩方式 7. 混凝土强度等级	1. m 2. m^3 3. 根	1. 以“m”计量,按设计图示尺寸以桩长(包括桩尖)计算 2. 以“m^3”计量,按设计图示截面积乘以桩长(包括桩尖)以实体积计算 3. 以“根”计量,按设计图示数量计算	1. 工作平台搭拆 2. 桩机竖拆、移位 3. 沉桩 4. 接桩 5. 送桩
010301002	预制钢筋混凝土管桩	1. 地层情况 2. 送桩深度、桩长 3. 桩外径、壁厚 4. 桩倾斜度 5. 沉桩方法 6. 桩尖类型 7. 混凝土强度等级 8. 填充材料种类 9. 防护材料种类			1. 工作平台搭拆 2. 桩机竖拆、移位 3. 沉桩 4. 接桩 5. 送桩 6. 桩尖制作安装 7. 填充材料、刷防护材料

（续表）

项目编码	项目名称	项目特征	计量单位	工程量计算规则	工程内容
010301003	钢管桩	1. 地层情况 2. 送桩深度、桩长 3. 材质 4. 管径、壁厚 5. 桩倾斜度 6. 沉桩方法 7. 填充材料种类 8. 防护材料种类	1. t 2. 根	1. 以"t"计量，按设计图示尺寸以质量计算 2. 以"根"计量，按设计图示数量计算	1. 工作平台搭拆 2. 桩机竖拆、移位 3. 沉桩 4. 接桩 5. 送桩 6. 切割钢管、精割盖帽 7. 管内取土 8. 填充材料、刷防护材料
010301004	截（凿）桩头	1. 桩类型 2. 桩头截面、高度 3. 混凝土强度等级 4. 有无钢筋	1. m^3 2. 根	1. 以"m^3"计算，按设计桩截面乘以桩头长度以体积计算 2. 以"根"计量，按设计图示数量计算	1. 截（切割）桩头 2. 凿平 3. 废料外运

注：1. 地层情况按《房屋建筑与装饰工程工程量计算规范》（GB 50854—2013）表 A.1－1 和表 A.2－1 的规定，并根据岩土工程勘察报告按单位工程各地层所占比例（包括范围值）进行描述。对于无法准确描述的地层情况，可注明由投标人根据岩土工程勘察报告自行决定报价。

2. 项目特征中的桩截面、混凝土强度等级、桩类型等可直接用标准图代号或设计桩型进行描述。

3. 预制钢筋混凝土方桩、预制钢筋混凝土管桩项目以成品桩编制，应包括成品桩购置费，如果用现场预制，应包括现场预制桩的所有费用。

4. 打试验桩和打斜桩应按相应项目单独列项，并应在项目特征中注明试验桩或斜桩（斜率）。

5. 截（凿）桩头项目适用于《房屋建筑与装饰工程工程量计算规范》（GB 50854—2013）附录 B、附录 C 所列桩的桩头截（凿）。

6. 预制钢筋混凝土管桩桩顶与承台的连接构造按《房屋建筑与装饰工程工程量计算规范》（GB 50854—2013）附录 E 相关项目列项。

(2)灌注桩。灌注桩工程量清单项目设置、项目特征描述的内容、计量单位及工程量计算规则,应按表7.3.9的规定执行。

表7.3.9　灌注桩(编号:010301)

项目编码	项目名称	项目特征	计量单位	工程量计算规则	工程内容
010302001	泥浆护壁成孔灌注桩	1. 地层情况 2. 空桩长度、桩长 3. 桩径 4. 成孔方法 5. 护筒类型、长度 6. 混凝土种类、强度等级	1. m 2. m^3 3. 根	1. 以“m”计量,按设计图示尺寸以桩长(包括桩尖)计算 2. 以“m^3”计量,按不同截面在桩上范围内以体积计算 3. 以“根”计量,按设计图示数量计算	1. 护筒埋设 2. 成孔、固壁 3. 混凝土制作、运输、灌注、养护 4. 土方、废泥浆外运 5. 打桩场地硬化及泥浆池、泥浆沟
010302002	沉管灌注桩	1. 地层情况 2. 空桩长度、桩长 3. 复打长度 4. 桩径 5. 沉管方法 6. 桩尖类型 7. 混凝土种类、强度等级			1. 打(沉)拔钢管 2. 桩尖制作、安装 3. 混凝土制作、运输、灌注、养护
010302003	干作业成孔灌注桩	1. 地层情况 2. 空桩长度、桩长 3. 桩径 4. 扩孔直径、高度 5. 成孔方法 6. 混凝土种类、强度等级			1. 成孔、护孔 2. 混凝土制作、运输、灌注、振捣、养护

（续表）

项目编码	项目名称	项目特征	计量单位	工程量计算规则	工程内容
010302004	挖孔桩土（石）方	1. 地层情况 2. 挖孔深度 3. 弃土(石)运距	m^3	按设计图示尺寸(含护壁)截面积乘以挖孔深度以“m^3”计算	1. 排地表水 2. 挖土、凿石 3. 基底钎探 4. 运输
010302005	人工挖孔灌注桩	1. 桩芯长度 2. 桩芯直径、扩底直径、扩底高度 3. 护壁厚度、高度 4. 护壁混凝土种类、强度等级 5. 桩芯混凝土种类、强度等级	1. m^3 2. 根	1. 以“m^3”计量，按桩芯混凝土体积计算 2. 以“根”计量，按设计图示数量计算	1. 护壁制作 2. 混凝土制作、运输、灌注、振捣、养护
010302006	钻孔压浆桩	1. 地层情况 2. 空钻长度、桩长 3. 钻孔直径 4. 水泥强度等级	1. m 2. 根	1. 以“m”计量，按设计图示尺寸以桩长计算 2. 以“根”计量，按设计图示数量计算	钻孔、下注浆管、投放骨料、浆液制作、运输、压浆
010302007	灌注桩后压浆	1. 注浆导管材料、规格 2. 注浆导管长度 3. 单孔注浆量 4. 水泥强度等级	孔	按设计图示以注浆孔数量计算	1. 注浆导管制作、安装 2. 浆液制作、运输、压浆

注：1. 地层情况按《房屋建筑与装饰工程工程量计算规范》(GB 50854—2013)表 A.1－1 和表 A.2－1 的规定，并根据岩土工程勘察报告按单位工程各地层所占比例(包括范围值)进行描述。对于无法准确描述的地层情况，可注明由投标人根据岩土工程勘察报告自行决定报价。

2. 项目特征中的桩长应包括桩尖，空桩长度＝孔深－桩长，孔深为自然地面至设计桩底的深度。

3. 项目特征中的桩截面(桩径)、混凝土强度等级、桩类型等可直接用标准图代号或设计桩型进行描述。

4. 泥浆护壁成孔灌注桩是指在泥浆护壁条件下成孔,采用水下灌注混凝土的桩。其成孔方法包括冲击钻成孔、冲抓锥成孔、回旋钻成孔、潜水钻成孔、泥浆护壁的旋挖成孔等。

5. 沉管灌注桩的沉管方法包括锤击沉管法、振动沉管法、振动冲击沉管法、内夯沉管法等。

6. 干作业成孔灌注桩是指不用泥浆护壁和套管护壁的情况下,用钻机成孔后,下钢筋笼,灌注混凝土的桩,适用于地下水位以上的土层使用。其成孔方法包括螺旋钻成孔、螺旋钻成孔扩底、干作业的旋挖成孔等。

7. 混凝土种类:指清水混凝土、彩色混凝土、水下混凝土等,如在同一地区既使用预拌(商品)混凝土,又允许现场搅拌混凝土时,也应注明(下同)。

8. 混凝土灌注桩的钢筋笼制作、安装,按《房屋建筑与装饰工程工程量计算规范》(GB 50854—2013)附录E中相关项目编码列项。

4. 桩基础工程量清单项目内容说明

(1)概况。

桩及地基基础工程共三节12个项目,包括混凝土桩、其他桩和地基与边坡的处理。适用于地基与边坡的处理加固。

(2)有关项目的说明。

①"预制钢筋混凝土桩"项目适用于预制混凝土方桩、管桩和板桩等。

注意:

A. 试桩应按"预制钢筋混凝土桩"项目编码单独列项。

B. 试桩与打桩之间的间歇时间,机械在现场的停滞,应包括在打试桩报价内。

C. 打钢筋混凝土预制板桩是指留滞原位(即不拔出)的板桩,板桩应在工程量清单中描述其单桩垂直投影面积。

D. 预制桩刷防护材料应包括在报价内。

②"接桩"项目适用于预制钢筋混凝土方桩、管桩和板桩的接桩。

注意:

A. 方桩、管桩接桩按接头个数计算;板桩按接头长度计算。

B. 接桩应在工程量清单中描述接头材料。

③"混凝土灌注桩"项目适用于人工挖孔灌注桩、钻孔灌注桩、爆扩灌注桩、打管灌注桩、振动管灌注桩等。

注意:

A. 人工挖孔时采用的护壁(如:砖砌护壁、预制钢筋混凝土护壁、现浇钢筋混凝土护壁、钢模周转护壁、竹笼护壁等),应包括在报价内。

B. 钻孔固壁泥浆的搅拌运输，泥浆池、泥浆沟槽的砌筑、拆除，应包括在报价内。

④“砂石灌注桩”适用于各种成孔方式(振动沉管、锤击沉管等)的砂石灌注桩。

注意：灌注桩的砂石级配、密实系数均应包括在报价内。

⑤“挤密桩”项目适用于各种成孔方式的灰土、石灰、水泥粉、煤灰、碎石等挤密桩。

注意：挤密桩的灰土级配、密实系数均应包括在报价内。

⑥“旋喷桩”项目适用于水泥浆旋喷桩。

⑦“喷粉桩”项目适用于水泥、生石灰粉等喷粉桩。

⑧“地下连续墙”项目适用于各种导墙施工的复合型地下连续墙工程。

⑨“锚杆支护”项目适用于岩石高削坡混凝土支护挡墙和风化岩石混凝土、砂浆护坡。

注意：

A. 钻孔、布筋、锚杆安装、灌浆、张拉等搭设的脚手架，应列入措施项目费内。

B. 锚杆土钉应按混凝土及钢筋混凝土相关项目编码列项。

⑩“土钉支护”项目适用于土层的锚固(注意事项同锚杆支护)。

(3)共性问题的说明。

①桩及地基基础工程各项目适用于工程实体，如：地下连续墙适用于构成建筑物、构筑物地下结构部分的永久性的复合型地下连续墙。作为深基础支护结构，应列入清单措施项目费，在分部分项工程量清单中不反映其项目。

②各种桩(除预制钢筋混凝土桩)的充盈量，应包括在报价内。

③振动沉管、锤击沉管若使用预制钢筋混凝土桩尖时，应包括在报价内。

④爆扩桩扩大头的混凝土量，应包括在报价内。

⑤桩的钢筋(如：灌注桩的钢筋笼、地下连续墙的钢筋网、锚杆支护、土钉支护的钢筋网及预制桩头钢筋等)应按混凝土及钢筋混凝土有关项目编码列项。

7.3.6　桩及地基基础工程工程量清单计价编制示例

某工程干作业成孔灌注桩，土壤级别为二级土，单根桩设计长度为 8m，总共 127 根，桩截面直径为 800mm，灌注混凝土强度等级 C30。

(1)经业主根据干作业成孔灌注桩基础施工图计算。

干作业成孔灌注桩总长：$8 \times 127 = 1016$m

(2)经投标人根据地质资料和施工方案计算。

①混凝土桩总体积：$3.146 \times 0.4^2 \times 0.16 = 510.7$ m^3

混凝土桩实际消耗总体积：$510.7 \times (1 + 0.015 + 0.25) = 1646.04$ m^3

(每立方米实际消耗混凝土量：1.265 m^3)

②钻孔灌注混凝土的计算。

A. 人工费：$25 \times 8.4 \times 510.7 = 107247$ 元

B. 材料费。

C30 混凝土：$210 \times 1.265 \times 510.7 = 135667.46$ 元

板桩材：$1200 \times 0.01 \times 510.7 = 6128.4$ 元

黏土：$340 \times 0.054 \times 510.7 = 9376.45$ 元

电焊条：$5 \times 0.145 \times 510.7 = 370.26$ 元

水：$1.8 \times 2.62 \times 510.7 = 2408.46$ 元

铁钉：$2.4 \times 0.039 \times 510.7 = 47.80$ 元

其他材料费：$30155 \times 16.04\% = 4836.86$ 元

小计：158835.69 元

C. 机械费。

潜水钻机(ϕ1250 内)：$290 \times 0.422 \times 510.7 = 62499.47$ 元

交流焊机(40kV · A)：$59 \times 0.026 \times 510.7 = 783.41$ 元

空气压缩机(m^3/min)：$110 \times 0.045 \times 510.7 = 2527.97$ 元

混凝土搅拌机(400L)：$90 \times 0.076 \times 510.7 = 3493.19$ 元

其他机械费：$69304.04 \times 11.57\% = 8018.48$ 元

小计：77322.52 元

D. 合计：343405.21 元

③泥浆运输(泥浆总用量：$0.486 \times 510.7 = 248.2$ m^3)。

A. 人工费：$25 \times 0.744 \times 248.2 = 4616.52$ 元

B. 机械费。

泥浆运输车：$330 \times 0.186 \times 248.2 = 15234.52$ 元

泥浆泵:100×0.062×248.2=1538.84 元

小计:16773.36 元

C. 合计:21389.88 元

④泥浆池挖土方(58 m^3)。

人工费:12×58=696 元

⑤泥浆池垫层(2.96 m^3)。

A. 人工费:30×2.96=88.8 元

B. 材料费:154×2.96=455.84 元

C. 机具费:16×2.96=47.36 元

D. 合计:592.0 元

⑥池壁砌砖(7.5 m^3)。

A. 人工费:40.50×7.55=305.78 元

B. 材料费:135.00×7.55=1019.25 元

C. 机具费:4.5×7.55=33.98 元

D. 合计:1359.01 元

⑦池底砌砖(3.16 m^3)。

A. 人工费:35.0×3.16=110.6 元

B. 材料费:126×3.16 =398.16 元

C. 机具费:4.5×3.16=14.22 元

D. 合计:522.98 元

⑧池底、池壁抹灰。

A. 人工费:3.3×25+5×30=232.50 元

B. 材料费:7.75×25+5.5×30=358.75 元

C. 机具费:0.5×55=27.5 元

D. 合计:618.75 元

⑨拆除泥浆池。

人工费:600 元

⑩综合。

A. 直接费合计:366908.66 元

B. 管理费:直接费×34%=124748.94 元

C. 利润:直接费×8%=29352.69 元

D. 总计:521010.29 元

E. 综合单价:521010.29/1016=512.81 元/m

分部分项工程量清单计价表

工程名称:某工程　　　　　　　　　　　　　　　　　　　第　页　共　页

序号	项目	项目名称	计量单位	工程数量	金额(元)	
					综合单价	合价
1	010302003	混凝土灌注桩 土壤类别:二类土 桩单根设计长度:8m 桩根数:127 根 桩截面:ϕ800 混凝土强度:C30 泥浆运输 5km 以内	m	1016	512.81	521014.96

分部分项工程量清单综合单价计算表

工程名称:某工程　　　　　　　　　　　　　　　　　　　计量单位:m

项目编码:010302003　　　　　　　　　　　　　　　　　工程数量:1016

项目名称:干作业成孔灌注桩　　　　　　　　　　　　　　综合单价:512.80 元

序号	定额编号	工程内容	单位	数量	其中:(元)					
					人工费	材料费	机械费	管理费	利润	小计
1	2-88	钻孔灌注混凝土桩	m	0.637	105.56	153.52	76.10	113.96	26.81	475.95
2	2-97	泥浆运输 5km 以内	m^3	0.244	4.54	—	16.51	7.16	1.68	29.89
3	1-2	泥浆池挖土方(2m 以内,三类土)	m^3	0.057	0.69	—	—	0.23	0.05	0.97
4	8-15	泥浆垫层(石灰拌和)	m^3	0.003	0.09	0.45	0.05	0.20	0.05	0.84
5	4-10	砖砌池壁(一砖厚)	m^3	0.007	0.30	1.00	0.03	0.45	0.11	1.89
6	8-105	砖砌池底(平铺)	m^3	0.003	0.11	0.39	0.01	0.17	0.04	0.72

（续表）

序号	定额编号	工程内容	单位	数量	其中:(元)					
					人工费	材料费	机械费	管理费	利润	小计
7	11－25	池壁、池底抹灰	m^2	0.025	0.23	0.35	0.03	0.21	0.05	0.87
8		拆除泥浆池	座	0.001	0.59	—	—	0.20	0.05	0.84
9		合计			112.11	155.71	92.73	122.58	28.84	511.97

7.4 砌筑工程量计算

7.4.1 一般规定

砌筑工程量计算的一般规定见表7.4.1。

表7.4.1 砌筑工程量计算的一般规定

序号	类别		说明
1	基础与墙身的划分	砖墙	(1)基础与墙身使用同一种材料时,以设计室内地坪为界(有地下室的按地下室内设计地坪为界),以下为基础,以上为墙(柱)身。 (2)基础、墙身使用不同材料时,位于设计室内地坪±300mm以内的,以不同材料为分界线;超过±300mm的,以设计室内地坪分界
		石墙	外墙以设计室外地坪为界,内墙以设计室内地坪为界,以下为基础,以上为墙身
		砖石围墙	以设计室外地坪为分界线,以下为基础,以上为墙身
2	标准砖砌体计算厚度		(1)标准砖规格为240mm×115 mm×53mm,灰缝厚度为100mm。 (2)砖砌体采用标准砖时,其砌体的计算厚度按表7.4.2规定进行计算。无论图纸上如何标注墙体厚度,均按表7.4.2计算

表7.4.2 标准砖墙体计算厚度

砖数(墙厚)	1/4	1/2	3/4	1	1.5	2	2.5	3
计算厚度(mm)	53	115	180	240	365	490	615	740

7.4.2　砌筑基础工程量计算

基础工程量的计算方法见表 7.4.3。

表 7.4.3　基础工程量的计算方法

序号	计算方法
1	砖砌挖孔桩护壁,按实砌体积计算
2	砖基础工程量按图示尺寸以体积计算。包括附墙垛基础宽出部分体积,扣除地梁(圈梁)、构造柱所占体积,不扣除基础大放脚 T 形接头处的重叠部分及嵌入基础内的钢筋、铁件、管道、基础砂浆防潮层和单个面积 0.3 m^2 以内的孔洞所占体积,靠墙暖气沟的挑檐不增加
3	石基础按设计图示尺寸以体积计算。包括附墙垛基础宽出部分体积,不扣除基础砂浆防潮层和单个面积 0.3m^2 以内的孔洞所占体积,靠墙暖气沟的挑檐也不增加
4	基础长度:外墙按中心线,内墙按净长线计算

7.4.3　砖砌体工程量计算

砖砌体工程量的计算方法见表 7.4.4。

表 7.4.4　砖砌体工程量的计算方法

序号	计算方法
1	实心砖墙按设计图示尺寸以体积计算。扣除门窗洞口、过人洞、空圈、嵌入墙内的钢筋混凝土柱、梁、圈梁、挑梁、过梁及凹进墙内的壁龛、管槽、暖气槽、消火栓箱所占体积。不扣除梁头、板头、檩头、垫木、木楞头、沿椽木、木砖、门窗走头、砖墙内加固钢筋、木筋、铁件、钢管及单个面积 0.3 m^2 以内的孔洞所占体积。凸出墙面的腰线、挑檐、压顶、窗台线、虎头砖、门窗套的体积亦不增加,凸出墙面的砖垛并入墙体体积内计算。其计算公式: 墙体体积 = 墙厚 ×(墙高 × 墙长 − 嵌入墙身门窗洞口的面积)− 嵌入墙内构件体积 (1)墙长度:外墙按中心线,内墙按净长计算。 (2)墙高度按下列规定计算: 外墙:斜(坡)屋面无檐口天棚者,算至屋面板底;有屋架且室内外均有天棚者,算至屋架下弦底另加 200mm;无天棚者,算至屋架下弦底另加 300mm,出檐宽度超过 600mm 时按实砌高度计算;平屋面算至钢筋混凝土板底。 内墙:位于屋架下弦者,其高度算至屋架下弦底;无屋架者,算至天棚底另加 100mm;有钢筋混凝土楼板隔层者,算至楼板顶;有框架梁时算至梁底。

（续表）

序号	计算方法
1	女儿墙:从屋面板上表面算至女儿墙顶面(如有混凝土压顶时算至压顶下表面)。 内、外山墙:按其平均高度计算。 (3)围墙:高度算至压顶上表面(如有混凝土压顶时算至压顶下表面),围墙柱并入围墙体积内
2	空斗墙按设计图示尺寸以空斗墙外形体积计算。墙角、内外墙交接处、门窗洞口立边、窗台砖、屋檐处的实砌总体体积并入空斗墙体积内
3	空花墙按设计图示尺寸以空花部分外形体积计算,不扣除孔洞部分体积
4	填充墙按设计图示尺寸以填充墙外形体积计算
5	实心砖柱的、零星砌砖按设计图示尺寸以体积计算。扣除混凝土及钢筋混凝土梁垫、梁头、板头所占体积

7.4.4 砖构筑物工程量计算

砖构筑物工程量的计算方法见表7.4.5。

表7.4.5 砖构筑物工程量的计算方法

序号	计算方法
1	砖烟囱、水塔按设计图示筒壁平均中心线周长乘以厚度乘以高度以体积计算。扣除各种孔洞、钢筋混凝土圈梁、过梁等的体积。其计算公式: $V=\sum HC\pi D$ 式中 V——筒身体积(m^3); H——每段筒身垂直高度(m); C——每段筒壁厚度(m); D——每段筒壁平均直径(m)
2	砖烟道按图示尺寸以体积计算
3	砖窨井、检查井、砖水池、化粪池按设计图以数量计算

7.4.5 砌筑工程工程量清单项目设置及工程量计算规则

1. *砖砌体工程量清单项目设置及工程量计算规则*

砖砌体工程量清单项目设置、项目特征描述的内容、计量单位及

工程量计算规则，应按表 7.4.6 的规定执行。

表 7.4.6　砖砌体（编号：010401）

项目编码	项目名称	项目特征	计量单位	工程量计算规则	工程内容
010401001	砖基础	1. 砖品种、规格、强度等级 2. 基础类型 3. 砂浆强度等级 4. 防潮层材料种类	m^3	按设计图示尺寸以体积计算。 包括附墙垛基础宽出部分体积，扣除地梁（圈梁）、构造柱所占体积，不扣除基础大放脚 T 形接头处的重叠部分及嵌入基础内的钢筋、铁件、管道、基础砂浆防潮层和单个面积≤0.3m^2 的孔洞所占体积，靠墙暖气沟的挑檐不增加 基础长度：外墙按外墙中心线，内墙按内墙净长线计算	1. 砂浆制作、运输 2. 砌砖 3. 防潮层铺设 4. 材料运输
010401002	砖砌挖孔桩护壁	1. 砖品种、规格、强度等级 2. 砂浆强度等级		按设计图示尺寸以"m^3"计算	1. 砂浆制作、运输 2. 砌砖 3. 材料运输
010401003	实心砖墙	1. 砖品种、规格、强度等级 2. 墙体类型 3. 砂浆强度等级、配合比		按设计图示尺寸以体积计算。 扣除门窗、洞口、嵌入墙内的钢筋混凝土柱、梁、圈梁、挑梁、过梁及凹进墙内的壁龛、管槽、暖气槽、消火栓箱所占体积，不扣除梁头、板头、檩头、垫木、木楞头、沿椽木、木砖、门窗走头、砖墙内加固钢筋、木筋、铁件、钢管及单个面积≤0.3m^2 的孔洞所占的体积。凸出墙面的腰线、挑檐、压顶、窗台线、虎头砖、门窗套的体积亦不增加。凸出墙面的砖垛并入墙体体积内计算。 1. 墙长度：外墙按中心线、内墙按净长线计算	1. 砂浆制作、运输 2. 砌砖 3. 刮缝 4. 砖压顶砌筑 5. 材料运输

（续表）

项目编码	项目名称	项目特征	计量单位	工程量计算规则	工程内容
010401003	实心砖墙	1. 砖品种、规格、强度等级 2. 墙体类型 3. 砂浆强度等级、配合比	m^3	2. 墙高度： （1）外墙：斜（坡）屋面无檐口天棚者算至屋面板底；有屋架且室内外均有天棚者算至屋架下弦底另加200mm；无天棚者算至屋架下弦底另加300mm，出檐宽度超过600mm时按实砌高度计算；与钢筋混凝土楼板隔层者算至板顶。平屋顶算至钢筋混凝土板底。 （2）内墙：位于屋架下弦者，算至屋架下弦底；无屋架者算至天棚底另加100mm；有钢筋混凝土楼板隔层者算至楼板顶；有框架梁时算至梁底。 （3）女儿墙：从屋面板上表面算至女儿墙顶面（如有混凝土压顶时算至压顶下表面）。 （4）内、外山墙：按其平均高度计算。 3. 框架间墙：不分内外墙按墙体净尺寸以体积计算 4. 围墙：高度算至压顶上表面（如有混凝土压顶时算至压顶下表面），围墙柱并入围墙体积内	1. 砂浆制作、运输 2. 砌砖 3. 刮缝 4. 砖压顶砌筑 5. 材料运输
010401006	空斗墙	1. 砖品种、规格、强度等级 2. 墙体类型 3. 砂浆强度等级、配合比	m^3	按设计图示尺寸以空斗墙外形体积计算。墙角、内外墙交接处、门窗洞口立边、窗台砖、屋檐处的实砌部分体积并入空斗墙体积内	1. 砂浆制作、运输 2. 砌砖 3. 装填充料 4. 刮缝 5. 材料运输
010401007	空花墙			按设计图示尺寸以空花部分外形体积计算，不扣除空洞部分体积	

（续表）

项目编码	项目名称	项目特征	计量单位	工程量计算规则	工程内容
010401008	填充墙	1. 砖品种、规格、强度等级 2. 墙体类型 3. 填充材料种类及厚度 4. 砂浆强度等级、配合比	m^3	按设计图示尺寸以填充墙外形体积计算	1. 砂浆制作、运输 2. 砌砖 3. 装填充料 4. 刮缝 5. 材料运输
010401009	实心砖柱	1. 砖品种、规格、强度等级 2. 柱类型 3. 砂浆强度等级、配合比	m^3	按设计图示尺寸以体积计算。扣除混凝土及钢筋混凝土梁垫、梁头、板头所占体积	1. 砂浆制作、运输 2. 砌砖 3. 刮缝 4. 材料运输
010401010	多孔砖柱				
010401011	砖检查井	1. 井截面、深度 2. 砖品种、规格、强度等级 3. 垫层材料种类、厚度 4. 底板厚度 5. 井盖安装 6. 混凝土强度等级 7. 砂浆强度等级 8. 防潮层材料种类	座	按设计图示数量计算	1. 砂浆制作、运输 2. 铺设垫层 3. 底板混凝土制作、运输、浇筑、振捣、养护 4. 砌砖 5. 刮缝 6. 井池底、壁抹灰 7. 抹防潮层 8. 材料运输
010401012	零星砌砖	1. 零星砌砖名称、部位 2. 砖品种、规格、强度等级 3. 砂浆强度等级、配合比	1. m^3 2. m^2 3. m 4. 个	1. 以“m^3”计量，按设计图示尺寸截面积乘以长度计算 2. 以“m^2”计量，按设计图示尺寸水平投影面积计算 3. 以“m”计量，按设计图示尺寸长度计算 4. 以“个”计量，按设计图示数量计算	1. 砂浆制作、运输 2. 砌砖 3. 刮缝 4. 材料运输

（续表）

项目编码	项目名称	项目特征	计量单位	工程量计算规则	工程内容
010401013	砖散水、地坪	1. 砖品种、规格、强度等级 2. 垫层材料种类、厚度 3. 散水、地坪厚度 4. 面层种类、厚度 5. 砂浆强度等级	m^2	按设计图示尺寸以面积计算	1. 土方挖、运、填 2. 地基找平、夯实 3. 铺设垫层 4. 砌砖散水、地坪 5. 抹砂浆面层
010401014	砖地沟、明沟	1. 砖品种、规格、强度等级 2. 沟截面尺寸 3. 垫层材料种类、厚度 4. 混凝土强度等级 5. 砂浆强度等级	m	以“m”计量，按设计图不以中心线长度计算	1. 土方挖、运、填 2. 铺设垫层 3. 底板混凝土制作、运输、浇筑、振捣、养护 4. 砌砖 5. 刮缝、抹灰 6. 材料运输

注:1.“砖基础”项目适用于各种类型砖基础:柱基础、墙基础、管道基础等。

2. 基础与墙(柱)身使用同一种材料时,以设计室内地面为界(有地下室者,以地下室室内设计地面为界),以下为基础,以上为墙(柱)身。基础与墙身使用不同材料时,位于设计室内地面高度≤±300mm时,以不同材料为分界线;高度>±300mm时,以设计室内地面为分界线。

3. 砖围墙以设计室外地坪为界,以下为基础,以上为墙身。

4. 框架外表面的镶贴砖部分,按零星项目编码列项。

5. 附墙烟囱、通风道、垃圾道应按设计图示尺寸以体积扣除孔洞所占体积计算并入所依附的墙体体积内。当设计规定孔洞内需抹灰时,应按《房屋建筑与装饰工程工程量计算规范》(GB 50854—2013)附录M中零星抹灰项目编码列项。

6. 空斗墙的窗间墙、窗台下、楼板下、梁头下等的实砌部分,按零星砌砖项目编码列项。

7.“空花墙”项目适用于各种类型的空花墙,使用混凝土花格砌筑的空花墙,实砌墙体与混凝土花格应分别计算,混凝土花格按混凝土及钢筋混凝土中预制构件相关项目编码列项。

8. 台阶、台阶挡墙、梯带、锅台、炉灶、蹲台、池槽、池槽腿、砖胎模、花台、花池、楼梯栏板、阳台栏板、地垄墙、≤0.3m^2的孔洞填塞等，应按零星砌砖项目编码列项。砖砌锅台与炉灶可按外形尺寸以“个”计算，砖砌台阶可按水平投影面积以“m^2”计算，小便槽、地垄墙可按长度计算、其他工程以“m^3”计算。

9. 砖砌体内钢筋加固，应按《房屋建筑与装饰工程工程量计算规范》(GB 50854—2013)附录 E 中相关项目编码列项。

10. 砖砌体勾缝按《房屋建筑与装饰工程工程量计算规范》(GB 50854—2013)附录 M 中相关项目编码列项。

11. 检查井内的爬梯按《房屋建筑与装饰工程工程量计算规范》(GB 50854—2013)附录 E 中相关项目编码列项；井内的混凝土构件按《房屋建筑与装饰工程工程量计算规范》(GB 50854—2013)附录 E 中混凝土及钢筋混凝土预制构件编码列项。

12. 如施工图设计标注做法见标准图集时，应在项目特征描述中注明标注图集的编码、页号及节点大样。

2. 砖块砌体工程量清单项目设置及工程量计算规则

砖块砌体工程量清单项目设置、项目特征描述的内容、计量单位及工程量计算规则，应按表 7.4.7 的规定执行。

表 7.4.7　砌块砌体（编号:010402）

项目编码	项目名称	项目特征	计量单位	工程量计算规则	工程内容
010402001	砌块墙	1. 砌块品种、规格、强度等级 2. 墙体类型 3. 砂浆强度等级	m^3	按设计图示尺寸以体积计算。扣除门窗、洞口、嵌入墙内的钢筋混凝土柱、梁、圈梁、挑梁、过梁及凹进墙内的壁龛、管槽、暖气槽、消火栓箱所占的体积，不扣除梁头、板头、檩头、垫木、木楞头、沿椽木、木砖、门窗走头、砌块墙内加固钢筋、木筋、铁件、钢管及单个面积≤0.3m^2的孔洞所占的体积。凸出墙面的腰线、挑檐、压顶、窗台线、虎头砖、门窗套的体积亦不增加。凸出墙面的砖垛并入墙体体积内计算。 1. 墙长度：外墙按中心线、内墙按净长线计算 2. 墙高度： (1) 外墙：斜（坡）屋面无檐口天棚者算至屋面板底；有屋架且室内外均有天棚者算至屋架下弦底另加 200mm；无天棚	1. 砂浆制作、运输 2. 砌砖、砌块 3. 勾缝 4. 材料运输

（续表）

项目编码	项目名称	项目特征	计量单位	工程量计算规则	工程内容
010402001	砌块墙	1. 砌块品种、规格、强度等级 2. 墙体类型 3. 砂浆强度等级	m^3	者算至屋架下弦底另加300mm，出檐宽度超过600mm时按实砌高度计算；与钢筋混凝土楼板隔层者算至板顶；平屋面算至钢筋混凝土板底。 (2)内墙：位于屋架下弦者，算至屋架下弦底；无屋架者算至天棚底另加100mm；有钢筋混凝土楼板隔层者算至楼板顶；有框架梁时算至梁底。 (3)女儿墙：从屋面板上表面算至女儿墙顶面（如有混凝土压顶时算至压顶下表面）。 (4)内、外山墙：按其平均高度计算。 3. 框架间墙：不分内外墙按墙体净尺寸以体积计算 4. 围墙：高度算至压顶上表面（如有混凝土压顶时算至压顶下表面），围墙柱并入围墙体积内	1. 砂浆制作、运输 2. 砌砖、砌块 3. 勾缝 4. 材料运输
010402002	砌块柱			按设计图示尺寸以体积计算。 扣除混凝土及钢筋混凝土梁垫、梁头、板头所占体积	

注：1. 砌体内加筋、墙体拉结的制作、安装，应按《房屋建筑与装饰工程工程量计算规范》（GB 50854—2013）附录E中相关项目编码列项。

2. 砌块排列应上下错缝搭砌，如果搭砌错缝长度满足不了规定的压搭要求，应采取压砌钢筋网片的措施，具体构造要求按设计规定。若设计无规定时，应注明由投标人根据工程实际情况自行考虑；钢筋网片按《房屋建筑与装饰工程工程量计算规范》（GB 50854—2013）附录F中相应编码列项。

3. 砌体垂直灰缝宽 >30mm 时，采用C20细石混凝土灌实。灌注的混凝土应按《房屋建筑与装饰工程工程量计算规范》（GB 50854—2013）附录E相关项目编码列项。

3. 石砌体工程量清单项目设置及工程量计算规则

石砌体工程量清单项目设置、项目特征描述的内容、计量单位及工程量计算规则，应按表7.4.8的规定执行。

表7.4.8 石砌体(编号:010403)

项目编码	项目名称	项目特征	计量单位	工程量计算规则	工程内容
010403001	石基础	1. 石料种类、规格 2. 基础类型 3. 砂浆强度等级	m^3	按设计图示尺寸以体积计算。 包括附墙垛基础宽出部分体积,不扣除基础砂浆防潮层及单个面积≤0.3m^2的孔洞所占的体积,靠墙暖气沟的挑檐不增加体积。基础长度:外墙按中心线,内墙按净长线计算	1. 砂浆制作、运输 2. 吊装 3. 砌石 4. 防潮层铺设 5. 材料运输
010403002	石勒脚	1. 石料种类、规格 2. 石表面加工要求 3. 勾缝要求 4. 砂浆强度等级、配合比		按设计图示尺寸以体积计算,扣除单个面积>0.3m^2的孔洞所占的体积	1. 砂浆制作、运输 2. 吊装 3. 砌石 4. 石表面加工 5. 勾缝 6. 材料运输
010403003	石墙			按设计图示尺寸以体积计算。 扣除门窗、洞口、嵌入墙内的钢筋混凝土柱、梁、圈梁、挑梁、过梁及凹进墙内的壁龛、管槽、暖气槽、消火栓箱所占体积,不扣除梁头、板头、檩头、垫木、木楞头、沿椽木、木砖、门窗走头、石墙内加固钢筋、木筋、铁件、钢管及单个面积≤0.3m^2的孔洞所占的体积。凸出墙面的腰线、挑檐、压顶、窗台线、虎头砖、门窗套的体积亦不增加。凸出墙面的砖垛并入墙体体积内计算。 1. 墙长度,外墙按中心线、内墙按净长线计算 2. 墙高度: (1)外墙:斜(坡)屋面无檐口天棚者算至屋南板底;有屋架且室内外均有天棚者算至屋架下弦底另加200mm;无天棚者算至屋架下弦底另加300mm,出檐宽度超过600mm时按实砌高度计算;有钢筋混凝土楼板隔层者算至板顶;平屋顶算至钢筋混凝土板底。 (2)内墙:位于屋架下弦者,算至屋架下弦底;无屋架者算	

（续表）

项目编码	项目名称	项目特征	计量单位	工程量计算规则	工程内容
010403003	石墙	1. 石料种类、规格 2. 石表面加工要求 3. 勾缝要求 4. 砂浆强度等级、配合比	m^3	至天棚底另加 100mm；有钢筋混凝土楼板隔层者算至楼板顶；有框架梁时算至梁底。 （3）女儿墙：从屋面板上表面算至女儿墙顶面（如有混凝土压顶时算至压顶下表面）。 （4）内、外山墙：按其平均高度计算。 3. 围墙：高度算至压顶上表面（如有混凝土压顶时算至压顶下表面），围墙柱并入围墙体积内	1. 砂浆制作、运输 2. 吊装 3. 砌石 4. 石表面加工 5. 勾缝 6. 材料运输
010403004	石挡土墙			按设计图示尺寸以体积计算	1. 砂浆制作、运输 2. 吊装 3. 砌石 4. 变形缝、泄水孔、压顶抹灰 5. 滤水层 6. 勾缝 7. 材料运输
010403005	石柱				1. 砂浆制作、运输 2. 吊装 3. 砌石 4. 石表面加工 5. 勾缝 6. 材料运输
010403006	石栏杆		m	按设计图示以长度计算	
010403007	石护坡	1. 垫层材料种类、厚度 2. 石料种类、规格 3. 护坡厚度、高度 4. 石表面加工要求 5. 勾缝要求 6. 砂浆强度等级、配合比	m^3	按设计图示尺寸以体积计算	
010403008	石台阶				1. 铺设垫层 2. 石料加工 3. 砂浆制作、运输 4. 砌石 5. 石表面加工 6. 勾缝 7. 材料运输
010403009	石坡道		m^2	按设计图示以水平投影面积计算	

（续表）

项目编码	项目名称	项目特征	计量单位	工程量计算规则	工程内容
010403010	石地沟、明沟	1. 沟截面尺寸 3. 土壤类别、运距 4. 垫层材料种类、厚度 5. 石料种类、规格 6. 石表面加工要求 7. 勾缝要求 8. 砂浆强度等级、配合比	m	按设计图示以中心线长度计算	1. 土方挖、运 2. 砂浆制作、运输 3. 铺设垫层 4. 砌石　、 5. 石表面加工 6. 勾缝 7. 回填 8. 材料运输

注:1. 石基础、石勒脚、石墙的划分:基础与勒脚应以设计室外地坪为界。勒脚与墙身应以设计室内地面为界。石围墙内外地坪标高不同时,应以较低地坪标高为界,以下为基础;内外标高之差为挡土墙时,挡土墙以上为墙身。

2. "石基石山"项目适用于各种规格(粗料石、细料石等)、各种材质(砂石、青石等)和各种类型(柱基、墙基、直形、弧形等)基础。

3. "石勒脚"、"石墙"项目适用于各种规格(粗料石、细料石等)、各种材质(砂石、青石、大理石、花岗石等)和各种类型(直形、弧形等)勒脚和墙体。

4. "石挡土墙"项目适用于各种规格(粗料石、细料石、块石、毛石、卵石等)、各种材质(砂石、青石、石灰石等)和各种类型(直形、弧形、台阶形等)挡土墙。

5. "石柱"项目适用于各种规格、各种石质、各种类型的石柱。

6. "石栏杆"项目适用于无雕饰的一般石栏杆。

7. "石护坡"项目适用于各种石质和各种石料(粗料石、细料石、片石、块石、毛石、卵石等)。

8. "石台阶"项目包括石梯带(垂带),不包括石梯膀,石梯膀应按《房屋建筑与装饰工程工程量计算规范》(GB 50854—2013)附录C石挡土墙项目编码列项。

9. 如施工图设计标注做法见标准图集时,应在项目特征描述中注明标注图集的编码、页号及节点大样。

4. 垫层工程量清单项目设置及工程量计算规则

垫层工程量清单项目设置、项目特征描述的内容、计量单位及工程量计算规则，应按表7.4.9的规定执行。

表7.4.9　垫层(编号:010404)

项目编码	项目名称	项目特征	计量单位	工程量计算规则	工程内容
010404001	垫层	垫层材料种类、配合比、厚度	m^3	按设计图示尺寸以"m^3"计算	1. 垫层材料的拌制 2. 垫层铺设 3. 材料运输

注:除混凝土垫层应按《房屋建筑与装饰工程工程量计算规范》(GB 50854—2013)附录E中相关项目编码列项外,没有包括垫层要求的清单项目应按本表垫层项目编码列项。

5. 相关问题及说明

(1)标准砖尺寸应为240mm×115mm×53mm。

(2)标准砖墙厚度应按表7.4.10计算。

表7.4.10　标准墙计算厚度表

砖数(厚度)	1/4	1/2	3/4	1	$1\frac{1}{2}$	2	$2\frac{1}{2}$	3
计算厚度(mm)	53	115	180	240	365	490	615	740

6. 工程量清单编制相关问题的处理

(1)基础垫层包括在基础项目内。

(2)标准砖尺寸应为240mm×115mm×53mm。

(3)砖基础与砖墙(身)划分应以设计室内地坪为界(有地下室的按地下室室内设计地坪为界),以下为基础,以上为墙(柱)身。基础与墙身使用不同材料,位于设计室内地坪±300 mm以内时以不同材料为界;超过±300 mm,应以设计室内地坪为界。砖围墙应以设计室外

地坪为界，以下为基础，以上为墙身。

(4)框架外表面的镶贴砖部分，应单独按砖砌体工程工程量清单项目设置及工程量计算规则中相关零星项目编码列项。

(5)附墙烟囱、通风道、垃圾道，应按设计图示尺寸以体积(扣除孔洞所占体积)计算，并入所依附的墙体体积内。当设计规定孔洞内需抹灰时，应按装饰装修工程工程量清单项目及计算规则中墙、柱面工程中相关项目编码列项。

(6)空斗墙的窗间墙、窗台下、楼板下等的实砌部分，应按砖砌体工程工程量清单项目设置及工程量计算规则中零星砌砖项目编码列项。

(7)台阶、台阶挡墙、梯带、锅台、炉灶、蹲台、池槽、池槽腿、花台、花池、楼梯栏板、阳台栏板、地垄墙、屋面隔热板下的砖墩、0.3 m^2孔洞填塞等，应按零星砌砖项目编码列项。砖砌锅台与炉灶可按外形尺寸以"个"计算，砖砌台阶可按水平投影面积以平方米计算，小便槽、地垄墙可按长度计算，其他工程量按"m^3"计算。

(8)砖烟囱应按设计室外地坪为界，以下为基础，以上为筒身。

(9)砖烟囱体积可按公式 $V=\sum HC\pi D$ 分段计算。

(10)砖烟道与炉体的划分应以第一道闸门为界。

(11)水塔基础与塔身划分应以砖砌体的扩大部分顶面为界，以上为塔身，以下为基础。

(12)石基础、石勒脚、石墙身的划分：基础与勒脚应以设计室外地坪为界，勒脚与墙身应以设计室内地坪为界。石围墙内外地坪标高不同时，应以较低地坪标高为界，以下为基础；内外标高之差为挡土墙时，挡土墙以上为墙身。

(13)石梯带工程量应计算在石台阶工程量内。

(14)石梯膀应按石砌体工程工程量清单设置及工程量计算规则石挡土墙项目编码列项。

(15)砌体内加筋的制作、安装，应按混凝土及钢筋混凝土工程工程量清单项目及计算规则中相关项目编码列项。

7.4.6 砌筑工程工程量清单计价编制示例

某工程石台阶。

(1)业主根据石台阶施工图计算。

①灰土垫层(略)。

②石台阶、石梯带工程量:$0.4\times0.15\times316+0.3\times0.3\times16=20.4\ m^3$

③石表面加工、勾缝面积:$0.45\times316+0.6\times16=151.8\ m^2$

④石梯膀(略)。

(2)投标人计算。

①石料消耗体积:$20.4\times1.2=24.48\ m^3$

②石台阶、石梯带制作、安装。

A. 人工费:$25\times0.574\times332=4764.2$ 元

B. 材料费:

石料:$48.2\times24.48=1179.94$ 元

水泥砂浆 M5:$140\times0.005\times332=232.4$ 元

水:$1.8\times0.003\times332=1.79$ 元

小计:1414.13 元

C. 机械费:

灰浆搅拌机(200L):$50\times0.001\times332=16.6$ 元

D. 合计:6194.93 元

③石表面加工。

A. 人工费:$25\times0.548\times151.8=2079.66$ 元

B. 合计:2079.66 元

④勾缝。

A. 人工费:$25\times0.0496\times151.8=188.23$ 元

B. 材料费。

水泥砂浆 M10:$180\times0.0025\times151.8=68.31$ 元

水:$1.8\times0.058\times151.8=15.85$ 元

小计:84.16 元

C. 机械费:

灰浆搅拌机(200L):50×0.0004×151.8=3.04元

D. 合计:275.43元

⑤综合。

A. 直接费合计:8550.02元

B. 管理费:直接费×34%=2907.01元

C. 利润:直接费×8%=684.01元

D. 总计:12141.03元

E. 综合单价:595.16元

分部分项工程量清单计价表

工程名称:某工程石台阶　　　　第　页共　页

项目	项目名称	计量单位	工程数量	金额(元)	
				综合单价	合价
010403008	石台阶 石料:青石(细) 规格:台阶1000mm×400mm×200mm 石梯带:1000mm×300mm×300mm 石表面:钉麻石(细) 勾缝要求:勾平缝 砌筑砂浆:M5 勾缝砂浆:1:3	m^2	20.40	595.16	12141.26

分部分项工程量清单综合单价计算表

工程名称:某工程石台阶　　　　计量单位:m^3

项目编码:010403008　　　　工程数量:20.40

项目名称:石台阶、石梯带　　　　综合单价:595.16元

序号	定额编号	工程内容	单位	数量	其中:(元)					
					人工费	材料费	机械费	管理费	利润	小计
1	4-85	石台阶、石梯带制作、安装	m^3	1.000	233.54	69.33	0.81	103.23	24.29	431.22

（续表）

序号	定额编号	工程内容	单位	数量	其中:(元)					
					人工费	材料费	机械费	管理费	利润	小计
2	4-87	石表面加工	m^2	7.411	101.94			34.66	8.16	144.76
3	8-1	勾缝	m^2	7.441	9.23	4.13	0.15	4.59	1.08	19.18
4		合计			344.71	73.46	0.96	142.50	33.53	595.16

7.5 混凝土及钢筋混凝土工程量计算

7.5.1 现浇混凝土工程量的计算方法

现浇混凝土工程量的计算方法见表7.5.1。

表7.5.1 现浇混凝土工程量的计算方法

序号	项目			计算方法
1	混凝土基础	带形基础	计算方法	按设计图示尺寸以体积计算。 不扣除构件内钢筋、预埋铁件和伸入承台基础的桩头所占体积。其计算公式： 带形基础混凝土工程量＝基础长度×基础断面面积 基础长度，外墙按中心线计算，内墙按基础净长线计算。 有梁带形混凝土基础，其梁高与梁宽之比在4:1以内的，按有梁式带形基础计算（带形基础梁高是指梁底部到上部的高度）；超过4:1时，其基础底按无梁式带形基础计算，上部按墙计算
			计算实例	实例：某混凝土工程为带形基础，基础长度为10m，基础断面面积为1 m^2，试计算该混凝土工程带形基础工程量。 计算方法： 带形基础混凝土工程量＝10×15＝150m^3
		独立基础	计算方法	独立基础有阶梯形、方锥形、杯形基础。独立基础与柱现浇成一整体，其分界线以基础扩大顶面为界。工程量按图示尺寸以体积计算。 方锥形基础混凝土体积的计算公式：

（续表）

序号	项目			计算方法
1	混凝土基础	独立基础	计算方法	$$V=\frac{h}{6}[AB+(A+a)(B+b)+ab]$$ 式中　A、B——方锥形下底两边边长(m)； a、b——方锥形上底两边边长(m)； h——方锥形基础高(m)。 杯形基础的体积为上下两个矩形体积加中间方锥形体积，再扣除预留杯口的体积
			计算实例	实例：如图7.5.1所示为杯形基础，计算该杯形基础混凝土工程量。 计算方法：按杯形基础几何形状，其混凝土体积由基础下部体积 V_1、中间截头方锥形体积 V_2、杯口矩形部分体积 V_3，杯口槽部分体积 V_4 组成。 (1)基础下部体积： $V_1=4\times3\times0.25=3\ m^3$ (2)中间截头方锥形体积： $V_2=\frac{0.4}{6}\times[4\times3+(4+1.35)\times(3+1.15)+1.35\times1.15]=2.384\ m^3$ (3)杯口矩形部分体积： $$V_3=1.35\times1.15\times0.4=0.621\ m^3$$ (4)杯口槽部分体积： $V_4=\frac{0.65}{6}\times[0.75\times0.55+(0.75+0.7)\times(0.55+0.5)+0.7\times0.5]=0.248m^3$ (5)杯形基础混凝土体积： $V=V_1+V_2+V_3-V_4=3+2.384+0.621-0.248=5.757\ m^3$
			满堂基础	当单独基础、带形基础不能满足设计需要时，在设计上将基础联成一个整体，称为满堂基础(又称筏形基础)。这种基础适用于设有地下室或软弱地基及有特殊要求的建筑。满堂基础分为有梁式满堂基础和无梁式满堂基础。 (1)有梁式满堂基础类似倒置的井字楼盖，其混凝土工程量按板、梁(肋)体积合并计算，其计算公式： 有梁式满堂基础混凝土工程量＝ 基础板面积×板厚＋梁截面面积×梁长

（续表）

<table>
<tr><th>序号</th><th colspan="2">项目</th><th colspan="2">计算方法</th></tr>
<tr><td rowspan="3">1</td><td rowspan="3">混凝土基础</td><td rowspan="3">独立基础</td><td>满堂基础</td><td>有梁式满堂基础与柱子的划分：柱高应从柱基的上表面计算。即以梁的上表面为分界线，梁的体积并入有梁式满堂基础，不能从底板的上表面开始计算柱高。
（2）无梁式满堂基础类似倒置的无梁楼板，其混凝土工程量可按下式计算：
无梁式满堂基础混凝土工程量＝基础底板面积×基础底板厚度＋柱墩体积
无梁式满堂基础与柱子的划分：以板的上表面为分界线，柱高从底板的上表面开始计算，柱墩体积并入柱内计算</td></tr>
<tr><td>设备基础</td><td>为安装锅炉、机械或设备等所做的基础称为设备基础。设备基础除块体以外，其他类型设备基础混凝土工程量分别按基础、梁、柱、板、墙等有关规定计算，执行相应的混凝土定额项目</td></tr>
<tr><td>桩承台基础</td><td>桩承台是在已打完的桩顶上，将桩顶部的混凝土剔凿掉，露出钢筋，浇灌混凝土使之与桩顶连成一体的钢筋混凝土基础。根据结构设计的需要，桩承台分为独立桩承台和带形桩承台两种。
桩承台混凝土工程量按图示尺寸以“m^3”计算</td></tr>
<tr><td rowspan="2">2</td><td rowspan="2" colspan="2">混凝土柱</td><td>计算说明</td><td>在2013新《计价规范》中，现浇混凝土柱分为矩形柱和异形柱两种定额分项。按设计图示尺寸以体积计算。不扣除构件内钢筋、预埋铁件所占体积。
柱高按下列规定进行计算
（1）有梁板的柱高，应自桩基上表面（或楼板上表面）至上一层楼板上表面之间的高度计算。
（2）无梁板的柱高，应自柱基上表面（或楼板上表面）至柱帽下表面之间的高度计算。
（3）框架柱的柱高，应自柱基上表面至柱高顶高度计算。
（4）构造柱按全高计算，嵌接墙体部分并入柱身体积。
（5）依附柱上的牛腿和升板的柱帽，并入柱身体积计算</td></tr>
<tr><td>计算实例</td><td>实例：如图7.5.2所示的构造柱，总高为24m，16根，混凝土为C25，计算构造柱现浇混凝土工程量。
计算方法：
计算公式：构造柱工程量＝（图示柱宽度＋咬口宽度）×厚度×图示高度</td></tr>
</table>

（续表）

序号	项目	计算方法	
2	混凝土柱	计算实例	构造柱（C25）混凝土工程量 = $(0.24+0.06)\times0.24\times24\times16=27.65m^3$
3	混凝土梁	计算方法	在2013新《计价规范》中，现浇混凝土梁分为基础梁、矩形梁、异型梁、圈梁、过梁、弧形梁、拱形梁等分项。按设计图示尺寸以体积计算。不扣除构件内钢筋、预埋铁件所占体积，伸入墙内的梁头、梁垫并入梁体积内。 梁长可按下列规定进行计算。 （1）梁与柱连接时，梁长算至柱侧面。 （2）主梁与次梁连接时，次梁长算至主梁侧面。
		计算实例	实例：现浇混凝土花篮梁10根，混凝土强度等级C25，梁端有现浇梁垫，混凝土强度等级C25，尺寸如图7.5.3所示。商品混凝土，运距为3km（混凝土搅拌站为$25m^3/h$），计算现浇混凝土花篮梁工程量。 计算方法： 计算公式：现浇混凝土异型梁工程量 = 图示断面面积 × 梁长 + 梁垫体积 现浇混凝土异型梁工程量 = $[0.25\times0.5\times5.48+(0.15+0.08)\times0.12\times5+0.6\times0.24\times0.2\times2]\times10=8.81m^3$
4	混凝土墙	在2013新《计价规范》中，现浇混凝土墙分为直形墙和弧形墙两个分项。按设计图示尺寸以体积计算。不扣除构件内钢筋、预埋铁件所占体积，扣除门窗洞口及单个面积$0.3m^2$以外的孔洞所占体积，墙垛及凸出墙面部分并入墙体体积内计算	
5	混凝土板	计算方法	在2013新《计价规范》中，现浇混凝土板分为有梁板、无梁板、平板、拱板、薄壳板、栏板、天沟（挑檐板）、阳台板（雨篷）和其他板九个分项。 有梁板、无梁板、平板、拱板、薄壳板、栏板，按设计图示尺寸以体积计算。不扣除构件内钢筋、预埋铁件及单个面积$0.3m^2$以内的孔洞所占体积。 有梁板（包括主、次梁与板）按梁、板体积之和计算，其计算公式如下： 有梁板体积 = 梁体积 + 板体积

（续表）

<table>
<tr><th>序号</th><th>项目</th><th colspan="2">计算方法</th></tr>
<tr><td rowspan="2">5</td><td rowspan="2">混凝土板</td><td>计算方法</td><td>无梁板按板和柱帽体积之和计算，其计算公式如下：
无梁板体积 = 板体积 + 柱帽体积
各类板伸入墙内的板头并入板体积内计算，薄壳板的肋、基梁并入薄壳体积内计算。
天沟（挑檐板）、其他板按图示尺寸以体积计算。
阳台板（雨篷）按设计图示尺寸以墙外部分体积计算。包括伸出墙外的牛腿和雨篷及挑檐的体积</td></tr>
<tr><td>计算实例</td><td>实例：某工程现浇钢筋混凝土无梁板尺寸如图 7.5.4 所示，计算现浇钢筋混凝土无梁板混凝土工程量。
计算方法：
现浇钢筋混凝土无梁板混凝土工程量计算如下。
计算公式：现浇钢筋混凝土无梁板混凝土工程量 = 图示长度 × 图示宽度 × 板厚 + 柱帽体积
现浇钢筋混凝土无梁板混凝土工程量 $= 18 \times 12 \times 0.2 + 3.14 \times 0.8 \times 0.8 \times 0.2 \times 2 + (0.25 \times 0.25 + 0.8 \times 0.8 + 0.25 \times 0.8) \times 3.14 \times 0.5/3 \times 2 = 44.95\ m^3$</td></tr>
<tr><td>6</td><td>混凝土楼梯</td><td colspan="2">在 2013 新《计价规范》中，现浇混凝土楼分为直形楼梯和弧形楼梯两个分项。按设计图示尺寸以水平投影面积计算。不扣除宽度小于 500mm 的楼梯井，伸入墙内部分不计算</td></tr>
<tr><td>7</td><td>混凝土其他构件</td><td colspan="2">（1）其他构件。按设计图示尺寸以体积计算。不扣除构件内钢筋、预埋铁件所占体积。
（2）散水、坡道。按设计图示尺寸以面积计算。不扣除单个 $0.3\ m^2$ 以内的孔洞所占面积。
（3）电缆沟、地沟。按设计图示以中心线长度计算</td></tr>
</table>

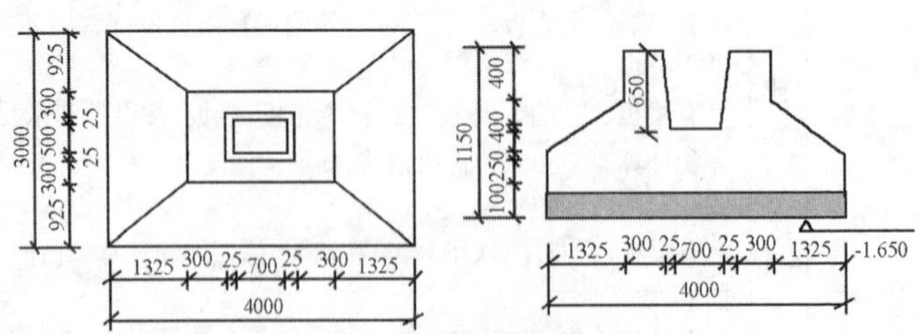

图 7.5.1　杯形基础

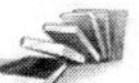

图 7.5.2　构造柱示意图

图 7.5.3　花篮梁尺寸示意图

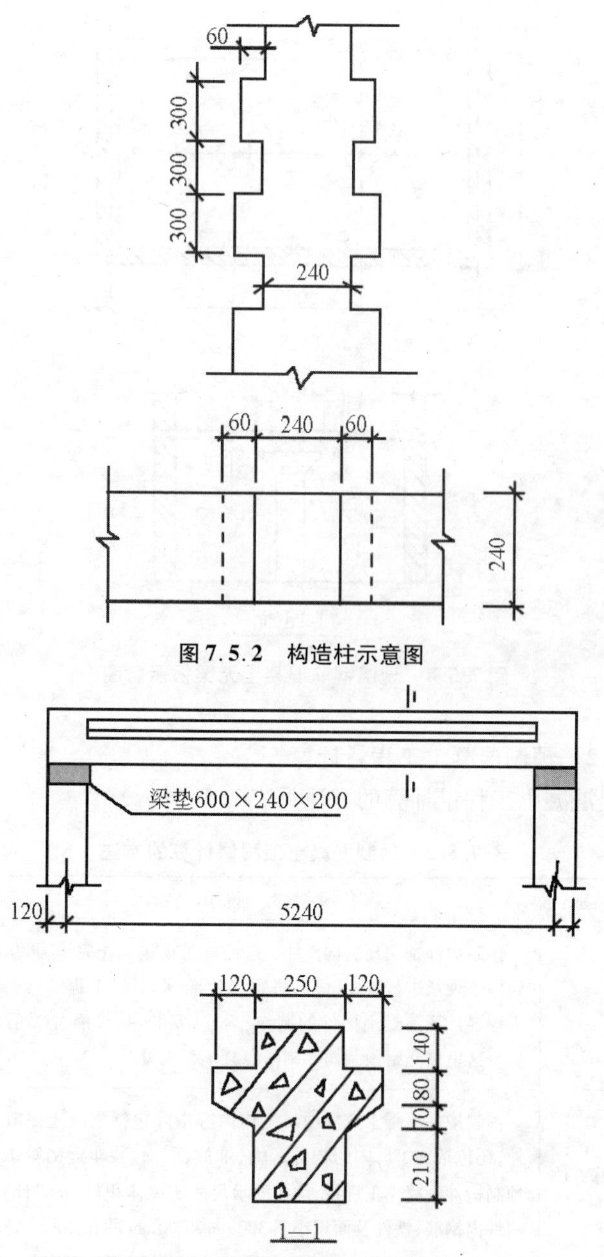

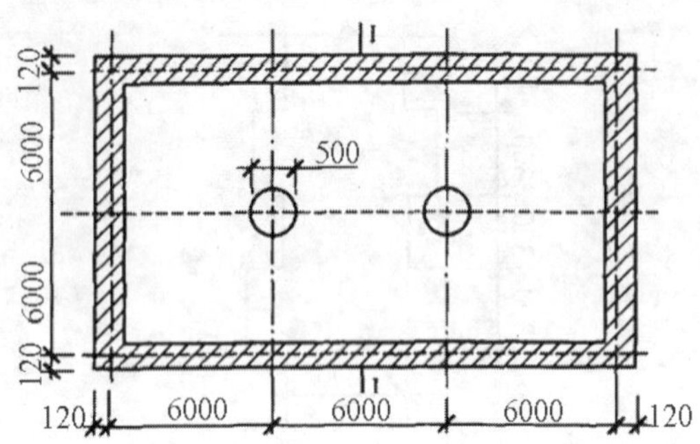

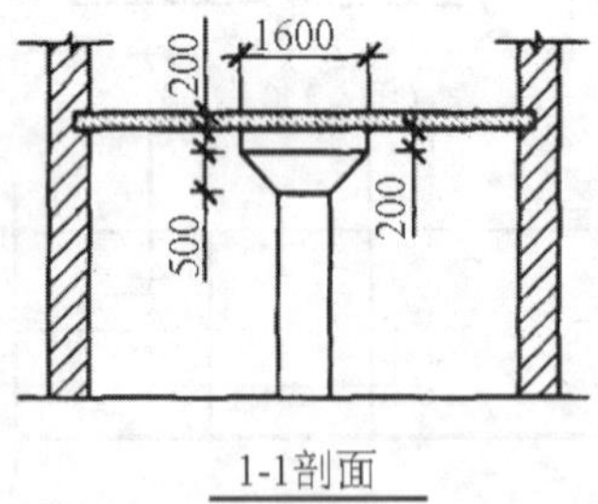

图 7.5.4　现浇钢筋混凝土无梁板示意图

7.5.2　预制混凝土工程量计算

预制混凝土工程量计算的方法见表7.5.2。

表 7.5.2　预制混凝土工程量计算的方法

序号	类别	说明
1	基本要求	预制构件是在预制构件加工厂或施工现场制作完毕,再从加工厂运到施工现场进行装配,最后进行接头灌缝,形成工程实体。预制构件工程要计算混凝土构件的制作、运输、安装、接头灌缝等项目的工程量。这里仅介绍预制构件制作混凝土工程量的计算
2	计算方法	预制构件混凝土定额项目工作内容中除包括混凝土一般工作内容外,还包括加工厂内的构件运输、堆放、码垛、装车运出等工作。各种预制构件混凝土工程量,均按图示尺寸实体体积以“m^3”计算,不扣除构件内钢筋、铁件及面积小于300mm×300mm的孔洞所占体积。

（续表）

序号	类别	说明
2	计算方法	预制桩按桩全长(包括桩尖)乘以桩截面(空心桩应扣除孔洞体积)以“m^3”计算。 预制构件制作成型后可能出现废品,运输、堆放以及安装过程中可能损坏,工程量中可计入合理的损耗量,见表 7.5.3
3	计算公式	定额中,如已包括表 7.5.3 所示的损耗,则工程量计算公式: 预制构件混凝土工程量 = 预制构件图示体积 定额中,如果没有考虑损耗,则工程量计算公式应为 现场制作构件混凝土工程量 = 预制构件图示体积 ×(1 + 制作废品率 + 安装损耗率) 预制厂制作构件混凝土工程量 = 预制构件图示体积 ×(1 + 制作废品率 + 运输堆放损耗率 + 安装损耗率)

表 7.5.3　预制钢筋混凝土构件制作、运输、安装损耗率表　（%）

名称	制作废品率	运输堆放损耗率	安装(打桩)损耗率
各类预制构件	0.2	0.8	0.5
预制钢筋混凝土桩	0.1	0.4	1.5

7.5.3　钢筋工程量计算

钢筋工程量的计算方法见表 7.5.4。

表 7.5.4　钢筋工程量的计算方法

序号	类别	说明
1	基本要求	钢筋工程量,应区别不同品种和规格,分别按设计图示钢筋长度乘以单位理论质量计算。 钢筋理论净重量,系根据施工图纸的钢筋长度乘以钢筋的单位质量(每米质量)计算。对于设计图纸标注的钢筋混凝土构件,应按尺寸区别钢筋的级别和规格分别计算,并汇总其钢筋用量。其计算公式为 钢筋理论净用量 = ∑(钢筋长度 × 每米质量)

（续表）

序号	类别	说明
2	直钢筋长度的确定	直钢筋长度的计算公式： 钢筋长 = 构件长 - 保护层厚度 ×2 + 弯钩长 ×2 + 弯起钢筋增加值 ×2 (1)构件长度根据设计图纸确定。 (2)钢筋的保护层厚度：为防止钢筋锈蚀，在钢筋周围应留有混凝土保护层。受力钢筋的混凝土保护层厚度指钢筋外边缘至混凝土外表面的距离。保护层厚度设计有规定时，按设计规定计算；设计无具体规定时，按现行规范计算。《混凝土结构设计规范》(GB 50010—2002)中有关保护层的规定如下： 纵向受力钢筋其混凝土保护层厚度，不应小于钢筋的公称直径，且应符合表7.5.5的规定。 基础中纵向受力钢筋的混凝土保护层厚度不应小于40mm；当无垫层时，不应小于70mm。 混凝土结构的环境类别见表7.5.6。 处于一类环境且由工厂生产的预制构件，当混凝土强度等级不低于C20时，其保护层厚度可按表7.5.5中的规定减少5mm，但预应力钢筋的保护层厚度不应小于15mm；处于二类环境且由工厂生产的预制构件，当表面采取有效保护措施时，保护层厚度可按表7.5.6中一类环境数值取用。预制钢筋混凝土受弯构件钢筋端头的保护层厚度不应小于10mm，预制肋形板主肋钢筋的保护层厚度应按梁的数值取用。 板、墙、壳中分布钢筋的保护层厚度不应小于表7.5.6中相应数值10mm，且不应小于10mm；梁、柱中箍筋和构造钢筋的保护层厚度不应小于15mm。 当梁、柱中纵向受力钢筋的混凝土保护层厚度大于40mm时，应对保护层采取有效的防裂构造措施。 有防火要求的建筑物，其保护层厚度应符合国家现行有关防火规范的要求。对于四、五类环境中的建筑物，其混凝土保护层厚度应符合国家现行有关标准的规定。 (3)钢筋弯钩长度：钢筋弯钩长度的计算，设计有规定时按设计规定计算，设计无具体规定时按现行混凝土工程施工及验收规范的要求计算。 (4)弯起钢筋斜段长：在钢筋混凝土梁中，因受力需要经常采用弯起钢筋。弯起形式有30°、45°、60°三种。弯起钢筋的弯起增加值是指斜长与水平投影长度之间的差值。 弯起钢筋斜长及增加长度计算方法见表7.5.7

（续表）

序号	类别	说明
3	箍筋长度的确定	箍筋长度的计算公式： 箍筋长度=箍筋数量×每个箍筋长度 (1)每个箍筋长度： 每个箍筋长=构件截面周长-8×保护层厚+2×箍筋弯钢增加值 其中，构件截面周长根据设计图样确定。 保护层厚度：《混凝土结构设计规范》(GB 50010—2010)规定，梁、柱中箍筋和构造钢筋混凝土保护层厚度不应小于15mm。 箍筋弯钩增加值：《混凝土结构设计规范》(GB 50010—2010)规定，箍筋弯心直径大于2.5d且大于纵向受力钢筋的直径，箍筋弯钩平直段长对于一般结构为5d，对于抗震结构为10d。 (2)构件中箍筋数量的确定。 其计算公式为： $$箍筋数量=\frac{构件长度-2\times 构件混凝土保护层厚度}{箍筋间距}+1$$
4	螺旋形箍筋长度的确定	螺旋形箍筋长度的计算公式： $$L=H\times\sqrt{1+[\pi(D-0.05)/b]^2}$$ 式中 D——桩直径(m)； b——螺距(m)； H——钢筋笼高度(m)
5	钢筋的锚固长度	当计算中充分利用钢筋的抗拉强度时，受拉钢筋的锚固长度应按下列公式进行计算： $$普通钢筋：L_a=a\frac{f_y}{f_t}d$$ $$预应力钢筋：L_a=a\frac{f_{py}}{f_t}d$$ 式中 L_a——受拉钢筋的锚固长度； a——钢筋的外形系数，见表7.5.8； f_y、f_{py}——普通钢筋、预应力钢筋的抗拉强度设计值，见表7.5.9、表7.5.10； f_t——混凝土轴心抗拉强度设计值；当混凝土强度等级高于C40时，按C40取值，见表7.5.11； d——钢筋的公称直径。

（续表）

序号	类别	说明
5	钢筋的锚固长度	抗震结构纵向受拉钢筋的最小锚固长度 L_{aE} 见表 7.5.12，非抗震结构纵向受拉钢筋的最小锚固长度 L_a 见表 7.5.13。 四级抗震等级，$L_{aE}=L_a$，其值见非抗震结构纵向受拉钢筋的最小锚固长度 L_a。当 HRB335、HRB400 和 RRB400 级纵向受拉钢筋末端采用机械锚固措施时，包括附加锚固端头在内的锚固长度可取为非抗震结构纵向受拉钢筋的最小锚固长度 L_a 和抗震结构纵向受拉钢筋的最小锚固长度 L_{aE} 的 0.7 倍。当钢筋在混凝土施工过程中易受扰动（如滑模施工）时，其锚固长度应乘以修正系数 1.1。在任何情况下，锚固长度不得小于 250mm。 当弯锚时，有些部位的锚固长度为 $\geqslant 0.4L_{aE}+15d$，详见各类构件的相关标准构造图集。当钢筋在混凝土施工过程中易受扰动（如滑模施工）时，其锚固长度应乘以修正系数 1.1。HPB235 钢筋为受拉时，其末端应做成 180°弯钩，弯钩平直段长度不应小于 $3d$；当为受压时，可不做弯钩。在任何情况下，锚固长度不得小于 250mm

表 7.5.5　纵向受力钢筋混凝土保护层最小厚度　　（mm）

环境类别		板、墙、壳			梁			柱		
		≤C20	C25～C45	≥C50	≤C20	C25～C45	C50	≤C20	C25～C45	≥C50
一		20	15	15	30	25	25	30	30	30
二	a	—	20	20	—	30	30	—	30	30
	b	—	25	20	—	35	30	—	35	30
三		—	30	25	—	40	35	—	40	35

表 7.5.6　混凝土结构的环境类别

环境类别		条件
一		室内正常环境
二	a	室内潮湿环境；非严寒和非寒冷地区的露天环境、与无侵蚀性的水或土壤直接接触的环境
	b	严寒和寒冷地区的露天环境、与无侵蚀性的水或土壤直接接触的环境

（续表）

环境类别	条件
三	使用除冰盐的环境；严寒和寒冷地区冬季水位变动的环境；滨海室外环境
四	海水环境
五	受人为或自然的侵蚀性物质影响的环境

表 7.5.7　弯起钢筋斜长及增加长度计算表

形状		$\alpha=30°$	$\alpha=45°$	$\alpha=60°$
计算方法	斜边长 s	$2h$	$1.414h$	$1.55h$
	增加长度 $s-L=\Delta L$	$0/268h$	$0.414h$	$0.577h$

表 7.5.8　钢筋的外形系数

钢筋类型	光面钢筋	带肋钢筋	刻痕钢丝	螺旋肋钢丝	三股钢绞线	七股钢绞线
a	0.16	0.14	019	0.13	0.16	0.17

表 7.5.9　普通钢筋强度设计值　（N/mm^2）

种类		符号	f_y
热轧钢筋	HPB235	ϕ	210
	HRB235	ϕ	300
	HRB400	ϕ	360
	RRB400	ϕ	360

表 7.5.10 钢筋强度设计值 （N/mm^2）

种类		符号	f_py
钢绞线	1×3	ϕ_s	1320
			1220
			1110
	1×7		1320
			1220
消除应力钢丝	光面螺旋肋	ϕ_p ϕ_H	1250
			1180
			1110
	刻痕	ϕ_I	1110
热处理钢筋	$40Si_2Mn$	ϕ_{Hr}	1040
	$48Si_2Mn$		
	45SiCr		

表 7.5.11 混凝土强度设计值 （N/mm^2）

强度种类	混凝土强度等级							
	C15	C20	C25	C30	C35	C40	C45	…
f_y	0.91	1.10	1.27	1.43	1.57	1.71	1.80	…

表 7.5.12 抗震结构纵向受拉钢筋的最小锚固长度 L_{aE}

钢筋种类与直径 \ 混凝土强度等级与抗震等级			C20		C25		C30		C35		≥C40	
			一级二级	三级	一级二级	三级	一级二级	三级	一级二级	三级	一级二级	三级
HPB235	普通钢筋		36*d*	33*d*	31*d*	28*d*	27*d*	25*d*	25*d*	23*d*	23*d*	21*d*
HRB335	普通钢筋	*d*≤25	44*d*	41*d*	38*d*	35*d*	34*d*	31*d*	31*d*	29*d*	29*d*	26*d*
		d>25	49*d*	45*d*	42*d*	39*d*	38*d*	34*d*	34*d*	31*d*	32*d*	29*d*
	环氧树脂涂层钢筋	*d*≤25	55*d*	51*d*	48*d*	44*d*	43*d*	39*d*	39*d*	36*d*	36*d*	33*d*
		d>25	61*d*	56*d*	53*d*	48*d*	47*d*	43*d*	43*d*	39*d*	39*d*	36*d*

（续表）

钢筋种类与直径 \ 混凝土强度等级与抗震等级			C20		C25		C30		C35		≥C40	
			一级 二级	三级	一级 二级	三级	一级 二级	三级	一级 二级	三级	一级 二级	三级
HRB400 RRB400	普通钢筋	$d \leqslant 25$	$53d$	$49d$	$46d$	$42d$	$41d$	$37d$	$37d$	$34d$	$34d$	$31d$
		$d>25$	$58d$	$53d$	$51d$	$46d$	$45d$	$41d$	$41d$	$38d$	$38d$	$34d$
	环氧树脂 涂层钢筋	$d \leqslant 25$	$66d$	$61d$	$57d$	$53d$	$51d$	$47d$	$47d$	$43d$	$43d$	$39d$
		$d>25$	$73d$	$67d$	$63d$	$58d$	$56d$	$51d$	$51d$	$47d$	$47d$	$43d$

表 7.5.13　非抗震结构纵向受拉钢筋的最小锚固长度 L_a

钢筋种类与直径 \ 混凝土强度等级与抗震等级		C20		C25		C30		C35		≥C40	
		$d \leqslant 25$	$d>25$	$d \leqslant 25$	$d>25$	$d \leqslant 25$	$d>25$	$d \leqslant 25$	$d>25$	$d \leqslant 25$	$d>25$
HPB235	普通钢筋	$31d$	$31d$	$27d$	$27d$	$24d$	$24d$	$22d$	$22d$	$20d$	$20d$
HRB335	普通钢筋	$39d$	$42d$	$34d$	$37d$	$30d$	$33d$	$27d$	$30d$	$25d$	$27d$
	环氧树脂 涂层钢筋	$48d$	$53d$	$42d$	$46d$	$37d$	$41d$	$34d$	$37d$	$31d$	$34d$
HRB400 RRB400	普通钢筋	$46d$	$51d$	$40d$	$44d$	$36d$	$39d$	$33d$	$36d$	$30d$	$33d$
	环氧树脂 涂层钢筋	$58d$	$63d$	$50d$	$55d$	$45d$	$41d$	$41d$	$45d$	$37d$	$41d$

7.5.4　混凝土工程量清单项目设置及工程量计算规则

1. 现浇混凝土基础工程量清单项目设置及工程量计算规则

现浇混凝土基础工程量清单项目设置、项目特征描述的内容、计量单位及工程量计算规则，应按表 7.5.14 的规定执行。

表 7.5.14　现浇混凝土基础（编号：010501）

项目编码	项目名称	项目特征	计量单位	工程量计算规则	工程内容
010501001	垫层	1. 混凝土种类 2. 混凝土强度等级	m^3	按设计图示尺寸以体积计算。不扣除伸入承台基础的桩头所占体积	1. 模板及支撑制作、安装、拆除、堆放、运输及清理模内杂物、刷隔离剂等 2. 混凝土制作、运输、浇筑、振捣、养护
010501002	带形基础				
010501003	独立基础				
010501004	满堂基础				
010501005	桩承台基础				

（续表）

项目编码	项目名称	项目特征	计量单位	工程量计算规则	工程内容
010501006	设备基础	1. 混凝土种类 2. 混凝土强度等级 3. 灌浆材料及其强度等级	m^3	按设计图示尺寸以体积计算。不扣除伸入承台基础的桩头所占体积	1. 模板及支撑制作、安装、拆除、堆放、运输及清理模内杂物、刷隔离剂等 2. 混凝土制作、运输、浇筑、振捣、养护

注：1. 有肋带形基础、无肋带形基础应按本表中相关项目列项，并注明肋高。

2. 箱式满堂基础中柱、梁、板按《房屋建筑与装饰工程工程量计算规范》（GB 50854—2013）表 E.2、表 E.3、表 E.4、表 E.5 相关项目分别编码列项；箱式满堂基础底板按本表的满堂基础项目列项。

3. 框架式设备基础中柱、梁、墙、板分别按《房屋建筑与装饰工程工程量计算规范》（GB 50854—2013）表 E.2、表 E.3、表 E.4、表 E.5 相关项目编码列项；基础部分按本表相关项目编码列项。

4. 如为毛石混凝土基础，项目特征应描述毛石所占比例。

2. 现浇混凝土柱工程量清单项目设置及工程量计算规则

现浇混凝土柱工程量清单项目设置、项目特征描述的内容、计量单位及工程量计算规则，应按表 7.5.15 的规定执行。

表 7.5.15　现浇混凝土柱（编号：010502）

项目编码	项目名称	项目特征	计量单位	工程量计算规则	工程内容
010502001	矩形柱	1. 混凝土种类 2. 混凝土强度等级	m^3	按设计图示尺寸以体积计算柱高： 1. 有梁板的柱高，应自柱基上表面（或楼板上表面）至上一层楼板上表面之间的高度计算 2. 无梁板的柱高，应自柱基上表面（或楼板上表面）至柱帽下表面之间的高度计算 3. 框架柱的柱高：应自柱基上表面至柱顶高度计算 4. 构造柱按全高计算，嵌接墙体部分（马牙槎）并入柱身体积 5. 依附柱上的牛腿和升板的柱帽，并入柱身体积计算	1. 模板及支架（撑）制作、安装、拆除、堆放、运输及清理模内杂物、刷隔离剂等 2. 混凝土制作、运输、浇筑、振捣、养护
010502002	构造柱				
010502003	异形柱	1. 柱形状 2. 混凝土种类 3. 混凝土强度等级			

注:混凝土种类指清水混凝土、彩色混凝土等,如在同一地区既使用预拌(商品)混凝土,又允许现场搅拌混凝土时,也应注明(下同)。

3. 现浇混凝土梁工程量清单项目设置及工程量计算规则

现浇混凝土梁工程量清单项目设置、项目特征描述的内容、计量单位及工程量计算规则,应按表7.5.16的规定执行。

表7.5.16　现浇混凝土梁(编号:010503)

项目编码	项目名称	项目特征	计量单位	工程量计算规则	工程内容
010503001	基础梁	1. 混凝土种类 2. 混凝土强度等级	m^3	按设计图示尺寸以体积计算。伸入墙内的梁头、梁垫并入梁体积内梁长: 1. 梁与柱连接时,梁长算至柱侧面 2. 主梁与次梁连接时,次梁长算至主梁侧面	1. 模板及支架(撑)制作、安装、拆除、堆放、运输及清理模内杂物、刷隔离剂等 2. 混凝土制作、运输、浇筑、振捣、养护
010503002	矩形梁				
010503003	异形梁				
010503004	圈梁				
010503005	过梁				
010503006	弧形、拱形梁				

4. 现浇混凝土墙工程量清单项目设置及工程量计算规则

现浇混凝土墙工程量清单项目设置、项目特征描述的内容、计量单位及工程量计算规则,应按表7.5.17的规定执行。

表7.5.17　现浇混凝土墙(编号:010504)

项目编码	项目名称	项目特征	计量单位	工程量计算规则	工程内容
010504001	直形墙	1. 混凝土种类 2. 混凝土强度等级	m^3	按设计图示尺寸以体积计算。 扣除门窗洞口及单个面积 $>0.3m^2$ 的孔洞所占体积,墙垛及凸出墙面部分并入墙体体积计算内	1. 模板及支架(撑)制作、安装、拆除、堆放、运输及清理模内杂物、刷隔离剂等 2. 混凝土制作、运输、浇筑、振捣、养护
010504002	弧形墙				
010504003	短肢剪力墙				
010504004	挡土墙				

注：短肢剪力墙是指截面厚度不大于300mm、各肢截面高度与厚度之比的最大值大于4但不大于8的剪力墙；各肢截面高度与厚度之比的最大值不大于4的剪力墙按柱项目编码列项。

5. 现浇混凝土板工程量清单项目设置及工程量计算规则

现浇混凝土板工程量清单项目设置、项目特征描述的内容、计量单位及工程量计算规则，应按表7.5.18的规定执行。

表7.5.18　现浇混凝土板(编号:010505)

项目编码	项目名称	项目特征	计量单位	工程量计算规则	工程内容
010505001	有梁板	1. 混凝土种类 2. 混凝土强度等级	m^3	按设计图示尺寸以体积计算，不扣除单个面积≤0.3m^2的柱、垛以及孔洞所占体积 压形钢板混凝土楼板扣除构件内压形钢板所占体积 有梁板(包括主、次梁与板)按梁、板体积之和计算，无梁板按板和柱帽体积之和计算，各类板伸入墙内的板头并入板体积内，薄壳板的肋、基梁并入薄壳体积内计算	1. 模板及支架(撑)制作、安装、拆除、堆放、运输及清理模内杂物、刷隔离剂等 2. 混凝土制作、运输、浇筑、振捣、养护
010505002	无梁板				
010505003	平板				
010505004	拱板				
010505005	薄壳板				
010505006	栏板				
010505007	天沟(檐沟)、挑檐板			按设计图示尺寸以体积计算	
010505008	雨篷、悬挑板、阳台板			按设计图示尺寸以墙外部分体积计算。包括伸出墙外的牛腿和雨篷反挑檐的体积	
010505009	空心板			按设计图示尺寸以体积计算。空心板(GBF高强薄壁蜂巢芯板等)应扣除空心部分体积	
010505010	其他板			按设计图示尺寸以体积计算	

注：现浇挑檐、天沟板、雨篷、阳台与板（包括屋面板、楼板）连接时，以外墙外边线为分界线；与圈梁（包括其他梁）连接时，以梁外边线为分界线。外边线以外为挑檐、天沟、雨篷或阳台。

6. 现浇混凝土楼梯工程量清单项目设置及工程量计算规则

现浇混凝土楼梯工程量清单项目设置、项目特征描述的内容、计量单位及工程量计算规则，应按表7.5.19的规定执行。

表7.5.19　现浇混凝土楼梯（编号：010506）

项目编码	项目名称	项目特征	计量单位	工程量计算规则	工程内容
010506001	直形楼梯	1. 混凝土种类 2. 混凝土强度等级	1. m^2 2. m^3	1. 以"m^2"计量，按设计图示尺寸以水平投影面积计算。不扣除宽度≤500mm的楼梯井，伸入墙内部分不计算 2. 以"m^3"计量，按设计图示尺寸以体积计算	1. 模板及支架（撑）制作、安装、拆除、堆放、运输及清理模内杂物、刷隔离剂等 2. 混凝土制作、运输、浇筑、振捣、养护

注：整体楼梯（包括直形楼梯、弧形楼梯）水平投影面积包括休息平台、平台梁、斜梁和楼梯的连接梁。当整体楼梯与现浇楼板无梯梁连接时，以楼梯的最后一个踏步边缘加300mm为界。

7. 现浇混凝土其他构件工程量清单项目设置及工程量计算规则

现浇混凝土其他构件工程量清单项目设置、项目特征描述的内容、计量单位及工程量计算规则，应按表7.5.20的规定执行。

表7.5.20　现浇混凝土其他构件（编号：010507）

项目编码	项目名称	项目特征	计量单位	工程量计算规则	工程内容
010507001	散水、坡道	1. 垫层材料种类、厚度 2. 面层厚度 3. 混凝土种类 4. 混凝土强度等级 5. 变形缝填塞材料种类	m^2	按设计图示尺寸以水平投影面积计算。不扣除单个≤0.3m^2的孔洞所占面积	1. 地基夯实 2. 铺设垫层 3. 模板及支撑制作、安装、拆除、堆放、运输及清理模内杂物、刷隔离剂等

（续表）

项目编码	项目名称	项目特征	计量单位	工程量计算规则	工程内容
010507002	室外地坪	1. 地坪厚度 2. 混凝土强度等级	m^2	按设计图示尺寸以水平投影面积计算。不扣除单个≤0.3m^2的孔洞所占面积	4. 混凝土制作、运输、浇筑、振捣、养护 5. 变形缝填塞
010507003	电缆沟、地沟	1. 土壤类别 2. 沟截面净空尺寸 3. 垫层材料种类、厚度 4. 混凝土种类 5. 混凝土强度等级 6. 防护材料种类	m	按设计图示以中心线长度计算	1. 挖填、运土石方 2. 铺设垫层 3. 模板及支撑制作、安装、拆除、堆放、运输及清理模内杂物、刷隔离剂等 4. 混凝土制作、运输、浇筑、振捣、养护 5. 刷防护材料
010507004	台阶	1. 踏步高、宽 2. 混凝土种类 3. 混凝土强度等级	1. m^2 2. m^3	1. 以"m^2"计量，按设计图示尺寸水平投影面积计算 2. 以"m^3"计量，按设计图示尺寸以体积计算	1. 模板及支撑制作、安装、拆除、堆放、运输及清理模内杂物、刷隔离剂等 2. 混凝土制作、运输、浇筑、振捣、养护

（续表）

项目编码	项目名称	项目特征	计量单位	工程量计算规则	工程内容
010507005	扶手、压顶	1. 断面尺寸 2. 混凝土种类 3. 混凝土强度等级	1. m 2. m^3	1. 以“m”计量，按设计图示的中心线以延长米计算 2. 以“m^3”计量，按设计图示尺寸以体积计算	1. 模板及支架（撑）制作、安装、拆除、堆放、运输及清理模内杂物、刷隔离剂等 2. 混凝土制作、运输、浇筑、振捣、养护
010507006	化粪池、检查井	1. 部位 2. 混凝土强度等级 3. 防水、抗渗要求	1. m^3 2. 座	1. 按设计图示尺寸以体积计算 2. 以“座”计量，按设计图示数量计算	
010507007	其他构件	1. 构件的类型 2. 构件规格 3. 部位 4. 混凝土种类 5. 混凝土强度等级	m^3		

注：1. 现浇混凝土小型池槽、垫块、门框等，应按本表其他构件项目编码列项。

2. 架空式混凝土台阶，按现浇楼梯计算。

8. 后浇带工程量清单项目设置及工程量计算规则

后浇带工程量清单项目设置、项目特征描述的内容、计量单位及工程量计算规则，应按表 7.5.21 的规定执行。

表 7.5.21　后浇带（编号：010508）

项目编码	项目名称	项目特征	计量单位	工程量计算规则	工程内容
010508001	后浇带	1. 混凝土种类 2. 混凝土强度等级	m^3	按设计图示尺寸以体积计算	1. 模板及支架（撑）制作、安装、拆除、堆放、运输及清理模内杂物、刷隔离剂等 2. 混凝土制作、运输、浇筑、振捣、养护及混凝土交接面、钢筋等的清理

9. 预制混凝土柱工程量清单项目设置及工程量计算规则

预制混凝土柱工程量清单项目设置、项目特征描述的内容、计量单位及工程量计算规则，应按表 7.5.22 的规定执行。

表 7.5.22　预制混凝土柱(编号:010509)

项目编码	项目名称	项目特征	计量单位	工程量计算规则	工程内容
010509001	矩形柱	1. 图代号 2. 单件体积 3. 安装高度 4. 混凝土强度等级 5. 砂浆(细石混凝土)强度等级、配合比	1. m^3 2. 根	1. 以“m^3”计量，按设计图示尺寸以体积计算 2. 以“根”计量，按设计图示尺寸以数量计算	1. 模板及支架(撑)制作、安装、拆除、堆放、运输及清理模内杂物、刷隔离剂等 2. 混凝土制作、运输、浇筑、振捣、养护 3. 构件运输、安装 4. 砂浆制作、运输 5. 接头灌缝、养护

注:以“根”计量，必须描述单件体积。

10. 预制混凝土梁工程量清单项目设置及工程量计算规则

预制混凝土梁工程量清单项目设置、项目特征描述的内容、计量单位及工程量计算规则，应按表 7.5.23 的规定执行。

表 7.5.23　预制混凝土梁(编号:010510)

项目编码	项目名称	项目特征	计量单位	工程量计算规则	工程内容
010510001	矩形梁	1. 图代号 2. 单件体积	1. m^3 2. 根	1. 以“m^3”计量，按设计图示尺寸以体积计算	1. 模板制作、安装、拆除、堆放、运输及清理模内杂物、刷隔离剂等
010510002	异形梁				

（续表）

项目编码	项目名称	项目特征	计量单位	工程量计算规则	工程内容
010510003	过梁	3. 安装高度 4. 混凝土强度等级 5. 砂浆（细石混凝土）强度等级、配合比	1. m^3 2. 根	2. 以“根”计量，按设计图示尺寸以数量计算	2. 混凝土制作、运输、浇筑、振捣、养护 3. 构件运输、安装 4. 砂浆制作、运输 5. 接头灌缝、养护
010510004	拱形梁				
010510005	鱼腹式吊车梁				
010510006	其他梁				

注：以“根”计量，必须描述单件体积。

11. 预制混凝土屋架工程量清单项目设置及工程量计算规则

预制混凝土屋架工程量清单项目设置、项目特征描述的内容、计量单位及工程量计算规则，应按表 7.5.24 的规定执行。

表 7.5.24　预制混凝土屋架（编号：010511）

项目编码	项目名称	项目特征	计量单位	工程量计算规则	工程内容
010511001	折线型	1. 图代号 2. 单件体积 3. 安装高度 4. 混凝土强度等级 5. 砂浆（细石混凝土）强度等级、配合比	1. m^3 2. 榀	1. 以“m^3”计量，按设计图示尺寸以体积计算 2. 以“榀”计量，按设计图示尺寸以数量计算	1. 模板制作、安装、拆除、堆放、运输及清理模内杂物、刷隔离剂等 2. 混凝土制作、运输、浇筑、振捣、养护 3. 构件运输、安装 4. 砂浆制作、运输 5. 接头灌缝、养护
010511002	组合				
010511003	薄腹				
010511004	门式刚架				
010511005	天窗架				

注:1. 以“榀”计量,必须描述单件体积。

2. 三角形屋架按本表中折线型屋架项目编码列项。

12. 预制混凝土板工程量清单项目设置及工程量计算规则

预制混凝土板工程量清单项目设置、项目特征描述的内容、计量单位及工程量计算规则,应按表7.5.25的规定执行。

表7.5.25　预制混凝土屋架(编号:010512)

项目编码	项目名称	项目特征	计量单位	工程量计算规则	工程内容
010512001	平板	1. 图代号 2. 单件体积 3. 安装高度 4. 混凝土强度等级 5. 砂浆(细石混凝土)强度等级、配合比	1. m^3 2. 块	1. 以“m^2”计量,按设计图示尺寸以体积计算。不扣除单个面积≤300mm×300mm的孔洞所占体积,扣除空心板孔洞体积 2. 以“块”计量,按设计图示尺寸以数量计算	1. 模板制作、安装、拆除、堆放、运输及清理模内杂物、刷隔离剂等 2. 混凝土制作、运输、浇筑、振捣、养护 3. 构件运输、安装 4. 砂浆制作、运输 5. 接头灌缝、养护
010512002	空心板				
010512003	槽形板				
010512004	网架板				
010512005	折线板				
010512006	带肋板				
010512007	大型板				
010512008	沟盖板、井盖板、井圈	1. 单件体积 2. 安装高度 3. 混凝土强度等级 4. 砂浆强度等级、配合比	1. m^3 2. 块(套)	1. 以“m^3”计量,按设计图示尺寸以体积计算 2. 以“块”计量,按设计图示尺寸以数量计算	

注:1. 以“块”、“套”计量,必须描述单件体积。

2. 不带肋的预制遮阳板、雨篷板、挑檐板、栏板等,应按本表平板项目编码列项。

3. 预制F形板、双T形板、单肋板和带反挑檐的雨篷板、挑檐板、遮阳板等,应按本表带肋板项目编码列项。

4. 预制大型墙板、大型楼板、大型屋面板等,按本表中大型板项目编码列项。

13. 预制混凝土楼梯工程量清单项目设置及工程量计算规则

预制混凝土楼梯工程量清单项目设置、项目特征描述的内容、计量单位及工程量计算规则,应按表7.5.26的规定执行。

表7.5.26 预制混凝土楼梯(编号:010513)

项目编码	项目名称	项目特征	计量单位	工程量计算规则	工程内容
010513001	楼梯	1. 楼梯类型 2. 单件体积 3. 混凝土强度等级 4. 砂浆(细石混凝土)强度等级	1. m^3 2. 段	1. 以"m^3"计量,按设计图示尺寸以体积计算。扣除空心踏步板孔洞体积 2. 以"段"计量,按设计图示数量计算	1. 模板制作、安装、拆除、堆放、运输及清理模内杂物、刷隔离剂等 2. 混凝土制作、运输、浇筑、振捣、养护 3. 构件运输、安装 4. 砂浆制作、运输 5. 接头灌缝、养护

注:以"块"计量,必须描述单件体积。

14. 其他预制构件工程量清单项目设置及工程量计算规则

其他预制构件工程量清单项目设置、项目特征描述的内容、计量单位及工程量计算规则,应按表7.5.27的规定执行。

表7.5.27 其他预制构件(编号:010514)

项目编码	项目名称	项目特征	计量单位	工程量计算规则	工程内容
010514001	垃圾道、通风道、烟道	1. 单件体积 2. 混凝土强度等级 3. 砂浆强度等级	1. m^3 2. m^2 3. 根(块、套)	1. 以"m^3"计量,按设计图示尺寸以体积计算。不扣除单个面积≤300mm×300mm的孔洞所占体积,扣除烟道、垃圾道、通风道的孔洞所占体积 2. 以"m^2"计量,按设计图示尺寸以面积计算。不扣除单个面积≤300mm×300mm的孔洞所占面积 3. 以"根"计量,按设计图示尺寸以数量计算	1. 模板制作、安装、拆除、堆放、运输及清理模内杂物、刷隔离剂等 2. 混凝土制作、运输、浇筑、振捣、养护 3. 构件运输、安装 4. 砂浆制作、运输 5. 接头灌缝、养护
010514002	其他构件	1. 单件体积 2. 构件的类型 3. 混凝土强度等级 4. 砂浆强度等级			

注:1. 以“块”、“根”计量,必须描述单件体积。

2. 预制钢筋混凝土小型池槽、压顶、扶手、垫块、隔热板、花格等,按本表中其他构件项目编码列项。

15. 钢筋工程工程量清单项目设置及工程量计算规则

钢筋工程工程量清单项目设置、项目特征描述的内容、计量单位及工程量计算规则,应按表7.5.28的规定执行。

表7.5.28 钢筋工程(编号:010515)

项目编码	项目名称	项目特征	计量单位	工程量计算规则	工程内容
010515001	现浇构件钢筋	钢筋种类、规格	t	按设计图示钢筋(网)长度(面积)乘单位理论质量计算	1. 钢筋制作、运输 2. 钢筋安装 3. 焊接(绑扎)
010515002	预制构件钢筋				
010515003	钢筋网片				1. 钢筋网制作、运输 2. 钢筋网安装 3. 焊接(绑扎)
010515004	钢筋笼				1. 钢筋笼制作、运输 2. 钢筋笼安装 3. 焊接(绑扎)
010515005	先张法预应力钢筋	1. 钢筋种类、规格 2. 锚具种类		按设计图示钢筋长度乘单位理论质量计算	1. 钢筋制作、运输 2. 钢筋张拉

（续表）

项目编码	项目名称	项目特征	计量单位	工程量计算规则	工程内容
010515006	后张法预应力钢筋	1. 钢筋种类、规格 2. 钢丝种类、规格 3. 钢绞线种类、规格 4. 锚具种类 5. 砂浆强度等级	t	按设计图示钢筋（丝束、绞线）长度乘单位理论质量计算 1. 低合金钢筋两端均采用螺杆锚具时，钢筋长度按孔道长度减 0.35m 计算，螺杆另行计算 2. 低合金钢筋一端采用镦头插片，另一端采用螺杆锚具时，钢筋长度按孔道长度计算，螺杆另行计算 3. 低合金钢筋一端采用镦头插片，另一端采用帮条锚具时，钢筋增加 0.15m 计算；两端均采用帮条锚具时，钢筋长度按孔道长度增加 0.3m 计算 4. 低合金钢筋采用后张混凝土自锚时，钢筋长度按孔道长度增加 0.35m 计算 5. 低合金钢筋（钢绞线）采用 JM、XM、QM 型锚具，孔道长度≤20m 时，钢筋长度增加 1m 计算；孔道长度 > 20m 时，钢筋长度增加 1.8m 计算 6. 碳素钢丝采用锥形锚具，孔道长度 ≤ 20m 时，钢丝束长度按孔道长度增加 1m 计算，孔道长度 > 20m 时，钢丝束长度按孔道长度增加 1.8m 计算 7. 碳素钢丝采用镦头锚具时，钢丝束长度按孔道长度增加 0.35m 计算	1. 钢筋、钢丝、钢绞线制作、运输 2. 钢筋、钢丝、钢绞线安装 3. 预埋管孔道铺设 4. 锚具安装 5. 砂浆制作、运输 6. 孔道压浆、养护
010515007	预应力钢丝				
010515008	预应力钢绞线				

（续表）

项目编码	项目名称	项目特征	计量单位	工程量计算规则	工程内容
010515009	支撑钢筋（铁马）	1. 钢筋种类 2. 规格	t	按钢筋长度乘单位理论质量计算	钢筋制作、焊接、安装
010515010	声测管	1. 材质 2. 规格型号		按设计图示尺寸以质量计算	1. 检测管截断、封头 2. 套管制作、焊接 3. 定位、固定

注:1. 现浇构件中伸出构件的锚固钢筋应并入钢筋工程量内。除设计(包括规范规定)标明的搭接外,其他施工搭接不计算工程量,在综合单价中综合考虑。

2. 现浇构件中固定位置的支撑钢筋、双层钢筋用的“铁马”在编制工程量清单时,如果设计未明确,其工程数量可为暂估量,结算时按现场签证数量计算。

16. 螺栓、铁件工程量清单项目设置及工程量计算规则

螺栓、铁件工程量清单项目设置、项目特征描述的内容、计量单位及工程量计算规则,应按表 7.5.29 的规定执行。

表 7.5.29 螺栓、铁件(编号:010516)

项目编码	项目名称	项目特征	计量单位	工程量计算规则	工程内容
010516001	螺栓	1. 螺栓种类 2. 规格	t	按设计图示尺寸以质量计算	1. 螺栓、铁件制作、运输 2. 螺栓、铁件安装
010516002	预埋铁件	1. 钢材种类 2. 规格 3. 铁件尺寸			
010516003	机械连接	1. 连接方式 2. 螺纹套筒种类 3. 规格	个	按数量计算	1. 钢筋套丝 2. 套筒连接

注:编制工程量清单时,如果设计未明确,其工程数量可为暂估量,实际工程量按现场签证数量计算。

17. 相关问题及说明

(1)预制混凝土构件或预制钢筋混凝土构件，如施工图设计标注做法见标准图集时，项目特征注明标准图集的编码、页号及节点大样即可。

(2)现浇或预制混凝土和钢筋混凝土构件，不扣除构件内钢筋、螺栓、预埋铁件、张拉孔道所占体积，但应扣除劲性骨架的型钢所占体积。

18. 工程量清单编制相关问题的处理

(1)混凝土垫层被包括在基础项目内。

(2)有肋带形基础、无肋带形基础应分别编码(第五级编码)列项，并注明肋高。

(3)箱式满堂基础，可按现浇混凝土满堂基础、柱、梁、墙、板分别编码列项；也可利用现浇混凝土基础工程工程量清单项目设置及工程量计算规则中的第五级编码分别列项。

(4)框架式设备基础，可按现浇混凝土设备基础、柱、梁、墙、板分别编码列项；也可利用现浇混凝土基础工程工程量清单项目设置及工程量计算规则中的第五级编码分别列项。

(5)构造柱应按现浇混凝土桩工程量清单项目设置及工程量计算规则中的矩形柱项目编码列项。

(6)现浇挑檐、天沟板、雨篷、阳台与板(包括屋面板、楼板)连接时，以外墙外边线为分界线；与圈梁(包括其他梁)连接时，以梁外边线为分界线。外边线以外为挑檐、天沟、雨篷或阳台。

(7)整体楼梯(包括直形楼梯、弧形楼梯)水平投影面积包括休息平台、平台梁、斜梁和楼梯的连接梁。当整体楼梯与现浇楼板无梯梁连接时，以楼梯的最后一个踏步边缘加 300 mm 为界。

(8)现浇混凝土小型池槽、压顶、扶手、垫块、台阶、门框等，应按现浇混凝土其他构件工程量清单项目设置及工程量计算规则中的其他构件项目编码列项。其中扶手、压顶(包括伸入墙内的长度)应按“延长米”计算，台阶应按水平投影面积计算。

(9)三角形屋架应按预制混凝土屋架工程量清单项目设置及工程量计算规则中的折线型屋架项目编码列项。

(10)不带肋的预制遮阳板、雨篷板、挑檐板、栏板等，应按预制混凝土板工程量清单项目设置及工程量计算规则中的平板项目编码列项。

(11)预制F形板、双T形板、单肋板和带反挑檐的雨篷板、挑檐板、遮阳板等,应按预制混凝土板工程量清单项目设置及工程量计算规则中的带肋板项目编码列项。

(12)预制大型墙板、大型楼板、大型屋面板等,应按预制混凝土板工程量清单项目设置及工程量计算规则中的大型板项目编码列项。

(13)预制钢筋混凝土楼梯,可按斜梁、踏步分别编码(第五级编码)列项。

(14)预制钢筋混凝土小型池槽、压顶、扶手、垫块、隔热板、花格等,应按其他预制构件工程量清单项目设置及工程量计算规则中的其他构件项目编码列项。

(15)贮水(油)池的池底、池壁、池盖可分别编码(第五级编码)列项。有壁基梁的,应以壁基梁底为界,以上为池壁、以下为池底;无壁基梁的,锥形坡底应算至其上口,池壁下部的八字靴脚应并入池底体积内。无梁池盖的柱高应从池底上表面算至池盖下表面,柱帽和柱座应并在柱体积内。肋形池盖应包括主、次梁体积;球形池盖应以池壁顶面为界,边侧梁应并入球形池盖体积内。

(16)贮仓立壁和贮仓漏斗可分别编码(第五级编码)列项,应以相互交点水平线为界,壁上圈梁应并入漏斗体积内。

(17)滑模筒仓按混凝土构筑物工程量清单项目设置及工程量计算规则中的贮仓项目编码列项。

(18)水塔基础、塔身、水箱可分别编码(第五级编码)列项。筒式塔身应以筒座上表面或基础底板上表面为界;柱式(框架式)塔身应以柱脚与基础底板或梁顶为界,与基础板连接的梁应并入基础体积内。塔身与水箱应以箱底相连接的圈梁下表面为界,以上为水箱,以下为塔身。依附于塔身的过梁、雨篷、挑檐等,应并入塔身体积内;柱式塔身应不分柱、梁合并计算。依附于水箱壁的柱、梁,应并入水箱壁体积内。

(19)现浇构件中固定位置的支撑钢筋、双层钢筋用的“铁马”、伸出构件的锚固钢筋、预制构件的吊钩等,应并入钢筋工程量内。

7.5.5 混凝土及钢筋混凝土工程工程量清单计价编制示例

某工厂现浇框架设备基础:

(1)业主根据设备基础(框架)施工图计算。

①混凝土强度等级:C35。

②柱基础为块体,工程量6.24 m^3;墙基础为带形基础,工程量

4.16 m^3;基础柱截面 450mm×450mm,工程量 12.75 m^3;基础墙厚度 300mm,工程量 10.85 m^3;基础梁截面 350mm×700mm,工程量 17.01 m^3;基础板厚度 300mm,工程量 40.53 m^3。

③混凝土合计工程量:91.54 m^3。

④螺栓孔灌浆:细石混凝土 C35。

⑤钢筋:ϕ10 以内,工程量 2.829t;ϕ10 以外,工程量 4.362t。

(2)投标人报价计算。

①柱基础。

A. 人工费:22.5×6.24=140.4 元

B. 材料费:237.05×6.24=1479.19 元

C. 机械费:14.00×6.24=87.36 元

D. 合计:1706.95 元

②带形墙基础。

A. 人工费:21.18×4.16=88.11 元

B. 材料费:237.35×4.16=987.38 元

C. 机械费:14.00×4.16=58.24 元

D. 合计:1133.73 元

③基础墙。

A. 人工费:25.65×10.85=278.30 元

B. 材料费:237.05×10.85=2571.99 元

C. 机械费:22×10.85=238.70 元

D. 合计:3088.99 元

④基础柱。

A. 人工费:36.10×12.75=460.28 元

B. 材料费:237.15×12.75=3023.66 元

C. 机械费:21.90×12.75=279.23 元

D. 合计:3763.17 元

⑤基础梁。

A. 人工费:30.10×17.01=512.00 元

B. 材料费:237.75×17.01=4044.13 元

C. 机械费:21.90×17.01=372.52 元

D. 合计:4928.52 元

⑥基础板。

A. 人工费:26.83 ×40.53 =1087.42 元

B. 材料费:237.13 ×40.53 =9691.94 元

C. 机械费:22 ×40.53 =891.66 元

D. 合计:11671.02 元

⑦锚栓孔灌浆。

A. 人工费:5.54 ×28 =155.12 元

B. 材料费:13.86 ×28 =388.08 元

C. 机械费:0.16 ×28 =4.48 元

D. 合计:547.68 元

⑧基础综合。

A. 直接费合计:26840.06 元

B. 管理费:直接费 ×34% =9125.62 元

C. 利润:直接费 ×8% =2147.20 元

D. 总计:38112.88 元

E. 综合单价:38112.88/91.54 =416.35 元/m^3

⑨钢筋。

A. 钢筋 ϕ10 以内:

人工费:132.3 ×2.829 =374.28 元

材料费:2475.4 ×2.829 =7002.91 元

机械费:4 ×2.829 =11.32 元

合计:7388.51 元

B. 钢筋 ϕ10 以外:

人工费:141.62 ×4.362 =617.75 元

材料费:2475.4 ×4.362 =10797.69 元

机械费:4 ×4.362 =17.45 元

合计:11432.89 元

⑩钢筋综合。

A. 直接费合计:18821.40 元

B. 管理费:直接费 ×34% =6399.28 元

C. 利润:直接费 ×8% =1505.71 元

D. 总计:26726.39 元

E. 综合单价:26726.39/7.191 =3716.64 元/t

模板(计算略,计算后列入工程量清单措施项目)。

分部分项工程量清单计价表

序号	项目	项目名称	计量单位	工程数量	金额(元)	
					综合单价	合价
	010501006	设备基础 块体柱基础:6.24 带形墙基础:4.16 基础柱:截面 450mm × 450mm 基础墙:厚度 300mm 基础梁:截面 350mm × 700mm 基础板:厚度 300mm 混凝土强度:C35 螺栓孔灌浆细石混凝土强度:C35	m^3	91.54	416.35	38112.68
	010515001	现浇构件钢筋 ϕ10 以内:2.829t ϕ10 以外:4.326t	t	7.191	3716.64	26726.39
		本页小计				
		合计				

部分项工程量清单综合单价计算表

工程名称:某工厂　　计量单位:m^3

项目编码:010501006　　工程数量:91.54

项目名称:现浇设备基础(框架)　　综合单价:416.35 元

序号	定额编号	工程内容	单位	数量	其中:(元)					
					人工费	材料费	机械费	管理费	利润	小计
	5－396	块体柱基础:混凝土强度 C35	m^3	0.068	1.53	16.16	0.95	6.34	1.49	26.47
	5－394	带形墙基础:混凝土强度 C35	m^3	0.045	0.96	10.79	0.65	4.22	0.99	17.61

（续表）

序号	定额编号	工程内容	单位	数量	其中:(元)					
					人工费	材料费	机械费	管理费	利润	小计
	5-401	基础柱:截面450mm×450mm、混凝土强度C35	m^3	0.139	5.03	33.03	3.05	13.97	3.29	58.37
	5-412	基础墙:厚度300mm、混凝土强度C35	m^3	0.119	3.04	28.10	2.61	11.47	2.71	47.92
	5-406	基础梁:截面350mm×700mm、混凝土强度C35	m^3	0.186	5.78	44.18	4.07	18.37	4.32	76.72
	5-419	基础板:厚度300mm、混凝土强度C35	m^3	0.443	11.88	105.88	9.74	43.35	10.20	181.05
		螺栓孔灌浆细石混凝土强度C35	个	0.306	1.69	4.24	0.05	2.03	0.48	8.49
		合计			29.91	242.38	21.12	99.75	23.47	416.35

分部分项工程量清单综合单价计算表

工程名称:某工厂　　　　计量单位:t

项目编码:010515001　　　　工程数量:7.191

项目名称:现浇设备基础(框架)钢筋　　　　综合单价:3716.64元

序号	定额编号	工程内容	单位	数量	其中:(元)					
					人工费	材料费	机械费	管理费	利润	小计
	套北8-1	现浇混凝土钢筋ϕ10以内	t	1.000	52.05	973.84	1.57	349.34	82.20	1459.00
	套北8-2	现浇混凝土钢筋ϕ10以外	t	1.000	85.90	1501.56	2.43	540.56	127.19	2257.64
		合计			137.95	2475.40	4.00	889.90	209.39	3716.64

注:1. 参考《全国统一建筑工程基础定额》。

2. "套北"指套用北京市定额。

7.6 金属结构工程量计算

7.6.1 工程量计算规则

金属结构工程量的计算规则见表7.6.1。

表7.6.1 金属结构工程量的计算规则

序号	计算规则
1	金属结构制作、安装、运输工程量，按设计图示尺寸以"t"计算。不扣除孔眼、切边、切肢的质量，焊条、铆钉、螺栓等不另增加质量。不规则或多边形钢板，以其外接矩形面积乘以厚度乘以单位理论质量计算。其计算公式： 金属结构件工程量 = 该构件各种型钢总质量 + 该构件各种钢板总质量 各种金属构件理论质量计算公式见表7.6.2
2	焊接球节点钢网架工程量应按钢管、锥头钢板、钢球质量合并计算
3	墙架制作工程量包括墙架柱、墙架梁及连接杆件质量
4	实腹柱、吊车梁、H型钢制作工程量按图示尺寸计算，其中腹板及翼板宽度按每边增加25mm计算
5	依附在钢柱上的牛腿及悬臂梁等并入钢柱工程量内
6	钢管柱上的节点板、加强环、内衬管、牛腿等并入钢管柱工程量内
7	制动梁的制作工程量包括制动梁、制动桁架、制动板质量
8	压型钢板墙板按设计图示尺寸以铺挂面积计算。不扣除单个0.3m^2以内的孔洞所占面积，包角、包边、窗台泛水等不另增加面积
9	压型钢板楼板按设计图示尺寸以铺设水平投影面积计算。不扣除柱、垛及单个0.3m^2以内的孔洞所占面积
10	钢漏斗制作工程量，矩形按图示分片，圆形按图示展开尺寸，并依钢板宽度分段计算，每段均以其上口长度(圆形以分段展开上口长度)与钢板宽度，按矩形计算，依附漏斗的型钢并入漏斗工程量内
11	金属围护网子目按围护网底面至顶面高度乘以设计图示长度以"m^2"计算
12	紧固高强螺栓及剪力栓钉焊接按设计图示及施工组织设计规定以套计算
13	钢屋架、钢托梁制作平台摊销工程量按相应制作工程量计算
14	金属结构运输及安装工程量按金属结构制作工程量

表 7.6.2 钢材理论质量计算公式

材料名称	理论质量 W(kg/m)	备注
扁钢、钢板、钢带	W=0.00785×宽×厚	(1)角钢、工字钢和槽钢的准确计算公式很繁,表列简式用于计算近似值。 (2)f 值:一般型号及带 a 的为 3.34,带 b 的为 2.65,带 e 的为 2.26。 (3)e 值:一般型号及带 a 的为 3.26,带 b 的为 2.44,带 e 的为 2.24。 (4)各长度的单位均为“mm”
方钢	W=0.00785×边长^2	
圆钢、线材、钢丝	W=0.00617×直径^2	
六角钢	W=0.0068×对边距离^2	
八角钢	W=0.0065×对边距离^2	
钢管	W=0.02466×壁厚×(外径-壁厚)	
等边角钢	W=0.00795×边厚×(2 边宽-边厚)	
不等边角钢	W=0.00795×边厚×(长边宽+短边宽-边厚)	
工字钢	W=0.00785×腰厚×[高+f(腿宽-腰厚)]	
槽钢	W=0.00785×腰厚×[高+e(腿宽-腰厚)]	

7.6.2 分项预算定额的使用

分项预算定额的使用见表 7.6.3。

表 7.6.3 分项预算定额的使用方法

序号	类别	使用方法
1	构件制作	(1)本定额所用钢材损耗率为 6%。 (2)本定额适用于现场加工制作,亦适用于企业附属加工厂制作的构件。 (3)构件制作包括分段制作和整体预装配的人工、材料及机械台班用量,整体预装配用的螺栓及锚固杆件用的螺栓已包括在定额内。 (4)本定额钢结构制作子目,除螺栓球节点钢网架外,均按焊接方式编制。 (5)除机械加工件及螺栓、铁件以外,设计钢材型号、规格、比例与定额不同时,可按实调整,其他不变。 (6)本定额除注明者外,均包括现场内(工厂内)的材料运输、号料、加工、组装及成品堆放等全部工序。

（续表）

序号	类别	使用方法
1	构件制作	(7)本定额构件制作子目中除H型钢制作外,均已包括刷一遍防锈漆工料。 (8)H型钢制作子目适用于用钢板焊接成H形状的钢构件半成品加工件。 (9)钢支架子目按钢屋架水平支撑计算,轻钢屋架支撑制作按屋架钢支撑制作相应子目执行。 (10)钢筋混凝土组合屋架钢拉杆,按屋架钢支撑项目计算。 (11)钢拉杆包括两端螺栓;平台、操作台(篦式平台)包括钢支架;踏步式、爬式扶梯包括梯围栏、梯平台。 (12)钢栏杆制作子目仅适用于工业厂房中平台、操作台的钢栏杆,不适用于民用建筑中的铁栏杆。 (13)金属零星构件是指单件质量在100kg以内且本定额未列出子目的钢构件
2	构件安装	(1)本定额是按机械起吊点中心回转半径15m以内的距离计算的,如超出15m时,应另按构件1km运输定额子目执行。 (2)每一工作循环中,均包括机械的必要位移。 (3)本定额起重机械是按汽车式起重机编制的,如使用轮胎式起重机时,按汽车式起重机相应台班数量乘以0.95系数。其他起重机械不得调整。 (4)构件吊装高度超过16m时,必须采取措施才能进行吊装的,其人工、机械台班分别乘以系数1.2;需用双机抬吊时,抬吊部分的构件安装定额人工、机械台班乘以系数2。 (5)本定额不包括起重机械、运输机械行使道路和吊装路线的修整、加固及铺垫工作的人工、材料和机械。 (6)本定额内未包括金属构件拼接和安装所需的连接螺栓。 (7)钢屋架单榀质量在1t以下者,按轻钢屋架定额子目计算。 (8)钢网架安装是按以下两种方式编制的,若施工方法与定额不同时,可另行补充。 ①焊接球节点钢网架安装是按分体吊装编制的。 ②螺栓球节点钢网架安装是按高空散装编制的。 (9)钢柱安装在混凝土柱上,其人工、机械乘以系数1.43。 (10)钢柱、钢屋架、钢天窗架安装定额中不包括拼装工序;如需拼装时,按相应拼装子目计算。

（续表）

序号	类别	使用方法
2	构件安装	(11)钢制动梁安装按吊车梁定额子目计算。 (12)钢构件,若需跨外安装时,其人工、机械乘以系数1.18。 (13)钢屋架、钢托架制作平台摊销子目,实际发生时才能套用
3	构件运输	(1)本定额构件运输适用于由构件堆放场地或构件加工厂至施工现场的运输。定额综合考虑了城镇、现场运输道路等级,重车上、下坡等各种因素,不得因道路条件不同而调整。 (2)定额按构件类型和外形尺寸划分为三类,见表7.6.4(如遇表中未列的构件应参照相近的类别套用)。 (3)构件运输过程中,因路桥限载(限高)而发生的加固、扩宽等费用及公安交通管理部门保安护送费,应另行计算

表7.6.4　金属结构构件分类表

类型	项目
1	钢柱、屋架、托架梁、防风架、钢漏斗、H型钢
2	钢吊车梁、制动梁、型钢檩条、支撑、上下档、钢拉杆栏杆、钢盖板、垃圾出灰门、倒灰门、篦子、爬梯、零星构件平台、操作台、走道休息台、扶梯、钢吊车梯台、烟囱紧固箍
3	钢墙架、挡风架、天窗架、组合檩条、轻型屋架、滚动支架、悬挂支架、管道支架、钢门窗、钢网架、金属零星构件

7.6.3　金属结构工程工程量清单项目设置及工程量计算规则

1. 钢网架工程量清单项目设置及工程量计算规则

钢网架工程量清单项目设置、项目特征描述的内容、计量单位及工程量计算规则,应按表7.6.5的规定执行。

表7.6.5　钢网架(编号:010601)

项目编码	项目名称	项目特征	计量单位	工程量计算规则	工程内容
010601001	钢网架	1.钢材品种、规格 2.网架节点形式、连接方式 3.网架跨度、安装高度 4.探伤要求 5.防火要求	t	按设计图示尺寸以质量计算。不扣除孔眼的质量,焊条、铆钉等不另增加质量	1.拼装 2.安装 3.探伤 4.补刷油漆

2.钢屋架、钢托架、钢桁架、钢架桥工程量清单项目设置及工程量计算规则

钢屋架、钢托架、钢桁架、钢架桥工程量清单项目设置、项目特征描述的内容、计量单位及工程量计算规则,应按表7.6.6的规定执行。

表7.6.6　钢屋架、钢托架、钢桁架、钢架桥(编号:010602)

项目编码	项目名称	项目特征	计量单位	工程量计算规则	工程内容
010602001	钢屋架	1.钢材品种、规格 2.单榀质量 3.屋架跨度、安装高度 4.螺栓种类 5.探伤要求 6.防火要求	1.榀 2.t	1.以"榀"计量,按设计图示数量计算 2.以"t"计量,按设计图示尺寸以质量计算。不扣除孔眼的质量,焊条、铆钉、螺栓等不另增加质量	1.拼装 2.安装 3.探伤 4.补刷油漆

（续表）

项目编码	项目名称	项目特征	计量单位	工程量计算规则	工程内容
010602002	钢托架	1. 钢材品种、规格 2. 单榀质量 3. 安装高度 4. 螺栓种类 5. 探伤要求 6. 防火要求	t	按设计图示尺寸以质量计算。不扣除孔眼的质量，焊条、铆钉、螺栓等不另增加质量	1. 拼装 2. 安装 3. 探伤 4. 补刷油漆
010602003	钢桁架				
010602004	钢架桥	1. 桥类型 2. 钢材品种、规格 3. 单榀质量 4. 螺栓种类 5. 探伤要求		按设计图示尺寸以质量计算。不扣除孔眼的质量，焊条、铆钉、螺栓等不另增加质量	

注：以榀计量，按标准图设计的应注明标准图代号，按非标准图设计的项目特征必须描述单榀屋架的质量。

3. 钢柱工程量清单项目设置及工程量计算规则

钢柱工程量清单项目设置、项目特征描述的内容、计量单位及工程量计算规则，应按表7.6.7的规定执行。

表7.6.7　钢柱（编号:010603）

项目编码	项目名称	项目特征	计量单位	工程量计算规则	工程内容
010603001	实腹钢柱	1. 柱类型 2. 钢材品种、规格 3. 单根柱质量 4. 螺栓种类 5. 探伤要求 6. 防火要求	t	按设计图示尺寸以质量计算。不扣除孔眼的质量，焊条、铆钉、螺栓等不另增加质量，依附在钢柱上的牛腿及悬臂梁等并入钢柱工程量内	1. 拼装 2. 安装 3. 探伤 4. 补刷油漆
010603002	空腹钢柱				

（续表）

项目编码	项目名称	项目特征	计量单位	工程量计算规则	工程内容
010603003	钢管柱	1. 钢材品种、规格 2. 单根柱质量 3. 螺栓种类 4. 探伤要求 5. 防火要求	t	按设计图示尺寸以质量计算。不扣除孔眼的质量，焊条、铆钉、螺栓等不另增加质量，钢管柱上的节点板、加强环、内衬管、牛腿等并入钢管柱工程量内	1. 拼装 2. 安装 3. 探伤 4. 补刷油漆

注：1. 实腹钢柱类型指十字、T、L、H形等。

2. 空腹钢柱类型指箱形、格构等。

3. 型钢混凝土柱浇筑钢筋混凝土，其混凝土和钢筋应按《房屋建筑与装饰工程工程量计算规范》（GB 50854—2013）附录E混凝土及钢筋混凝土工程中相关项目编码列项。

4. 钢梁工程量清单项目设置及工程量计算规则

钢梁工程量清单项目设置、项目特征描述的内容、计量单位及工程量计算规则，应按表7.6.8的规定执行。

表7.6.8　钢柱（编号:010604）

项目编码	项目名称	项目特征	计量单位	工程量计算规则	工程内容
010604001	钢梁	1. 梁类型 2. 钢材品种、规格 3. 单根质量 4. 螺栓种类 5. 安装高度 6. 探伤要求 7. 防火要求	t	按设计图示尺寸以质量计算。不扣除孔眼的质量，焊条、铆钉、螺栓等不另增加质量，制动梁、制动板、制动桁架、车挡并入钢吊车梁工程量内	1. 拼装 2. 安装 3. 探伤 4. 补刷油漆
010604002	钢吊车梁	1. 钢材品种、规格 2. 单根质量 3. 螺栓种类 4. 安装高度 5. 探伤要求 6. 防火要求			

注:1. 梁类型指 H、L、T 形、箱形、格构式等。

2. 型钢混凝土梁浇筑钢筋混凝土,其混凝土和钢筋应按《房屋建筑与装饰工程工程量计算规范》(GB 50854—2013)附录 E 混凝土及钢筋混凝土工程中相关项目编码列项。

5. 钢板楼板、墙板工程量清单项目设置及工程量计算规则

钢板楼板、墙板工程量清单项目设置、项目特征描述的内容、计量单位及工程量计算规则,应按表 7.6.9 的规定执行。

表 7.6.9 钢板楼板、墙板(编号:010605)

项目编码	项目名称	项目特征	计量单位	工程量计算规则	工程内容
010605001	钢板楼板	1. 钢材品种、规格 2. 钢板厚度 3. 螺栓种类 4. 防火要求	m^2	按设计图示尺寸以铺设水平投影面积计算。不扣除单个面积≤$0.3m^2$柱、垛及孔洞所占面积	1. 拼装 2. 安装 3. 探伤 4. 补刷油漆
010605002	钢板墙板	1. 钢材品种、规格 2. 钢板厚度、复合板厚度 3. 螺栓种类 4. 复合板夹芯材料种类、层数、型号、规格 5. 防火要求		按设计图示尺寸以铺挂展开面积计算。不扣除单个面积≤$0.3m^2$的梁、孔洞所占面积,包角、包边、窗台泛水等不另加面积	

注:1. 钢板楼板上浇筑钢筋混凝土,其混凝土和钢筋应按《房屋建筑与装饰工程工程量计算规范》(GB 50854—2013)附录 E 混凝土及钢筋混凝土工程中相关项目编码列项。

2. 压型钢楼板按本表中钢板楼板项目编码列项。

6. 钢构件工程量清单项目设置及工程量计算规则

钢构件工程量清单项目设置、项目特征描述的内容、计量单位及工程量计算规则,应按表 7.6.10 的规定执行。

表 7.6.10　钢构件(编号:010606)

项目编码	项目名称	项目特征	计量单位	工程量计算规则	工程内容
010606001	钢支撑、钢拉条	1. 钢材品种、规格 2. 构件类型 3. 安装高度 4. 螺栓种类 5. 探伤要求 6. 防火要求	t	按设计图示尺寸以质量计算,不扣除孔眼的质量,焊条、铆钉、螺栓等不另增加质量	1. 拼装 2. 安装 3. 探伤 4. 补刷油漆
010606002	钢檩条	1. 钢材品种、规格 2. 构件类型 3. 单根质量 4. 安装高度 5. 螺栓种类 6. 探伤要求 7. 防火要求			
010606003	钢天窗架	1. 钢材品种、规格 2. 单榀质量 3. 安装高度 4. 螺栓种类 5. 探伤要求 6. 防火要求			
010606004	钢挡风架	1. 钢材品种、规格 2. 单榀质量 3. 螺栓种类 4. 探伤要求 5. 防火要求			
010606005	钢墙架				
010606006	钢平台	1. 钢材品种、规格 2. 螺栓种类 3. 防火要求			
010606007	钢走道				

（续表）

项目编码	项目名称	项目特征	计量单位	工程量计算规则	工程内容
010606008	钢梯	1. 钢材品种、规格 2. 钢梯形式 3. 螺栓种类 4. 防火要求	t	按设计图示尺寸以质量计算，不扣除孔眼的质量，焊条、铆钉、螺栓等不另增加质量	1. 拼装 2. 安装 3. 探伤 4. 补刷油漆
010606009	钢护栏	1. 钢材品种、规格 2. 防火要求			
010606010	钢漏斗	1. 钢材品种、规格 2. 漏斗、天沟形式 3. 安装高度 4. 探伤要求		按设计图示尺寸以质量计算，不扣除孔眼的质量，焊条、铆钉、螺栓等不另增加质量，依附漏斗或天沟的型钢并入漏斗或天沟工程量内	
010606011	钢板天沟				
010606012	钢支架	1. 钢材品种、规格 2. 安装高度 3. 防火要求		按设计图示尺寸以质量计算，不扣除孔眼的质量，焊条、铆钉、螺栓等不另增加质量	
010606013	零星钢构件	1. 构件名称 2. 钢材品种、规格			

注：1. 钢墙架项目包括墙架柱、墙架梁和连接杆件。

2. 钢支撑、钢拉条类型指单式、复式；钢檩条类型指型钢式、格构式；钢漏斗形式指方形、圆形；天沟形式指矩形沟或半圆形沟。

3. 加工铁件等小型构件，按本表中零星钢构件项目编码列项。

7. 金属制品工程量清单项目设置及工程量计算规则

金属制品工程量清单项目设置、项目特征描述的内容、计量单位及工程量计算规则，应按表 7.6.11 的规定执行。

表7.6.11 金属制品(编号:010607)

<table>
<tr><th>项目编码</th><th>项目名称</th><th>项目特征</th><th>计量单位</th><th>工程量计算规则</th><th>工程内容</th></tr>
<tr><td>010607001</td><td>成品空调金属百页护栏</td><td>1. 材料品种、规格
2. 边框材质</td><td rowspan="2">m^2</td><td rowspan="2">按设计图示尺寸以框外围展开面积计算</td><td>1. 安装
2. 校正
3. 预埋铁件及安螺栓</td></tr>
<tr><td>010607002</td><td>成品栅栏</td><td>1. 材料品种、规格
2. 边框及立柱型钢品种、规格</td><td>1. 安装
2. 校正
3. 预埋铁件
4. 安螺栓及金属立柱</td></tr>
<tr><td>010607003</td><td>成品雨篷</td><td>1. 材料品种、规格
2. 雨篷宽度
3. 晾衣竿品种、规格</td><td>1. m
2. m^2</td><td>1. 以“m”计量,按设计图示接触边以米计算
2. 以“m^2”计量,按设计图示尺寸以展开面积计算</td><td>1. 安装
2. 校正
3. 预埋铁件及安螺栓</td></tr>
<tr><td>010607004</td><td>金属网栏</td><td>1. 材料品种、规格
2. 边框及立柱型钢品种、规格</td><td rowspan="3">m^2</td><td>按设计图示尺寸以框外围展开面积计算</td><td>1. 安装
2. 校正
3. 安螺栓及金属立柱</td></tr>
<tr><td>010607005</td><td>砌块墙钢丝网加固</td><td rowspan="2">1. 材料品种、规格
2. 加固方式</td><td rowspan="2">按设计图示尺寸以面积计算</td><td rowspan="2">1. 铺贴
2. 铆固</td></tr>
<tr><td>010607006</td><td>后浇带金属网</td></tr>
</table>

8. 相关问题及说明

(1)金属构件的切边,不规则及多边形钢板发生的损耗在综合单价中考虑。

(2)防火要求指耐火极。

9. 金属结构制作工程清单项目内容的说明

(1)概况

金属结构工程包括钢屋架,钢网架,钢托架,钢桁架,钢柱,钢梁,压型钢板楼板、墙板,钢构件,金属网。适用于建筑物、构筑物的钢结构工程。

(2)有关项目的说明

①“钢屋架”项目适用于一般钢屋架和轻钢屋架、冷弯薄壁型钢屋架。

②“钢网架”项目适用于一般钢网架和不锈钢网架。不论节点形式(球形节点、板式节点等)和节点连接方式(焊接、丝结)等均使用该项目。

③“实腹柱”项目适用于实腹钢柱和实腹式型钢混凝土柱。

④“空腹柱”项目适用于空腹钢柱和空腹式型钢混凝土柱。

⑤“钢管柱”项目适用于钢管柱和钢管混凝土柱。应注意,钢管混凝土柱的盖板、底板、穿心板、横隔板、加强环、明牛腿、暗牛腿应包括在报价内。

⑥“钢梁”项目适用于钢梁和实腹式型钢混凝土梁、空腹式型钢混凝土梁。

⑦“钢吊车梁”项目适用于钢吊车梁及吊车梁的制动梁、制动板、制动桁架,车挡应包括在报价内。

⑧“压型钢板楼板”项目适用于现浇钢筋混凝土楼板,使用压型钢板作永久性模板,并与混凝土叠合后组成共同受力的构件。压型钢板采用镀锌或经防腐处理的薄钢板。

⑨“钢栏杆”适用于工业厂房平台钢栏杆。

(3)共性问题的说明

①钢构件的除锈刷漆包括在报价内。

②钢构件的拼装台的搭拆和材料摊销应列入措施项目费。

③钢构件需探伤(包括射线探伤、超声波探伤、磁粉探伤、金相探伤、着色探伤、荧光探伤等)应包括在报价内。

7.6.4 金属结构工程工程量清单计价编制示例

某工程钢栏杆。

(1)业主根据施工图计算出钢栏杆工程量为1.5t,分部分项工程

量清单见下表。

分部分项工程量清单

项目编码	项目名称	计量单位	工程数量
011503001	钢栏杆(制作、安装、刷调和漆两遍)	t	1.500

(2)工程量汇款单计价工料机分析表。

①钢栏杆(钢管为主)。

工程量清单计价工料机分析表

项目编码:011503001

序号	工作内容(名称)	放样、划线、截料、平直、钻孔、拼装、焊接、成品矫正、除锈、刷防锈漆一遍及成品编号堆放			
		单位	单价(元)	消耗量	合价(元)
1	综合人工	工日	22.00	35.88	789.36
2	钢管 33.5mm×3.25 mm	kg	3.23	590	1905.70
3	钢板 4	kg	3.13	235	735.55
4	钢板 3	kg	3.13	235	735.55
5	电焊条	kg	6.14	24.99	153.43
6	氧气	m^3	3.50	3.08	10.78
7	乙炔气	m^3	7.50	1.34	10.05
8	防锈漆	kg	9.70	11.60	112.52
9	汽油	kg	2.85	3.00	8.55
10	龙门式起重机 10t 以内	台班	227.83	0.45	125.02
11	龙门式起重机 20t	台班	604.92	0.17	102.83
12	轨道平车 10t 以内	台班	70.46	0.28	19.72
13	空气压缩机 9 m^3/min	台班	290.88	0.08	23.27
14	型钢剪断机 500mm 以内	台班	166.95	0.11	18.36

（续表）

序号	工作内容（名称）	放样、划线、截料、平直、钻孔、拼装、焊接、成品矫正、除锈、刷防锈漆一遍及成品编号堆放			
		单位	单价（元）	消耗量	合价（元）
15	剪板机 40mm×3100mm	台班	730.70	0.02	14.61
16	型钢校正机	台班	166.95	0.11	18.36
17	钢板校平机 30mm×2600mm	台班	1841.25	0.02	36.83
18	刨边机 12000 以内	台班	672.81	0.03	20.18
19	交流电焊机 40kV·A 以内	台班	99.10	5.6	554.96
20	摇臂钻床 ϕ50	台班	79.86	0.14	11.18
21	焊条烘干箱	台班	17.32	0.89	15.41
22	恒温箱	台班	134.49	0.89	119.70
	合计	元			5541.92

②钢吊车（梯台包括钢梯扶手）。

工程量汇款单计价工料机分析表

项目编码:011503001

序号	工作内容（名称）	单位	单位（元）	消耗量	合价（元）
1	综合人工	工日	22.00	19.49	428.78
2	电焊条	kg	6.14	1.51	9.27
3	二等板方材摊销（松）	m^3	975.68	0.02	19.51
4	镀锌铁丝 8 号	kg	4.24	6.09	25.82
5	其他材料费占材料费的比例	%	54.6	2.58	1.41
6	交流电焊机 30kV·A	台班	68.78	0.18	12.38
	合计	元			497.17

③钢栏杆刷油漆。

工程量清单计价工料机分析表

项目编码:011503001

序号	工作内容(名称)	除锈、清扫、刷油漆			
		单位	单价(元)	消耗量	合价(元)
1	综合人工	工日	22.00	1.8	39.60
2	调和漆	kg	11.01	6.32	69.58
3	油漆溶剂油	kg	3.12	0.66	2.05
4	催干剂	kg	7.24	0.11	0.79
5	砂纸	张	1.05	3.00	3.15
6	白布 0.9m	m^2	2.44	0.03	0.07
	合计	元			115.24

(3)工程量清单综合单价分析表。

工程量清单综合单价分析表

序号	项目编码	清单项目			计量单位		清单项目工程量		综合单价(元)		
	011503001	钢栏杆			t		1.5		8739.22		
	定额编号	子目名称	单位	工程量	子目综合单价分析(元)						合价(元)
					单价	人工费	材料费	机械使用费	管理费	利润	
1	12－14	钢栏杆(以钢管为主)	t	1.5	5541.95	789.36	3672.16	1080.43	1884.26	443.36	7869.57
2	6－483	钢吊车(梯台,包括钢梯扶手)	t	1.5	497.17	428.78	56.01	12.38	169.04	39.77	705.98
3	11－575	钢栏杆刷油漆	t	1.5	115.26	39.60	75.66	—	39.19	9.22	163.67
		子目合价				1257.74	3803.83	1092.81	2092.49	492.35	8739.22

7.7 门窗及木结构工程量计算

7.7.1 工程量计算规则

门窗及木结构工程量计算方法见表7.7.1。

表7.7.1 厂库房大门、特种门、木结构工程量计算方法

序号	类别		计算方法
1	厂库房大门、特种门		厂库房大门、特种门制作安装均按洞口面积以“m^2”计算。
2	木屋架的制作安装		木屋架的制作安装工程量按以下规定计算： (1)木屋架制作安装均按设计断面竣工木料以“m^3”计算，其后备长度及配制损耗均不另行计算。附属于屋架的夹板、垫木等已并入相应的屋架制作项目中，不另行计算；与屋架连接的挑檐木、支撑等，其工程量并入屋架竣工木料体积内计算。 (2)屋架的制作安装应区别不同跨度，其跨度应以屋架上下弦杆的中心线交点之间的长度为准。带气楼的屋架并入所依附屋架的体积内计算。 (3)屋架的马尾、折角和正交部分半屋架，应并入相连接屋架的体积内计算。 (4)钢木屋架区分圆、方木，按竣工木料以“m^3”计算
3	原木屋架	计算方法	原木屋架连接的挑檐木、支撑等如为方木时，其方木部分应乘以系数1.7折合成原木并入屋架竣工木料内；单独的方木挑檐，按矩形檩木计算
		计算实例	实例：有一仓库采用原木木屋架，计8榀，如图7.7.1所示，屋架跨度为8m，坡度为1/2，四节间，试计算该仓库屋架工程量。 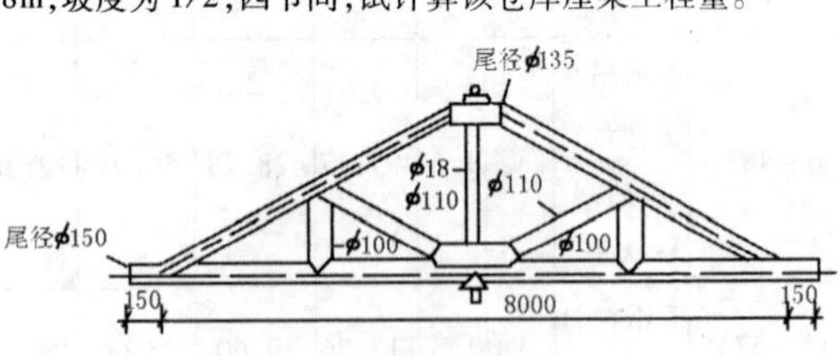 尾径ϕ135　ϕ18　ϕ110　ϕ110　尾径ϕ150　ϕ100　ϕ100　150　8000　150 图7.7.1 木屋架图

（续表）

<table>
<tr><th>序号</th><th colspan="2">类别</th><th>计算方法</th></tr>
<tr><td>3</td><td>原木屋架</td><td>计算实例</td><td>计算方法：
（1）屋架杆件长度（m）= 屋架跨度（m）× 长度系数
①杆件1　下弦杆　　$8+0.15\times2=8.3$m；
②杆件2　上弦杆2根　　$8\times0.559\times2=4.47$m ×2根；
③杆件4　斜杆2根　　$8\times0.28\times2=2.24$m ×2根；
④杆件5　竖杆2根　　$8\times0.125\times2=1$m ×2根。
（2）计算材积
①杆件1，下弦杆2尾，以尾径 $\phi15.0$ 和 $L=8.3$m 代入公式计算 V_1：
$V_1=7.854\times10^{-5}\times[(0.026\times8.3+1)\times15^2+(0.37\times8.3+1)\times15+10\times(8.3-3)]\times8.3=0.2703\ m^3$
②杆件2，上弦杆，以尾径 $\phi13.5$ 和 $L=4.47$m 代入公式计算，则
$V_2=7.854\times10^{-5}\times4.47\times[(0.026\times4.47+1)\times13.5^2+(0.37\times4.47+1)\times13.5+10\times(4.47-3)]\times2=0.1783\ m^3$
③杆件4，斜杆2根，以尾径 $\phi11.0$ 和 $L=2.24$m 代入，则
$V_4=7.854\times10^{-5}\times2.24\times[(0.026\times2.24+1)\times11^2+(0.37\times2.24+1)\times11+10\times(2.24-3)]\times2=0.0495\ m^3$
④杆件5，竖杆2根，以尾径 $\phi10$ 及 $L=1$m 代入，则
$V_5=7.854\times10^{-5}\times1\times1[(0.026\times1+1)\times100+(0.37\times1+1)\times10+10(1-3)\times2]=0.0151m^3$
一榀屋架的工程量为上述各杆件材积之和，即
$V=V_1+V_2+V_4+V_5=0.2703+0.1783+0.0495+0.0151=0.5132\ m^3$
仓库屋架工程量为
①竣工木料材积：$0.5132\times8=4.1056m^3$
②铁件：依据钢木屋架铁件参考表，本例每榀屋架铁件用量20kg，则铁件总量为
$20\times8=160$kg</td></tr>
<tr><td>4</td><td>檩木</td><td>计算方法</td><td>檩木按竣工木料以“m³”计算。简支檩长度按设计规定计算；如设计无规定者，按屋架或山墙中距增加200mm计算。如两端出山，檩条长度算至博风板。连续檩条的长度按设计长度计算，其接头长度按全部连续檩木总体积的5%计算。檩条托木已计入相应的檩木制作安装项目中，不另计算。其计算方法如下：</td></tr>
</table>

（续表）

序号	类别		计算方法
4	檩木	计算方法	①方木檩条工程量计算 $$V_L=\sum_{i=1}^{n}a_i\times b_i\times l_i(\mathrm{m}^3)$$ 式中 V_L——方木檩条的体积(m^3)； a_i,b_i——第 i 根檩木断面的双向尺寸(m)； l_i——第 i 根檩木的计算长度(m)； n——檩木的根数。 ②原木檩条工程量计算 $$V_L=\sum_{i=1}^{n}V_i$$ 式中 V_i——单根圆檩木的体积(m^3)。 设计规定原木小头直径时，可按小头直径、檩木长度，由下列公式计算： A. 杉原木材积计算公式 $V=7.854\times10^{-5}\times[(0.026L+1)D^2+(0.37L+1)D+10(L-3)]\times L$ 式中 V——杉原木材积(m^3)； L——杉原木材长(m)； D——杉原木小头直径(cm)。 B. 原木材积计算公式（适用于除杉原木以外的所有树种）： $V_i=L\times10^{-4}[(0.003895L+0.8982)D^2+(0.39L-1.219)D-(0.5796L+3.067)]$ 式中 V_i——单根原木材（除杉原木）的体积(m^3)； L——原木长度(m)； D——原木小头直径(cm) 设计规定为大、小头直径时，取平均断面积乘以计算长度，即 $$V_i=\frac{\pi}{4}D^2\times L=7.854\times10^{-5}\times D^2L$$ 式中 V_i——单根原木材的体积(m^3)； L——原木长度(m)； D——原木平均直径(cm)
		计算实例	实例：求图 7.7.2 所示的原木简支檩（不刨光）的工程量。 计算方法： 工程量＝原木简支檩的竣工材积

（续表）

序号	类别		计算方法
4	檩木	计算实例	每一开间的檩条根数 = $[(7+0.5\times2)\times1.118$（坡度系数）$]\times\frac{1}{0.56}+1=17$ 根 每根檩条按规定增加长度计算： $\phi10$，长 4.1m 时的檩条长度 $=17\times2\times0.045=1.53\ m^3$ $\phi10$，长 3.7m 时的檩条长度 $=17\times4\times0.040=2.72\ m^3$ （0.045 和 0.040 均为每根杉原木的材积。） 工程量 $=1.53+2.72=4.25m^3$。 （a） （b）（c） **图 7.7.2　原木简支檩（不刨光）示意图** （a）屋顶平面；（b）檐口节点大样；（c）封檐板
5	屋面木基层		屋面木基层，按屋面的斜面积计算。天窗挑檐重叠部分按设计规定计算，屋面烟囱及斜沟部分所占面积不扣除
6	封檐板	计算方法	封檐板按图示檐口外围长度计算，博风板按斜长度计算，每个大刀头增加长度 500mm
		计算实例	实例：求如图 7.7.2 所示的瓦屋面钉封檐板的工程量。 计算方法：工程量 = 封檐板按檐口外围长度计算，博风板按斜长计算，每个大刀头增加长度 500mm（50cm）。 故封檐板工程量 $=[(3.5\times6+0.5\times2)+(7+0.5\times2)\times1.18]\times2+0.5\times4$（大刀头）$=64.88m$

（续表）

序号	类别	计算方法
7	木楼梯	木楼梯按水平投影面积计算，不扣除宽度小于300mm的楼梯井，定额中包括踏步板、踢脚板、休息平台和伸入墙内部分的工料。但未包括楼梯及平台底面的钉天棚，其天棚工程量以楼梯投影面积乘以系数1.1，按相应天棚面层计算

7.7.2 定额的有关规定

定额的有关规定见表7.7.2。

表7.7.2 定额的有关规定

序号	定额规定
1	定额是按机械和手工操作综合编制的。不论实际采取何种操作方法，均按定额执行
2	定额木材木种分类如下： 一类：红松、水桐木、樟子松。 二类：白松（方杉、冷杉）、杉木、杨木、柳木、椴木。 三类：青松、黄花松、秋子木、马尾松、东北榆木、柏木、苦楝木、梓木、黄菠萝、椿木、楠木、柚木、樟木。 四类：栎木（柞木）、檀木、色木、槐木、荔木、麻栗木（麻栎、青刚）、桦木、荷木、水曲柳、华北榆木
3	木材木种均以一、二类木种为准，如采用三、四类木种时，分别乘以下列系数：木门窗制作，按相应项目的人工和机械乘以系数1.3；木门窗安装，按相应项目的人工和机械乘以系数1.16；其他项目按相应项目人工和机械乘以系数1.35
4	定额中木材以自然干燥条件下含水率为准编制的，需人工干燥时，其费用另行计算
5	定额中板、方材规格分类见表7.7.3
6	定额中所注明的木材断面或厚度均以毛料为准。如设计图纸注明的断面或厚度为净料时，应增加刨光损耗，板、方材一面刨光增加3mm；两面刨光增加5mm。原木每立方米材积增加0.05 m^3。 定额取定的断面与设计规定不同时，可按比例换算。框断面以边框断面为准（框裁口如为钉条者，加贴条的断面）；扇料以主梃断面为准。其换算公式为 $\frac{设计断面加刨光损耗 \times 定额材积}{定额断面}$

（续表）

序号	定额规定
7	弹簧门、厂库房大门、钢木大门及其他特种门，定额所附五金铁件表均按标准图用量计算列出，仅作备料参考
8	保温门的填充料与定额不同时，可以换算，其他工料不变
9	厂库房大门及特种门的钢骨架制作，以钢材质量表示，已包括在定额项目中，不再另列项目计算
10	厂库房大门、钢木门及其他特种门按扇制作、扇安装分列项目
11	钢门的钢材含量与定额不同时，钢材用量可以换算，其他不变
12	木门窗不论现场或附属加工厂制作，均执行本定额，现场外制作点至安装地点的运输应另行计算
13	木结构有防火、防蛀虫等要求时，按《全国统一建筑装饰装修工程量消耗定额》相应子目执行

表7.7.3　板、方材规格分类

项目	按宽厚尺寸比例分类	按板材厚度及方材宽、厚乘积				
板材	宽≥3×厚	名称	薄板	中板	厚板	特厚板
		厚度(mm)	≤18	19~35	36~65	≥66
方材	宽<3×厚	名称	小方	中方	大方	特大方
		宽×厚(cm^2)	≤54	55~100	101~225	≥226

7.7.3　门窗及木结构工程量清单项目设置及工程量计算规则

1. 木屋架工程量清单项目设置及工程量计算规则

木屋架工程量清单项目设置、项目特征描述的内容、计量单位及工程量计算规则，应按表7.7.4的规定执行。

表 7.7.4　金属制品(编号:010701)

项目编码	项目名称	项目特征	计量单位	工程量计算规则	工程内容
010701001	木屋架	1. 跨度 2. 材料品种、规格 3. 刨光要求 4. 拉杆及夹板种类 5. 防护材料种类	1. 榀 2. m^3	1. 以"榀"计量,按设计图示数量计算 2. 以"m^3"计量,按设计图示的规格尺寸以体积计算	1. 制作 2. 运输 3. 安装 4. 刷防护材料
010701002	钢木屋架	1. 跨度 2. 木材品种、规格 3. 刨光要求 4. 钢材品种、规格 5. 防护材料种类	榀	以"榀"计量,按设计图示数量计算	

注:1. 屋架的跨度应以上、下弦中心线两交点之间的距离计算。

2. 带气楼的屋架和马尾、折角以及正交部分的半屋架,按相关屋架项目编码列项。

3. 以"榀"计量,按标准图设计的应注明标准图代号,按非标准图设计的项目特征必须按本表要求予以描述。

2. 木构件工程量清单项目设置及工程量计算规则

木构件工程量清单项目设置、项目特征描述的内容、计量单位及工程量计算规则,应按表 7.7.5 的规定执行。

表 7.7.5　木构件(编号:010702)

项目编码	项目名称	项目特征	计量单位	工程量计算规则	工程内容
010702001	木柱	1. 构件规格尺寸 2. 木材种类 3. 刨光要求 4. 防护材料种类	m^3	按设计图示尺寸以体积计算	1. 制作 2. 运输 3. 安装 4. 刷防护材料
010702002	木梁		1. m^3 2. m	1. 以"m^3"计量,按设计图示尺寸以体积计算 2. 以"m"计量,按设计图示尺寸以长度计算	
010702003	木檩				

（续表）

项目编码	项目名称	项目特征	计量单位	工程量计算规则	工程内容
010702004	木楼梯	1. 楼梯形式 2. 木材种类 3. 刨光要求 4. 防护材料种类	m^2	按设计图示尺寸以水平投影面积计算。不扣除宽度≤300mm的楼梯井，伸入墙内部分不计算	1. 制作 2. 运输 3. 安装 4. 刷防护材料
010702005	其他木构件	1. 构件名称 2. 构件规格尺寸 3. 木材种类 4. 刨光要求 5. 防护材料种类	1. m^3 2. m	1. 以“m^3”计量，按设计图示尺寸以体积计算 2. 以“m”计量，按设计图示尺寸以长度计算	

注：1. 木楼梯的栏杆（栏板）、扶手，应按《房屋建筑与装饰工程工程量计算规范》（GB 50854—2013）附录Q中的相关项目编码列项。

2. 以“m”计量，项目特征必须描述构件规格尺寸。

3. 屋面木基层

屋面木基层工程量清单项目设置、项目特征描述的内容、计量单位及工程量计算规则，应按表7.7.6的规定执行。

表7.7.6 屋面木基层（编号：010703）

项目编码	项目名称	项目特征	计量单位	工程量计算规则	工程内容
010703001	屋面木基层	1. 椽子断面尺寸及椽距 2. 望板材料种类、厚度 3. 防护材料种类	m^2	按设计图示尺寸以斜面积计算。 不扣除房上烟囱、风帽底座、风道、小气窗、斜沟等所占面积。小气窗的出檐部分不增加面积	1. 椽子制作、安装 2. 望板制作、安装 3. 顺水条和挂瓦条制作、安装 4. 刷防护材料

4. 木门

木门工程量清单项目设置、项目特征描述的内容、计量单位及工程量计算规则,应按表7.7.7的规定执行。

表7.7.7 木门(编号:010801)

项目编码	项目名称	项目特征	计量单位	工程量计算规则	工程内容
010801001	木质门	1. 门代号及洞口尺寸 2. 镶嵌玻璃品种、厚度	1. 樘 2. m^2	1. 以"樘"计量,按设计图示数量计算 2. 以"m^2"计量,按设计图示洞口尺寸以面积计算	1. 门安装 2. 玻璃安装 3. 五金安装
010801002	木质门带套				
010801003	木质窗门				
010801004	木质防火门				
010801005	木门框	1. 门代号及洞口尺寸 2. 框截面尺寸 3. 防护材料种类	1. 樘 2. m	1. 以"樘"计量,按设计图示数量计算 2. 以"m"计量,按设计图示框的中心线以延长米计算	1. 木门框制作、安装 2. 运输 3. 刷防护材料
010801006	门锁安装	1. 锁品种 2. 锁规格	个(套)	按设计图示数量计算	安装

注:1. 木质门应区分镶板木门、企口木板门、实木装饰门、胶合板门、夹板装饰门、木纱门、全玻门(带木质扇框)、木质半玻门(带木质扇框)等项目,分别编码列项。

2. 木门五金应包括:折页、插销、门碰珠、弓背拉手、搭机、木螺钉、弹簧折页(自动门)、管子拉手(自由门、地弹门)、地弹簧(地弹门)、角铁、门轧头(地弹门、自由门)等。

3. 木质门带套计量按洞口尺寸以面积计算,不包括门套的面积,但门套应计算在综合单价中。

4. 以"樘"计量,项目特征必须描述洞口尺寸;以"m^2"计算,项目特征可不描述洞口尺寸。

5. 单独制作安装木门框按木门框项目编码列项。

5. 金属门

金属门工程量清单项目设置、项目特征描述的内容、计量单位及工程量计算规则,应按表7.7.8的规定执行。

表7.7.8　金属门(编号:010802)

项目编码	项目名称	项目特征	计量单位	工程量计算规则	工程内容
010802001	金属（塑钢）门	1. 门代号及洞口尺寸 2. 门框或扇外围尺寸 3. 门框、扇材质 4. 玻璃品种、厚度	1. 樘 2. m^2	1. 以“樘”计量,按设计图示数量计算 2. 以“m^2”计量,按设计图示洞口尺寸以面积计算	1. 门安装 2. 五金安装 3. 玻璃安装
010802002	彩板门	1. 门代号及洞口尺寸 2. 门框或扇外围尺寸			
010802003	钢质防火门	1. 门代号及洞口尺寸 2. 门框或扇外围尺寸 3. 门框、扇材质			
010802004	防盗门				1. 门安装 2. 五金安装

注:1. 金属门应区分金属平开门、金属推拉门、金属地弹门、全玻门(带金属扇框)、金属半玻门(带扇框)等项目,分别编码列项。

2. 铝合金门五金包括:地弹簧、门锁、拉手、门插、门铰、螺钉等。

3. 金属门五金包括L型执手插锁(双舌)、执手锁(单舌)、门轨头、地锁、防盗门机、门眼(猫眼)、门碰珠、电子锁(磁卡锁)、闭门器、装饰拉手等。

4. 以“樘”计量,项目特征必须描述洞口尺寸,没有洞口尺寸必须描述门框或扇外围尺寸,以“m^2”计量,项目特征可不描述洞口尺寸及框、扇的外围尺寸。

5. 以“m^2”计量,无设计图示洞口尺寸,按门框、扇外围以面积计算。

6. 金属卷帘(闸)门

金属卷帘(闸)门工程量清单项目设置、项目特征描述的内容、计量单位及工程量计算规则,应按表7.7.9的规定执行。

表 7.7.9　金属门(编号:010803)

项目编码	项目名称	项目特征	计量单位	工程量计算规则	工程内容
010803001	金属卷帘(闸)门	1. 门代号及洞口尺寸 2. 门材质 3. 启动装置品种、规格	1. 樘 2. m^2	1. 以"樘"计量,按设计图示数量计算 2. 以"m^2"计量,按设计图示洞口尺寸以面积计算	1. 门运输、安装 2. 启动装置、活动小门、五金安装

注:以"樘"计量,项目特征必须描述洞口尺寸;以"m^2"计量,项目特征可不描述洞口尺寸。

7. 厂库房大门、特种门

厂库房大门、特种门工程量清单项目设置、项目特征描述的内容、计量单位及工程量计算规则,应按表 7.7.10 的规定执行。

表 7.7.10　厂库房大门、特种门(编号:010804)

<table>
<tr><th>项目编码</th><th>项目名称</th><th>项目特征</th><th>计量单位</th><th>工程量计算规则</th><th>工程内容</th></tr>
<tr><td>010804001</td><td>木板大门</td><td rowspan="4">1. 门代号及洞口尺寸
2. 门框或扇外围尺寸
3. 门框、扇材质
4. 五金种类、规格
5. 防护材料种类</td><td rowspan="5">1. 樘
2. m^2</td><td rowspan="2">1. 以"樘"计量,按设计图示数量计算
2. 以"m^2"计量,按设计图示洞口尺寸以面积计算</td><td rowspan="4">1. 门骨架制作、运输
2. 门、五金配件安装
3. 刷防护材料</td></tr>
<tr><td>010804002</td><td>钢木大门</td></tr>
<tr><td>010804003</td><td>全钢板大门</td><td rowspan="2">1. 以"樘"计量,按设计图示数量计算
2. 以"m^2"计量,按设计图示门框或扇以面积计算</td></tr>
<tr><td>010804004</td><td>防护铁丝门</td></tr>
<tr><td>010804005</td><td>金属格栅门</td><td>1. 门代号及洞口尺寸
2. 门框或扇外围尺寸
3. 门框、扇材质
4. 启动装置的品种、规格</td><td>1. 以"樘"计量,按设计图示数量计算
2. 以"m^2"计量,按设计图示洞口尺寸以面积计算</td><td>1. 门安装
2. 启动装置、五金配件安装</td></tr>
</table>

（续表）

项目编码	项目名称	项目特征	计量单位	工程量计算规则	工程内容
010804006	钢板花饰大门	1.门代号及洞口尺寸 2.门框或扇外围尺寸 3.门框、扇材质	1.樘 2.m^2	1.以“樘”计量，按设计图示数量计算 2.以“m^2”计量，按设计图示门框或扇以面积计算	1.门安装 2.五金配件安装
010804007	特种门			1.以“樘”计量，按设计图示数量计算 2.以“m^2”计量，按设计图示洞口尺寸以面积计算	

注：1.特种门应区分冷藏门、冷冻间门、保温门、变电室门、隔声门、防射线门、人防门、金库门等项目，分别编码列项。

2.以“樘”计量，项目特征必须描述洞口尺寸，没有洞口尺寸的必须描述门框或扇外围尺寸；以“m^2”计量，项目特征可不描述洞口尺寸及框、扇的外围尺寸。

3.以“m^2”计量，无设计图示洞口尺寸的，按门框、扇外围以面积计算。

8.其他门

其他门工程量清单项目设置、项目特征描述的内容、计量单位及工程量计算规则，应按表7.7.11的规定执行。

表7.7.11　其他门(编号:010803)

项目编码	项目名称	项目特征	计量单位	工程量计算规则	工程内容
010805001	电子感应门	1.门代号及洞口尺寸 2.门框或扇外围尺寸 3.门框、扇材质 4.玻璃品种、厚度 5.启动装置的品种、规格 6.电子配件品种、规格	1.樘 2.m^2	1.以“樘”计量，按设计图示数量计算 2.以“m^2”计量，按设计图示洞口尺寸以面积计算	1.门安装 2.启动装置、五金、电子配件安装
010805002	旋转门				

（续表）

项目编码	项目名称	项目特征	计量单位	工程量计算规则	工程内容
010805003	电子对讲门	1. 门代号及洞口尺寸 2. 门框或扇外围尺寸 3. 门材质 4. 玻璃品种、厚度 5. 启动装置的品种、规格 6. 电子配件品种、规格	1. 樘 2. m^2	1. 以"樘"计量，按设计图示数量计算 2. 以"m^2"计量，按设计图示洞口尺寸以面积计算	1. 门安装 2. 启动装置、五金、电子配件安装
010805004	电动伸缩门				
010805005	全玻自由门	1. 门代号及洞口尺寸 2. 门框或扇外围尺寸 3. 框材质 4. 玻璃品种、厚度			1. 门安装 2. 五金安装
010805006	镜面不锈钢饰面门	1. 门代号及洞口尺寸 2. 门框或扇外围尺寸 3. 框、扇材质 4. 玻璃品种、厚度			
010805007	复合材料门				

注：1. 以"樘"计量，项目特征必须描述洞口尺寸，没有洞口尺寸的必须描述门框或扇外围尺寸；以"m^2"计量，项目特征可不描述洞口尺寸及框、扇的外围尺寸。

2. 以"m^2"计量，无设计图示洞口尺寸的，按门框、扇外围以面积计算。

9. 木窗

木窗工程量清单项目设置、项目特征描述的内容、计量单位及工程量计算规则，应按表 7.7.12 的规定执行。

表 7.7.12　木窗(编号:010806)

项目编码	项目名称	项目特征	计量单位	工程量计算规则	工程内容
010806001	木质窗	1. 窗代号及洞口尺寸 2. 玻璃品种、厚度	1. 樘 2. m^2	1. 以"樘"计量,按设计图示数量计算 2. 以"m^2"计量,按设计图示洞口尺寸以面积计算	1. 窗安装 2. 五金、玻璃安装
010806002	木飘(凸)窗	1. 窗代号 2. 框截面及外围展开面积 3. 玻璃品种、厚度 4. 防护材料种类		1. 以"樘"计量,按设计图示数量计算 2. 以"m^2"计量,按设计图示尺寸以框外围展开面积计算	
010806003	木橱窗				1. 窗制作、运输、安装 2. 五金、玻璃安装 3. 刷防护材料
010806004	木纱窗	1. 窗代号及框的外围尺寸 2. 窗纱材料品种、规格		1. 以"樘"计量,按设计图示数量计算 2. 以"m^2"计量,按框的外围尺寸以面积计算	1. 窗安装 2. 五金安装

注:1. 木质窗应区分木百叶窗、木组合窗、木天窗、木固定窗、木装饰空花窗等项目,分别编码列项。

2. 以"樘"计量,项目特征必须描述洞口尺寸,没有洞口尺寸的必须描述窗框外围尺寸;以"m^2"计量,项目特征可不描述洞口尺寸及框的外围尺寸。

3. 以"m^2"计量,无设计图示洞口尺寸,按窗框外围以面积计算。

4. 木橱窗、木飘(凸)窗以"樘"计量,项目特征必须描述框截面及外围展开面积。

5. 木窗五金包括:折页、插销、风钩、木螺钉、滑轮滑轨(推拉窗)等。

10. 金属窗

金属窗工程量清单项目设置、项目特征描述的内容、计量单位及工程量计算规则,应按表 7.7.13 的规定执行。

表 7.7.13　金属窗(编号:010807)

项目编码	项目名称	项目特征	计量单位	工程量计算规则	工程内容
010807001	金属(塑钢、断桥)窗	1. 窗代号及洞口尺寸 2. 框、扇材质 3. 玻璃品种、厚度	1. 樘 2. m^2	1. 以“樘”计量,按设计图示数量计算 2. 以“m^2”计量,按设计图示洞口尺寸以面积计算	1. 窗安装 2. 五金、玻璃安装
010807002	金属防火窗				
010807003	金属百叶窗				1. 窗安装 2. 五金安装
010807004	金属纱窗	1. 窗代号及框的外围尺寸 2. 框材质 3. 窗纱材料品种、规格		1. 以“樘”计量,按设计图示数量计算 2. 以“m^2”计量,按框的外围尺寸以面积计算	
010807005	金属格栅窗	1. 窗代号及洞口尺寸 2. 框外围尺寸 3. 框、扇材质		1. 以“樘”计量,按设计图示数量计算 2. 以“m^2”计量,按设计图示洞口尺寸以面积计算	
010807006	金属(塑钢、断桥)橱窗	1. 窗代号 2. 框外围展开面积 3. 框、扇材质 4. 玻璃品种、厚度 5. 防护材料种类		1. 以“樘”计量,按设计图示数量计算 2. 以“m^2”计量,按设计图示尺寸以框外围展开面积计算	1. 窗制作、运输、安装 2. 五金、玻璃安装 3. 刷防护材料
010807007	金属(塑钢、断桥)飘(凸)窗	1. 窗代号 2. 框外围展开面积 3. 框、扇材质 4. 玻璃品种、厚度			1. 窗安装 2. 五金、玻璃安装

（续表）

项目编码	项目名称	项目特征	计量单位	工程量计算规则	工程内容
010807008	彩板窗	1. 窗代号及洞口尺寸 2. 框外围尺寸 3. 框、扇材质 4. 玻璃品种、厚度	1. 樘 2. m^2	1. 以“樘”计量，按设计图示数量计算 2. 以“m^2”计量，按设计图示洞口尺寸或框外围以面积计算	1. 窗安装 2. 五金、玻璃安装
010807009	复合材料窗				

注：1. 金属窗应区分金属组合窗、防盗窗等项目，分别编码列项。

2. 以“樘”计量，项目特征必须描述洞口尺寸，没有洞口尺寸的必须描述窗框外围尺寸；以“m^2”计量，项目特征可不描述洞口尺寸及框的外围尺寸。

3. 以“m^2”计量，无设计图示洞口尺寸的，按窗框外围以面积计算。

4. 金属橱窗、飘（凸）窗以“樘”计量，项目特征必须描述框外围展开面积。

5. 金属窗五金包括：折页、螺丝、执手、卡锁、铰拉、风撑、滑轮、滑轨、拉把、拉手、角码、牛角制等。

11. 门窗套

门窗套工程量清单项目设置、项目特征描述的内容、计量单位及工程量计算规则，应按表7.7.14的规定执行。

表7.7.14　门窗套（编号：010808）

项目编码	项目名称	项目特征	计量单位	工程量计算规则	工程内容
010808001	木门窗套	1. 窗代号及洞口尺寸 2. 门窗套展开宽度 3. 基层材料种类 4. 面层材料品种、规格 5. 线条品种、规格 6. 防护材料种类	1. 樘 2. m^2 3. m	1. 以“樘”计量，按设计图示数量计算 2. 以“m^2”计量，按设计图示尺寸以展开面积计算 3. 以“m”计量，按设计图示中心以延长米计算	1. 清理基层 2. 立筋制作、安装 3. 基层板安装 4. 面层铺贴 5. 线条安装 6. 刷防护材料

（续表）

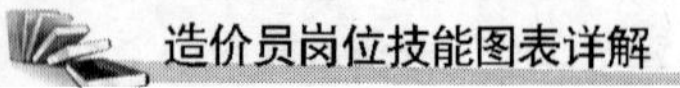

项目编码	项目名称	项目特征	计量单位	工程量计算规则	工程内容
010808002	木筒子板	1. 筒子板宽度 2. 基层材料种类 3. 面层材料品种、规格 4. 线条品种、规格 5. 防护材料种类			1. 清理基层 2. 立筋制作、安装 3. 基层板安装 4. 面层铺贴 5. 线条安装 6. 刷防护材料
010808003	饰面夹板筒子板				
010808004	金属门窗套	1. 窗代号及洞口尺寸 2. 门窗套展开宽度 3. 基层材料种类 4. 面层材料品种、规格 5. 防护材料种类	1. 樘 2. m^2 3. m	1. 以“樘”计量，按设计图示数量计算 2. 以“m^2”计量，按设计图示尺寸以展开面积计算 3. 以“m”计量，按设计图示中心以延长米计算	1. 清理基层 2. 立筋制作、安装 3. 基层板安装 4. 面层铺贴 5. 刷防护材料
010808005	石材门窗套	1. 窗代号及洞口尺寸 2. 门窗套展开宽度 3. 黏结层厚度、砂浆配合比 4. 面层材料品种、规格 5. 线条品种、规格			1. 清理基层 2. 立筋制作、安装 3. 基层抹灰 4. 面层铺贴 5. 线条安装

（续表）

项目编码	项目名称	项目特征	计量单位	工程量计算规则	工程内容
010808006	门窗木贴脸	1. 门窗代号及洞口尺寸 2. 贴脸板宽度 3. 防护材料种类	1. 樘 2. m	1. 以"樘"计量，按设计图示数量计算 2. 以"m"计量，按设计图示尺寸以延长米计算	安装
010808007	成品木门窗套	1. 门窗代号及洞口尺寸 2. 门窗套展开宽度 3. 门窗套材料品种、规格	1. 樘 2. m^2 3. m	1. 以"樘"计量，按设计图示数量计算 2. 以"m^2"计量，按设计图示尺寸以展开面积计算 3. 以"m"计量，按设计图示中心以延长米计算	1. 清理基层 2. 立筋制作、安装 3. 板安装

注：1. 以"樘"计量，项目特征必须描述洞口尺寸、门窗套展开宽度。

2. 以"m^2"计量，项目特征可不描述洞口尺寸、门窗套展开宽度。

3. 以"m"计量，项目特征必须描述门窗套展开宽度、筒子板及贴脸宽度。

4. 木门窗套适用于单独门窗套的制作、安装。

12. 窗台板

窗台板工程量清单项目设置、项目特征描述的内容、计量单位及工程量计算规则，应按表 7.7.15 的规定执行。

表 7.7.15　窗台板(编号:010809)

项目编码	项目名称	项目特征	计量单位	工程量计算规则	工程内容
010809001	木窗台板	1. 基层材料种类 2. 窗台面板材质、规格、颜色 3. 防护材料种类	m^2	按设计图示尺寸以展开面积计算	1. 基层清理 2. 基层制作、安装 3. 窗台板制作、安装 4. 刷防护材料
010809002	铝塑窗台板				
010809003	金属窗台板				

（续表）

项目编码	项目名称	项目特征	计量单位	工程量计算规则	工程内容
010809004	石材窗台板	1. 黏结层厚度、砂浆配合比 2. 窗台板材质、规格、颜色	m^2	按设计图示尺寸以展开面积计算	1. 基层清理 2. 抹找平层 3. 窗台板制作、安装

13. 窗帘、窗帘盒、轨

窗帘、窗帘盒、轨工程量清单项目设置、项目特征描述的内容、计量单位及工程量计算规则，应按表 7.7.16 的规定执行。

表 7.7.16　窗帘、窗帘盒、轨（编号:010810）

项目编码	项目名称	项目特征	计量单位	工程量计算规则	工程内容
010810001	窗帘	1. 窗帘材质 2. 窗帘高度、宽度 3. 窗帘层数 4. 带幔要求	1. m 2. m^2	1. 以“m”计量，按设计图示尺寸以成活后长度计算 2. 以“m^2”计量，按图示尺寸以成活后展开面积计算	1. 制作、运输 2. 安装
010810002	木窗帘盒	1. 窗帘盒材质、规格 2. 防护材料种类	m	按设计图示尺寸以长度计算	1. 制作、运输、安装 2. 刷防护材料
010810003	饰面夹板、塑料窗帘盒				
010810004	铝合金窗帘盒				
010810005	窗帘轨	1. 窗帘轨材质、规格 2. 轨的数量 3. 防护材料种类			

7.7.4 门窗及木结构工程量清单计价编制示例

某住宅室内木楼梯，共21套，楼梯斜梁截面：80mm×150mm，踏步板900mm×300mm×25mm，踢脚板900mm×150mm×20mm，楼梯栏杆ϕ50mm，硬木扶手为圆形ϕ60mm，除扶手材质为桦木外，其余材质为杉木。

(1)业主根据木楼梯施工图计算。

①木楼梯斜梁体积为0.256m^3。

②楼梯面积为6.21 m^2(水平投影面积)。

③楼梯栏杆长为8.67m(垂直投影面积为7.31 m^2)。

④硬木扶手长8.89m。

(2)投标人投标报价计算。

①木斜梁制作、安装。

A. 人工费:75.08×0.256=19.22元

B. 材料费:1068.73×0.256=273.59元

C. 合计:292.81元

②楼梯制作、安装。

A. 人工费:51.56×6.21=320.19元

B. 材料费:184.6×6.21=1146.37元

C. 合计:1466.56元

③楼梯刷防火漆两遍。

A. 人工费:1.33×22=29.26元

B. 材料费:3.03×22=66.66元

C. 机械费:0.13×22=2.86元

D. 合计:98.78元

④楼梯刷地板清漆三遍。

A. 人工费:9.83×6.21=61.04元

B. 材料费:5.72×6.21=35.52元

C. 机械费:0.48×6.21=2.98元

D. 合计:99.54元

⑤楼梯综合。

A. 直接费合计:1957.69元

B. 管理费:直接费×34%=665.61元

C. 利润:直接费×8%=156.62元

D. 总计:2779.92 元

E. 综合单价:2779.92/6.21 = 447.65 元/m^2

⑥栏杆制作、安装。

A. 人工费:14.89 ×7.31 = 108.85 元

B. 材料费:50.46 ×7.31 = 368.86 元

C. 机械费:2 ×7.31 = 14.62 元

D. 合计:492.33 元

⑦栏杆防火漆两遍。

A. 人工费:1.33 ×1.56 = 2.07 元

B. 材料费:3.03 ×1.56 = 4.73 元

C. 机械费:0.13 ×1.56 = 0.20 元

D. 合计:7.00 元

⑧栏杆刷聚氨酯清漆两遍。

A. 人工费:11.86 ×7.31 = 86.70 元

B. 材料费:11.08 ×7.31 = 80.99 元

C. 机械费:0.7 ×7.31 = 5.12 元

D. 合计:172.81 元

⑨栏杆扶手制作、安装。

A. 人工费:7.04 ×8.89 = 62.59 元

B. 材料费:129.83 ×8.89 = 1154.19 元

C. 机械费:4.18 ×8.89 = 37.16 元

D. 合计:1253.94 元

⑩扶手刷防火漆两遍。

A. 人工费:1.33 ×1.76 = 2.34 元

B. 材料费:3.03 ×1.76 = 5.33 元

C. 机械费:0.13 ×1.76 = 0.23 元

D. 合计:7.90 元

⑪扶手刷聚氨酯清漆三遍。

A. 人工费:5.63 ×8.87 = 49.94 元

B. 材料费:2.21 ×8.87 = 19.60 元

C. 机械费:0.24 ×8.87 = 2.13 元

D. 合计:71.67 元

⑫栏杆、扶手综合。

A. 直接费合计:2005.65 元

B. 管理费:直接费 ×34% =681.92 元

C. 利润:直接费 ×8% =160.45 元

D. 总计:2848.02 元

E. 综合单价:2848.02/8.67 =328.49 元/m^2

分部分项工程量清单计价表

工程名称:某住宅　　　　　　　　　　　　　　　　第　页　共　页

序号	项目编码	项目名称	计量单位	工程数量	金额(元)	
					综合单价	合价
	010702004	木楼梯 木材种类:杉木 刨光要求:露面部分刨光 踏步板 900mm × 300 mm × 25 mm 踢脚板 900 mm × 150 mm × 20 mm 斜梁截面 80 mm × 150 mm 刷防火漆两遍 刷地板清漆三遍	m^2	6.21	447.65	2 779.92
	011503002	木栏杆(硬木扶手) 木材种类:栏杆杉木 扶手桦木 刨光要求:刨光 栏杆截面:ϕ50mm 扶手截面:ϕ60mm 刷防火漆两遍 栏杆刷聚氨酯清漆两遍 扶手刷聚氨酯清漆三遍	m	8.67	328.49	2 848.02
		本页小计				
		合计				

分部分项工程量清单综合单价计算表(一)

工程名称:某住宅　　　　计量单位:m^2

项目编码:010702004　　　　工程数量:6.21

项目名称:木楼梯　　　　综合单价:447.65

序号	定额编号	工程内容	单位	数量	其中:(元)					
					人工费	材料费	机械费	管理费	利润	小计
	套北10-18(土)	木斜梁制作、安装	m^2	0.041	3.10	44.06	—	16.03	3.77	66.96
	套北10-19(土)	木楼梯制作、安装	m^2	1.000	51.56	184.60	—	80.29	18.89	335.34
	11-230(装)*	刷防火漆两遍	m^2	3.543	4.71	10.73	0.46	5.41	1.27	22.58
	11-251、11-253	刷聚氨酯清漆三遍	m^2	1.000	9.83	5.72	0.48	5.45	1.28	22.76
		合计			69.20	245.11	0.94	107.18	25.21	447.64

注:* 定额编号(装)系参考《全国统一装饰工程消耗量定额》(下同)。

分部分项工程量清单综合单价计算表(二)

工程名称:某住宅　　　　计量单位:m^2

项目编码:011503002　　　　工程数量:8.67

项目名称:木栏杆、扶手　　　　综合单价:328.49 元

序号	定额编号	工程内容	单位	数量	其中:(元)					
					人工费	材料费	机械费	管理费	利润	小计
	套北7-21(装)	木栏杆制作、安装	m	1.000	12.55	42.54	1.69	19.30	4.54	80.62
	11-230	栏杆刷防火漆两遍	m^2	0.181	0.24	0.55	0.02	0.28	0.07	1.16
	11-201	栏杆刷聚氨酯清漆两遍	m^2	0.847	10.00	0.34	0.59	0.78	1.59	28.30

（续表）

序号	定额编号	工程内容	单位	数量	其中:(元)					
					人工费	材料费	机械费	管理费	利润	小计
	套北 7－53(装)	硬木扶手制作、安装	m	1.030	7.22	133.12	4.29	49.17	11.57	205.37
	11－230	硬木扶手刷防火漆两遍	m^2	0.202	0.27	0.61	0.03	0.31	0.07	1.29
	11－152、11－174	扶手刷聚氨酯清漆三遍	m^2	0.997	5.76	2.26	0.24	2.81	0.66	11.74
		合计			36.04	188.42	6.86	78.65	18.50	328.48

7.8　屋面及防水工程量计算

7.8.1　屋面及防水工程量计算规则

屋面及防水工程量的计算规则见表 7.8.1。

表 7.8.1　屋面及防水工程量计算规则

序号	类别		计算规则
1	瓦屋面、型材屋面工程	计算方法	瓦屋面、型材屋面(彩钢板、波纹瓦)按图 7.8.1 中尺寸的水平投影面积乘以屋面坡度系数(表 7.8.2),以“m^2”计算。不扣除房上烟囱、风帽底座、风道、屋面小气窗、斜沟等所占面积,屋面小气窗的出檐部分亦不增加
		计算实例	实例:有一带屋面小气窗的四坡水平瓦屋面,尺寸及坡度如图 7.8.2 所示。试计算屋面工程量和屋脊长度。 计算方法: (1)屋面工程量:按图示尺寸乘屋面坡度延尺系数,屋面小气窗不扣除,与屋面重叠部分面积不增加。由屋面坡度系数表,得 $C=1.1180$。 $S_w=(30.24+0.5\times2)\times(13.74+0.5\times2)\times1.1180=514.81\ m^2$

（续表）

<table>
<tr><th>序号</th><th colspan="2">类别</th><th>计算规则</th></tr>
<tr><td>1</td><td>瓦屋面、型材屋面工程</td><td>计算实例</td><td>(2)屋脊长度。
①正屋脊长度：若 $S=A$，则 $L_{j1}=30.24-13.74=16.5\text{m}$
②斜脊长度：由屋面坡度系数表，得 $D=1.50$，斜脊 4 条，则
$L_{j2}=\dfrac{13.74+0.5\times2}{2}\times1.50\times4=44.22\ \text{m}$
③屋脊总长：$L_j=L_{j1}+L_{j2}=16.5+44.22=60.72\text{m}$</td></tr>
<tr><td rowspan="2">2</td><td rowspan="2">卷材屋面工程</td><td>计算方法</td><td>(1)卷材屋面按图示尺寸的水平投影面积乘以规定的坡度系数，以“m^2”计算，但不扣除房上烟囱、风帽底座、风道、屋面小气窗和斜沟所占的面积。屋面的女儿墙、伸缩缝和天窗等处的弯起部分，按图示尺寸并入屋面工程量计算；如图纸规定时，伸缩缝、女儿墙的弯起部分可按250mm计算，天窗弯起部分可按500mm计算。
(2)卷材屋面的附加层、接缝、收头、找平层的嵌缝、冷底子油已计入定额内，不另计算</td></tr>
<tr><td>计算实例</td><td>实例：有一两坡水二毡三油卷材屋面，尺寸如图 7.8.3 所示。屋面防水层构造层次为：预制钢筋混凝土空心板、1∶2 水泥砂浆找平层、冷底子油一道、二毡三油一砂防水层。试计算：(1)当有女儿墙，屋面坡度为 1∶4 时的工程量，(2)当有女儿墙、坡度为 3% 的工程量，(3)无女儿墙有挑檐，坡度为 3% 时的工程量。
计算方法：
(1)屋面坡度为 1∶4 时，相应的角度为 14°02′，延尺系数 $C=1.0308$，则
屋面工程量 $=(72.75-0.24)\times(12-0.24)\times1.0308+0.25\times(72.75-0.24+12.0-0.24)\times2=878.98+42.14=921.12\ \text{m}^2$
(2)有女儿墙、坡度为3%时，因坡度很小，故按平屋面计算：
屋面工程量 $=(72.75-0.24)\times(12-0.24)+(72.75+12-0.48)\times2\times0.25=852.72+42.14=894.86\ \text{m}^2$
(3)无女儿墙、有挑檐平屋面（坡度3%），按图7.8.3a、c 及下式计算屋面工程量：
屋面工程量 = 外墙外围水平面积 +（$L_{外}$ +4 × 檐宽）× 檐宽
代入数据得：
屋面工程量 $=(72.75+0.24)\times(12+0.24)+[(72.75+12+0.48)\times2+4\times0.5]\times0.5=979.63\ \text{m}^2$</td></tr>
<tr><td>3</td><td>涂膜屋面工程</td><td>计算方法</td><td>涂膜屋面的工程量计算同卷材屋面。涂膜屋面的油膏嵌缝、玻璃布盖缝、屋面分格缝，以“延长米”计算</td></tr>
</table>

（续表）

<table>
<tr><th>序号</th><th colspan="2">类别</th><th>计算规则</th></tr>
<tr><td>3</td><td>涂膜屋面工程</td><td>计算实例</td><td>实例：计算如图7.8.3a、c所示的有挑檐平屋面涂刷聚氨酯涂料的工程量。
计算方法：涂膜面积计算。由图7.8.3a及c所示的尺寸得其面积：
涂膜面积 $=(72.75+0.24+0.5\times2)\times(12+0.24+0.5\times2)=979.63\ m^3$</td></tr>
<tr><td rowspan="5">4</td><td rowspan="5">屋面排水工程</td><td rowspan="3">计算方法</td><td>铁皮排水项目：
（1）落水管按檐口滴水处算至设计室外地坪的高度以“延长米”计算，檐口处伸长部分（即马腿弯伸长）、勒脚和泄水口的弯起均不增加，但水落管遇到外墙腰线（需弯起的）按每条腰线增加长度25cm计算。
（2）檐沟、天沟均以图示“延长米”计算；白铁斜沟、泛水长度可按水平长度乘以延长系数或隅延长系数计算；水斗以“个”计算</td></tr>
<tr><td>玻璃钢、PVC、铸铁水落管、檐沟均按图示尺寸以“延长米”计算。水斗、女儿墙弯头、铸铁落水口（带罩）均按“只”计算</td></tr>
<tr><td>阳台PVC管通水落管按“只”计算。每只阳台出水口至水落管中心线斜长按1m计（内含2只135°弯头，1只异径三通）</td></tr>
<tr><td rowspan="2">计算实例</td><td>实例1：某屋面设计有铸铁管雨水口8个，塑料水斗8个，配套的塑料水落管直径100mm，每根长度16m，计算塑料水落管工程量。
计算方法：屋面排水管工程量＝设计图示长度
水落管工程量：$16.00\times8=128m$</td></tr>
<tr><td>实例2：假设某仓库屋面为铁皮排水天沟（图7.8.4），长12m，求天沟工程量。
计算方法：工程量 $=12\times(0.035\times2+0.045\times2+0.12\times2+0.08)=5.76\ m^2$</td></tr>
</table>

（续表）

序号	类别		计算规则
5	防水工程	计算方法	（1）建筑物地面防水、防潮层的工程量，按主墙间净空面积计算，应扣除凸出地面的构筑物、设备基础等所占面积，不扣除柱、垛、间壁墙、烟囱及0.3 m^2以内孔洞所占面积。当地面与墙面连接处高度在500mm以内者，按展开面积计算并入平面工程量内；当其高度超过500mm时，按立面防水层计算。 （2）建筑物墙基防水、防潮层面积，外墙长度按外墙中心线，内墙按净长度分别乘以各自的宽度，以“m^2”计算。 （3）构筑物及建筑物地下室防水层工程量按实铺面积计算，但不扣除0.3 m^2以内的孔洞面积。平面与立面交接处的防水层，其上卷高度超过500mm时，按立面防水层计算。 （4）防水卷材的附加层、接缝、收头、冷底子油等人工、材料均已计入定额内，不另计算。 （5）变形缝按“延长米”计算
		计算实例	实例：试计算如图7.8.5所示的地面防潮层的工程量，其防潮层做法如图7.8.6所示。 计算方法：工程量按主墙间净空面积计算，即 地面防潮层工程量 = (9.6 − 0.24 × 3) × (5.8 − 0.24) = 49.37 m^2

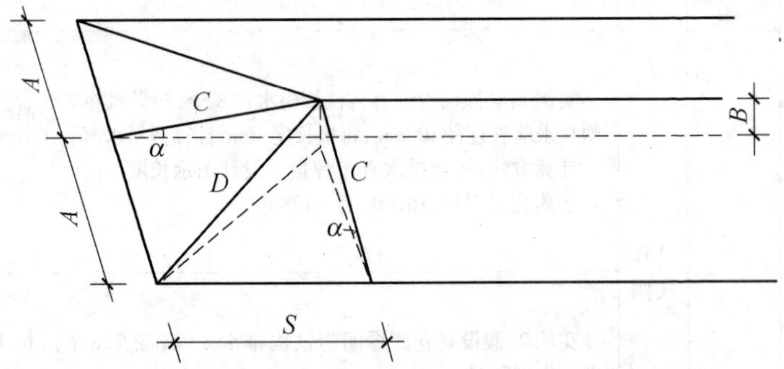

图7.8.1 瓦屋面、型材屋面工程量计算示意图

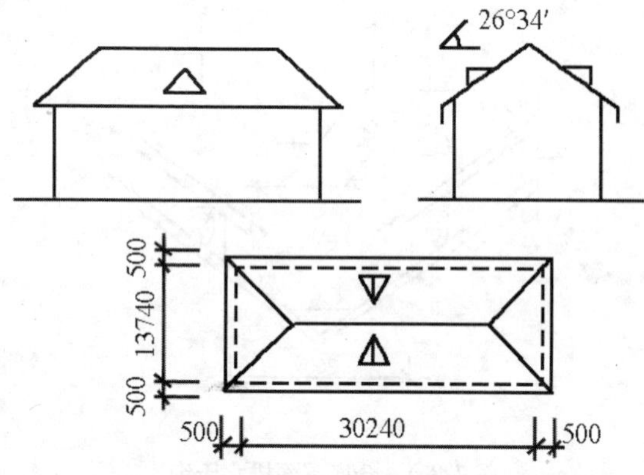

图 7.8.2　带屋面小气窗的四坡水平屋面

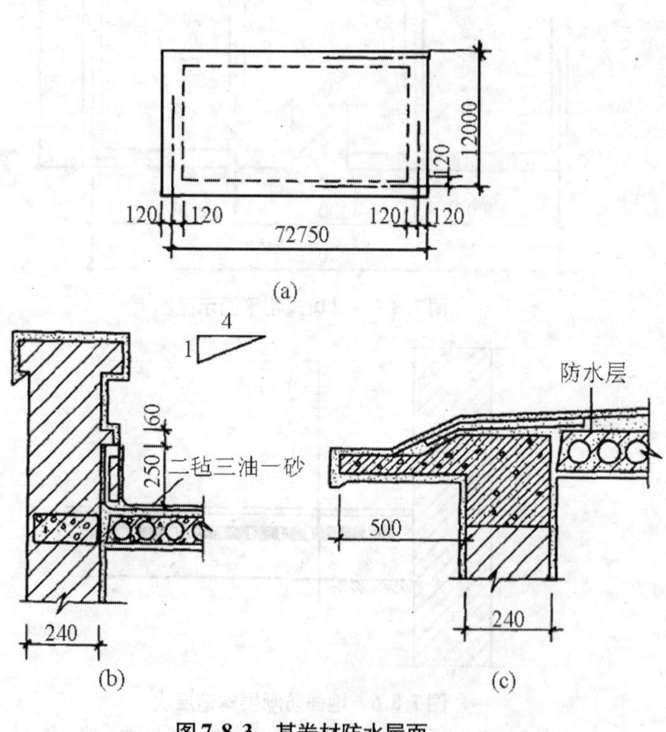

图 7.8.3　某卷材防水屋面

(a)平面;(b)女儿墙;(c)挑檐

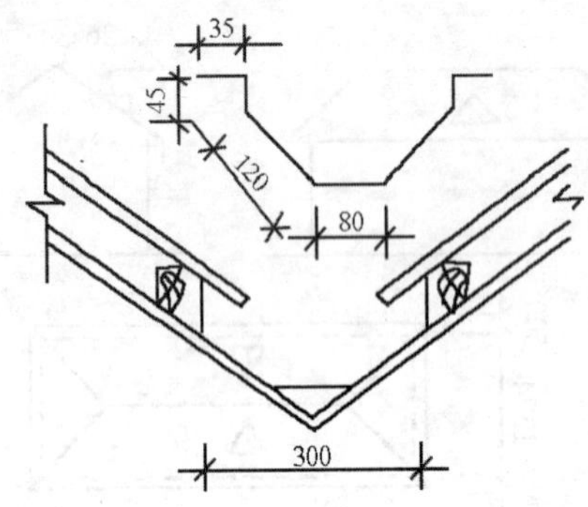

图 7.8.4　仓库屋面排水天沟

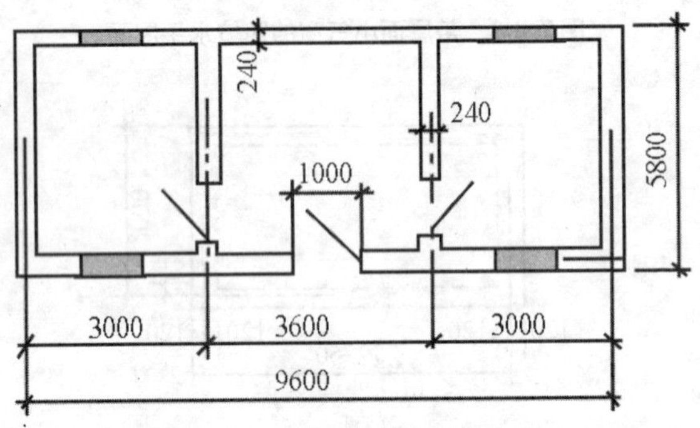

图 7.8.5　某建筑物平面示意图

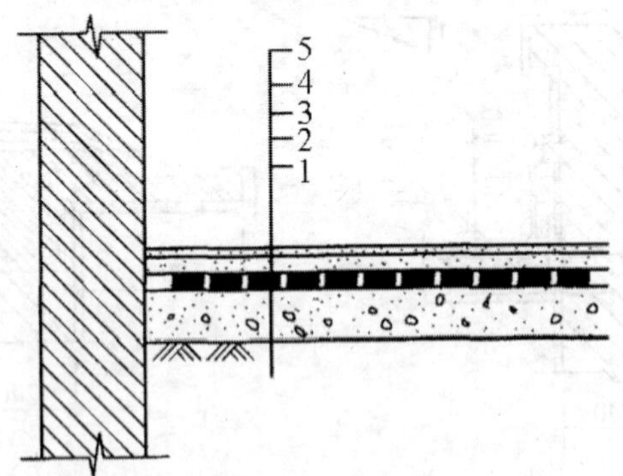

图 7.8.6　地面防潮层构造层次

1—素土夯实;2—100mm 厚 C20 混凝土;3—冷底子油一遍,玛𤦀脂玻璃布一布二油;4—20mm 厚 1∶3 水泥砂浆找平层;5—10mm 厚 1∶2 水泥砂浆面层

表7.8.2　屋面坡度系数表

坡度 $B/A(A=1)$	坡度 $B/2A$	坡度 角度(α)	延尺系数 C	隅延尺系数 D
1	1/2	45°	1.4142	1.7321
0.75		36°52′	1.2500	1.6008
0.70		35°	1.2207	1.5779
0.666	1/3	33°40′	1.2015	1.5620
0.65		33°01′	1.1926	1.5564
0.60		30°58′	1.1662	1.5362
0.577		30°	1.1547	1.5270
0.55		28°49′	1.1413	1.5170
0.50	1/4	26°34′	1.1180	1.5000
0.45		24°14′	1.0966	1.4839
0.40	1/5	21°48′	1.0770	1.4697
0.35		19°17′	1.0594	1.4569
0.30		16°42′	1.0440	1.4457
0.25		14°02′	1.0308	1.4362
0.20	1/10	11°19′	1.0198	1.4283
0.15		8°32′	1.0112	1.4221
0.125		7°8′	1.0078	1.4191
0.100	1/20	5°42′	1.0050	1.4177
0.083		4°45′	1.003	1.4166
0.066	1/30	3°49′	1.0022	1.4157

注:1. $A=A'$,且 $S=0$ 时,为等两坡屋面;$A=A'=S$ 时,为等四坡屋面。

2. 屋面斜铺面积 = 屋面水平投影面积 × C

3. 等两坡屋面山墙泛水斜长:$A\times C$。

4. 等四坡屋面斜脊长度:$A\times D$。

7.8.2　其他定额说明

其他定额说明见表7.8.3。

表 7.8.3 其他定额说明

序号	定额说明
1	水泥瓦、黏土瓦、小青瓦、石棉瓦规格与定额不同时,瓦材数量可以换算,其他不变
2	高分子卷材厚度,再生橡胶卷材按 1.5mm 取定;其他均按 1.2mm 取定
3	防水工程也适用于楼地面、墙基、墙身、构筑物、水池、水塔及室内厕所、浴室等防水,建筑物 ±0.00 以下的防水、防潮工程按防水工程相应项目计算
4	三元乙丙丁基橡胶卷材屋面防水,按相应三元乙丙橡胶卷材屋面防水项目计算
5	氯丁冷胶“二布三涂”项目,其“三涂”是指涂料构成防水层数并非指涂刷遍数;每一层“涂层”刷两至数遍不等
6	本定额中沥青、玛琋脂均指石油沥青、石油沥青玛琋脂
7	变形缝填缝:建筑油膏聚氯乙烯胶泥断面取定为 3cm × 2cm;油浸木丝板取定为 2.5cm × 15cm;紫铜板止水带系 2mm 厚,展开宽 45cm;氯丁橡胶宽 30cm,涂刷式氯丁胶贴玻璃止水片宽 35cm;其余均为 15cm × 3cm。如设计断面不同时,用料可以换算,人工不变
8	盖缝:木板盖缝断面为 20cm × 2.5cm,如设计断面不同时,用料可以换算,人工不变
9	刚性屋面、屋面砂浆找平层、面层按楼地面相应定额项目计算

7.8.3 屋面及防水工程工程量清单项目设置及工程量计算规则

1. 瓦、型材及其他屋面工程量清单项目设置及工程量计算规则

瓦、型材及其他屋面工程量清单项目设置、项目特征描述的内容、计量单位及工程量计算规则,应按表 7.8.4 的规定执行。

表 7.8.4 瓦、型材屋面(编码:010901)

项目编码	项目名称	项目特征	计量单位	工程量计算规则	工程内容
010901001	瓦屋面	1. 瓦品种、规格 2. 黏结层砂浆的配合比	m^2	按设计图示尺寸以斜面积计算 不扣除房上烟囱、风帽底座、风道、小气窗、斜沟等所占面积。小气窗的出檐部分不增加面积	1. 砂浆制作、运输、摊铺、养护 2. 安瓦、做瓦脊

（续表）

<table>
<tr><th>项目编码</th><th>项目名称</th><th>项目特征</th><th>计量单位</th><th>工程量计算规则</th><th>工程内容</th></tr>
<tr><td>010901002</td><td>型材屋面</td><td>1. 型材品种、规格
2. 金属檩条材料品种、规格
3. 接缝、嵌缝材料种类</td><td>m^2</td><td>按设计图示尺寸以斜面积计算。不扣除房上烟囱、风帽底座、风道、小气窗、斜沟等所占面积。小气窗的出檐部分不增加面积</td><td>1. 檩条制作、运输、安装
2. 屋面型材安装
3. 接缝、嵌缝</td></tr>
<tr><td>010901003</td><td>阳光板屋面</td><td>1. 阳光板品种、规格
2. 骨架材料品种、规格
3. 接缝、嵌缝材料种类
4. 油漆品种、刷漆遍数</td><td rowspan="3">m^2</td><td rowspan="2">按设计图示尺寸以斜面积计算。不扣除屋面面积≤0.3m^2的孔洞所占面积</td><td>1. 骨架制作、运输、安装、刷防护材料、油漆
2. 阳光板安装
3. 接缝、嵌缝</td></tr>
<tr><td>010901004</td><td>玻璃钢屋面</td><td>1. 玻璃钢品种、规格
2. 骨架材料品种、规格
3. 玻璃钢固定方式
4. 接缝、嵌缝材料种类
5. 油漆品种、刷漆遍数</td><td>1. 骨架制作、运输、安装、刷防护材料、油漆
2. 玻璃钢制作、安装
3. 接缝、嵌缝</td></tr>
<tr><td>010901005</td><td>膜结构屋面</td><td>1. 膜布品种、规格
2. 支柱（网架）钢材品种、规格
3. 钢丝绳品种、规格
4. 锚固基座做法
5. 油漆品种、刷漆遍数</td><td>按设计图示尺寸以需要覆盖的水平投影面积计算</td><td>1. 膜布热压胶接
2. 支柱（网架）制作、安装
3. 膜布安装
4. 穿钢丝绳、锚头锚固
5. 锚固基座、挖土、回填
6. 刷防护材料、油漆</td></tr>
</table>

注:1. 瓦屋面若是在木基层上铺瓦,项目特征不必描述黏结层砂浆的配合比,瓦屋面铺防水层,按《房屋建筑与装饰工程工程量计算规范》(GB 50854—2013)表 J.2 屋面防水及其他中相关项目编码列项。

2. 型材屋面、阳光板屋面、玻璃钢屋面的柱、梁、屋架,按《房屋建筑与装饰工程工程量计算规范》(GB 50854—2013)附录 F 金属结构工程、附录 G 木结构工程中相关项目编码列项。

2. 屋面防水及其他工程量清单项目设置及工程量计算规则

屋面防水及其他工程量清单项目设置、项目特征描述的内容、计量单位及工程量计算规则,应按表 7.8.5 的规定执行。

表 7.8.5 屋面防水及其他(编号:010902)

项目编码	项目名称	项目特征	计量单位	工程量计算规则	工程内容
010902001	屋面卷材防水	1. 卷材品种、规格、厚度 2. 防水层数 3. 防水层做法按设计图示尺寸以面积计算	m^2	按设计图示尺寸以面积计算。 1. 斜屋顶(不包括平屋顶找坡)按斜面积计算,平屋顶按水平投影面积计算 2. 不扣除房上烟囱、风帽底座、风道、屋面小气窗和斜沟所占面积 3. 屋面的女儿墙、伸缩缝和天窗等处的弯起部分,并入屋面工程量内	1. 基层处理 2. 刷底油 3. 铺油毡卷材、接缝
010902002	屋面涂膜防水	1. 防水膜品种 2. 涂膜厚度、遍数 3. 增强材料种类			1. 基层处理 2. 刷基层处理剂 3. 铺布、喷涂防水层
010902003	屋面刚性层	1. 刚性层厚度 2. 混凝土种类 3. 混凝土强度等级 4. 嵌缝材料种类 5. 钢筋规格、型号		按设计图示尺寸以面积计算。不扣除房上烟囱、风帽底座、风道等所占面积	1. 基层处理 2. 混凝土制作、运输、铺筑、养护 3. 钢筋制安

（续表）

项目编码	项目名称	项目特征	计量单位	工程量计算规则	工程内容
010902004	屋面排水管	1. 排水管品种、规格 2. 雨水斗、山墙出水口品种、规格 3. 接缝、嵌缝材料种类 4. 油漆品种、刷漆遍数	m	按设计图示尺寸以长度计算。如设计未标注尺寸，以檐口至设计室外散水上表面垂直距离计算	1. 排水管及配件安装、固定 2. 雨水斗、山墙出水口、雨水箅子安装 3. 接缝、嵌缝 4. 刷漆
010902005	屋面排（透）气管	1. 排（透）气管品种、规格 2. 接缝、嵌缝材料种类 3. 油漆品种、刷漆遍数	m	按设计图示尺寸以长度计算	1. 排（透）气管及配件安装、固定 2. 铁件制作、安装 3. 接缝、嵌缝 4. 刷漆
010902006	屋面（廊、阳台）泄（吐）水管	1. 吐水管品种、规格 2. 接缝、嵌缝材料种类 3. 吐水管长度 4. 油漆品种、刷漆遍数	根（个）	按设计图示数量计算	1. 水管及配件安装、固定 2. 接缝、嵌缝 3. 刷漆
010902007	屋面天沟、檐沟	1. 材料品种、规格 2. 接缝、嵌缝材料种类	m^2	按设计图示尺寸以展开面积计算	1. 天沟材料铺设 2. 天沟配件安装 3. 接缝、嵌缝 4. 刷防护材料

（续表）

项目编码	项目名称	项目特征	计量单位	工程量计算规则	工程内容
010902008	屋面变形缝	1.嵌缝材料种类 2.止水带材料种类 3.盖缝材料 4.防护材料种类	m	按设计图示以长度计算	1.清缝 2.填塞防水材料 3.止水带安装 4.盖缝制作、安装 5.刷防护材料

注：1.屋面刚性层无钢筋，其钢筋项目特征不必描述。

2.屋面找平层按《房屋建筑与装饰工程工程量计算规范》（GB 50854—2013）附录L楼地面装饰工程"平面砂浆找平层"项目编码列项。

3.屋面防水搭接及附加层用量不另行计算，在综合单价中考虑。

4.屋面保温找坡层按《房屋建筑与装饰工程工程量计算规范》（GB 50854—2013）附录K保温、隔热、防腐工程"保温隔热屋面"项目编码列项。

3.墙面防水、防潮工程量清单项目设置及工程量计算规则

墙面防水、防潮工程量清单项目设置、项目特征描述的内容、计量单位及工程量计算规则，应按表7.8.6的规定执行。

表7.8.6 墙面防水、防潮（编号：010903）

项目编码	项目名称	项目特征	计量单位	工程量计算规则	工程内容
010903001	墙面卷材防水	1.卷材品种、规格、厚度 2.防水层数 3.防水层做法	m^2	按设计图示尺寸以面积计算	1.基层处理 2.刷黏结剂 3.铺防水卷材 4.接缝、嵌缝
010903002	墙面涂膜防水	1.防水膜品种 2.涂膜厚度、遍数 3.增强材料种类			1.基层处理 2.刷基层处理剂 3.铺布、喷涂防水层

（续表）

项目编码	项目名称	项目特征	计量单位	工程量计算规则	工程内容
010903003	墙面砂浆防水（防潮）	1. 防水层做法 2. 砂浆厚度、配合比 3. 钢丝网规格	m^2	按设计图示尺寸以面积计算	1. 基层处理 2. 挂钢丝网片 3. 设置分格缝 4. 砂浆制作、运输、摊铺、养护
010903004	墙面变形缝	1. 嵌缝材料种类 2. 止水带材料种类 3. 盖缝材料 4. 防护材料种类	m	按设计图示以长度计算	1. 清缝 2. 填塞防水材料 3. 止水带安装 4. 盖缝制作、安装 5. 刷防护材料

4. 楼（地）面防水、防潮工程量清单项目设置及工程量计算规则

楼（地）面防水、防潮工程量清单项目设置、项目特征描述的内容、计量单位及工程量计算规则，应按表7.8.7的规定执行。

表7.8.7　楼（地）面防水、防潮（编号：010904）

项目编码	项目名称	项目特征	计量单位	工程量计算规则	工程内容
010904001	楼（地）面卷材防水	1. 卷材品种、规格、厚度 2. 防水层数 3. 防水层做法 4. 反边高度	m^2	按设计图示尺寸以面积计算。 1. 楼（地）面防水：按主墙间净空面积计算，扣除凸出地面的构筑物、设备基础等所占面积，不扣除间壁墙及单个面积≤0.3m^2的柱、垛、烟囱和孔洞所占面积 2. 楼（地）面防水反边高度≤300mm算作地面防水，反边高度＞300mm按墙面防水计算	1. 基层处理 2. 刷黏结剂 3. 铺防水卷材 4. 接缝、嵌缝

(续表)

项目编码	项目名称	项目特征	计量单位	工程量计算规则	工程内容
010904002	楼(地)面涂膜防水	1. 防水膜品种 2. 涂膜厚度、遍数 3. 增强材料种类 4. 反边高度			1. 基层处理 2. 刷基层处理剂 3. 铺布、喷涂防水层
010904003	楼(地)面砂浆防水(防潮)	1. 防水层做法 2. 砂浆厚度、配合比 3. 反边高度			1. 基层处理 2. 砂浆制作、运输、摊铺、养护
010904004	楼(地)面变形缝	1. 嵌缝材料种类 2. 止水带材料种类 3. 盖缝材料 4. 防护材料种类	m	按设计图示以长度计算	1. 清缝 2. 填塞防水材料 3. 止水带安装 4. 盖缝制作、安装 5. 刷防护材料

注:1. 楼(地)面防水找平层按《房屋建筑与装饰工程工程量计算规范》(GB 50854—2013)附录L楼地面装饰工程"平面砂浆找平层"项目编码列项。

2. 楼(地)面防水搭接及附加层用量不另行计算,在综合单价中考虑。

5. 屋面及防水工程清单项目内容的说明

(1)概况。

屋面及防水工程共三节12个项目,包括瓦、型材屋面,屋面防水,墙、地面防水、防潮。适用于建筑物屋面工程。

(2)有关项目的说明。

①"瓦屋面"项目适用于小青瓦、平瓦、筒瓦、石棉水泥瓦、玻璃钢波形瓦等。

注意:

A. 屋面基层包括檩条、椽子、木屋面板、顺水条、挂瓦条等。

B. 木屋面板应明确启口、错口、平口接缝。

②"型材屋面"项目适用于压型钢板、金属压型夹心板、阳光板、玻璃钢等。应注意:型材屋面的钢檩条或木檩条,以及骨架、螺栓、挂钩等应包括在报价内。

③"膜结构屋面"项目适用于膜布屋面。

注意:

A. 工程量的计算按设计图示(图 7.8.7)尺寸以需要覆盖的水平投影面积计算。

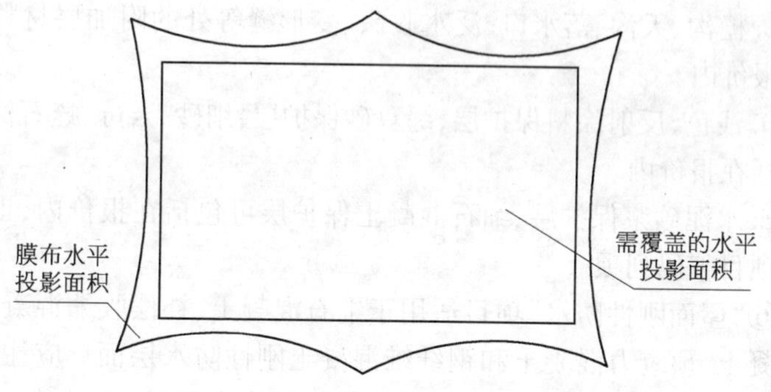

图 7.8.7　膜结构屋面工程量计算图

B. 支撑和拉固膜布的钢柱、拉杆、金属网架、钢丝绳、锚固的锚头等应包括在报价内。

C. 支撑柱的钢筋混凝土的柱基、锚固的钢筋混凝土基础以及地脚螺栓等按混凝土及钢筋混凝土相关项目编码列项。

④"屋面卷材防水"项目适用于利用胶结材料粘贴卷材进行防水的屋面。

注意:

A. 抹屋面找平层、基层处理(清理修补、刷基层处理剂)等应包括在报价内。

B. 檐沟、天沟、水落口、泛水收头、变形缝等处的卷材附加层应包括在报价内。

C. 浅色、反射涂料保护层，绿豆砂保护层，细砂、云母及蛭石保护层应包括在报价内。

D. 水泥砂浆保护层、细石混凝土保护层可包括在报价内，也可按相关项目编码列项。

⑤“屋面涂膜防水”项目适用于厚质涂料、薄质涂料和有加增强材料或未加增强材料的涂膜防水屋面。

注意：

A. 抹屋面找平层，基层处理（清理修补、刷基层处理剂等）应包括在报价内。

B. 需加强材料的应包括在报价内。

C. 檐沟、天沟、落水口、泛水收头、变形缝等处的附加层材料应包括在报价内。

D. 浅色、反射涂料保护层，绿豆砂保护层，细砂、云母、蛭石保护层应包括在报价内。

E. 水泥砂浆保护层、细石混凝土保护层可包括在报价内，也可按相关项目编码列项。

⑥“屋面刚性防水”项目适用于细石混凝土、补偿收缩混凝土、块体混凝土、预应力混凝土和钢纤维混凝土刚性防水层面。应注意：刚性防水屋面的分格缝、泛水、变形缝部位的防水卷材、密封材料、背衬材料、沥青麻丝等应包括在报价内。

⑦“屋面排水管”项目适用于各种排水管材（PVC 管、玻璃钢管、铸铁管等）。

注意：

A. 排水管、雨水口、箅子板、水斗等应包括在报价内。

B. 埋设管卡箍、裁管、接嵌缝应包括在报价内。

⑧“屋面天沟、沿沟”项目适用于水泥砂浆天沟、细石混凝土天沟、预制混凝土天沟板、卷材天沟、玻璃钢天沟、镀锌铁皮天沟等；塑料沿沟、镀锌铁皮沿沟、玻璃钢天沟等。

注意：

A. 天沟、沿沟固定卡件、支撑件应包括在报价内。

B. 天沟、沿沟的接缝、嵌缝材料应包括在报价内。

⑨“卷材防水、涂膜防水”项目适用于基础、楼地面、墙面等部位的防水。

注意:

A. 抹找平层、刷基础处理剂、刷胶黏剂、胶黏防水卷材应包括在报价内。

B. 特殊处理部位(如管道的通道部位)的嵌缝材料、附加卷材衬垫等应包括在报价内。

C. 永久保护层(如砖墙、混凝土地坪等)应按相关项目编码列项。

⑩“砂浆防水(潮)”项目适用于地下、基础、楼地面、墙面等部位的防水防潮。

注意:防水、防潮层的外加剂应包括在报价内。

⑪“变形缝”项目适用于基础、墙体、屋面等部位的抗震缝、温度缝(伸缩缝)、沉降缝。

注意:止水带安装及盖板制作、安装应包括在报价内。

(3)共性问题的说明。

①“瓦屋面”、“型材屋面”的木檩条、木椽子、木屋面板需刷防火涂料时,可按相关项目单独编码列项,也可包括在“瓦屋面”、“型材屋面”项目报价内。

②“瓦屋面”、“型材屋面”、“膜结构屋面”的钢檩条、钢支撑(柱、网架等)和拉结结构需刷防护材料时,可按相关项目单独编码列项,也可包括在“瓦屋面”、“型材屋面”、“膜结构屋面”项目报价内。

7.8.4　屋面及防水工程工程量清单计价编制示例

某膜结构公共汽车候车亭。

(1)业主要求每个公共汽车亭覆盖面积为 45 m^2,共 15 个候车亭,所以总覆盖面积为 675 m^2。均使用不锈钢支撑支架。

(2)投标人根据业主要求进行设计并报价。

①加强型 PVC 膜布制作、安装。

A. 人工费:$20.46\times675=13810.50$ 元

B. 材料费:$280.34\times675=189229.50$ 元

C. 机械费:8.75×675=5906.25元

D. 合计:208946.25元

②不锈钢支架、支撑、拉杆、法兰制作、安装(每个候车亭不锈钢钢材0.524t)。

A. 人工费:962.14×7.86=7562.42元

B. 材料费:43056.74×7.86=338425.98元

C. 机械费:653.32×7.86=5135.09元

D. 合计:351123.49元

③钢丝绳(1.65t)制作、安装。

A. 人工费:491.18×1.65=810.45元

B. 材料费:3245.61×1.65=5355.26元

C. 机械费:284.21×1.65=468.95元

D. 合计:6634.66元

④综合。

A. 直接费合计:566704.40元

B. 管理费:566704.40×12%=68004.53元

C. 利润:566704.40×5%=28335.22元

D. 总计:663044.15元

E. 综合单价:663044.15/675=982.29元/m^2

⑤现浇混凝土支架基础(每个候车亭基础0.27 m^3)。

A. 人工费:24.34×15=365.10元(包括挖土方)

B. 材料费:282.03×4.05=1142.22元

C. 机械费:21.33×4.05=86.39元

D. 合计:1593.71元

E. 管理费:1593.71×34%=541.86元

F. 利润:1593.71×8%=127.50元

G. 总计:2263.07元

H. 综合单价:2263.07/4.05=558.78元/m^3

分部分项工程量清单计价表

工程名称:候车亭　　　　　　　　　　　　　　　　　　第　页共　页

序号	项目编码	项目名称	计量单位	工程数量	金额(元)	
					综合单价	合价
	010901005	膜结构屋面 膜布:加强型 PVC 膜布、白色 支柱:不锈钢管支架支撑 钢丝绳:6 股 7 丝	m^2	675	982.29	663044.15
	010515001	现浇钢筋混凝土基础混凝土强度 C15	m^3	405	558.78	2263.07
		本页小计				
		合计				

分部分项工程量清单综合单价计算表

工程名称:候车亭　　　　　　　　　　　　计量单位:m^2

项目编码:010901005　　　　　　　　　　工程数量:675

项目名称:膜结构屋面　　　　　　　　　　综合单价:982.29 元

序号	定额编号	工程内容	单位	数量	其中:(元)					
					人工费	材料费	机械费	管理费	利润	小计
	投标人报价	加强型 PVC 膜布制作、安装	m^2	1.000	20.46	280.34	8.75	37.15	15.48	362.18
		不锈钢支架、支撑、拉杆、法兰制作、安装	t	0.012	11.20	501.37	7.61	62.42	26.01	608.61
		钢丝绳制作、安装	t	0.002	1.20	7.93	0.69	1.18	0.49	11.49
		合计			32.86	789.64	17.05	100.75	41.98	982.29

分部分项工程量清单综合单价计算表

工程名称:候车亭　　计量单位:m^3

项目编码:010901005　　工程数量:405

项目名称:膜结构屋面　　综合单价:558.78 元

序号	定额编号	工程内容	单位	数量	其中:(元)					
					人工费	材料费	机械费	管理费	利润	小计
	估算	现浇混凝土块基础	m^3	1.000	90.15	282.03	21.33	133.79	31.48	558.78
		合 计			90.15	282.03	21.33	133.79	31.48	558.78

7.9 防腐、隔热、保温工程量计算

7.9.1 防腐工程量计算规则

防腐工程工程量计算规则见表 7.9.1。

表 7.9.1 防腐工程量计算规则

序号	类别		说明
1	防腐工程量计算规则	计算规则	(1)防腐工程项目应区分不同防腐材料种类及其厚度,按设计实铺面积以"m^2"计算。应扣除凸出地面的构筑物、设备基础等所占的面积,砖垛等凸出墙面部分按展开面积计算并计入墙面防腐工程量之内。 (2)踢脚板按实铺长度乘以高度以"m^2"计算,应扣除门洞所占面积并相应增加侧壁展开面积。 (3)平面砌筑双层耐酸块料时,按单层面积乘以系数 2 计算。 (4)防腐卷材接缝、附加层、收头等人工材料,已计入在定额中,不再另行计算
		计算实例	实例:求如图 7.9.1 所示的酸池贴耐酸瓷砖、水玻璃耐酸砂浆砌工程量。 计算方法:工程量 $=3.5\times1.5+(3.5+1.5-0.08\times2)\times2\times(2-0.08)=23.84\ m^2$
2	定额说明		(1)整体面层、隔离层适用于平面、立面的防腐耐酸工程,包括沟、坑、槽。 (2)块料面层以平面砌为准,砌立面者按平面砌相应项目,人工乘以系数 1.38,踢脚板人工乘以系数 1.56,其他不变。

（续表）

序号	类别	说明
2	定额说明	(3)各种砂浆、胶泥、混凝土材料的种类、配合比及各种整体面层的厚度，如设计与定额不同时，可以换算，但其中各种块料面层的结合层砂浆或胶泥厚度不变。 (4)防腐工程的各种面层，除软聚氯乙烯塑料地面外，均不包括踢脚板。 (5)花岗岩板以六面剁斧的板材为准。如底面为毛面者，水玻璃砂浆增加 $0.38m^3$，耐酸沥青砂浆增加 $0.44\ m^3$

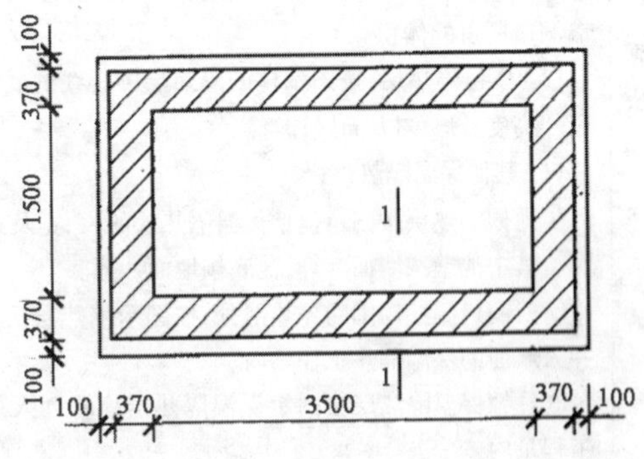

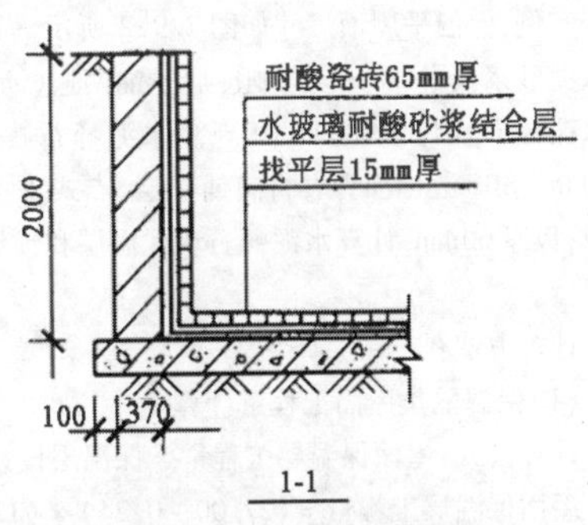

图 7.9.1　酸池示意图

7.9.2　保温隔热工程量计算规则

保温隔热工程量计算规则见表7.9.2。

表 7.9.2　保温隔热工程量计算规则

序号	类别		说明
1	保温隔热工程量计算规则	计算方法	(1)保温隔热层应区别不同保温隔热材料,除另有规定者外,均按设计实铺厚度以“m^3”计算。 (2)保温隔热层的厚度按隔热材料(不包括胶结材料)净厚度计算。 (3)地面隔热层按围护结构墙体间净面积乘以设计厚度以“m^3”计算,不扣除柱、垛所占的体积。 (4)墙体隔热层,外墙按隔热层中心线、内墙按隔热层净长线乘以图示尺寸的高度及厚度以“m^3”计算。应扣除冷藏门洞口和管道穿墙洞口所占的体积。 (5)柱包隔热层,按图示柱的隔热层中心线的展开长度乘以图示尺寸高度及厚度以“m^3”计算。 (6)其他保温隔热: ①池槽隔热层按图示池槽保温隔热层的长、宽及其厚度以“m^3”计算。其中池壁按墙面计算,池底按地面计算。 ②门洞口侧壁周围的隔热部分,按图示隔热层尺寸以“m^3”计算,并入墙面的保温隔热工程量内。 ③柱帽保温隔热层按图示保温隔热层体积并入顶棚保温隔热层工程量内
		计算实例	实例:保温平屋面尺寸如图 7.9.2 所示,做法如下:空心板上 1:3 水泥砂浆找平 20mm 厚,刷冷底子油两遍,沥青隔汽层一遍,8mm 厚水泥蛭石块保温屋,1:10 现浇水泥蛭石找坡,1:3 水泥砂浆找平 20mm,SBS 改性沥青卷材满铺一层,点式支撑预制混凝土架空隔热板,板厚 60mm,计算水泥蛭石块保温层和预制混凝土架空隔热板工程量。 计算方法: (1)保温隔热屋面工程量计算。 计算公式:屋面保温层工程量 = 保温层设计长度 × 设计宽度 屋面保温层工程量 = $(27.00-0.24)\times(12.00-0.24)+(10.00-0.24)\times(20.00-12.00)=392.78\ m^2$ (2)其他构件工程量计算。 计算公式:预制混凝土板架空隔热板工程量 = 设计长度 × 设计宽度 × 厚度 预制混凝土板架空隔热层工程量 = $(27.00-0.24)\times(12.00-0.24)+(10.00-0.24)\times(20.00-12.00)\times0.06=319.38m^3$

（续表）

序号	类别	说明
2	定额说明	(1)保温隔热工程定额适用于中、低温及恒温的工业厂(库)房隔热工程,以及一般保温工程。 (2)定额只包括保温隔热材料的铺贴,不包括隔汽防潮、保护层或衬墙等。 (3)隔热层铺贴,除松散的稻壳、玻璃棉、矿渣棉为散装外,其他保温材料均以石油沥青(30#)作胶结材料。 (4)稻壳已包括装前的筛选、除尘工序,稻壳中如需增加药物防虫剂时,材料另行计算,人工不变。 (5)玻璃棉、矿渣棉包装材料和人工均已包括在定额内。 (6)墙体铺贴块体材料,包括基层涂沥青一遍

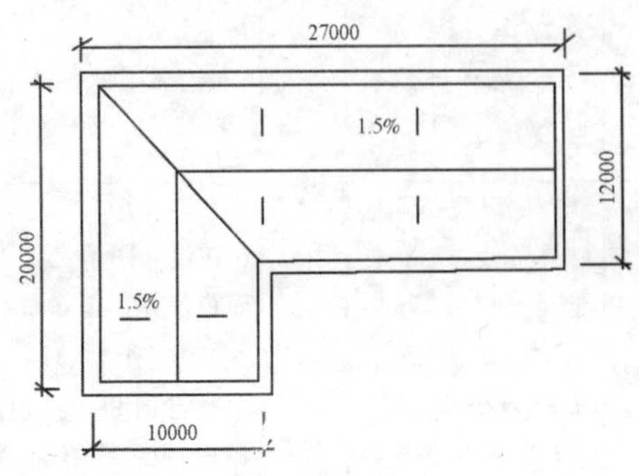

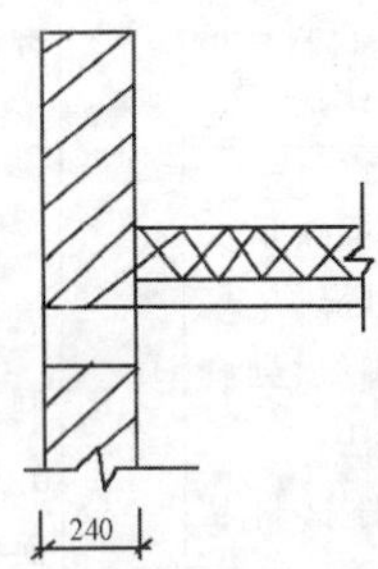

图7.9.2　保温平屋面示意图

7.9.3 防腐、隔热、保温工程量清单项目设置及工程量计算规则

1. 保温、隔热工程量清单项目设置及工程量计算规则

保温、隔热工程量清单项目设置、项目特征描述的内容、计量单位及工程量计算规则,应按表7.9.3的规定执行。

表7.9.3 保温、隔热(编号:011001)

<table>
<tr><th>项目编码</th><th>项目名称</th><th>项目特征</th><th>计量单位</th><th>工程量计算规则</th><th>工程内容</th></tr>
<tr><td>011001001</td><td>保温隔热屋面</td><td>1. 保温隔热材料品种、规格、厚度
2. 隔气层材料品种、厚度
3. 黏结材料种类、做法
4. 防护材料种类、做法</td><td rowspan="3">m²</td><td>按设计图示尺寸以面积计算。扣除面积>0.3m²的孔洞及占位面积</td><td rowspan="2">1. 基层清理
2. 刷黏结材料
3. 铺粘保温层
4. 铺、刷(喷)防护材料</td></tr>
<tr><td>011001002</td><td>保险隔热天棚</td><td>1. 保温隔热面层材料品种、规格、性能
2. 保温隔热材料品种、规格及厚度
3. 黏结材料种类及做法
4. 防护材料种类及做法</td><td>按设计图示尺寸以面积计算。扣除面积>0.3m²上柱、垛、孔洞所占面积,与天棚相连的梁按展开面积,计算并入天棚工程量内</td></tr>
<tr><td>011001003</td><td>保温隔热墙面</td><td>1. 保温隔热部位
2. 保温隔热方式
3. 踢脚线、勒脚线保温做法
4. 龙骨材料品种、规格
5. 保温隔热面层材料品种、规格、性能</td><td>按设计图示尺寸以面积计算。扣除门窗洞口以及面积>0.3m²的梁、孔洞所占面积;门窗洞口侧壁以及与墙相连的柱,并入保温墙体工程量内</td><td>1. 基层清理
2. 刷界面剂
3. 安装龙骨
4. 填贴保温材料
5. 保温板安装
6. 粘贴面层</td></tr>
</table>

（续表）

项目编码	项目名称	项目特征	计量单位	工程量计算规则	工程内容
011001004	保温柱、梁	1. 保温隔热材料品种、规格及厚度 2. 增强网及抗裂防水砂浆种类 3. 黏结材料种类及做法 4. 防护材料种类及做法	m^2	按设计图示尺寸以面积计算 1. 柱按设计图示柱断面保温层中心线展开长度乘保温层高度以面积计算，扣除面积 $>0.3m^2$ 的梁所占面积 2. 梁按设计图示梁断面保温层中心线展开长度乘保温层长度以面积计算	1. 铺设增强格网，抹抗裂、防水砂浆面层 2. 嵌缝 3. 铺、刷（喷）防护材料
011001005	保温隔热楼地面	1. 保温隔热部位 2. 保温隔热材料品种、规格、厚度 3. 隔气层材料品种、厚度 4. 黏结材料种类、做法 5. 防护材料种类、做法		按设计图示尺寸以面积计算。扣除面积 $>0.3m^2$ 的柱、垛、孔洞等所占面积。门洞、空圈、暖气包槽、壁龛的开口部分不增加面积	1. 基层清理 2. 刷黏结材料 3. 铺粘保温层 4. 铺、刷（喷）防护材料
011001006	其他保温隔热	1. 保温隔热部位 2. 保温隔热方式 3. 隔气层材料品种、厚度 4. 保温隔热面层材料品种、规格、性能 5. 保温隔热材料品种、规格及厚度 6. 黏结材料种类及做法 7. 增强网及抗裂防水砂浆种类 8. 防护材料种类及做法		按设计图示尺寸以展开面积计算。扣除面积 $>0.3m^2$ 的孔洞及占位面积	1. 基层清理 2. 刷界面剂 3. 安装龙骨 4. 填贴保温材料 5. 保温板安装 6. 粘贴面层 7. 铺设增强格网，抹抗裂、防水砂浆面层 8. 嵌缝 9. 铺、刷（喷）防护材料

注:1. 保温隔热装饰面层,按《房屋建筑与装饰工程工程量计算规范》(GB 50854—2013)附录 L、M、N、P、Q 中相关项目编码列项;仅做找平层按《房屋建筑与装饰工程工程量计算规范》(GB 50854—2013)附录 L 楼地面装饰工程"平面砂浆找平层"或附录 M 墙、柱面装饰与隔断、幕墙工程"立面砂浆找平层"项目编码列项。

2. 柱帽保温隔热应并入天棚保温隔热工程量内。

3. 池槽保温隔热应按其他保温隔热项目编码列项。

4. 保温隔热方式:指内保温、外保温、夹心保温。

5. 保温柱、梁适用于不与墙、天棚相连的独立柱、梁。

2. 防腐面层工程量清单项目设置及工程量计算规则

防腐面层工程量清单项目设置、项目特征描述的内容、计量单位及工程量计算规则,应按表 7.9.4 的规定执行。

表 7.9.4　防腐面层(编号:011002)

项目编码	项目名称	项目特征	计量单位	工程量计算规则	工程内容
011002001	防腐混凝土面层	1. 防腐部位 2. 面层厚度 3. 混凝土种类 4. 胶泥种类、配合比	m^2	按设计图示尺寸以面积计算。 1. 平面防腐:扣除凸出地面的构筑物、设备基础等以及面积 > 0.3m^2 的孔洞、柱、垛等所占面积,门洞、空圈、暖气包槽、壁龛的开口部分不增加面积 2. 立面防腐:扣除门、窗、洞口以及面积 > 0.3m^2 的孔洞、梁所占面积,门、窗、洞口侧壁、垛突出部分按展开面积并入墙面积内	1. 基层清理 2. 基层刷稀胶泥 3. 混凝土制作、运输、摊铺、养护
011002002	防腐砂浆面层	1. 防腐部位 2. 面层厚度 3. 砂浆、胶泥种类、配合比			1. 基层清理 2. 基层刷稀胶泥 3. 砂浆制作、运输、摊铺、养护
011002003	防腐胶泥面层	1. 防腐部位 2. 面层厚度 3. 胶泥种类、配合比			1. 基层清理 2. 胶泥调制、摊铺

（续表）

项目编码	项目名称	项目特征	计量单位	工程量计算规则	工程内容
011002004	玻璃钢防腐面层	1. 防腐部位 2. 玻璃钢种类 3. 贴布材料的种类、层数 4. 面层材料品种	m^2	按设计图示尺寸以面积计算。 1. 平面防腐：扣除凸出地面的构筑物、设备基础等以及面积 >0.3m^2 的孔洞、柱、垛等所占面积，门洞、空圈、暖气包槽、壁龛的开口部分不增加面积 2. 立面防腐：扣除门、窗、洞口以及面积 >0.3m^2 的孔洞、梁所占面积，门、窗、洞口侧壁、垛突出部分按展开面积并入墙面积内	1. 基层清理 2. 刷底漆、刮腻子 3. 胶浆配制、涂刷 4. 粘布、涂刷面层
011002005	聚氯乙烯板面层	1. 防腐部位 2. 面层材料品种、厚度 3. 黏结材料种类			1. 基层清理 2. 配料、涂胶 3. 聚氯乙烯板铺设
011002006	块料防腐面层	1. 防腐部位 2. 块料品种、规格 3. 黏结材料种类 4. 勾缝材料种类			1. 基层清理 2. 铺贴块料 3. 胶泥调制、勾缝
011002007	池、槽块料防腐面层	1. 防腐池、槽名称代号 2. 块料品种、规格 3. 黏结材料种类 4. 勾缝材料种类		按设计图示尺寸以展开面积计算	

注：防腐踢脚线，应按《房屋建筑与装饰工程工程量计算规范》(GB 50854—2013)附录I楼地面装饰工程“踢脚线”项目编码列项。

3. 其他防腐工程量清单项目设置及工程量计算规则

其他防腐工程量清单项目设置、项目特征描述的内容、计量单位及工程量计算规则，应按表7.9.5的规定执行。

表 7.9.5　其他防腐(编号:011003)

项目编码	项目名称	项目特征	计量单位	工程量计算规则	工程内容
011003001	隔离层	1. 隔离层部位 2. 隔离层材料品种 3. 隔离层做法 4. 粘贴材料种类	m^2	按设计图示尺寸以面积计算。 1. 平面防腐:扣除凸出地面的构筑物、设备基础等以及面积 > 0.3m^2 的孔洞、柱、垛等所占面积,门洞、空圈、暖气包槽、壁龛的开口部分不增加面积 2. 立面防腐:扣除门、窗、洞口以及面积 > 0.3m^2 的孔洞、梁所占面积,门、窗、洞口侧壁、垛突出部分按展开面积并入墙面积内	1. 基层清理、刷油 2. 煮沥青 3. 胶泥调制 4. 隔离层铺设
011003002	砌筑沥青浸渍砖	1. 砌筑部位 2. 浸渍砖规格 3. 胶泥种类 4. 浸渍砖砌法	m^3	按设计图示尺寸以体积计算	1. 基层清理 2. 胶泥调制 3. 浸渍砖铺砌
011003003	防腐涂料	1. 涂刷部位 2. 基层材料类型 3. 刮腻子的种类、遍数 4. 涂料品种、刷涂遍数	m^2	按设计图示尺寸以面积计算。 1. 平面防腐:扣除凸出地面的构筑物、设备基础等以及面积 > 0.3m^2 的孔洞、柱、垛等所占面积,门洞、空圈、暖气包槽、壁龛的开口部分不增加面积 2. 立面防腐:扣除门、窗、洞口以及面积 > 0.3m^2 的孔洞、梁所占面积,门、窗、洞口侧壁、垛突出部分按展开面积并入墙面积内	1. 基层清理 2. 刮腻子 3. 刷涂料

注:浸渍砖砌法指平砌、立砌。

4. 防腐、隔热、保温工程清单项目内容的说明与注意事项

(1)概况。

防腐、隔热、保温工程包括防腐面层和其他防腐、隔热、保温工程。适用于工业与民用建筑的基础、地面、墙面防腐,以及楼地面、墙体、屋盖的保温隔热工程。

(2)有关项目的说明。

1)"防腐混凝土面层"、"防腐砂浆面层"、"防腐胶泥面层"项目适用于平面或立面的水玻璃混凝土、水玻璃砂浆、水玻璃胶泥、沥青混凝土、沥青砂浆、沥青胶泥、树脂砂浆、树脂胶泥以及聚合物水泥砂浆等防腐工程。

注意:

① 因防腐材料不同价格上的差异,清单项目中必须列出混凝土、砂浆、胶泥的材料种类,如水玻璃混凝土、沥青混凝土等。

② 如遇池槽防腐,池底和池壁可合并列项,也可分为池底面积和池壁防腐面积,分别列项。

2)"玻璃钢防腐面层"项目适用于树脂胶料与增强材料(如玻璃纤维丝、玻璃纤维布、玻璃纤维表面毡、玻璃纤维短切毡或涤纶布、涤纶毡,丙纶布、丙纶毡等)复合塑制而成的玻璃钢防腐。

注意:

① 项目名称应描述构成玻璃钢、树脂和增强材料名称。如环氧酚醛(树脂)玻璃钢、酚醛(树脂)玻璃钢、环氧煤焦油(树脂)玻璃钢、环氧呋喃(树脂)玻璃钢、不饱和聚酯(树脂)玻璃钢等,以及增强材料玻璃纤维布、毡和涤纶布、毡等。

② 应描述防腐部位和立面、平面。

3)"聚氯乙烯板面层"项目适用于地面、墙面的软、硬聚氯乙烯板防腐工程。

注意:聚氯乙烯板的焊接应包括在报价内。

4)"块料防腐面层"项目适用于地面、沟槽及基础的各类块料防腐工程。

注意:

① 防腐蚀块料粘贴部位(地面、沟槽、基础、踢脚线)应在清单项目中进行描述。

② 防腐蚀块料的规格、品种(瓷板、铸石块、天然石板等)应在清

单项目中进行描述。

5)“隔离层”项目适用于楼地面的沥青类、树脂玻璃钢类防腐工程隔离层。

6)“砌筑沥青浸渍砖”项目适用于浸渍标准砖。工程量以体积计算,立砌按厚度 113 mm 计算,平砌以 53 mm 计算。

7)“防腐涂料”项目适用于建筑物、构筑物以及钢结构的防腐。

注意:

① 项目名称应对涂刷基层(混凝土、抹灰面)进行描述。

② 需刮腻子时应包括在报价内。

③ 应对涂料底漆层、中间漆层、面漆涂刷(或刮)遍数进行描述。

8)“保温隔热屋面”项目适用于各种材料的屋面隔热保温。

注意:

① 屋面保温隔热层上的防水层应按屋面的防水项目单独列项。

② 预制隔热板屋面的隔热板与砖墩分别按混凝土及钢筋混凝土工程和砌筑工程相关项目编码列项。

③ 屋面保温隔热的找坡、找平层应包括在报价内,如果屋面防水层项目包括找平层和找坡,则屋面保温隔热不再计算,以免重复。

9)“保温隔热顶棚”项目适用于各种材料的下贴式或吊顶上搁置式的保温隔热的顶棚。

注意:

① 下贴式如需底层抹灰时,应包括在报价内。

② 保温隔热材料需加药物防虫剂时,应在清单中进行描述。

10)“保温隔热墙”项目适用于工业与民用建筑物外墙、内墙保温隔热工程。

注意:

① 外墙内保温和外保温的面层应包括在报价内,装饰层应按装饰装修工程量清单中相关项目编码列项。

② 外墙内保温的内墙保温踢脚线应包括在报价内。

③ 外墙外保温、内保温及内墙保温的基层抹灰或刮腻子应包括在报价内。

(3)共性问题的说明。

① 防腐工程中需酸化处理时应包括在报价内。

② 防腐工程中的养护应包括在报价内。

③ 保温的面层应包括在项目内,面层外的装饰面层按装饰装修工程量清单中相关项目编码列项。

7.9.4　防腐、隔热、保温工程工程量清单计价编制实例

某玻璃钢防腐工程。

(1)业主根据施工图计算出玻璃钢防腐面层工程量清单见下表。

分部分项工程量清单

项目编码	项目名称	计量单位	工程数量
011002004	玻璃钢防腐面层	m^2	25.30

(2)工程量汇款单计价工料机分析表。

① 玻璃钢防腐面层分析表。

玻璃钢防腐面层分析表

项目编码:011002004　　　　(计量单位:100 m^2)

序号	工作内容(名称)	1. 清理基层 2. 刷底漆、刮腻子 3. 胶浆配制、涂刷 4. 粘布、涂刷面层			
		单位	单价(元)	消耗量	合价(元)
1	综合人工	工日	22.00	5.298	116.38
2	石英粉	kg	0.44	2.39	1.05
3	丙酮	kg	4.14	9.68	40.07
4	环氧树脂	kg	27.72	11.96	331.53
5	乙二胺	kg	14.00	0.84	11.76
6	其他材料费(占材料费)	%	384.41	2	7.69
7	轴流风机 7.5kW(小型)	台班	33.65	1	33.65
	合计	元			542.14

② 玻璃钢面层刮腻子(每层)分析表。

玻璃钢面层刮腻子(每层)分析表

项目编码:011002004　　　　(计量单位:100 m^2)

序号	工作内容(名称)	配制腻子及嵌刮			
		单位	单价(元)	消耗量	合价(元)
1	综合人工	工日	22.00	3.31	72.82
2	环氧树脂	kg	22.72	3.59	99.51
3	丙酮	kg	4.14	0.72	2.98
4	乙二胺	kg	14.00	0.25	3.50

（续表）

序号	工作内容(名称)	配制腻子及嵌刮			
		单位	单价(元)	消耗量	合价(元)
5	石英粉	kg	0.44	7.18	3.16
6	砂布	张	0.90	40	36.00
7	其他材料费(占材料费)	%	145.24	2	2.90
8	轴流风机 7.5kW	台班	33.65	1.6	53.84
	合计	元			274.71

③ 环氧玻璃钢贴布面层(贴布每层)分析表。

工程量清单计价工料机分析表

项目编码:011002004（计量单位:100 m^2）

序号	工作内容(名称)	1. 材料运输 2. 填料干燥、过筛 3. 胶浆配制、涂刷 4. 配制腻子及嵌刮 5. 贴布一层			
		单位	单价(元)	消耗量	合价(元)
1	综合人工	工日	22.00	44	968.00
2	环氧树脂	kg	27.72	17.94	497.30
3	丙酮	kg	4.14	6.09	25.21
4	乙二胺	kg	14.00	1.26	17.64
5	石英粉	kg	0.44	3.59	1.58
6	玻璃丝布	m^2	1.67	115	192.05
7	砂布	张	0.90	20	18.00
8	其他材料费(占材料费)	%	751.76	2	15.04
9	轴流风机 7.5kW	台班	33.65	5	168.25
	合计	元			1903.07

④ 环氧玻璃钢面漆(每层)。

工程量清单计价工料机分析表

项目编码:011002004（计量单位:100 m^2）

序号	工作内容(名称)	刮腻子、刷油漆			
		单位	单价(元)	消耗量	合价(元)
1	综合人工	工日	22.00	3.14	69.08

（续表）

序号	工作内容(名称)	刮腻子、刷油漆			
		单位	单价(元)	消耗量	合价(元)
2	环氧树脂	kg	27.72	11.96	331.53
3	丙酮	kg	4.14	4.29	17.76
4	乙二胺	kg	14.00	0.84	11.76
5	石英粉	kg	0.44	0.84	0.37
6	轴流风机7.5kW	台班	33.65	1.00	33.65
	合计	元			464.15

(3)工程量清单综合单价分析表。

工程量清单综合单价分析表

序号	项目编码	清单项目			计量单位		清单项目工程量		综合单价(元)		
	011002004	玻璃钢防腐面层			m^2		25.30		45.30		
	定额编号	子目名称	单位	工程量	子目综合单价分析(元)						合价(元)
					单价	人工费	材料费	机械使用费	管理费	利润	
1	10028	玻璃钢防腐面层	100 m^2	0.253	5.42	1.16	3.92	0.34	1.84	0.43	7.69
2	10029	玻璃钢面层刮腻子	100m^2	0.253	2.75	0.73	1.48	0.54	0.94	0.22	3.91
3	10030	环氧玻璃钢贴面面层	100m^2	0.253	19.03	9.68	7.67	1.68	6.47	1.52	27.02
4	10031	环氧玻璃钢面漆	100m^2	0.253	4.70	0.75	3.61	0.34	1.60	0.38	6.68
		子目合价									45.30

7.10 建筑工程工程量清单计价编制范例

××楼土建 工程

招标工程量清单

招 标 人：××市房地产开发公司（单位签字盖章）

造价咨询人：××× （单位盖章）

××××年××月××日

总说明

工程名称：××楼土建工程　　　　第　页　共　页

1. 工程概况：该工程建筑面积450m²，其主要使用功能为商住楼；层数三层。混合结构，建筑高度10.8 m，基础为钢筋混凝土独立基础和条型钢筋混凝土基础。屋面为刚柔防水。

2. 招标范围：土建工程。

3. 工程质量要求：优良工程。

4. 工程量清单编制依据：

4.1 由××市建筑工程设计事务所设计的施工图1套。

4.2 由××房地产开发公司编制的《××楼建筑工程施工招标书》、《××楼建筑工程招标答疑》。

4.3 工程量清单计量按照国际《建设工程工程量清单计价规范》编制。

5. 因工程质量要求优良，故所有材料必须持有市以上有关部门颁发的《产品合格证书》及价格在中档以上的建筑材料

分部分项工程量清单

工程名称：××楼土建工程　　　　第　页　共　页

序号	项目编码	项目名称	计量单位	工程数量
		A.1 土石方工程		
1	010101001001	平整场地，二类土，5 m运距	m²	150.000
2	010101002001	挖基础土方J-1，二类土，挖土度0.70 m，垫层底面积2.89m²，弃土±5 m以内	m³	11.872
3	010101002002	挖基础土方J-2，二类土，挖土度0.70 m，垫层底面积1.36m²，弃土±5 m以内	m³	3.750
4	010101002003	挖基础土方DL-1，二类土，挖土度0.70 m，垫层底宽0.7 m，弃土±5 m以内	m³	24.382
5	010101002004	挖基础土方DL-2，二类土，挖土度0.70 m，垫层底宽0.80 m，弃土±5 m以内	m³	6.250
6	010101002005	挖基础土方DL-3，二类土，挖土度0.55 m，垫层底宽0.35 m，弃土±5 m以内	m³	0.218
7	010101002006	挖基础土方DL-4，二类土，挖土度0.60 m，垫层底宽0.35 m，弃土±5 m以内	m³	0.416
8	010101002007	土方外运50 m	m³	37.253

（续表）

序号	项目编码	项目名称	计量单位	工程数量
9	010103001001	土石方回填,人工夯填,运距5 m,挖二类土	m^3	12.017
		A.2　桩与地基基础工程		
10	0103020013001	混凝土灌注桩(桩间净距小于4倍桩径),人工成孔桩桩径300 mm,三类土,55根	m	250.300
11	0103020013002	混凝土灌注桩(桩间净距小于4倍桩径),人工成孔桩桩径300 mm,三类土,6根	m	28.400
		A.3　砌筑工程		
12	010401001001	砖基础,C10混凝土垫层,MU10黏土砖,M10水泥砂浆,$H=0.65$ m	m^3	12.310
13	010401003001	实心砖墙,一、二层一砖墙,MU10黏土砖,M7.5混合砂浆,$H=3.6$ m	m^3	91.750
14	010401003002	实心砖墙,三层一砖墙,MU10黏土砖,M7.5混合砂浆,$H=3.3$ m	m^3	50.473
15	010401003003	实心砖墙,屋面一砖墙,MU10黏土砖,M7.5混合砂浆,$H=1.22$ m	m^3	26.746
16	010401003004	实心砖墙,一、二层1/2砖墙,MU10黏土砖,M7.5混合砂浆,$H=3.6$ m	m^3	1.863
17	010401003005	实心砖墙,三层1/2砖墙,MU10黏土砖,M7.5混合砂浆,$H=3.3$ m	m^3	0.806
18	010507006001	砖砌化粪池,垫层C25(0.2 m厚),MU10黏土砖,M7.5水泥砂浆,$H=1.5$ m	座	1.000
19	010401014001	砖砌明沟,沟截面尺寸:0.19 m×0.15 m,垫层C10(0.1 m厚),MU10黏土砖,M7.5混合砂浆	m	31.080

（续表）

序号	项目编码	项目名称	计量单位	工程数量
		A.4　混凝土及钢筋混凝土工程		
20	010501002001	带形基础（DL－1、DL－2），C20 砾 40，C10 混凝土垫层	m^3	16.310
21	010501002002	带形基础（DL－3、DL－4、基层梯口梁），C20 砾 40，C10 混凝土垫层	m^3	0.346
22	010501003001	独立基础，C20 砾 40，C10 混凝土垫层	m^3	5.786
23	010502001	矩形框架柱，截面尺寸：0.40 m×0.30 m，H＝11.03 m，C25 砾 40	m^3	4.987
24	010509001	矩形独立柱，截面尺寸：0.30 m×0.30 m，H＝4.22 m，C25 砾 40	m^3	1.706
25	010502002001	构造柱，两边有墙，截面尺寸：0.24 m×0.24 m，H＝11.03～13.31 m，C20 砾 40	m^3	5.164
26	010502002002	构造柱，三边有墙，截面尺寸：0.24 m×0.24 m，H＝11.03～13.31 m，C20 砾 40	m^3	3.470
27	010503002001	矩形梁，二层单梁，截面尺寸：0.25 m×(0.30～0.60)m，梁底标高平均 3.17 m，C20 砾 40	m^3	1.253
28	010503002002	矩形梁，三层单梁，截面尺寸：0.25 m×(0.30～0.60)m，梁底标高平均 6.57 m，C20 砾 40	m^3	5.146
29	010503002003	矩形梁，屋面单梁，截面尺寸：0.25 m×(0.30～0.60)m，梁底标高平均 9.90 m，C20 砾 40	m^3	5.570
30	010503004001	圈梁，二层，截面尺寸：0.24 m×0.24 m，梁底标高平均 3.23 m，C20 砾 40	m^3	2.216
31	010503004002	圈梁，三层，截面尺寸：0.24 m×0.24 m，梁底标高平均 6.93 m，C20 砾 40	m^3	2.932

（续表）

序号	项目编码	项目名称	计量单位	工程数量
32	010503004003	圈梁,屋面,截面尺寸:0.24 m×0.24 m,梁底标高平均10.23 m,C20砾40	m^3	4.370
33	010505001001	有梁板,二层,板厚0.10 m,板底标高3.36 m,C20砾40	m^3	15.153
34	010505001002	有梁板,三层,板厚0.10 m,板底标高7.06 m,C20砾40	m^3	0.803
35	010505001003	有梁板屋面,板厚0.10 m,板底标高10.37 m,C20砾40	m^3	3.130
36	010505003	平板,二层⑦~⑧轴/Ⓐ~Ⓓ轴,板厚0.10 m以内,板底标高3.36 m,C20砾40	m^3	1.530
37	010505007	天沟板,C20砾40	m^3	2.148
38	010505008	雨篷、阳台板,C20砾40	m^3	2.940
39	010505010	其他板预制板间现浇板带,C20砾40	m^3	1.325
40	010506001	直形楼梯,C20砾40	m^3	14.950
41	010507007001	其他构件(YP-1上小方柱),0.10m(长)×0.10m(宽)×0.20m(高),C20砾40	m^3	0.030
42	010507007002	其他构件(现浇YP-1压顶),0.15m(宽)×0.10m(厚),C20砾40	m	13.980
43	010507007003	其他构件(现浇屋顶压顶),0.24m(宽)×0.12m(厚),C20砾40	m	38.145
44	010507007004	屋面出入孔现浇钢筋混凝土,C2砾40	m^3	0.050
45	010507007005	其他构件(屋顶水箱),2.84m(长)×3.30m(宽)×0.95m(高),C30防水混凝土,抗渗等级S8	m^3	4.365
46	010507001	散水,混凝土C10砾40,厚0.06 m,面层水泥砂浆1∶2.5,厚0.02 m	m^2	22.734
47	010503005	过梁,C20砾40	m^3	1.670
48	010505009	空心板,C30砾10	m^3	15.298

（续表）

序号	项目编码	项目名称	计量单位	工程数量
49	010512008	沟盖板，C20 砾 20，0.49m（长）×0.32m（宽）×0.05m（厚）	m^3	0.753
50	010507007001	其他构件（污水池），C20 砾 10，0.50m（长）×0.50m（宽）×0.50m（高）×0.04m（厚）	m^3	0.143
51	010507007002	其他构件（漏空花格），C20 砾 10，0.30m（长）×0.30m（宽）×0.06m（厚）	m^3	0.040
52	010515001	现浇混凝土钢筋	t	10.532
53	010515002	预制构件钢筋	t	0.115
54	010515004	钢筋笼	t	1.518
55	010515005	“先张法”预应力钢筋	t	0.495
		A.5 钢构件工程		
56	010606013	零星钢构件、楼梯预埋铁件	t	0.044
		A.6 屋面及防水工程		
57	010901001	瓦屋面，木檩条，ϕ120 杉原木，小波石棉瓦	m^2	123.260
58	010902003	屋面刚性防水，1:2.5 水泥砂浆找平两次，C20 砾 10 混凝土，厚 40 mm，涂膜防水 1.5 mm 厚	m^2	112.750
59	010902004	屋面排水管，PVC 排水管 ϕ110，雨水斗、雨水口各 6 个	m	51.740
60	010902007	屋面天沟，宽 0.60 m，细石混凝土找坡平均厚度 0.039 m，聚氨酯涂膜防水 1.5 mm 厚	m^2	42.330
61	010904003	砂浆防水，水箱内粉防水砂浆，厚 0.02 m，水泥砂浆 1:2，掺 6% 防水粉	m^2	24.780
62	010903004	木檩与墙交接处变形缝，1:1:4 水泥、石灰、麻刀浆	m	32.140

措施项目清单

工程名称：××楼土建工程　　　　第　页　共　页

序号	项目名称	计量单位	工程数量
1	综合脚手架多层建筑物(层高在3.6 m以内),檐口高度在20 m以内	m^2	450
2	综合脚手架、外墙脚手架、翻挂、安全网增加费用	m^2	450
3	安全过道	m^2	75
4	垫层混凝土基础垫层模板摊销	m^2	16.02
5	现浇矩形支模超高增加费超过3.6 m每增加3 m	m^3	0.38
6	现浇单梁、连续梁支模超高增加费超过3.6 m每增加3 m	m^3	1.33
7	现浇有梁板支模超高增加费超过3.6 m每增加3 m	m^3	15.04
8	现浇平板、无梁板支模超高增加费超过3.6 m每增加3 m	m^3	1.93
9	桩试压	根	2
10	构件模板费用	按××省建筑工程定额计算	
11	垂直运输机械	按××省建筑工程定额计算	

零星工作项目表

工程名称：××楼土建工程　　　　第　页　共　页

序号	名称	计量单位	数量
1	人工		
2	材料		
3	机械		

附表

预制过梁表

门窗编号	门窗数量(樘)				过梁编号	混凝土用量	钢筋用量(kg)						
	1 层	2 层	3 层	合计			$\phi4$	$\phi6.5$	$\phi8$	$\phi10$	$\phi12$	$\phi12$	$\phi14$
M－3	2	2	1	5	CL08122	0.10	0.44	3.28	—	—	—	—	—
M－2	3	3	5	11	CL10244	0.47	2.38	—	—	—	32.04	—	—
M－3	1	1	1	3	CL08244	0.11	0.58	—	—	5.26	—	—	—
C－2	2	2	3	7	CL18243	0.69	6.83	—	12.61	—	—	—	38.62
C－3	2	2	2	6	CL07244	0.21	1.03	—	6.26	—	—	—	—
C－5	—	—	1	1	CL15243	0.09	0.81	1.03	—	—	—	3.80	—
合计						1.67	12.07	4.31	18.87	5.26	32.04	3.80	38.62

××楼土建　　　　　　　工程
工程量清单计价表

（标底）

招　　　标　　　人：××市房地产开发公司（单位盖章）

法　定　代　表　人：　　×××　　（签字盖章）

中介机构法定代表人：　　×××　　（签字盖章）

造价工程师及注册证号：　　×××　　（签字盖执业专用章）

编　　制　　时　　间：　　××年×月×日

总 说 明

工程名称:××楼土建工程(标底)　　　　第 页 共 页

1. 工程概况:该工程建筑面积 450m^2,其主要使用功能为商住楼;层数三层。混合结构,建筑高度:10.8 m,基础为钢筋混凝土独立基础和条型钢筋混凝土基础。屋面为刚柔防水。

2. 招标范围:土建工程。

3. 工程质量要求:优良工程。

4. 工期:120 天。

5. 编制依据:

5.1 由××市建筑工程设计事务所设计的施工图1套。

5.2 由××房地产开发公司编制的《××楼建筑工程施工招标书》、《××楼建筑工程招标答疑》。

5.3 工程量清单计量依据国标《建设工程工程量清单计价规范》编制。

5.4 工程量清单计价中的工、料、机数量参考当地建筑、水电安装工程定额;其工、料、机的价格参考省、市造价管理部门有关文件或近期发布的材料价格,并在调查市场价格后取定。

5.5 工程量清单计费列表参考如下:

序号	工程名称	费率名称(%)						
		规费			措施费			
		不可竞争费	养老保险	安全文明费	施工管理费	利润	临时设施费	冬、雨季施工增加费
1	土建	2.22	3.50	0.98	7.00	5.00	2.20	1.80

注:规费为施工企业规定必须收取的费用,其中不可预见费项目有工程排污费、工程定额测编费、工会经费、职工教育经费、危险作业意外伤害保险费、职工失业保险费、职工医疗保险费等。

5.6 税金按 3.413% 计取。

5.7 垂直运输机械采用卷扬机,费用按××省定额估价表中的规定计费。未考虑卷扬机进出场费。

5.8 脚手架采用钢脚手架。

5.9 模板中人工、材料用量按当地土建工程定额用量计算。如当地定额中模板制作、安装与混凝土捣制合在一个定额子目内,则参照建设部颁发的《全国统一建筑工程预算工程量计算规则》执行

单位工程费汇总表

工程名称：××楼土建工程(标底)　　　　第　页　共　页

序号	项目名称	金额(元)
1	分部分项工程量清单计价合计	150922.48
2	措施项目清单计价合计	50622.35
3	其他项目计价合计	—
4	规费	13503.50
5	税前造价	215048.33
6	税金	7339.60
	合计	222387.93

分部分项工程量清单计价表

工程名称：××楼土建工程(标底)　　　　第　页　共　页

序号	项目编码	项目名称	计量单位	工程数量	金额(元)	
					综合单价	合价
		A.1 土石方工程				
1	010101001001	平整场地，二类土，5 m运距	m^2	150.000	1.60	240.00
2	010101002001	挖基础土方 J-1，二类土，挖土度 0.70 m，垫层底面积 2.89m^2，弃土 ±5 m 以内	m^3	11.872	15.84	188.05
3	010101002002	挖基础土方 J-2，二类土，挖土度 0.70 m，垫层底面积 1.36m^2，弃土 ±5 m 以内	m^3	3.750	17.57	65.89

（续表）

序号	项目编码	项目名称	计量单位	工程数量	金额(元)	
					综合单价	合价
4	010101002003	挖基础土方 DL－1，二类土，挖土度 0.70 m，垫层底宽 0.7 m，弃土±5 m以内	m^3	24.382	15.04	366.71
5	010101002004	挖基础土方 DL－2，二类土，挖土度 0.70 m，垫层底宽 0.80 m，弃土±5 m 以内	m^3	6.250	15.48	96.75
6	010101002005	挖基础土方 DL－3，二类土，挖土度 0.55 m，垫层底宽 0.35 m，弃土±5 m 以内	m^3	0.218	12.53	2.73
7	010101002006	挖基础土方 DL－4，二类土，挖土度 0.60 m，垫层底宽 0.35 m，弃土±5 m 以内	m^3	0.416	13.25	5.51
8	010101002007	土方外运 50 m	m^3	37.253	5.84	217.56
9	010103001001	土石方回填，人工夯填，运距 5 m，挖二类土	m^3	12.017	9.38	112.72
A.2 桩与地基基础工程						
10	010302001001	混凝土灌注桩（桩间净距小于 4 倍桩径），人工成孔桩桩径 300 mm，三类土，55 根	m	250.300	33.25	8332.48
11	010302001002	混凝土灌注桩（桩间净距小于 4 倍桩径），人工成孔桩桩径 300 mm，三类土，6 根	m	28.400	31.18	885.51

（续表）

序号	项目编码	项目名称	计量单位	工程数量	金额（元）	
					综合单价	合价
A.3　砌筑工程						
12	010401001001	砖基础，C10 混凝土垫层，MU10 黏土砖，M10 水泥砂浆，$H=0.65$ m	m^3	12.310	183.57	2259.75
13	010401003001	实心砖墙，一、二层一砖墙，MU10 黏土砖，M7.5 混合砂浆，$H=3.6$ m	m^3	91.750	188.77	17319.65
14	010401003002	实心砖墙，三层一砖墙，MU10 黏土砖，M7.5 混合砂浆，$H=3.3$ m	m^3	50.473	188.77	9527.79
15	010401003003	实心砖墙，屋面一砖墙，MU10 黏土砖，M7.5 混合砂浆，$H=1.22$ m	m^3	26.746	188.77	5048.84
16	010401003004	实心砖墙，一、二层 1/2 砖墙，MU10 黏土砖，M7.5 混合砂浆，$H=3.6$ m	m^3	1.863	205.11	382.12
17	010401003005	实心砖墙，三层 1/2 砖墙，MU10 黏土砖，M7.5混合砂浆，$H=3.3$ m	m^3	0.806	205.11	165.32
18	010507006001	砖砌化粪池，垫层 C25（0.2m 厚），MU10 黏土砖，M7.5 水泥砂浆，$H=1.5$ m	座	1.000	3010.57	3010.57

（续表）

序号	项目编码	项目名称	计量单位	工程数量	金额(元)	
					综合单价	合价
19	010401014001	砖砌明沟，沟截面尺寸：0.19 m×0.15 m，垫层 C10（0.1 m 厚），MU10 黏土砖，M7.5 混合砂浆	m	31.080	31.09	966.28
A.4　混凝土及钢筋混凝土工程						
20	010501002001	带形基础（DL－1、DL－2），C20 砾 40，C10 混凝土垫层	m^3	16.310	243.17	3966.10
21	010501002002	带形基础（DL－3、DL－4、基层梯口梁），C20 砾 40，C10 混凝土垫层	m^3	0.346	372.48	128.88
22	010501003001	独立基础，C20 砾 40，C10 混凝土垫层	m^3	5.786	239.89	1388.00
23	010502001	矩形框架柱，截面尺寸：0.40 m×0.30 m，H=11.03 m，C25 砾 40	m^3	4.987	251.77	1255.58
24	010509001	矩形独立柱，截面尺寸：0.30 m×0.30 m，H=4.22 m，C25 砾 40	m^3	1.706	276.20	471.20
25	010502002001	构造柱，两边有墙，截面尺寸：0.24 m×0.24 m，H=11.03～13.31 m，C20 砾 40	m^3	5.164	241.74	1248.35

（续表）

序号	项目编码	项目名称	计量单位	工程数量	金额(元)	
					综合单价	合价
26	010502002002	构造柱,三边有墙,截面尺寸:0.24 m×0.24 m,H=11.03～13.31 m,C20 砾40	m^3	3.470	241.74	838.83
27	010503002001	矩形梁,二层单梁,截面尺寸:0.25 m×(0.30～0.60)m,梁底标高平均3.17 m,C20 砾40	m^3	1.253	245.21	307.25
28	010503002002	矩形梁,三层单梁,截面尺寸:0.25 m×(0.30～0.60)m,梁底标高平均6.57 m,C20 砾40	m^3	5.146	245.21	1261.85
29	010503002003	矩形梁,屋面单梁,截面尺寸:0.25 m×(0.30～0.60)m,梁底标高平均9.90 m,C20 砾40	m^3	5.570	245.21	1365.82
30	010503004001	圈梁,二层,截面尺寸:0.24 m×0.24 m,梁底标高平均3.23 m,C20 砾40	m^3	2.216	259.33	574.68
31	010503004002	圈梁,三层,截面尺寸:0.24 m×0.24 m,梁底标高平均6.93 m,C20 砾40	m^3	2.932	259.33	760.36

（续表）

序号	项目编码	项目名称	计量单位	工程数量	金额(元)	
					综合单价	合价
32	010503004003	圈梁，屋面，截面尺寸：0.24 m × 0.24 m，梁底标高平均 10.23 m，C20 砾 40	m^3	4.370	259.34	1133.27
33	010505001001	有梁板，二层，板厚 0.10 m，板底标高 3.36 m，C20 砾 40	m^3	15.153	232.96	3530.04
34	010505001002	有梁板，三层，板厚 0.10 m，板底标高 7.06 m，C20 砾 40	m^3	0.803	232.96	187.07
35	010505001003	有梁板屋面，板厚 0.10 m，板底标高 10.37 m，C20 砾 40	m^3	3.130	232.96	729.16
36	01050500	平板，二层⑦～⑧轴/④～Ⓓ轴，板厚 0.10 m以内，板底标高 3.36 m，C20 砾 40	m^3	1.530	237.25	362.99
37	010505007	天沟板，C20 砾 40	m^3	2.148	291.63	626.42
38	010505008	雨篷、阳台板，C20 砾 40	m^3	2.940	249.11	732.38
39	010505010	其他板预制板间现浇板带，C20 砾 40	m^3	1.325	196.08	259.81
40	010506001	直形楼梯，C20 砾 40	m^3	14.950	55.41	828.38
41	010507007001	其他构件（YP－1 上小方柱），0.10m（长）×0.10m（宽）×0.20m（高），C20 砾 40	m^3	0.030	315.67	9.47

（续表）

序号	项目编码	项目名称	计量单位	工程数量	金额(元)	
					综合单价	合价
42	010507007002	其他构件(现浇 YP－1 压顶)，0.15m(宽)×0.10m(厚)，C20 砾 40	m	13.980	3.39	47.39
43	010507007003	其他构件(现浇屋顶压顶)，0.24m(宽)×0.12m(厚)，C20 砾 40	m	38.145	4.10	156.39
44	010507007004	屋面出入孔现浇钢筋混凝土，C20 砾 40	m^3	0.050	315.80	15.79
45	010507007005	其他构件(屋顶水箱)，2.84m(长)×3.30m(宽)×0.95m(高)，C30 防水混凝土，抗渗等级 S8	m^3	4.365	276.93	1208.80
46	010507001	散水，混凝土 C10 砾 40，厚 0.06 m，面层水泥砂浆 1:2.5，厚 0.02 m	m^2	22.734	21.25	483.10
47	010503005	过梁，C20 砾 40	m^3	1.670	230.30	384.60
48	010505009	空心板，C30 砾 10	m^3	15.298	448.73	6864.67
49	010512008	沟盖板，C20 砾 20，0.49m(长)×0.32m(宽)×0.05m(厚)	m^3	0.753	205.43	154.69
50	010507007001	其他构件(污水池)，C20 砾 10，0.50m(长)×0.50m(宽)×0.50m(高)×0.04m(厚)	m^3	0.143	688.01	98.39

（续表）

序号	项目编码	项目名称	计量单位	工程数量	金额(元)	
					综合单价	合价
51	010507007002	其他构件(漏空花格),C20砾10,0.30m(长)×0.30m(宽)×0.06m(厚)	m^3	0.040	1012.75	40.51
52	010515001	现浇混凝土钢筋	t	10.532	3804.03	40064.04
53	010515002	预制构件钢筋	t	0.115	4023.14	462.66
54	010515004	钢筋笼	t	1.518	4251.41	6453.64
55	010515005	“先张法”预应力钢筋	t	0.495	4792.77	2372.42
A.5 钢构件工程						
56	010606013	零星钢构件、楼梯预埋铁件	t	0.044	4987.11	219.43
A.6　屋面及防水工程						
57	010901001	瓦屋面,木檩条,ϕ120杉原木,小波石棉瓦	m^2	123.260	36.93	4551.99
58	010902003	屋面刚性防水,1∶2.5水泥砂浆找平两次,C20砾10混凝土,厚40 mm,涂膜防水1.5 mm厚	m^2	112.750	83.07	9366.14
59	010902004	屋面排水管,PVC排水管ϕ110,雨水斗、雨水口各6个	m	51.740	33.71	1744.16

（续表）

序号	项目编码	项目名称	计量单位	工程数量	金额(元)	
					综合单价	合价
60	010902007	屋面天沟,宽0.60 m,细石混凝土找坡平均厚度0.039 m,聚氨酯涂膜防水1.5 mm厚	m^2	42.330	108.84	4607.20
61	010904003	砂浆防水,水箱内粉防水砂浆,厚0.02 m,水泥砂浆1∶2,掺6%防水粉	m^2	24.780	6.99	222.77
62	010903004	木檩与墙交接处变形缝,1∶1∶4水泥、石灰、麻刀浆	m	32.140	7.89	253.58
		合计				150922.48

措施项目清单计价表

工程名称：××楼土建工程(标底)　　　　第　页　共　页

序号	项目名称	金额(元)
1	综合脚手架多层建筑物(层高在3.6 m以内),檐口高度在20 m以内	3586.99
2	综合脚手架、外墙脚手架、翻挂、安全网增加费用	574.56
3	安全过道	1391.47
4	垫层混凝土基础垫层模板摊销	422.05
5	现浇矩形支模超高增加费超过3.6 m每增加3 m	13.54
6	现浇单梁、连续梁支模超高增加费超过3.6 m每增加3 m	88.45
7	现浇有梁板支模超高增加费超过3.6 m每增加3 m	1023.12
8	现浇平板、无梁板支模超高增加费超过3.6 m每增加3 m	110.34
9	桩试压2根	3360

（续表）

序号	项目名称	金额(元)
10	混凝土构件模板费用	24471.70
11	混凝土构件垂直运输机械(卷扬机)	2537.99
12	冬、雨季施工费	5868.96
13	临时设施费	7173.18
	合计	50622.35

其他项目清单计价表

工程名称: × ×楼土建工程(标底)　　　　第　页　共　页

序号	项目名称	金额(元)
1	招标人部分	
1.1	不可预见费	
1.2	工程分包和材料购置费	
1.3	其他	
2	投标人部分	
2.1	总承包服务费	
2.2	零星工作项目计价表	
2.3	其他	
	合计	

零星工作项目表

工程名称: × ×楼土建工程(标底)　　　　第　页　共　页

序号	名称	计量单位	数量	金额(元)	
				综合单价	合价
1	人工				
	小计				
2	材料				
	小计				
3	机械				
	小计				
	合计				

分部分项工程量清单综合单价分析表

工程名称：× ×楼土建工程(标底)　　　　第　页　共　页

序号	项目编号	项目名称	定额编号	工程内容	单位	数量	综合单价组成(元)					合价	综合单价(元)
							人工费	材料费	机械使用费	管理费	利润		
1	010101002001	挖基础土方 J－1				11.56						183.13	15.84
			01003(换)人工乘以1.25 系数	人工挖土二类土	$100m^3$	0.116	1064.25			74.50	53.21	138.27	
			02068	凿桩头	$10m^3$	0.023	1741.52			121.91	87.08	44.86	
2	010401003001	一、二层一砖墙			m^3	92.85						17 527.5	188.77
			04004(换)	一砖墙 M7.5 混合砂浆	$10m^3$	9.285	353.76	1139.81	159.48	136.89	97.78	17527.5	
3	010405001001	二层有梁板			m^3	15.04						3503.7	232.96
			05005(换)	有梁板厚 10 cm 以内	$10m^3$	1.504	611.93	1408.28	56.20	147.69	105.50	3503.72	
4	01051003001	预制过梁			m^3	1.67						384.60	230.31

（续表）

序号	项目编号	项目名称	定额编号	工程内容	单位	数量	综合单价组成(元)					合价	综合单价(元)
							人工费	材料费	机械使用费	管理费	利润		
			05095（换）	预制过梁现场制作	$10m^3$	0.168	210.34	1431.76	75.93	123.20	88.00	324.11	
			07058（换）	过梁安装不焊接	$10m^3$	0.168	014.87	30.32		9.46	6.76	25.44	
			07106	过缝接头灌缝	$10m^3$	0.167	57.86	125.11	4.54	13.04	9.32	35.05	
5	010902003001	刚性防水屋面			m^2	108.78						9036.33	83.07
			09019	20mm厚1∶2水泥砂浆找平	$100m^2$	2.176	171.60	451.81	77.50	48.69	34.78	1706.81	
			09022	40mm厚细石混凝土找平层	$100m^2$	1.088	240.68	680.23	140.27	73.01	52.15	1290.74	
			10044	聚氨酯涂膜防水屋面	$100m^2$	1.088	112.20	4714.16	129.31	346.90	247.78	6038.78	

主要材料价格表

工程名称：××楼土建工程(标底)　　　　第　页　共　页

序号	名称规格	单位	数量	单价(元)	合价(元)
1	圆钢 ϕ10 以内	kg	3.878	2.69	10.43
2	圆钢 ϕ10 以上	kg	0.784	2.70	2.12
3	冷拔低碳钢丝	kg	5.760	3.30	19.01
4	水泥 42.5 级	kg	54147.06	0.29	15702.65
5	水泥 42.5(R)级	kg	3963.30	0.36	1426.79
6	红青砖 240mm×115mm×53mm	千块	101.381	161.00	16322.34
7	水泥石棉小波瓦 1820mm×725mm	块	122.342	14.00	1712.79
8	水泥石棉脊瓦 850mm×360mm	块	17.489	333	58.24
9	粗净砂	m^3	46.398	35.79	1660.58
10	绿豆砂 3～5mm	m^3	0.337	44.00	14.83
11	中、粗砂(天然砂综合)	m^3	0.144	44.00	4.39
12	中净砂(过筛)	m^3	100.679	30.51	3522.76
13	砾石最大粒径 10mm	m^3	12.054	34.99	494.21
14	砾石最大粒径 20mm	m^3	0.626	35.00	21.91
15	砾石最大粒径 40 mm	m^3	82.249	35.02	2880.36
16	生石灰	kg	187.452	0.17	31.87
17	石灰膏	m^3	8.693	132.92	1155.47
18	铁件	kg	37.370	3.60	134.53
19	定型钢模	kg	0.019	7.20	0.14
20	组合钢模板	kg	7.747	3.95	30.60
21	支撑件(支撑钢管及扣件)	kg	57.098	3.80	216.97

（续表）

序号	名称规格	单位	数量	单价(元)	合价(元)
22	直角扣件	kg	64.448	3.20	206.23
23	对接扣件	kg	10.710	3.20	34.27
24	回转扣件	kg	12.053	3.20	38.57
25	水	t	109.632	1.02	111.82
26	竹架板(侧编)	m^2	41.415	11.50	476.27
27	竹架板(平编竹笆)	m^2	50.003	3.60	180.01
28	镀锌铁皮0.55mm厚(26#)	m^2	2.247	22.97	51.61
29	圆钢 $\phi6.5$	kg	1453.704	2.82	4099.45
30	圆钢 $\phi8$	kg	1957.074	2.82	5518.95
31	圆钢 $\phi10$	kg	402.492	2.67	1074.65
32	圆钢HPB235级 $\phi10$ 以内	kg	0.178	2.67	0.48
33	圆钢 $\phi10$ 以内	kg	209.664	2.67	559.80
34	圆钢 $\phi12$	kg	2419.032	2.67	6458.82
35	圆钢HRB335级 $\phi10$ 以上	kg	1310.400	2.67	3498.77
36	螺纹钢HRB335级 $\phi12$	kg	521.220	2.73	1422.93
37	螺纹钢HRB335级 $\phi14$	kg	321.300	2.73	877.15
38	螺纹钢HRB335级 $\phi16$	kg	1462.680	2.71	3963.86
39	螺纹钢HRB335级 $\phi18$	kg	1303.560	2.71	3532.65
40	螺纹钢HRB335级 $\phi20$	kg	652.800	2.71	1769.09
41	螺纹钢HRB335级 $\phi22$	kg	483.480	2.71	1310.23
42	冷拔低碳钢丝 $\phi5$ 以内	kg	559.170	3.33	1862.04
43	SBS改性沥青卷材	m^2	47.769	28.00	1337.53
44	石油沥青油毡350g	m^2	5.440	3.20	17.41
45	石油沥青30#	kg	52.194	1.67	87.16

××楼土建　　　工程

工程量清单计价表

招　　标　　人：××建筑公司　　（单位盖章）

法 定 代 表 人：×××　　（签字盖章）

造价工程师及注册证号：×××　　（签字盖执业专用章）

编　制　时　间：××年×月×日

投　标　总　价

建　设　单　位：　××市房地产开发公司

工　程　名　称：　××楼土建工程

投标总价（小写）：　216956.79 元

（大写）：贰拾壹万陆仟玖佰五拾陆元柒角玖分

招　　标　　人：　××建筑公司　（单位盖章）

法　定　代　表　人：　×××　　（签字盖章）

编　制　时　间：　××年×月×日

总 说 明

工程名称:××楼土建工程(标底)　　　　第　页　共　页

1. 编制依据:

1.1 建设方提供的××楼土建施工图、招标邀请书、招标答疑等一系列招标文件。

2. 编制说明:

2.1 经核算,建设方招标书中发布的“工程量清单”中的工程数量基本无误。

2.2 我公司编制的该工程施工方案,基本与标底的施工方案相似,所以措施项目与标底采用的一致。例:土方基坑挖深1 m以内,故在报价内也未考虑挖基坑的放坡费用。

2.3 经我公司实际进行市场调查后,建筑材料市场价格确定如下:

2.3.1 钢材:经我方掌握的市场信息,该材料价格趋上涨形式,故钢材报价在标底价的基础上上涨1%。

2.3.2 砂、石材料因该工程在远郊,且工程附近100 m处有一砂石场,故砂、石材料报价在标底价上下浮10%。

2.3.3 其他所有材料均在××市场建设工程造价主管部门发布的市场材料价格上下浮3%。

2.3.4 按我公司目前资金和技术能力,该工程各项施工费费率值取定如下:

序号	工程名称	费率名称(%)						
		规费			措施费			
		不可竞争费	养老保险	安全文明费	施工管理费	利润	临时设施费	冬、雨季施工增加费
1	土建	2.22	3.50	0.98	6.40	4.50	2.00	1.70

单位工程费汇总表

工程名称:××楼土建工程(标底)　　　　第　页　共　页

序号	项目名称	金额(元)
1	分部分项工程量清单计价合计	147590.05
2	措施项目清单计价合计	49032.67
3	其他项目计价合计	—
4	规费	13173.72
5	税前造价	209796.44
6	税金	7160.35
	合计	216956.79

分部分项工程量清单计价表

工程名称：××楼土建工程(标底)　　　　第　页　共　页

序号	项目编码	项目名称	计量单位	工程数量	金额(元)	
					综合单价	合价
		A.1　土石方工程				
1	010101001001	平整场地，二类土，5 m运距	m^2	150.000	1.59	238.50
2	010101002001	挖基础土方 J－1，二类土，挖土度 0.70 m，垫层底面积 2.89m^2，弃土 ±5 m 以内	m^3	11.872	15.69	186.27
3	010101002002	挖基础土方 J－2，二类土，挖土度 0.70 m，垫层底面积 1.36m^2，弃土 ±5 m 以内	m^3	3.750	17.39	65.21
4	010101002003	挖基础土方 DL－1，二类土，挖土度 0.70 m，垫层底宽 0.7 m，弃土 ±5 m 以内	m^3	24.382	14.89	363.05
5	010101002004	挖基础土方 DL－2，二类土，挖土度 0.70 m，垫层底宽 0.80 m，弃土 ±5 m 以内	m^3	6.250	15.33	95.81
6	010101002005	挖基础土方 DL－3，二类土，挖土度 0.55 m，垫层底宽 0.35 m，弃土 ±5 m 以内	m^3	0.218	12.42	2.71
7	010101002006	挖基础土方 DL－4，二类土，挖土度 0.60 m，垫层底宽 0.35 m，弃土 ±5 m 以内	m^3	0.416	13.11	5.45

（续表）

序号	项目编码	项目名称	计量单位	工程数量	金额(元)	
					综合单价	合价
8	010101002007	土方外运 50 m	m^3	37.253	5.78	215.32
9	010103001001	土石方回填,人工夯填,运距 5 m,挖二类土	m^3	12.017	9.29	111.64
A.2 桩与地基基础工程						
10	010302001	混凝土灌注桩(桩间净距小于 4 倍桩径),人工成孔桩桩径 300 mm,三类土,55 根	m	250.300	32.25	8072.18
11	010302002	混凝土灌注桩(桩间净距小于 4 倍桩径),人工成孔桩桩径 300 mm,三类土,6 根	m	28.400	30.19	857.40
A.3 砌筑工程						
12	010401001001	砖基础,C10 混凝土垫层, MU10 黏土砖, M10 水泥砂浆, H = 0.65 m	m^3	12.310	176.84	2176.90
13	010401003001	实心砖墙,一、二层一砖墙,MU10 黏土砖, M7.5 混合砂浆, H = 3.6 m	m^3	91.750	182.50	16744.38
14	010401003002	实心砖墙,三层一砖墙,MU10 黏土砖,M7.5 混合砂浆,H =3.3 m	m^3	50.473	182.50	9211.32

（续表）

序号	项目编码	项目名称	计量单位	工程数量	金额(元)	
					综合单价	合价
15	010401003003	实心砖墙，屋面一砖墙，MU10 黏土砖，M7.5 混合砂浆，$H=1.22$ m	m^3	26.746	182.50	4881.15
16	010401003004	实心砖墙，一、二层 1/2 砖墙，MU10 黏土砖，M7.5 混合砂浆，$H=3.6$ m	m^3	1.863	198.71	370.20
17	010401003005	实心砖墙，三层 1/2 砖墙，MU10 黏土砖，M7.5 混合砂浆，$H=3.3$ m	m^3	0.806	198.71	160.16
18	010507006001	砖砌化粪池，垫层 C25(0.2 m 厚)，MU10 黏土砖，M7.5 水泥砂浆，$H=1.5$ m	座	1.000	2945.50	2945.50
19	010401014001	砖砌明沟，沟截面尺寸 0.19 m×0.15 m，垫层 C10(0.1 m 厚)，MU10 黏土砖，M7.5 混合砂浆	m	31.080	29.95	930.85
A.4　混凝土及钢筋混凝土工程						
20	010501002001	带形基础(DL－1、DL－2)，C20 砾 40，C10 混凝土垫层	m^3	16.310	230.81	3764.51
21	010501002002	带形基础(DL－3、DL－4、基层梯口梁)，C20 砾 40，C10 混凝土垫层	m^3	0.346	356.73	123.43

（续表）

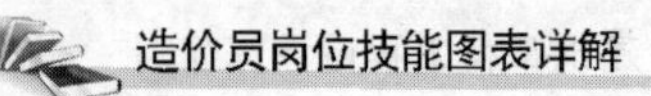

序号	项目编码	项目名称	计量单位	工程数量	金额(元)	
					综合单价	合价
22	010501003001	独立基础，C20 砾40，C10 混凝土垫层	m^3	5.786	227.83	1318.22
23	010502001	矩形框架柱，截面尺寸：0.40 m×0.30 m，H = 11.03 m，C25 砾 40	m^3	4.987	241.43	1204.01
24	010509001	矩形独立柱，截面尺寸：0.30 m×0.30 m，H = 4.22 m，C25 砾 40	m^3	1.706	265.62	453.15
25	010502002001	构造柱，两边有墙，截面尺寸：0.24 m×0.24 m，H = 11.03 ~ 13.31 m，C20 砾 40	m^3	5.164	231.76	1196.81
26	010502002002	构造柱，三边有墙，截面尺寸：0.24 m×0.24 m，H = 11.03 ~ 13.31 m，C20 砾 40	m^3	3.470	231.76	804.21
27	010503002001	矩形梁，二层单梁，截面尺寸：0.25 m×(0.30 ~ 0.60)m，梁底标高平均 3.17 m，C20 砾 40	m^3	1.253	235.23	294.74
28	010503002002	矩形梁，三层单梁，截面尺寸：0.25 m×(0.30 ~ 0.60)m，梁底标高平均 6.57 m，C20 砾 40	m^3	5.146	235.23	1210.49

（续表）

序号	项目编码	项目名称	计量单位	工程数量	金额(元)	
					综合单价	合价
29	010503002003	矩形梁，屋面单梁，截面尺寸：0.25 m×(0.30～0.60)m，梁底标高平均9.90 m，C20砾40	m^3	5.570	235.23	1310.23
30	010503004001	圈梁，二层，截面尺寸：0.24 m×0.24 m，梁底标高平均3.23 m，C20砾40	m^3	2.216	249.22	552.27
31	010503004002	圈梁，三层，截面尺寸：0.24 m×0.24 m，梁底标高平均6.93 m，C20砾40	m^3	2.932	249.23	730.74
32	010503004003	圈梁，屋面，截面尺寸：0.24 m×0.24 m，梁底标高平均10.23 m，C20砾40	m^3	4.370	249.23	1089.14
33	010505001001	有梁板，二层，板厚0.10 m，板底标高3.36 m，C20砾40	m^3	15.153	223.11	3380.79
34	010505001002	有梁板，三层，板厚0.10 m，板底标高7.06 m，C20砾40	m^3	0.803	223.11	179.16
35	010505001003	有梁板屋面，板厚0.10 m，板底标高10.37 m，C20砾40	m^3	3.130	223.11	698.33

（续表）

序号	项目编码	项目名称	计量单位	工程数量	金额(元)	
					综合单价	合价
36	010505003001	平板，二层⑦～⑧轴/④～Ⓓ轴，板厚0.10 m以内，板底标高3.36 m，C20砾40	m^3	1.530	227.37	347.88
37	010505007	天沟板，C20砾40	m^3	2.148	281.21	604.04
38	010505008	雨篷、阳台板，C20砾40	m^3	2.940	239.11	702.98
39	010505010	其他板预制板间现浇板带，C20砾40	m^3	1.325	186.60	247.25
40	010506001	直形楼梯，C20砾40	m^3	14.950	52.96	791.75
41	010507007001	其他构件（YP－1上小方柱），0.10m（长）×0.10m（宽）×0.20m（高），C20砾40	m^3	0.030	305.00	9.15
42	010507007002	其他构件（现浇YP－1压顶），0.15m（宽）×0.10m（厚），C20砾40	m	13.980	3.24	45.30
43	010507007003	其他构件（现浇屋顶压顶），0.24m（宽）×0.12m（厚），C20砾40	m	38.145	3.92	149.53
44	010507007004	屋面出入孔现浇钢筋混凝土，C2砾40	m^3	0.050	305.00	15.25
45	010507007005	其他构件（屋顶水箱），2.84m（长）×3.30m（宽）×0.95m（高），C30防水混凝土，抗渗等级S8	m^3	4.365	265.98	1161.00

（续表）

序号	项目编码	项目名称	计量单位	工程数量	金额(元)	
					综合单价	合价
46	010507001	散水,混凝土C10砾40,厚0.06 m,面层水泥砂浆1:2.5,厚0.02 m	m^2	22.734	20.53	466.73
47	010503005	过梁,C20砾40	m^3	1.670	219.72	366.93
48	010505009	空心板,C30砾10	m^3	15.298	433.58	6632.91
49	010512008	沟盖板,C20砾20,0.49m(长)×0.32m(宽)×0.05m(厚)	m^3	0.753	195.62	147.30
50	010507007001	其他构件(污水池),C20砾10,0.50m(长)×0.50m(宽)×0.50m(高)×0.04m(厚)	m^3	0.143	671.99	96.09
51	010507007002	其他构件(漏空花格),C20砾10,0.30m(长)×0.30m(宽)×0.06m(厚)	m^3	0.040	999.50	39.98
52	010515001	现浇混凝土钢筋	t	10.532	3794.26	39961.15
53	010515002	预制构件钢筋	t	0.115	4012.07	461.39
54	010515004	钢筋笼	t	1.518	4236.54	6431.07
55	010515005	“先张法”预应力钢筋	t	0.495	4780.89	2366.54
A.5　钢构件工程						
56	010606013	零星钢构件、楼梯预埋铁件	t	0.044	4942.89	217.49
A.6　屋面及防水工程						
57	010901001	瓦屋面,木檩条,ϕ120杉原木,小波石棉瓦	m^2	123.260	36.06	4444.76
58	010902003	屋面刚性防水,1:2.5水泥砂浆找平两次,C20砾10混凝土,厚40 mm,涂膜防水1.5 mm厚	m^2	112.750	81.53	9192.51

（续表）

序号	项目编码	项目名称	计量单位	工程数量	金额(元)	
					综合单价	合价
59	010902004	屋面排水管,PVC 排水管 ϕ110,雨水斗、雨水口各6个	m	51.740	33.31	1723.46
60	010902007	屋面天沟,宽0.60 m,细石混凝土找坡平均厚度0.039 m,聚氨酯涂膜防水1.5 mm厚	m^2	42.330	107.69	4558.52
61	010904003	砂浆防水,水箱内粉防水砂浆,厚0.02 m,水泥砂浆1:2,掺6%防水粉	m^2	24.780	8.72	216.08
62	010903004	木檩与墙交接处变形缝,1:1:4水泥、石灰、麻刀浆	m	32.140	7.81	251.01
		合计				147590.05

措施项目清单计价表

工程名称：××楼土建工程(标底)　　　　第　页　共　页

序号	项目名称	金额(元)
1	综合脚手架多层建筑物(层高在3.6 m以内),檐口高度在20 m以内	3550.40
2	综合脚手架、外墙脚手架、翻挂、安全网增加费用	568.92
3	安全过道	1377.61
4	垫层混凝土基础垫层模板摊销	417.59
5	现浇矩形支模超高增加费超过3.6 m每增加3 m	13.40
6	现浇单梁、连续梁支模超高增加费超过3.6 m每增加3 m	87.58
7	现浇有梁板支模超高增加费超过3.6 m每增加3 m	1013.07

（续表）

序号	项目名称	金额/元 1013.07
8	现浇平板、无梁板支模超高增加费超过3.6 m每增加3 m	109.25
9	桩试压2根	3327
10	混凝土构件模板费用	24231.35
11	混凝土构件垂直运输机械(卷扬机)	2513.06
12	冬、雨季施工费	5432.39
13	临时设施费	6391.05
	合计	49032.67

其他项目清单计价表

工程名称：××楼土建工程(标底)　　　　第　页　共　页

序号	项目名称	金额(元)
1	招标人部分	
1.1	不可预见费	
1.2	工程分包和材料购置费	
1.3	其他	
2	投标人部分	
2.1	总承包服务费	
2.2	零星工作项目计价表	
2.3	其他	
	合计	

零星工作项目表

工程名称：××楼土建工程(标底)　　　　第　页　共　页

序号	名称	计量单位	数量	金额(元)	
				综合单价	合价
1	人工				
	小计				
2	材料				
	机械				
3	机械				
	小计				
	合计				

分部分项工程量清单综合单价分析表

工程名称：××楼土建工程（标底）　　　　第　页　共　页

序号	项目编号	项目名称	定额编号	工程内容	单位	数量	综合单价组成（元）					合价	综合单价（元）
							人工费	材料费	机械使用费	管理费	利润		
1	010101002003	挖基础土方 DL－1			m^3	25.69						382.52	14.89
			01030（换）人工乘以1.25 系数	人工挖土二类土	$100m^3$	0.257	1064.25			68.11	47.89	303.33	
			02068	凿桩头	$10m^3$	0.041	1741.52			111.46	78.37	79.19	
2	010401001001	砖基础			m^3	11.2						1980.64	176.84
			04001	砖基础	m^3	1.12	272.36	1156.88	18.61	114.07	80.20	1839.18	
			10098	平面防水砂浆	$100m^3$	0.17	202.84	468.57	77.50	48.87	34.36	141.46	
3	010503002002	三层单梁			m^3	5.01						1178.52	235.23
4	010505009	预应力空心板			m^3	15.3						6633.7	433.58
			07002	空心板运输 5km	m^3	1.55	93.28	19.989	907.70	65.34	45.94	1754.98	

（续表）

序号	项目编号	项目名称	定额编号	工程内容	单位	数量	综合单价组成(元)					合价	综合单价（元）
							人工费	材料费	机械使用费	管理费	利润		
			07087（换）	空心板安装（卷扬机）	10 m^2	1.537	46.99	38.17		5.45	3.83	145.16	
			07112	空心板接头灌缝	10m^3	1.53	151.36	294.47	28.16	31.12	21.88	806.30	
5	010901001	瓦屋面			m^2	119.25						4299.67	36.06
			10005	小波石棉瓦	100m^2	1.193	108.90	1695.10	43.96	156.29	109.89	2522.17	
			08129	檩木原木	m^3	1.69	65.56	812.41	53.68	70.53	49.59	1777.50	

主要材料价格表

工程名称：××楼土建工程(标底)　　　　第　页　共　页

序号	名称规格	单位	数量	单价(元)	合价(元)
1	圆钢 ϕ10 以内	kg	3.878	2.59	10.04
2	圆钢 ϕ10 以上	kg	0.784	2.70	2.12
3	冷拔低碳钢丝	kg	5.760	3.30	19.01
4	水泥 42.5 级	kg	54147.06	0.28	15161.18
5	水泥 42.5(R)级	kg	3963.30	0.35	1387.16
6	红青砖 240mm×115mm×53mm	千块	10.381	156.17	15832.67
7	水泥石棉小波瓦 1820mm×725mm	块	122.342	13.58	1661.40
8	水泥石棉脊瓦 850mm×360mm	块	17.489	3.33	58.24
9	粗净砂	m^3	46.398	32.21	1494.48
10	绿豆砂 3～5 mm	m^3	0.337	44.00	14.83
11	中、粗砂(天然砂综合)	m^3	0.144	27.46	3.95
12	中净砂(过筛)	m^3	100.679	31.49	3170.38
13	砾石最大粒径 10mm	m^3	12.054	36.90	444.79
14	砾石最大粒径 20 mm	m^3	0.626	31.50	19.72
15	砾石最大粒径 40 mm	m^3	82.249	31.52	2592.49
16	生石灰	kg	187.452	0.16	29.99
17	石灰膏	m^3	8.693	128.93	1120.79
18	铁件	kg	37.370	3.48	130.05
19	定型钢模	kg	0.019	7.20	0.14
20	组合钢模板	kg	7.747	3.95	30.60
21	支撑件(支撑钢管及扣件)	kg	57.098	3.80	216.97
22	直角扣件	kg	64.448	3.20	206.23
23	对接扣件	kg	10.710	3.20	34.27
24	回转扣件	kg	12.053	3.20	38.57
25	水	t	109.632	1.02	111.82
26	竹架板(侧编)	m^2	41.415	11.50	476.27
27	竹架板(平编竹笆)	m^2	50.003	3.60	180.01

（续表）

序号	名称规格	单位	数量	单价(元)	合价(元)
28	镀锌铁皮 0.55 mm 厚(26#)	m^2	2.247	22.17	49.82
29	圆钢 ϕ6.5	kg	1453.704	2.84	4128.52
30	圆钢 ϕ8	kg	1957.074	2.84	5558.09
31	圆钢 ϕ10	kg	402.492	2.70	1086.73
32	圆钢 HPB235 级 ϕ10 以内	kg	0.178	2.70	0.48
33	圆钢 ϕ10 以内	kg	209.664	2.70	566.09
34	圆钢 ϕ12	kg	2419.032	2.70	6531.39
35	圆钢 HRB335 级 ϕ10 以上	kg	1310.400	2.70	3538.08
36	螺纹钢 HRB335 级 ϕ 12	kg	521.220	2.76	1438.57
37	螺纹钢 HRB335 级 ϕ14	kg	321.300	2.76	886.79
38	螺纹钢 HRB335 级 ϕ16	kg	1462.680	2.74	4007.74
39	螺纹钢 HRB335 级 ϕ18	kg	1303.560	2.74	3571.75
40	螺纹钢 HRB335 级 ϕ20	kg	652.800	2.74	1788.67
41	螺纹钢 HRB335 级 ϕ22	kg	483.480	2.74	1324.74
42	冷拔低碳钢丝 ϕ5 以内	kg	559.170	3.36	1878.81
43	SBS 改性沥青卷材	m^2	47.769	28.00	1337.53
44	石油沥青油毡 350g	m^2	5.440	3.20	17.41
45	石油沥青 30#	kg	52.194	1.67	87.16

第 8 章　建筑装饰装修工程工程量计算规则

8.1　楼地面工程工程量计算

8.1.1　楼地面工程工程量计算说明

楼地面工程工程量计算说明见表 8.1.1。

表 8.1.1　楼地面工程工程量计算说明

序号	类别	说明
1	消耗量定额工程量计算说明	(1)同一铺贴面上有不同种类、材质的材料,应分别按本章相应子目执行。 (2)扶手、栏杆、栏板适用于楼梯、走廊、回廊及其他装饰性栏杆、栏板。 (3)零星项目面层适用于楼梯侧面、台阶的牵边,小便池、蹲台、池槽以及面积在 $1m^2$ 以内且定额未列项目的工程。 (4)木地板填充材料,按照《全国统一建筑工程基础定额》相应子目执行。 (5)大理石、花岗石楼地面拼花按成品考虑。 (6)镶拼面积小于 $0.015m^2$ 的石材执行点缀定额
2	清单项目的划分	楼地面工程分为整体面层、块料面层、橡塑面层、其他材料面层、踢脚线、楼梯装饰、扶手、栏杆、栏板装饰、台阶装饰及零星装饰项目。 楼地面工程项目主要包括下列内容: (1)整体面层　整体面层包括水泥砂浆楼地面、现浇水磨石楼地面、细石混凝土楼地面、菱苦土楼地面。 (2)块料面层　块料面层包括石材楼地面、块料楼地面。 (3)橡塑面层　橡塑面层包括橡胶板楼地面、橡胶卷材楼地面、塑料板楼地面、塑料卷材楼地面。 (4)其他材料面层　其他材料面层包括楼地面地毯、竹木地板、防静电活动地板、金属复合地板。 (5)踢脚线　踢脚线包括水泥砂浆踢脚线、石材踢脚线、块料踢脚线、现浇水磨石踢脚线、塑料板踢脚线、木质踢脚线、金属踢脚线、防静电踢脚线。

（续表）

序号	类别	说明
2	清单项目的划分	(6)楼梯装饰　楼梯装饰包括石材料楼梯面层、块料楼梯面层、水泥砂浆楼梯面层、现浇水磨石楼梯面层、地毯楼梯面层、木板楼梯面层。 (7)扶手、栏杆、栏板装饰　扶手、栏杆、栏板装饰包括金属扶手带栏杆、栏板,硬木扶手带栏杆、栏板,塑料扶手带栏杆、栏板,金属靠墙扶手,硬木靠墙扶手,塑料靠墙扶手。 (8)台阶装饰　台阶装饰包括石材台阶面、块料台阶面、水泥砂浆台阶面、现浇水磨石台阶面、剁假石台阶面。 (9)零星装饰项目　零星装饰项目包括石材零星项目、碎拼石材零星项目、块料零星项目、水泥等零星项目

8.1.2　楼地面工程量计算规则

楼地面工程量计算规则见表 8.1.2。

表 8.1.2　楼地面工程量计算规则

序号	计算规则
1	地面垫层按室内主墙间净空面积乘以设计厚度以“m^3”计算。应扣除凸出地面的构筑物、设备基础、室内铁道、地沟等所占体积,不扣除柱、垛、间壁墙、附墙烟囱及面积在 $0.3m^2$ 以内的孔洞所占体积
2	整体面层、找平层均按主墙间净空面积以“m^2”计算。应扣除凸出地面的构筑物、设备基础、室内管道、地沟等所占面积,不扣除柱、垛、间壁墙、附墙烟囱及面积在 $0.3\ m^2$ 以内的孔洞所占面积,但门洞、空圈、暖气包槽、壁龛的开口部分亦不增加
3	块料面层,按图示尺寸实铺面积以“m^2”计算,门洞、空圈、暖气包槽和壁龛的开口部分的工程量并入相应的面层内计算
4	楼梯面层(包括踏步、平台以及小于 500mm 宽的楼梯井)按水平投影面积计算
5	台阶面层(包括踏步及最上一层踏步沿 300mm)按水平投影面积计算
6	其他: (1)踢脚板按“延长米”计算,洞口、空圈长度不予扣除,洞口、空圈、垛、附墙烟囱等侧壁长度亦不增加。 (2)散水、防滑坡道按图示尺寸以“m^2”计算。 (3)栏杆、扶手包括弯头长度按“延长米”计算。 (4)防滑条按楼梯踏步两端距离减 300mm 以“延长米”计算。 (5)明沟按图示尺寸以“延长米”计算

8.1.3 消耗量定额工程量计算规则

消耗量定额工程量计算规则见表8.1.3。

表8.1.3 消耗量定额工程量计算规则

序号	计算规则
1	楼地面装饰面积按饰面的净面积计算，不扣除0.1 m^2 以内的孔洞所占面积。拼花部分按实贴面积计算
2	楼梯面积（包括踏步、休息平台以及小于500mm宽的楼梯井）按水平投影面积计算
3	台阶面层（包括踏步及最上一层踏步沿300mm）按水平投影面积计算
4	踢脚线按实贴长乘高以“m^2”计算，成品踢脚线按实贴“延长米”计算。楼梯踢脚线按相应定额乘以1.15系数
5	点缀按“个”计算，计算主体铺贴地面面积时，不扣除点缀所占面积
6	零星项目按实铺面积计算
7	栏杆、栏板、扶手均按其中心线长度以“延长米”计算，计算扶手时不扣除弯头所占长度
8	弯头按“个”计算
9	石材底面刷养护液，按底面面积加4个侧面面积以“m^2”计算

注：本章所述的“消耗量定额”均指《全国统一建筑装饰装修工程消耗量定额》(GYD—901—2002)。

8.1.4 工程量清单项目设置及工程量计算规则

1. 整体面层及找平层工程量清单项目设置及工程量计算规则

整体面层及找平层工程量清单项目设置、项目特征描述的内容、计量单位及工程量计算规则，应按表8.1.4规定执行。

表 8.1.4　整体面层及找平层(编号:011101)

项目编码	项目名称	项目特征	计量单位	工程量计算规则	工程内容
011101001	水泥砂浆楼地面	1. 找平层厚度、砂浆配合比 2. 素水泥浆遍数 3. 面层厚度、砂浆配合比 4. 面层做法要求	m^2	按设计图示尺寸以面积计算。扣除凸出地面的构筑物、设备基础、室内铁道、地沟等所占面积，不扣除间壁墙及≤0.3m^2柱、垛、附墙烟囱及孔洞所占面积。门洞、空圈、暖气包槽、壁龛的开口部分不增加面积	1. 基层清理 2. 抹找平层 3. 抹面层 4. 材料运输
011101002	现浇水磨石楼地面	1. 找平层厚度、砂浆配合比 2. 面层厚度、水泥石子浆配合比 3. 嵌条材料种类、规格 4. 石子种类、规格、颜色 5. 颜料种类、颜色 6. 图案要求 7. 磨光、酸洗、打蜡要求			1. 基层清理 2. 抹找平层 3. 面层铺设 4. 嵌缝条安装 5. 磨光、酸洗打蜡 6. 材料运输
011101003	细石混凝土楼地面	1. 找平层厚度、砂浆配合比 2. 面层厚度、混凝土强度等级			1. 基层清理 2. 抹找平层 3. 面层铺设 4. 材料运输
011101004	菱苦土楼地面	1. 找平层厚度、砂浆配合比 2. 面层厚度 3. 打蜡要求			1. 基层清理 2. 抹找平层 3. 面层铺设 4. 打蜡 5. 材料运输
011101005	自流坪楼地面	1. 找平层砂浆配合比、厚度 2. 界面剂材料种类 3. 中层漆材料种类、厚度 4. 面漆材料种类、厚度 5. 面层材料种类			1. 基层处理 2. 抹找平层 3. 涂界面剂 4. 涂刷中层漆 5. 打磨、吸尘 6. 镘自流平面漆(浆) 7. 拌和自流平浆料 8. 铺面层
011101006	平面砂浆找平层	找平层厚度、砂浆配合比		按设计图示尺寸以面积计算	1. 基层清理 2. 抹找平层 3. 材料运输

注:1. 水泥砂浆面层处理是拉毛还是提浆压光应在面层做法要求中描述。

2. 平面砂浆找平层只适用于仅做找平层的平面抹灰。

3. 间壁墙指墙厚≤120mm 的墙。

4. 楼地面混凝土垫层另按《房屋建筑与装饰工程工程量计算规范》(GB 50854—2013)附录 E.1 垫层项目编码列项,除混凝土外的其他材料垫层按《房屋建筑与装饰工程工程量计算规范》(GB 50854—2013)表 D.4 垫层项目编码列项。

2. 块料面层工程量清单项目设置及工程量计算规则

块料面层工程量清单项目设置、项目特征描述的内容、计量单位及工程量计算规则,应按表 8.1.5 规定执行。

表 8.1.5　块料面层(编号:011102)

项目编码	项目名称	项目特征	计量单位	工程量计算规则	工程内容
011102001	石材楼地面	1. 找平层厚度、砂浆配合比 2. 结合层厚度、砂浆配合比 3. 面层材料品种、规格、颜色 4. 嵌缝材料种类 5. 防护层材料种类 6. 酸洗、打蜡要求	m^2	按设计图示尺寸以面积计算。门洞、空圈、暖气包槽、壁龛的开口部分并入相应的工程量内	1. 基层清理 2. 抹找平层 3. 面层铺设、磨边 4. 嵌缝 5. 刷防护材料 6. 酸洗、打蜡 7. 材料运输
011102002	碎石材楼地面				
011102003	块料楼地面				

注:1. 在描述碎石材项目的面层材料特征时可不用描述规格、颜色。

2. 石材、块料与黏结材料的结合面刷防渗材料的种类在防护层材料种类中描述。

3. 本表工作内容中的磨边指施工现场磨边,后面章节工作内容中涉及的磨边含义同。

3. 橡塑面层工程量清单项目设置及工程量计算规则

橡塑面层工程量清单项目设置、项目特征描述的内容、计量单位及工程量计算规则,应按表 8.1.6 规定执行。

表 8.1.6　橡塑面层(编号:011103)

项目编码	项目名称	项目特征	计量单位	工程量计算规则	工程内容
011103001	橡胶板楼地面	1. 黏结层厚度、材料种类 2. 面层材料品种、规格、颜色 3. 压线条种类	m^2	按设计图示尺寸以面积计算。门洞、空圈、暖气包槽、壁龛的开口部分并入相应的工程量内	1. 基层清理 2. 面层铺贴 3. 压缝条装订 4. 材料运输

注:本表项目中如涉及找平层,另按《房屋建筑与装饰工程工程量计算规范》(GB 50854—2013)表 L.1 找平层项目编码列项。

4. 其他材料面层工程量清单项目设置及工程量计算规则

其他材料面层工程量清单项目设置、项目特征描述的内容、计量单位及工程量计算规则,应按表 8.1.7 规定执行。

表 8.1.7　其他材料面层(编号:011104)

<table>
<tr><th>项目编码</th><th>项目名称</th><th>项目特征</th><th>计量单位</th><th>工程量计算规则</th><th>工程内容</th></tr>
<tr><td>011104001</td><td>地毯楼地面</td><td>1. 面层材料品种、规格、颜色
2. 防护材料种类
3. 黏结材料种类
4. 压线条种类</td><td rowspan="3">m^2</td><td rowspan="3">按设计图示尺寸以面积计算。门洞、空圈、暖气包槽、壁龛的开口部分并入相应的工程量内</td><td>1. 基层清理
2. 铺贴面层
3. 刷防护材料
4. 装钉压条
5. 材料运输</td></tr>
<tr><td>011104002</td><td>竹、木(复合)地板</td><td rowspan="2">1. 龙骨材料种类、规格、铺设间距
2. 基层材料种类、规格
3. 面层材料品种、规格、颜色
4. 防护材料种类</td><td rowspan="2">1. 基层清理
2. 龙骨铺设
3. 基层铺设
4. 面层铺贴
5. 刷防护材料
6. 材料运输</td></tr>
<tr><td>011104003</td><td>金属复合地板</td></tr>
</table>

（续表）

项目编码	项目名称	项目特征	计量单位	工程量计算规则	工程内容
011104004	防静电活动地板	1. 支架高度、材料种类 2. 面层材料品种、规格、颜色 3. 防护材料种类	m^2	按设计图示尺寸以面积计算。门洞、空圈、暖气包槽、壁龛的开口部分并入相应的工程量内	1. 基层清理 2. 固定支架安装 3. 活动面层安装 4. 刷防护材料 5. 材料运输

5. 踢脚线工程量清单项目设置及工程量计算规则

踢脚线工程量清单项目设置、项目特征描述的内容、计量单位及工程量计算规则，应按表 8.1.8 规定执行。

表 8.1.8　踢脚线（编号:011105）

<table>
<tr><th>项目编码</th><th>项目名称</th><th>项目特征</th><th>计量单位</th><th>工程量计算规则</th><th>工程内容</th></tr>
<tr><td>011105001</td><td>水泥砂浆踢脚线</td><td>1. 踢脚线高度
2. 底层厚度、砂浆配合比
3. 面层厚度、砂浆配合比</td><td rowspan="3">1. m^2
2. m</td><td rowspan="3">1. 以“m^2”计量，按设计图示长度乘高度以面积计算
2. 以“m”计量，按“延长米”计算</td><td>1. 基层清理
2. 底层和面层抹灰
3. 材料运输</td></tr>
<tr><td>011105002</td><td>石材踢脚线</td><td rowspan="2">1. 踢脚线高度
2. 粘贴层厚度、材料种类
3. 面层材料品种、规格、颜色
4. 防护材料种类</td><td rowspan="2">1. 基层清理
2. 底层抹灰
3. 面层铺贴、磨边
4. 擦缝
5. 磨光、酸洗、打蜡
6. 刷防护材料
7. 材料运输</td></tr>
<tr><td>011105003</td><td>块料踢脚线</td></tr>
</table>

（续表）

项目编码	项目名称	项目特征	计量单位	工程量计算规则	工程内容
011105004	塑料板踢脚线	1. 踢脚线高度 2. 黏结层厚度、材料种类 3. 面层材料种类、规格、颜色	1. m^2 2. m	1. 以“m^2”计量,按设计图示长度乘高度以面积计算 2. 以“m”计量,按“延长米”计算	1. 基层清理 2. 基层铺贴 3. 面层铺贴 4. 材料运输
011105005	木质踢脚线	1. 踢脚线高度 2. 基层材料种类、规格 3. 面层材料品种、规格、颜色			
011105006	金属踢脚线				
011105007	防静电踢脚线				

注:石材、块料与黏结材料的结合面刷防渗材料的种类在防护材料种类中描述。

6. 楼梯面层工程量清单项目设置及工程量计算规则

楼梯面层工程量清单项目设置、项目特征描述的内容、计量单位及工程量计算规则,应按表8.1.9规定执行。

表8.1.9　楼梯面层(编号:011106)

项目编码	项目名称	项目特征	计量单位	工程量计算规则	工程内容
011106001	石材楼梯面层	1. 找平层厚度、砂浆配合比 2. 黏结层厚度、材料种类 3. 面层材料品种、规格、颜色 4. 防滑条材料种类、规格 5. 勾缝材料种类 6. 防护材料种类 7. 酸洗、打蜡要求	m^2	按设计图示尺寸以楼梯(包括踏步、休息平台及≤500mm的楼梯井)水平投影面积计算。楼梯与楼地面相连时,算至梯口梁内侧边沿;无梯口梁者,算至最上一层踏步边沿加300mm	1. 基层清理 2. 抹找平层 3. 面层铺贴、磨边 4. 贴嵌防滑条 5. 勾缝 6. 刷防护材料 7. 酸洗、打蜡 8. 材料运输
011106002	块料楼梯面层				
011106003	拼碎块料面层				

（续表）

项目编码	项目名称	项目特征	计量单位	工程量计算规则	工程内容
011106004	水泥砂浆楼梯面层	1. 找平层厚度、砂浆配合比 2. 面层厚度、砂浆配合比 3. 防滑条材料种类、规格	m²	按设计图示尺寸以楼梯(包括踏步、休息平台及≤500mm的楼梯井)水平投影面积计算。楼梯与楼地面相连时,算至梯口梁内侧边沿;无梯口梁者,算至最上一层踏步边沿加300mm	1. 基层清理 2. 抹找平层 3. 抹面层 4. 抹防滑条 5. 材料运输
011106005	现浇水磨石楼梯面层	1. 找平层厚度、砂浆配合比 2. 面层厚度、水泥石子浆配合比 3. 防滑条材料种类、规格 4. 石子种类、规格、颜色 5. 颜料种类、颜色 6. 磨光、酸洗、打蜡要求			1. 基层清理 2. 抹找平层 3. 抹面层 4. 贴嵌防滑条 5. 磨光、酸洗、打蜡 6. 材料运输
011106006	地毯楼梯面层	1. 基层种类 2. 面层材料品种、规格、颜色 3. 防护材料种类 4. 黏结材料种类 5. 同定配件材料种类、规格			1. 基层清理 2. 铺贴面层 3. 固定配件安装 4. 刷防护材料 5. 材料运输
011106007	木板楼梯面层	1. 基层材料种类、规格 2. 面层材料品种、规格、颜色 3. 黏结材料种类 4. 防护材料种类			1. 基层清理 2. 基层铺贴 3. 面层铺贴 4. 刷防护材料 5. 材料运输
011106008	橡胶板楼梯面层	1. 黏结层厚度、材料种类 2. 面层材料品种、规格、颜色 3. 压线条种类			1. 基层清理 2. 面层铺贴 3. 压缝条装订 4. 材料运输
011106009	塑料板楼梯面层				

注:1. 在描述碎石材项目的面层材料特征时可不用描述规格、颜色。

2. 石材、块料与黏结材料的结合向刷防渗材料的种类在防护材料种类中描述。

7. 台阶装饰工程量清单项目设置及工程量计算规则

台阶装饰工程量清单项目设置、项目特征描述的内容、计量单位及工程量计算规则,应按表 8.1.10 规定执行。

表 8.1.10　台阶装饰(编号:011107)

项目编码	项目名称	项目特征	计量单位	工程量计算规则	工程内容
011107001	石材台阶面	1. 找平层厚度、砂浆配合比 2. 黏结材料种类 3. 面层材料品种、规格、颜色 4. 勾缝材料种类 5. 防滑条材料种类、规格 6. 防护材料种类	m^2	按设计图示尺寸以台阶(包括最上层踏步边沿加 300mm)水平投影面积计算	1. 基层清理 2. 抹找平层 3. 面层铺贴 4. 贴嵌防滑条 5. 勾缝 6. 刷防护材料 7. 材料运输
011107002	块料台阶面				
011107003	拼碎块料台阶面				
011107004	水泥砂浆台阶面	1. 找平层厚度、砂浆配合比 2. 面层厚度、砂浆配合比 3. 防滑条材料种类			1. 基层清理 2. 抹找平层 3. 抹面层 4. 抹防滑条 5. 材料运输
011107005	现浇水磨石台阶面	1. 找平层厚度、砂浆配合比 2. 面层厚度、水泥石子浆配合比 3. 防滑条材料种类、规格 4. 石子种类、规格、颜色 5. 颜料种类、颜色 6. 磨光、酸洗、打蜡要求			1. 清理基层 2. 抹找平层 3. 抹面层 4. 贴嵌防滑条 5. 打磨、酸洗、打蜡 6. 材料运输

（续表）

项目编码	项目名称	项目特征	计量单位	工程量计算规则	工程内容
011107006	剁假石台阶面	1. 找平层厚度、砂浆配合比 2. 面层厚度、砂浆配合比 3. 剁假石要求	m^2	按设计图示尺寸以台阶(包括最上层踏步边沿加300mm)水平投影面积计算	1. 清理基层 2. 抹找平层 3. 抹面层 4. 剁假石 5. 材料运输

注:1. 在描述碎石材项目的面层材料特征时可不用描述规格、颜色。

2. 石材、块料与黏结材料的结合面刷防渗材料的种类在防护材料种类中描述。

8. 零星装饰项目工程量清单项目设置及工程量计算规则

零星装饰项目工程量清单项目设置、项目特征描述的内容、计量单位及工程量计算规则,应按表8.1.11规定执行。

表8.1.11　零星装饰项目(编号:011108)

项目编码	项目名称	项目特征	计量单位	工程量计算规则	工程内容
011108001	石材零星项目	1. 工程部位 2. 找平层厚度、砂浆配合比 3. 黏结层厚度、材料种类 4. 面层材料品种、规格、颜色 5. 勾缝材料种类 6. 防护材料种类 7. 酸洗、打蜡要求	m^2	按设计图示尺寸以面积计算	1. 清理基层 2. 抹找平层 3. 面层铺贴、磨边 4. 勾缝 5. 刷防护材料 6. 酸洗、打蜡 7. 材料运输
011108002	拼碎石材料零星项目				
011108003	块料零星项目				
011108004	水泥砂浆零星项目	1. 工程部位 2. 找平层厚度、砂浆配合比 3. 面层厚度、砂浆厚度			1. 清理基层 2. 抹找平层 3. 抹面层 4. 材料运输

注:1. 楼梯、台阶牵边和侧面镶贴块料面层,不大于 0.5m^2 的少量分散的楼地面镶贴块料面层,应按本表执行。

2. 石材、块料与黏结材料的结合面刷防渗材料的种类在防护材料种类中描述。

8.1.5　楼地面工程工程量计算常用数据

1. 常用材料规格

楼地面常用材料的规格如下：

(1)大理石

①大理石定型产品规格见表 8.1.12。

表 8.1.12　大理石定型产品规格　(mm)

长	宽	厚	长	宽	厚
300	150	20	1200	900	20
300	300	20	305	152	20
400	200	20	305	305	20
400	400	20	610	305	20
600	300	20	610	610	20
600	600	20	915	610	20
900	600	20	1067	762	20
1070	750	20	1220	915	20
1200	600	20			

②花岗石粗磨和磨光规格见表 8.1.13。

表 8.1.13　花岗石粗磨和磨光规格　(mm)

长	宽	厚	长	宽	厚
300	300	20	305	305	20
400	400	20	610	305	20
600	300	20	610	610	20
600	100	20	915	610	20
900	600	20	1067	762	20
1070	750	20			

(2)陶瓷面砖及陶瓷锦砖

①陶瓷面砖是用瓷土加入添加剂经制模成型后烧结而成的。陶瓷面砖分为无釉哑光、彩釉、抛光三大类,常见的规格有 150mm × 150 mm × 10 mm、150 mm × 75 mm × 10 mm、150 mm × 150 mm × 15 mm、150 mm×75 mm×15 mm、150 mm×150 mm×8 mm、200 mm×200 mm×10 mm、200 mm×200 mm×15 mm 等。

②陶瓷锦砖，又称马赛克，是用优质土烧制而成的片状小瓷砖，并按各种图案粘贴在牛皮纸上。陶瓷锦砖按其形状分为正方形、长方形、梯形、正六边形和多边形等，正方形规格有 39 mm×39 mm×5 mm、23.6 mm×23.6 mm×5 mm、18.5 mm×18.5 mm×5 mm、15.2 mm×15.2 mm×4.5 mm，长方形规格有 39.0 mm×18.5 mm×5.0 mm，正六边形规格有边长为 25 mm、厚 5 mm 等。

(3)拼木地板

拼木地板是用水曲柳、柞木、核桃木、柚木等优质木材，经干燥处理后，加工成条状小木板，并经拼装后组成的富有纹理图案的地板。这种地板美观大方、色泽柔和、富有弹性、质感好，有温馨典雅的装饰效果。适用于高级楼宅、宾馆、别墅、商店、会议室、体育馆及家庭地面装饰。

拼木地板的拼接方法分为平面对缝地板条和凹凸拼缝地板条两种。其规格见表 8.1.14。

表 8.1.14　拼木地板条规格

序号	品种	规格
1	平面对缝地板条	24mm×120mm×8mm　30mm×150mm×10mm 30mm×120mm×10mm　37.5mm×250mm×15mm 50mm×150mm×10mm　50mm×300mm×12mm 50mm×300mm×18mm
2	凹凸边拼缝地板条	50mm×300mm×20mm　50mm×300mm×23mm

(4)地毯

地毯是将羊毛、丙纶纤维、腈纶纤维、尼龙纤维，经机织法或簇绒法制成面层，再与麻布底层粘接加工而成。地毯按纺织方法分为机织地毯和簇绒地毯两大类。机织地毯耐磨性高于簇绒地毯，常用于商场、宾馆、影剧院等人流量较大的场所；而簇绒地毯多用于宾馆客房、小会议室、居室等人流量较小的场所。

地毯按表面形式分为毛圈地毯、剪绒地毯、毛圈剪绒结合地毯三种。毛圈地毯耐磨性好但弹性不够，因而多用于厅堂、走廊、通道等人

流较大的场所；剪绒地毯正相反，弹性较好而耐磨性不够，因而多用于房间等人流较小的场所；毛圈剪绒结合地毯兼有耐磨和弹性好双重优点，因此适用面较广。地毯的品种规格见表 8.1.15。

表 8.1.15　常用地毯品种规格

序号	品种	规格(mm)	毛高(mm)
1	羊毛地毯	1000 ~ 2000	8 ~ 15
2	丙纶毛圈地毯	2000 ~ 4000	5 ~ 8
3	丙纶剪绒地毯	2000 ~ 4000	5 ~ 8
4	丙纶机织地毯	2000 ~ 4000	6 ~ 10
5	腈纶毛圈地毯	2000 ~ 4000	5 ~ 8
6	腈纶剪绒地毯	2000 ~ 4000	5 ~ 8
7	腈纶机织地毯	2000 ~ 4000	6 ~ 10
8	进口簇绒丙纶地毯	3660 ~ 4000	7 ~ 10
9	进口机织尼龙地毯	3660 ~ 4000	8 ~ 15
10	进口羊毛地毯	3660 ~ 4000	8 ~ 15
11	进口腈丙纶羊毛混纺地毯	3660 ~ 4000	6 ~ 10

2. 主材用量计算

(1)水泥砂浆。

单位体积水泥砂浆中各材料用量分别由下列各式确定：

$$砂子用量\ q_a = \frac{c}{\sum f - c \times C_p}(m^3)$$

$$水泥用量\ q_b = \frac{a \times r_a}{c} \times q_c(kg)$$

式中　a、b ——水泥、砂之比，即 $a:b$ = 水泥: 砂；

$\sum f$ ——配合比之和；

C_p ——砂空隙率(%)，$C_p = (1 - \frac{r_o}{r_c}) \times 100\%$；

r_a ——水泥容重(kg/m^3)，可按 1200kg/m^3 计；

r_o ——砂比重，按 2650kg/m^3 计；

r_c ——砂容重，按 1550kg/m^3 计。

则　$C_p = (1 - \dfrac{1550}{2650}) \times 100\% = 41\%$

当砂用量超过 $1m^3$ 时,因其空隙容积已大于灰浆数量,均按 $1m^3$ 计算。

(2)特种砂浆。

特种砂浆包括耐酸、防腐、不发火沥青砂浆等。它们的配合比均按质量比计算。

设甲、乙、丙三种材料比重分别为 A、B、C,配合比分别为 a、b、c,则材料百分比系数:$G = \dfrac{1}{a+b+c} \times 100\%$;甲材料质量比:$\tau_b = G \times a$;乙材料质量比:$\tau_b = G \times b$;丙材料质量比:$\tau_c = G \times c$。

$$q - \frac{1000}{\dfrac{\tau_a}{A} + \dfrac{\tau_b}{B} + \dfrac{\tau_c}{C}}(\mathrm{kg})$$

配合后每 $1m^3$ 砂浆质量:甲材料用量:$q_a = q \times \tau_a = q \times G \times a$

乙材料用量:$q_b = q \times \tau_b = q \times G \times b$

丙材料用量:$q_c = q \times \tau_c = q \times G \times c$

对特种砂浆中任意一种材料 i,每 $1m^3$ 的用量为

$$q_i = q \times \tau_i = q \times G \times i$$

上述过程计算出的材料用量为净用量,未考虑损耗。

特种砂浆所需材料的密度可由表 8.1.16 查得。

表 8.1.16　特种砂浆所需材料密度表

材料名称	密度(g/cm^3)	备注	材料名称	密度(g/cm^3)	备注
辉绿岩粉	2.5		重晶石英粉	4.3	
石英粉	2.7		石灰石砂	2.5	
石英砂	2.7		砂	2.65	
耐酸水泥	3.0	108 胶	普通水泥	3.1	
过氯乙烯清漆	1.25	普通沥青	石油沥青	1.1	耐酸砂浆用
聚乙烯醇甲醛	1.05	砂浆用	煤沥青	1.2	
滑石粉	2.6		煤焦油	1.1	
氟硅酸钠	2.75		石灰膏	1.35	
石油沥青	1.05		水玻璃	1.36～1.5	

(3)垫层材料。

① 质量比计算方法(配合比以质量比计算)。

$$压实系数=\frac{虚铺厚度}{压实厚度}$$

$$混合物质量=\frac{1000}{\frac{甲材料占百分率}{甲材料容量}+\frac{乙材料占百分率}{乙材料容量}+\cdots\cdots}$$

材料用量 = 混合物质量 × 压实系数 × 材料占百分率 ×(1 + 损耗率)

② 体积比计算方法(配合比以体积比计算)。

每1 m^3材料用量 = 每1 m^3的虚体积 × 材料占配合比百分率

每1 m^3的虚体积 = 1 × 压实系数

$$材料占配合比百分率=\frac{甲(乙\cdots\cdots)材料之配合比}{甲材料之配合比+乙材料之配合比+\cdots\cdots}$$

材料实体积 = 材料占配合比百分率 ×(1 − 材料孔隙率)

$$材料孔隙率=\left(1-\frac{材料容量}{材料密度}\right)\times100\%$$

③ 灰土地体积比计算公式。

$$每1\ m^3灰土的石灰或黄土的用量=\frac{虚铺厚度}{压实厚度}\times\frac{石灰或黄土的配合比}{石灰、黄土配合比之和}$$

每1 m^3灰土所需生石灰(kg) = 石灰的用量(m^3) × 每1 m^3粉化灰需用生石灰的量(取石灰粉:块末 =1 : 4)

④ 砂、碎(砾)石等单一材料的垫层用量计算公式。

定额用量 = 定额单位 × 压实系数 ×(1 + 损耗率)

$$压实系数=\frac{压实厚度}{虚铺厚度}$$

对于砂垫层材料用量的计算,按上述公式计算得出干砂后,需另加中粗砂的含水膨胀系数21%。

⑤ 碎(砾)石、毛石或碎砖灌浆垫层材料用量的计算。

碎(砾)石、毛石或碎砖的用量与干铺垫层用量计算相同,其灌浆所需的砂浆用量则按下列公式计算:

$$砂浆用量=\frac{碎(砾)石、毛石或碎砖相对密度-碎(砾)石、毛石或碎砖容量\times压实系数}{碎(砾)石、毛石或碎砖的相对密度\times填充密度(80\%)(1+损耗率)}$$

(4)块材面层材料。

块料饰面工程中的主要材料即指表面装饰块料，一般都有特定规格，因此可以根据装饰面积和规格块料的单块面积，计算出块料数量。

当缺少某种块料的定额资料时，它的用量确定可以按照实物计算法计算。即根据设计图纸计算出装饰面的面积，除以一块规格块料（包括拼缝）的面积，求得块料净用量，再考虑一定的损耗量，即可得出该种装饰块料的总用量。每 100m^2 块料面层的材料用量按下式计算：

$$Q_t = q(1+\eta) = \frac{100}{(1+\delta)(b+\delta)} \cdot (1+\eta)$$

式中　q——规格块料净用量；

i——规格块料长度（m）；

b——规格块料宽度（m）；

δ——拼缝宽（m）；

η——损耗率。

结合层用料量 = 100 m^2 × 结合层厚度 ×（1 + 损耗率）

找平层用料量同上。

灰缝材料用量 =（100 m^2 − 块料长 × 块料宽 × 100m^2 块料净用量）× 灰缝深 ×（1 + 损耗率）

（5）配合比用料量。

玛琋脂配合比用料量计算：

$$\text{石油沥青玛琋脂每 } 1\text{m}^3 \text{ 容量} = \frac{1}{\dfrac{\text{石油沥青百分比}}{\text{石油沥青密度}} + \dfrac{\text{滑石粉百分比}}{\text{滑石粉密度}}} \times 1000$$

$$\text{煤沥青玛琋脂每 } 1\text{m}^3 \text{ 容量} = \frac{1}{\dfrac{\text{煤沥青百分比}}{\text{煤沥青密度}} + \dfrac{\text{煤焦油百分比}}{\text{煤焦油密度}} + \dfrac{\text{桐油百分比}}{\text{桐油密度}} + \dfrac{\text{滑石粉百分比}}{\text{滑石粉密度}}}$$

3. 块料面层结合层和底层找平层参考厚度

块料面层结合层和底层找平层参考厚度见表 8.1.17。

表 8.1.17　块料面层结合层和底层找平层参考厚度　　（mm）

序号	项目			块料规格	炭缝		结合层厚	底层找平层
					宽	深		
1	方整石	砂缝砂结合层		200×300×120	5	120	20	
2		砂浆缝砂浆结合层		200×800×120	5	120	15	
3	红（青）砖	砂缝砂结合层	平铺	240×115×53	5	53	15	
4			侧铺	240×115×53	5	115	15	
5	缸砖	砂浆结合层		150×150×15	2	15	5	20
6		沥青结合层		150×150×15	2	15	4	20
7	水泥砂浆结合层	陶瓷锦砖（马赛克）					5	20
8		混凝土板		400×400×60			5	20
9		水泥砖		200×200×25			5	20
10		大理石板		500×500×20	1	20	5	20
11		菱苦土板		250×250×20	3	20	5	20
12		水磨石板	地面	305×305×20	2	20	5	20
13			楼梯面				3	20
14			踢脚板				3	20

4. 防潮层卷材刷油面积计算

卷材刷油面积是按满铺面积加搭接缝面积计算，搭接缝铺油一般按搭接宽度加 40mm 计算。刷油厚度计算参考见表 8.1.18。

表 8.1.18　刷油厚度计算　　（mm）

项目		卷材防潮层						刷热沥青		刷玛琋脂		冷底子油	
		沥青			玛琋脂			每一遍	每增一遍	每一遍	每增一遍	每一遍	每增一遍
		底层	中层	面层	底层	中层	面层						
平面		1.7	1.3	1.2	1.9	1.5	1.4	1.6	1.3	1.7	1.4	0.13	0.15
立面	砖墙面			—	—			1.5	1.6	2.0	1.7	—	
	抹灰及混凝土面	1.8	1.4	1.3	2.0	1.6	1.5	1.7	1.4	1.8	1.5	0.18	0.16

注：冷底子油第一遍按沥青：汽油 =3∶7；第二遍按沥青：汽油 =1∶1。

5. 块料面层工程量计算

(1) 楼梯块料面层工程量。

楼梯块料面层工程量分层按其水平投影面积计算(包括踏步、平台、小于500mm宽的楼梯井以及最上一层踏步沿加300mm),如图8.1.1所示,即

当 $b > 500$mm 时,$S = \sum L \times B = \sum l \times b$

当 $b \leqslant 500$mm 时,$S = \sum L \times B$

式中 S——楼梯面层的工程量(m^2);

L——楼梯的水平投影长度(m);

B——楼梯的水平投影宽度(m);

l—— 楼梯井的水平投影长度(m);

b——楼梯井的水平投影宽度(m)。

(2)台阶块料面层工程量。

台阶块料面层工程量按台阶水平投影面积计算,但不包括翼墙、侧面装饰。当台阶与平台相连时,台阶与平台的分界线应以最上层踏步外沿另加300mm计算,如图8.1.2所示,台阶工程量可按下式计算:

$$S = L \times B$$

式中 S——台阶块料面层工程量(m^2);

L——台阶计算长度(m);

B——台阶计算宽度(m)。

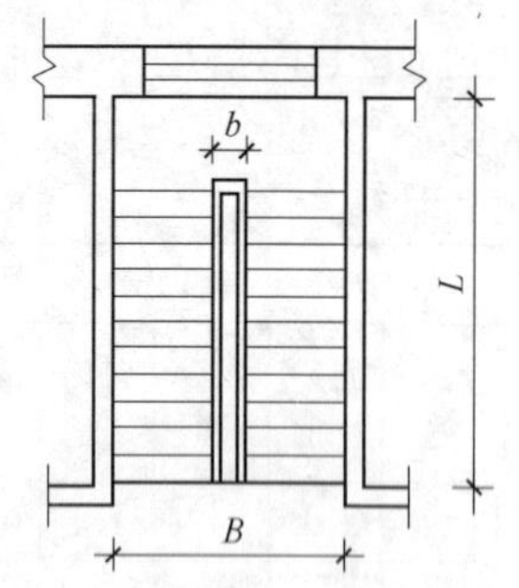

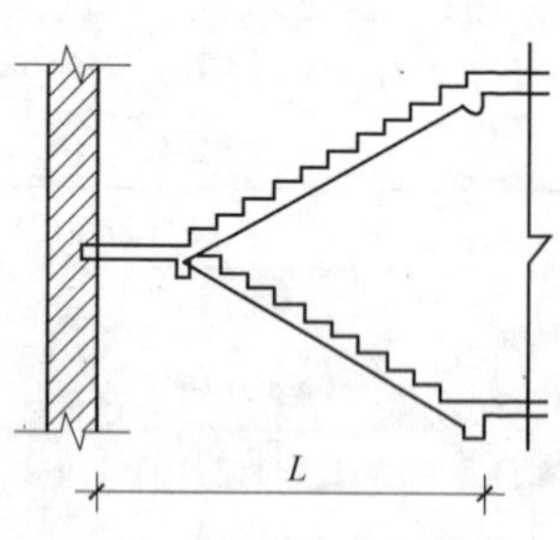

图8.1.1 楼梯示意图

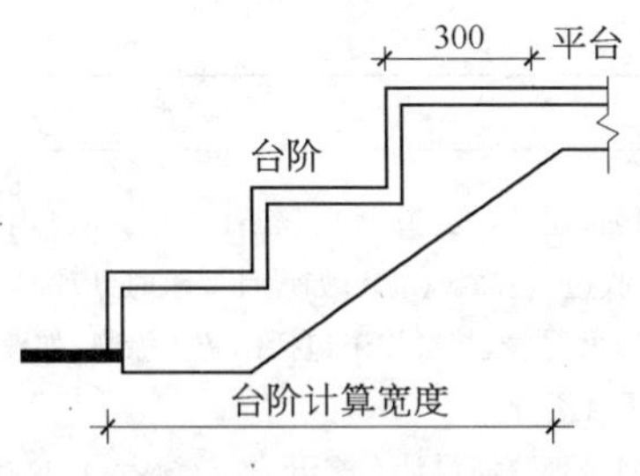

图8.1.2 台阶示意图

8.2 墙、柱面装饰与隔断、幕墙工程工程量计算

8.2.1 墙、柱面装饰与隔断、幕墙工程工程量计算说明

墙、柱面装饰与隔断、幕墙工程工程量计算说明见表8.2.1。

表8.2.1 墙、柱装饰与隔断、幕墙面工程工程量计算说明

序号	类别	说明
1	消耗量定额工程量计算说明	(1)凡定额中注明砂浆种类、配合比、饰面材料及型材的型号规格与设计不同时,可按设计规定调整,但人工、机械消耗量不变。 (2)抹灰砂浆厚度,如设计与定额取定不同时,除定额有注明厚度的项目可以换算外,其他一律不作调整。见表8.2.2。 (3)圆弧形、锯齿形等不规则墙面抹灰、镶贴块料按相应项目人工乘以系数1.15,材料乘以系数1.05。 (4)欧式灰线的灰线宽是指灰线的展开宽度。 (5)柱面粘贴大理石(花岗岩)按粘贴零星项目执行。 (6)离缝镶贴面砖定额子目,面砖消耗量分别按缝宽5mm、10mm和20mm考虑,如灰缝不同或灰缝超过20mm以上者,其块料及灰缝材料(水泥砂浆1:1)用量允许调整,其他不变。 (7)镶贴块料和装饰抹灰的“零星项目”适用于挑檐、天沟、腰线、窗台线、门窗套、压顶、扶手、雨篷周边等。 (8)型钢龙骨干挂面砖定额未包括型钢龙骨,型钢龙骨按本章相应子目执行。 (9)木龙骨基层是按双向计算的;如设计为单向时,材料、人工用量乘以系数0.55。 (10)定额木材种类除注明者外,均以一、二类木种为准;如采用三、四类木种时,人工及机械乘以系数1.3。

（续表）

序号	类别	说明
1	消耗量定额工程量计算说明	(11)面层、隔墙(间壁)、隔断(护壁)定额内,除注明者外均未包括压条、收边、装饰线(板);如设计要求时,应按第六章相应子目执行。 (12)面层、木基层均未包括刷防火涂料;如设计要求时,应按第五章相应子目执行。 (13)玻璃幕墙设计有平开、推拉窗者,仍执行幕墙定额;窗型材、窗五金相应增加,其他不变。 (14)玻璃幕墙中的玻璃按成品玻璃考虑,幕墙中的避雷装置、防火隔离层定额已综合,但幕墙的封边、封顶的费用另行计算。 (15)弧形幕墙按相应幕墙项目人工乘以1.1系数,材料弯弧费另行计算。 (16)隔墙(间壁)、隔断(护壁)、幕墙等定额中龙骨间距、规格如与设计不同时,定额用量允许调整
2	清单项目的划分	墙、柱面工程分为墙面抹灰、柱面抹灰、零星抹灰、墙面镶贴块料、柱面镶贴块料、零星镶贴块料、墙饰面、柱(梁)饰面、隔断、幕墙等项目。各项目所包含的清单项目见表8.2.3

表8.2.2　抹灰砂浆定额厚度取定表

定额编号	项目		砂浆	厚度(mm)
2－001	水刷豆石	砖、混凝土墙面	水泥砂浆1：3	12
			水泥豆石浆1：1.25	12
2－002		毛石墙面	水泥砂浆1：3	18
			水泥豆石浆1：1.25	12
2－005	水刷白石子	砖、混凝土墙面	水泥砂浆1：3	12
			水泥白石子浆1：1.5	10
2－006		毛石墙面	水泥砂浆1：3	20
			水泥白石子浆1：1.5	10

（续表）

定额编号	项目		砂浆	厚度(mm)
2－009	水刷玻璃碴	砖、混凝土墙面	水泥砂浆 1∶ 3	12
			水泥玻璃碴浆 1∶ 1.25	12
2－010		毛石墙面	水泥砂浆 1∶ 3	18
			水泥玻璃碴浆 1∶ 1.25	12
2－013	干黏白石子	砖、混凝土墙面	水泥砂浆 1∶ 3	18
2－014		毛石墙面	水泥砂浆 1∶ 3	30
2－017	干黏玻璃碴	砖、混凝土墙面	水泥砂浆 1∶ 3	18
2－018		毛石墙面	水泥砂浆 1∶ 3	30
2－021	剁假石	砖、混凝土墙面	水泥砂浆 1∶ 3	12
			水泥白石子浆 1∶ 1.5	10
2－022		毛石墙面	水泥砂浆 1∶ 3	18
			水泥白石子浆 1∶ 1.5	10
2－025	墙、柱面拉条	砖墙面	混合砂浆 1∶ 0.5∶ 2	14
			混合砂浆 1∶ 0.5∶ 1	10
2－026		混凝土墙面	水泥砂浆 1∶ 3	14
			混合砂浆 1∶ 0.5∶ 1	10
2－027	墙、柱面甩毛	砖墙面	混合砂浆 1∶ 1∶ 6	12
			混合砂浆 1∶ 1∶ 4	6
2－028		混凝土墙面	水泥砂浆 1∶ 3	10
			水泥砂浆 1∶ 2.5	6

注：1. 每增减一遍素水泥浆或 107 胶素水泥浆，则每平方米增减人工 0.01 工日、素水泥浆或 107 胶素水泥浆 0.0012m^3。

2. 每增减 1mm 厚砂浆，则每平方米增减砂浆 0.0012 m^3。

表 8.2.3　墙、柱面装饰与隔断幕墙工程各项目所包含的内容

序号	项目	包含的内容
1	墙面抹灰	墙面抹灰包括墙面一般抹灰、墙面装饰抹灰、墙面勾缝
2	柱面抹灰	柱面抹灰包括柱面一般抹灰、柱面装饰抹灰、柱面勾缝
3	零星抹灰	零星抹灰包括零星项目一般抹灰、零星项目装饰抹灰

（续表）

序号	项目	包含的内容
4	墙面镶贴块料	墙面镶贴块包括石材墙面、碎拼石材墙面、干挂石材钢骨架
5	柱面镶贴块料	柱面镶贴块包括石材柱面、块料柱面、石材梁面、块料梁面
6	零星镶贴块料	零星镶贴块料包括石材零星项目、碎拼石材零星项目、块料零星项目
7	墙饰面	墙饰面
8	柱（梁）饰面	柱（梁）饰面
9	隔断	隔断
10	幕墙	幕墙包括带骨架幕墙、全玻幕墙

8.2.2　墙、柱面装饰与隔断、幕墙工程消耗量定额工程量计算规则

墙、柱面工程消耗量定额工程量计算规则见表8.2.4。

表8.2.4　墙、柱面装饰与隔断幕墙工程消耗量定额工程量计算规则

序号	计算规则
1	外墙面装饰抹灰面积，按垂直投影面积计算，扣除门窗洞口和0.3m^2以上的孔洞所占的面积，门窗洞口及孔洞侧壁面积亦不增加。附墙柱侧面抹灰面积并入外墙抹灰面积工程量内
2	柱抹灰按结构断面周长乘高计算
3	女儿墙（包括泛水、挑砖）、阳台栏板（不扣除花格所占孔洞面积）内侧抹灰按垂直投影面积乘以系数1.10，带凸出墙面的女儿墙压顶者，按垂直投影面积乘以系数1.20，并使用墙面相应子目
4	“零星项目”按设计图示尺寸以展开面积计算
5	墙面贴块料面层，按实贴面积计算
6	墙面贴块料、饰面高度在300mm以内者，按踢脚板项目使用
7	镶贴瓷砖、面砖块料，如需割角者，以实际切割长度按“延长米”计算
8	柱饰面面积按外围饰面尺寸乘以高度计算
9	挂贴大理石、花岗岩中其他零星项目的花岗岩、大理石是按成品考虑的，花岗岩、大理石柱墩、柱帽按最大外径周长计算
10	除项目已列有柱帽、柱墩的项目外，其他项目的柱帽、柱墩工程量按设计图示尺寸以展开面积计算，并入相应柱面积内，每个柱帽或柱墩另增人工：抹灰0.25工日，块料0.38工日，饰面0.5工日

（续表）

序号	计算规则
11	隔断按墙的净长乘净高计算，扣除门窗洞口及0.3m^2 以上的孔洞所占面积
12	全玻隔断的不锈钢边框工程量按边框展开面积计算
13	全玻隔断、全玻幕墙如有加强肋者，工程量按其展开面积计算；玻璃幕墙、铝板幕墙以框外围面积计算
14	装饰抹灰分格、嵌缝按装饰抹灰面面积计算

8.2.3　墙、柱面装饰与隔断、幕墙工程工程量清单项目设置及工程量计算规则

1. 墙面抹灰工程量清单项目设置及工程量计算规则

墙面抹灰工程量清单项目设置、项目特征描述的内容、计量单位及工程量计算规则，应按表 8.2.5 规定执行。

表 8.2.5　墙面抹灰（编号：011201）

<table>
<tr><th>项目编码</th><th>项目名称</th><th>项目特征</th><th>计量单位</th><th>工程量计算规则</th><th>工程内容</th></tr>
<tr><td>011201001</td><td>墙面一般抹灰</td><td rowspan="2">1. 墙体类型
2. 底层厚度、砂浆配合比
3. 面层厚度、砂浆配合比
4. 装饰面材料种类
5. 分格缝宽度、材料种类</td><td rowspan="4">m²</td><td rowspan="4">按设计图示尺寸以面积计算。扣除墙裙、门窗洞口及单个＞0.3m² 的孔洞面积，不扣除踢脚线、挂镜线和墙与构件交接处的面积，门窗洞口和孔洞的侧壁及顶面不增加面积。附墙柱、梁、垛、烟囱侧壁并入相应的墙面面积内
1. 外墙抹灰面积按外墙垂直投影面积计算
2. 外墙裙抹灰面积按其长度乘以高度计算
3. 内墙抹灰面积按主墙间的净长乘以高度计算
（1）无墙裙的，高度按室内楼地面至天棚底面计算
（2）有墙裙的，高度按墙裙顶至天棚底面计算
（3）有吊顶天棚抹灰，高度算至天棚底
4. 内墙裙抹灰面按内墙净长乘以高度计算</td><td rowspan="2">1. 基层清理
2. 砂浆制作、运输
3. 底层抹灰
4. 抹面层
5. 抹装饰面
6. 勾分格缝</td></tr>
<tr><td>011201002</td><td>墙面装饰抹灰</td></tr>
<tr><td>011201003</td><td>墙面勾缝</td><td>1. 勾缝类型
2. 勾缝材料种类</td><td>1. 基层清理
2. 砂浆制作、运输
3. 勾缝</td></tr>
<tr><td>011201004</td><td>立面砂浆找平层</td><td>1. 基层类型
2. 找平层砂浆厚度、配合比</td><td>1. 基层清理
2. 砂浆制作、运输
3. 抹灰找平</td></tr>
</table>

注:1. 立面砂浆找平项目适用于仅做找平层的立面抹灰。

2. 墙面抹石灰砂浆、水泥砂浆、混合砂浆、聚合物水泥砂浆、麻刀石灰浆、石膏灰浆等按本表中墙面一般抹灰列项;墙面水刷石、斩假石、干粘石、假面砖等按本表中墙面装饰抹灰列项。

3. 飘窗凸出外墙面增加的抹灰并入外墙工程量内。

4. 有吊顶天棚的内墙面抹灰,抹至吊顶以上部分在综合单价中考虑。

2. 柱(梁)面抹灰工程量清单项目设置及工程量计算规则

柱(梁)面抹灰工程量清单项目设置、项目特征描述的内容、计量单位及工程量计算规则,应按表8.2.6规定执行。

表8.2.6　柱(梁)面抹灰(编号:011202)

项目编码	项目名称	项目特征	计量单位	工程量计算规则	工程内容
011202001	柱、梁面一般抹灰	1. 柱(梁)体类型 2. 底层厚度、砂浆配合比 3. 面层厚度、砂浆配合比 4. 装饰面材料种类 5. 分格缝宽度、材料种类	m^2	1. 柱面抹灰:按设计图示柱断面周长乘高度以面积计算 2. 梁面抹灰:按设计图示梁断面周长乘长度以面积计算	1. 基层清理 2. 砂浆制作、运输 3. 底层抹灰 4. 抹面层 5. 勾分格缝
011202002	柱、梁面装饰抹灰				
011202003	柱、梁面砂浆找平	1. 柱(梁)体类型 2. 找平的砂浆厚度、配合比			1. 基层清理 2. 砂浆制作、运输 3. 抹灰找平
011202004	柱面勾缝	1. 勾缝类型 2. 勾缝材料种类		按设计图示柱断面周长乘高度以面积计算	1. 基层清理 2. 砂浆制作、运输 3. 勾缝

注:1.砂浆找平项目适用于仅做找平层的柱(梁)面抹灰。

2.柱(梁)面抹石灰砂浆、水泥砂浆、混合砂浆、聚合物水泥砂浆、麻刀石灰浆、石膏灰浆等按本表中柱(梁)面一般抹灰编码列项;柱(梁)面水刷石、斩假石、干粘石、假面砖等按本表中柱(梁)面装饰抹灰项目编码列项。

3.零星抹灰工程量清单项目设置及工程量计算规则

零星抹灰工程量清单项目设置、项目特征描述的内容、计量单位及工程量计算规则,应按表8.2.7规定执行。

表8.2.7　零星抹灰(编号:011203)

项目编码	项目名称	项目特征	计量单位	工程量计算规则	工程内容
011203001	零星项目一般抹灰	1.基层类型、部位 2.底层厚度、砂浆配合比 3.面层厚度、砂浆配合比 4.装饰面材料种类 5.分格缝宽度、材料种类	m²	按设计图示尺寸以面积计算	1.基层清理 2.砂浆制作、运输 3.底层抹灰 4.抹面层 5.抹装饰面 6.勾分格缝
011203002	零星项目装饰抹灰				
011203003	零星项目砂浆找平	1.基层类型、部位 2.找平的砂浆厚度、配合比			1.基层清理 2.砂浆制作、运输 3.抹灰找平

注:1.零星项目抹石灰砂浆、水泥砂浆、混合砂浆、聚合物水泥砂浆、麻刀石灰浆、石膏灰浆等按本表中零星项目一般抹灰编码列项,水刷石、斩假石、干粘石、假面砖等按本表中零星项目装饰抹灰编码列项。

2.墙、柱(梁)面≤0.5m²的少量分散的抹灰按本表中零星抹灰项目编码列项。

4.墙面块料面层工程量清单项目设置及工程量计算规则

墙面块料面层工程量清单项目设置、项目特征描述的内容、计量单位及工程量计算规则,应按表8.2.8规定执行。

表8.2.8　墙面块料面层(编号:011204)

项目编码	项目名称	项目特征	计量单位	工程量计算规则	工程内容
011204001	石材墙面	1.墙体类型 2.安装方式 3.面层材料品种、规格、颜色 4.缝宽、嵌缝材料种类 5.防护材料种类 6.磨光、酸洗、打蜡要求	m^2	按镶贴表面积计算	1.基层清理 2.砂浆制作、运输 3.黏结层铺贴 4.面层安装 5.嵌缝 6.刷防护材料 7.磨光、酸洗、打蜡
011204002	拼碎石材墙面				
011204003	块料墙面				
011204004	干挂石材钢骨架	1.骨架种类、规格 2.防锈漆品种遍数	t	按设计图示以质量计算	1.骨架制作、运输、安装 2.刷漆

注:1.在描述碎块项目的面层材料特征时可不用描述规格、颜色。

2.石材、块料与黏结材料的结合面刷防渗材料的种类在防护层材料种类中描述。

3.安装方式可描述为砂浆或黏结剂粘贴、挂贴、干挂等,不论哪种安装方式,都要详细描述与组价相关的内容。

5.柱(梁)面镶贴块料工程量清单项目设置及工程量计算规则

柱(梁)面镶贴块料工程量清单项目设置、项目特征描述的内容、计量单位及工程量计算规则,应按表8.2.9规定执行。

表8.2.9　柱(梁)面镶贴块料(编号:011205)

项目编码	项目名称	项目特征	计量单位	工程量计算规则	工程内容
011205001	石材柱面	1.柱截面类型、尺寸 2.安装方式 3.面层材料品种、规格、颜色	m^2	按镶贴表面积计算	1.基层清理 2.砂浆制作、运输 3.黏结层铺贴
011205002	块料柱面				

（续表）

项目编码	项目名称	项目特征	计量单位	工程量计算规则	工程内容
011205003	拼碎块柱面	4. 缝宽、嵌缝材料种类 5. 防护材料种类 6. 磨光、酸洗、打蜡要求	m^2	按镶贴表面积计算	4. 面层安装 5. 嵌缝 6. 刷防护材料 7. 磨光、酸洗、打蜡
011205004	石材梁面	1. 安装方式 2. 面层材料品种、规格、颜色 3. 缝宽、嵌缝材料种类 4. 防护材料种类 5. 磨光、酸洗、打蜡要求			

注:1. 在描述碎块项目的面层材料特征时可不用描述规格、颜色。
2. 石材、块料与黏结材料的结合面刷防渗材料的种类在防护层材料种类中描述。
3. 柱梁面干挂石材的钢骨架按表 8.2.8 相应项目编码列项。

6. 镶贴零星块料工程量清单项目设置及工程量计算规则

镶贴零星块料工程量清单项目设置、项目特征描述的内容、计量单位及工程量计算规则，应按表 8.2.10 规定执行。

表 8.2.10　镶贴零星块料（编号:011206）

项目编码	项目名称	项目特征	计量单位	工程量计算规则	工程内容
011206001	石材零星项目	1. 基层类型、部位 2. 安装方式 3. 面层材料品种、规格、颜色 4. 缝宽、嵌缝材料种类 5. 防护材料种类 6. 磨光、酸洗、打蜡要求	m^2	按镶贴表面积计算	1. 基层清理 2. 砂浆制作、运输 3. 面层安装 4. 嵌缝 5. 刷防护材料 6. 磨光、酸洗、打蜡
011206002	块料零星项目				
011206003	拼碎块零星项目				

注：1. 在描述碎块项目的面层材料特征时可不用描述规格、颜色。

2. 石材、块料与黏结材料的结合面刷防渗材料的种类在防护材料种类中描述。

3. 零星项目干挂石材的钢骨架按本附录表 8.2.8 相应项目编码列项。

4. 墙柱面≤0.5m² 的少量分散的镶贴块料面层按本表中零星项目执行。

7. 墙饰面

墙饰面工程量清单项目设置、项目特征描述的内容、计量单位及工程量计算规则，应按表 8.2.11 规定执行。

表 8.2.11　墙饰面(编码:011207)

项目编码	项目名称	项目特征	计量单位	工程量计算规则	工程内容
011207001	墙面装饰板	1. 龙骨材料种类、规格、中距 2. 隔离层材料种类、规格 3. 基层材料种类、规格 4. 面层材料品种、规格、颜色 5. 压条材料种类、规格	m²	按设计图示墙净长乘净高以面积计算。扣除门窗洞口及单个>0.3m² 的孔洞所占面积	1. 基层清理 2. 龙骨制作、运输、安装 3. 钉隔离层 4. 基层铺钉 5. 面层铺贴
011207002	墙面装饰浮雕	1. 基层类型 2. 浮雕材料种类 3. 浮雕样式		按设计图示尺寸以面积计算	1. 基层清理 2. 材料制作、运输 3. 安装成型

8. 柱(梁)饰面工程量清单项目设置及工程量计算规则

柱(梁)饰面工程量清单项目设置、项目特征描述的内容、计量单位及工程量计算规则，应按表 8.2.12 规定执行。

表 8.2.12　柱(梁)饰面(编号:011208)

项目编码	项目名称	项目特征	计量单位	工程量计算规则	工程内容
011208001	柱(梁)面装饰	1. 龙骨材料种类、规格、中距 2. 隔离层材料种类 3. 基层材料种类、规格 4. 面层材料品种、规格、颜色 5. 压条材料种类、规格	m^2	按设计图示饰面外围尺寸以面积计算。柱帽、柱墩并入相应柱饰面工程量内	1. 清理基层 2. 龙骨制作、运输、安装 3. 钉隔离层 4. 基层铺钉 5. 面层铺贴
011208002	成品装饰柱	1. 柱截面、高度尺寸 2. 柱材质	1. 根 2. m	1. 以"根"计量,按设计数量计算 2. 以"m"计量,按设计长度计算	柱运输、固定、安装

9. 幕墙工程工程量清单项目设置及工程量计算规则

幕墙工程工程量清单项目设置、项目特征描述的内容、计量单位及工程量计算规则,应按表 8.2.13 规定执行。

表 8.2.13　幕墙工程(编号:011209)

项目编码	项目名称	项目特征	计量单位	工程量计算规则	工程内容
011209001	带骨架幕墙	1. 骨架材料种类、规格、中距 2. 面层材料品种、规格、颜色 3. 面层固定方式 4. 隔离带、框边封闭材料品种、规格 5. 嵌缝、塞口材料种类	m^2	按设计图示框外围尺寸以面积计算。与幕墙同种材质的窗所占面积不扣除	1. 骨架制作、运输、安装 2. 面层安装 3. 隔离带、框边封闭 4. 嵌缝、塞口 5. 清洗

（续表）

项目编码	项目名称	项目特征	计量单位	工程量计算规则	工程内容
011209002	全玻（无框玻璃）幕墙	1. 玻璃品种、规格、颜色 2. 黏结塞门材料种类 3. 固定方式	m^2	按设计图示尺寸以面积计算。带肋全玻幕墙按展开面积计算	1. 幕墙安装 2. 嵌缝、塞口 3. 清洗

注：幕墙钢骨架按本附录表 8.2.8 干挂石材钢骨架编码列项。

10. 隔断工程工程量清单项目设置及工程量计算规则

隔断工程工程量清单项目设置、项目特征描述的内容、计量单位及工程量计算规则，应按表 8.2.14 规定执行。

表 8.2.14　隔断工程（编号：011210）

项目编码	项目名称	项目特征	计量单位	工程量计算规则	工程内容
011210001	木隔断	1. 骨架、边框材料种类、规格 2. 隔板材料品种、规格、颜色 3. 嵌缝、塞口材料品种 4. 压条材料种类	m^2	按设计图示框外围尺寸以面积计算。不扣除单个 $\leqslant 0.3m^2$ 的孔洞所占面积；浴厕门的材质与隔断相同时，门的面积并入隔断面积内	1. 骨架及边框制作、运输、安装 2. 隔板制作、运输、安装 3. 嵌缝、塞口 4. 装订压条
011210002	金属隔断	1. 骨架、边框材料种类、规格 2. 隔板材料品种、规格、颜色 3. 嵌缝、塞口材料品种			1. 骨架及边框制作、运输、安装 2. 隔板制作、运输、安装 3. 嵌缝、塞口
011210003	玻璃隔断	1. 边框材料种类、规格 2. 玻璃品种、规格、颜色 3. 嵌缝、塞口材料品种		按设计图示框外围尺寸以面积计算。不扣除单个 $\leqslant 0.3m^2$ 的孔洞所占面积	1. 边框制作、运输、安装 2. 玻璃制作、运输、安装 3. 嵌缝、塞口
011210004	塑料隔断	1. 边框材料种类、规格 2. 隔板材料品种、规格、颜色 3. 嵌缝、塞口材料品种			1. 骨架及边框制作、运输、安装 2. 隔板制作、运输、安装 3. 嵌缝、塞口

（续表）

项目编码	项目名称	项目特征	计量单位	工程量计算规则	工程内容
011210005	成品隔断	1. 隔断材料品种、规格、颜色 2. 配件品种、规格	1. m^2 2. 间	1. 以“m^2”计量，按设计图示框外围尺寸以面积计算 2. 以“间”计量，按设计间的数量计算	1. 隔断运输、安装 2. 嵌缝、塞口
011210006	其他隔断	1. 骨架、边框材料种类、规格 2. 隔板材料品种、规格、颜色 3. 嵌缝、塞口材料品种	m^2	按设计图示框外围尺寸以面积计算。不扣除单个 $\leqslant 0.3m^2$ 的孔洞所占面积	1. 骨架及边框安装 2. 隔板安装 3. 嵌缝、塞口

8.2.4　墙、柱面工程工程量计算常用数据

1. 常用材料规格

(1) 面砖规格及花色见表 8.2.15。

表 8.2.15　面砖的规格及花色

序号	名称	规格	花色
1	彩釉砖	150mm×75mm×7mm 200mm×100mm×7mm 200mm×100mm×8mm 200mm×(100,200)mm×9mm	乳白、柠檬黄、大红釉、咖啡色 乳白、米黄、柠檬黄、大红釉 茶色白底阴阳面、茶色阴阳面彩砖、点彩砖各色
2	墙面砖	200mm×64mm×18mm 95mm×61mm×18mm 140mm×95mm×64mm×18mm 95mm×95mm×64mm×18mm	长条面砖 半长条面砖 不等边面砖 等边面砖
3	紫金砂釉外墙砖	150mm×(75,150)mm×8mm 200mm×100mm×8mm	紫金砂釉
4	立体彩釉砖	108mm×108mm×8mm	黄绿色、柠檬黄色、浅米黄色

(2)镜面及装饰玻璃规格及性能见表8.2.16。

表8.2.16　镜面及装饰玻璃的规格及性能

序号	品名	规格	技术性能
1	压花玻璃(一种一面或两面有凹凸花纹的半透明装饰玻璃)	(600,700,800)mm×400mm×3mm 800mm×(600,700)mm×3mm 900mm×(300,400,500,600,700,750,800,900,1000,1100,1200,1600,1800)mm×3mm 900mm×(1200,1600,1800)mm×5mm	抗拉强度:60.0MPa 抗压强度:70.0MPa 抗弯强度:40.0MPa 透光率:60%~70% 弯曲度:0.3%
2	压花真空镀铝玻璃	900mm×600mm×3mm	
3	立体感压花玻璃	1200mm×600mm×5mm	
4	彩色膜压花玻璃	900mm×600mm×3mm	
5	磨花玻璃	1200mm×(600,650)mm×(3,4,5)mm (800,900)mm×600mm×3mm	
6	磨砂玻璃(又称毛玻璃、暗玻璃)	900mm×600mm×3mm 2000mm×800mm×(3,5,6)mm 2000mm×1800mm×6mm 2200mm×1000mm×6mm	透光不透明,光线通过玻璃后成漫射,消除了眩光,不刺激目力
7	退火釉面玻璃	长度:150~1000mm 宽度:150~800mm 厚度:5~6mm 色泽:红、绿、黄、蓝、黑、灰等各种色调 型号:普通、异型、特异型	比密度:2.5g/cm³ 抗弯强度:45.0MPa 抗拉强度:45.0MPa 线膨胀系数:(8.4~9.0)×10⁻⁸/℃
	钢化釉面玻璃		比密度:2.5g/c m³ 抗弯强度:25.0MPa 抗拉强度:23.0MPa 线膨胀系数:(8.4~9.0)×10⁻⁸/℃
8	蓝色镜面玻璃		可见光透光率:70%以上 太阳辐射透光率:70%以下

（续表）

序号	品名	规格	技术性能
9	茶色镜面玻璃	2000mm×1000mm×5mm 2200mm×2000mm×(3,5,6)mm	可见光透光率:50%左右 太阳辐射透光率:75%以下
10	刻划艺术玻璃	按要求加工	经深雕浅刻、磨铲抛光,呈有层次的画面玻璃,成为承受光线变化而变幻的装饰艺术品
11	彩色镜面玻璃	2600mm×1200mm×(3,5)mm 花多品种多样,规格可在此范围内任选	反射率:30%~60% 化学稳定性:在5% HCl 和 NaOH溶液中浸泡24h,镀层的性能无明显变化 耐擦洗性:用软纤维或动物毛刷擦洗无明显变化 耐急冷急热性:在-40~+50℃温度间急冷急热,镀层无明显变化
12	喷花玻璃	2100mm×1200mm×(3,5)mm 1500mm×(1000,2000)mm×5mm 2200mm×1000mm×6mm 2500mm×1800mm×(5~10)mm	
13	彩色压花玻璃	760mm×600mm×3mm 900mm×870mm×5mm	有黄、绿、蓝、紫等各种颜色
14	彩色玻璃	100mm×650mm×3mm 1300mm×660mm×5mm	有红、黄、茶这几种颜色,分为透明和不透明两种
15	浮法玻璃	1200mm×1500mm×3mm(茶玻) 2000mm×1500mm×5mm(茶玻) 2200mm×1500mm×5mm(茶玻) 2400mm×1300mm×5mm(茶玻) 2000mm×1500mm×10mm(茶玻) 2000mm×1500mm×5mm(白玻) 1200mm×800mm×3mm(压花)	
16	平板玻璃	1500mm×1000mm×5mm(茶玻) 1400mm×1000mm×5mm(茶玻) 1300mm×1000mm×5mm(茶玻) 1400mm×1000mm×5mm(压花)	

(3)部分热反射玻璃规格及性能见表8.2.17。

表8.2.17 部分热反射玻璃规格及性能

序号	品名	色彩	规格	技术性能
1	彩色膜热反射玻璃	花色品种多样	2000mm×1200mm×(5,6)mm 规格可由用户选择	(1)反射率:光波从200~2500μm之间的反射率大于30%,最大可达60%。 (2)化学稳定性:在5% HCl和5% NaOH溶液中浸泡24h,镀层的性能无明显变化。 (3)耐擦洗性:用纤维擦洗,镀层无明显变化。 (4)耐急冷急热性:在-40~+50℃温度间急冷急热,镀层无明显变化
2	镀膜反光玻璃		2000mm×1500mm×5mm 2440mm×1830mm×6mm 3300mm×2400mm	

(4)部分吸热玻璃的规格及性能见表8.2.18。

表8.2.18 部分吸热玻璃的规格及性能

序号	品名	色彩	规格	技术性能
1	普通蓝色吸热玻璃	浅蓝 中蓝 深蓝	1500mm×900mm×(3,5,6)mm 2200mm×1250mm×(5,6)mm 1800mm×750mm×(5,6,8)mm 1800mm×1600mm×(5,6,8)mm	吸热率(%): 1号(浅蓝)5mm,厚31%±0.5% 2号(中蓝)6mm,厚51%±0.5% 3号(深蓝)5mm,厚51%±0.5%
2	磨光蓝色吸热玻璃	浅蓝 中蓝 深蓝		
3	钢化吸热玻璃			

(5)部分中空玻璃规格及性能见表8.2.19。

表 8.2.19　部分中空玻璃的规格及性能

序号	品名	色彩	规格	技术性能
1	中空玻璃	无色浮法	1250mm ×(1250,1750)mm 玻璃原片厚度:3mm 空气间隔宽度:6mm,9mm,12mm	(1)可见光透光率范围:10% ~80%。 (2)光反射率范围:25% ~80%。 (3)总透过率:25% ~50。 (4)绝热性能:优良。 (5)隔声性能:一般使噪声下降 30 ~44dB。 (6)露点:-40℃结露
		茶色 蓝色 灰色	1300mm ×(1300,2100,2300)mm 玻璃原片厚度:4mm 空气间隔宽度:6mm,9mm,12mm	
		茶色,蓝色 灰色,紫色 金色 银白色	1700mm ×1700mm,1800mm ×1800mm 2100mm ×2100mm,1600mm ×3000mm (1300,1400)mm ×2600mm 玻璃原片厚度:5mm 空气间隔宽度:6mm,9mm,12mm	
		无色,茶色 蓝色,灰色 紫色,金色 银白色	2000mm ×2000mm,2100mm ×2100mm 2400mm ×2400mm (1400,1700,2000)mm ×3000mm 玻璃原片厚度:5mm 空气间隔宽度:6mm,9mm,12mm	
2	双层中空玻璃	—	(900,1200)mm ×600mm 结构:3mm 厚普通玻璃 ×2 3mm 厚化学钢化玻璃 ×2 空气厚度:6mm	质量:15.5kg/m^2
		—	500mm ×400mm 2mm 厚化学钢化玻璃 ×2 空气厚度:6mm	质量:10.5kg/m^2
		—	1600mm ×1100mm,1300mm ×900mm 结构:4mm 厚普通玻璃 ×2 4mm 厚化学钢化玻璃 ×2 空气厚度:6mm	
		—	(1400,1500,1700)mm ×900mm 结构:5mm 厚普通玻璃 ×2 5mm 厚化学钢化玻璃 ×2 5mm 厚风钢化玻璃 ×2 空气厚度:6mm	
		—	1000mm ×1100mm,1500mm ×800mm 结构:5mm 厚化学钢化玻璃 ×2 5mm 厚风钢化玻璃 ×2 空气厚度:12mm	质量:25.8kg/m^2

(6)夹丝玻璃规格及性能见表8.2.20。

表8.2.20　夹丝玻璃规格及性能

规格(mm)			物理性能	
长	宽	厚	项目	指标
1030	550,570,580,590,740	5.6	抗压强度(MPa) 抗拉强度(MPa) 抗弯强度(MPa) 透光率(%) 热导率[W/(m·K)]	49 69 39 75~80 0.81
1100	500,600,700,800,900,1000			
1150	450,500,600,700,800,900,1000			
1200	450,500,600,700,800,900,1000			
1250	450,500,600,700,800,900,1000			

(7)钢化玻璃规格及性能见表8.2.21。

表8.2.21　钢化玻璃的规格及性能

规格	技术性能	
	项目	指标
(400~900)mm×(500~1200)mm×2mm (400~900)mm×(500~1500)mm×(2,4,5)mm 1200mm×600mm×(5,6)mm 1300mm×800mm×(5,6)mm	抗冲击性	2mm厚者,0.5kg钢球自1.2m处自由落下冲击玻璃不破碎; 3mm厚者,0.5kg钢球自1.5m处自由落下冲击玻璃不破碎; 5mm厚者,0.5kg钢球自1.7m处自由落下冲击玻璃不破碎
	抗弯强度	为同厚普通玻璃的3倍
	热稳定性	50~200kg试样置于150℃油中,15min后取出立即投入15℃水中,玻璃不炸裂
	透明度	2mm者:≥87%;3mm者:≥85%;5mm者:≥82%
	弯曲度	≤5/100
	化学性能	具有一定的耐酸、耐碱性

(8)纸面石膏板一般规格尺寸见表 8.2.22。

表 8.2.22　纸面石膏板的一般规格　(mm)

长	宽	厚	长	宽	厚	长	宽	厚
2400	900	9,12,15	3300	900	9,12,15	3000	1200	9,12,15,18,25
2600	900	9,12,15	2400	1200	9,12,15,18,25	3300	1200	9,12,15,18,25
2800	900	9,12,15	2600	1200	9,12,15,18,25	3500	1200	9,12,15,18,25
3000	900	9,12,15	2800	1200	9,12,15,18,25	4000	1200	9,12,15,18,25

(9)胶合板标定规格见表 8.2.23。

表 8.2.23　胶合板的标定规格　(mm)

序号	种类	厚度	宽度	长度					
				915	1220	1525	1830	2135	2440
1	阔叶树材胶合板	2.5,2.7,3,3.5,4,5,…自 4mm 起,按每 1mm 递增	915 1220	915 —	— 1220	— —	1830 1830	2135 2135	— 2440
2	针叶树材胶合板	3,3.5,4,5,6,…自 4mm 起,按每 1mm 递增	1225	—	—	1525	1830	—	—

(10)常用不锈钢薄板参考规格见表 8.2.24。

表 8.2.24　常用不锈钢薄板的参考规格　(mm)

序号	板材	钢板厚度	钢板宽度								
			500	600	710	750	800	850	900	950	1000
			钢板长度								
1	热轧钢板	0.35,0.4,0.45,0.5 0.55,0.6 0.7,0.75	1000 1500 2000	1200 1500 1800 2000	1000 1420 2000	1000 1500 1800 2000	1500 1600 2000	1700 2000	1500 1800 2000	1500 1900 2000	1500 2000
		0.8 0.9	1000 1500	1200 1420	1400 2000	1500 1800 2000	1500 1600 2000	1500 1700 2000	1500 1800 2000	1500 1900 2000	1500 2000
		1.0,1.1 1.2,1.25,1.4,1.5 1.6,1.8	1000 1500 2000	1200 1420 2000	1000 1420 2000	1000 1500 1800 2000	1500 1600 2000	1600 1700 2000	1000 1500 1800 2000	1500 1900 2000	1500 2000

（续表）

序号	板材	钢板厚度	钢板宽度								
			500	600	710	750	800	850	900	950	1000
			钢板长度								
2	冷轧钢板	0.2,0.25 0.3,0.4	1000 1500	1200 1800 2000	1420 1800 2000	1500 1800 2000	1500 1800 2000	1500 1800 2000	1500 1800		1500 2000
		0.5,0.55 0.6	1000 1500	1200 1800 2000	1420 1800 2000	1500 1800 2000	1500 1800 2000	1500 1800 2000	1500 1800		1500 2000
		0.7 0.75	1000 1500	1200 1800 2000	1420 1800 2000	1500 1800 2000	1500 1800 2000	1500 1800 2000	1500 1800		1500 2000
		0.8 0.9	1000 1500	1200 1800 2000	1420 1800 2000	1500 1800 2000	1500 1800 2000	1500 1800 2000	1500 1800		1500 2000
		1.0,1.1,1.2,1.4 1.5,1.6 1.8,2.0	1000 1500 2000	1200 1800 2000	1420 1800 2000	1500 1800 2000	1500 1800 2000	1500 1800 2000	1800 2000		2000

2. 常用砂浆配合比设计

(1)一般抹灰砂浆配合比见表 8.2.25。

表 8.2.25　一般抹灰砂浆配合比

序号	抹灰砂浆组成材料	配合比(体积比)	应用范围
1	石灰: 砂	1: 2 ~1: 3	用于砖石墙面层(潮湿部分除外)
2	水泥: 石灰: 砂	1: 0.3: 3 ~1: 1: 6	墙面混合砂浆打底
		1: 0.5: 4 ~1: 1: 4	混凝土天棚抹灰混合砂浆打底
		1: 0.5: 4 ~1: 3: 9	板条天棚抹灰
3	石灰: 水泥: 砂	1: 0.5: 4.5 ~1: 1: 6	用于檐口、勒脚、女儿墙外脚以及比较潮湿处

（续表）

序号	抹灰砂浆组成材料	配合比(体积比)	应用范围
4	水泥∶砂	1∶2.5～1∶3	用于浴室、潮湿车间等墙裙、勒脚或地面基层
		1∶1.5～1∶2	用于地面天棚或墙面面层
		1∶0.5～1∶1	用于混凝土地面随时压光
5	水泥∶石膏∶砂∶锯末	1∶1∶3∶5	用于吸声粉刷
6	白灰∶麻刀筋	100∶2.5(质量比)	用于木板条天棚面
7	白灰膏∶麻刀筋	100∶1.3(质量比)	
8	白灰膏∶纸筋	100∶3.8(质量比)	
9	纸筋∶白灰膏	3.6kg∶1 m^3	

(2)常用水泥砂浆用料配合比见表 8.2.26。

表 8.2.26　常用水泥砂浆用料配合比

配合比(体积比)		1∶1	1∶2	1∶2.5	1∶3	1∶3.5	1∶4
名称	单位	每 1 m^3 水泥砂浆数量					
32.5 级水泥	kg	812	517	438	379	335	300
天然砂	m^3	0.81	1.05	1.12	1.17	1.21	1.24
天然净砂	kg	999	1305	1387	1448	1494	1530
水	kg	360	350	350	350	340	340q

(3)常用石灰砂浆配合比见表 8.2.27。

表 8.2.27　常用石灰砂浆配合比

配合比(体积比)		1∶1	1∶2	1∶2.5	1∶3	1∶3.5
名称	单位	每 1 m^3 石灰砂浆数量				
生石灰	kg	399	274	235	207	184
石灰膏	m^3	0.64	0.44	0.38	0.33	0.30
天然砂	m^3	0.85	1.01	1.05	1.09	1.10
天然净砂	kg	1047	1247	1035	1351	1363
水	kg	460	380	360	350	360

(4)常用混合砂浆配合比见表 8.2.28。

表 8.2.28　常用混合砂浆用料配合比

配合比(体积比)		1:0.3:3	1:0.5:4	1:1:2	1:1:4	1:1:6	1:3:9
名称	单位	每 1 m^3 混合砂浆数量					
32.5 级水泥	kg	361	282	397	261	195	121
生石灰	kg	56	74	208	136	140	190
石灰膏	m^3	0.09	0.12	0.33	0.22	0.16	0.30
天然砂	m^3	1.03	1.08	0.84	1.03	1.03	1.10
天然净砂	kg	1270	1331	1039	1275	1275	1362
水	kg	350	350	390	360	340	360

(5)喷涂抹灰砂浆配合比见表 8.2.29。

表 8.2.29　喷涂抹灰砂浆配合比

砂浆配合比		稠度(cm)
第一层	水泥: 石灰膏: 砂 = 1:1:6	10 ~ 12
第二层	水泥: 石灰膏: 砂 = 1:0.5:4	8 ~ 10

3. 常用其他灰浆参考配合比

常用其他灰浆参考配合比见表 8.2.30。

表 8.2.30　常用其他灰浆的参考配合比

项目		素水泥浆	麻刀灰浆	麻刀混合灰浆	纸筋灰浆
名称	单位	每 1 m^3 用料数量			
32.5 级水泥	kg	1888	—	60	—
生石灰	kg	—	634	639	554
纸筋	kg	—	—	—	153
麻刀	kg	—	10.23	10.23	—
水	kg	390	700	700	610

4. 抹灰水泥砂浆掺粉煤灰配合比

抹灰水泥砂浆掺粉煤灰配合比见表 8.2.31。

表 8.2.31 抹灰水泥砂浆掺粉煤灰的配合比

抹灰项目	原配比(体积比)		现配比(体积比)		节约效果	
	水泥	砂子	水泥	粉煤灰	砂子	水泥(kg/ m³)
内墙抹底层	1 (395)	3 (1450)	1 (200)	1 (100)	6 (1450)	195
内墙抹面层	1 (452)	2.5 (1450)	1 (240)	1 (120)	5 (1450)	212
外墙抹底层	1 (395)	3 (1450)	1 (200)	1 (100)	6 (1450)	195

注:括号内为每 1 m³ 砂浆水泥、砂子、粉煤灰用量(kg/ m³),水泥强度等级为 32.5 级。

5. 彩色砂浆配色颜料参考配合比

彩色砂浆配色颜料参考配合比见表 8.2.32。

表 8.2.32 彩色砂浆配色颜料的参考配合比

色调		红色			黄色			青色			绿色			棕色			紫色			褐色		
用料质量比		浅红	中红	暗红	浅黄	中黄	深黄	浅青	中青	暗青	浅绿	中绿	暗绿	浅棕	中棕	深棕	浅紫	中紫	暗紫	浅褐	咖啡	暗褐
用料名称	32.5 级硅酸盐水泥	93	86	79	95	90	85	93	86	79	95	90	85	95	90	85	93	86	79	94	88	82
	红色颜料	7	14	21	—	—	—	—	—	—	—	—	—	—	—	—	—	—	—	—	—	—
	黄色颜料	—	—	—	5	10	15	—	—	—	—	—	—	—	—	—	—	—	—	—	—	—
	蓝色颜料	—	—	—	—	—	—	3	7	12	—	—	—	—	—	—	—	—	—	—	—	—
	绿色颜料	—	—	—	—	—	—	—	—	—	5	10	15	—	—	—	—	—	—	—	—	—
	棕色颜料	—	—	—	—	—	—	—	—	—	—	—	—	5	10	15	—	—	—	—	—	—
	紫色颜料	—	—	—	—	—	—	—	—	—	—	—	—	—	—	—	7	14	21	—	—	—
	黑色颜料	—	—	—	—	—	—	—	—	—	—	—	—	—	—	—	—	—	—	2	5	9
	白色颜料	—	—	—	—	—	—	4	7	9	—	—	—	—	—	—	—	—	—	—	—	—

注:1. 各系颜料可用单一颜料,也可用两种或数种颜料配制。

2. 如用混合砂浆或石灰砂浆或白水泥砂浆时,表列颜料用量酌减 60% ~70%,但青色砂浆不需另加白色颜料。

3. 如用颜色水泥时,则不需加任何颜料,直接按(体积比)彩色水泥: 砂 =1: (2.5 ~3)配制即可。

6. 水泥石碴浆参考配合比

水泥石碴浆参考配合比见表 8.2.33。

表 8.2.33 水泥石碴浆参考配合比

配合比(体积比)		1:1	1:1.25	1:1.5	1:2	1:2.5	1:3
名称	单位	数量					
32.5 级水泥	kg	956	862	767	640	549	489
黑白石子	m^3	1.17	1.29	1.40	1.56	1.68	1.76
水	m^3	0.28	0.27	0.26	0.24	0.23	0.22

7. 工程量常用计算公式

工程量常用计算公式见表 8.2.34。

表 8.2.34 工程量常用计算公式

序号	类别	计算公式
1	外墙面装饰工程量	外墙面装饰工程量 = 外墙面周长 ×(墙高 - 外墙裙高) - 门窗洞口及大于 0.3 m^2 孔洞面积 + 附墙柱侧面面积
2	独立柱饰面工程量	独立柱饰面工程量 = 柱结构断面周长 × 柱高 或 = 柱装饰材料面周长 × 柱高
3	墙面贴块料面层工程量	墙面贴块料面层工程量 = 墙长 ×(墙高 - 墙裙高) - 门窗洞口面积 + 门窗洞口侧壁面积 + 附墙柱侧面面积
4	零星项目装饰工程量	零星项目装饰工程量 = 按图示尺寸展开面积计算 或 = 栏杆、栏杆立面垂直投影面积 ×2.20
5	隔墙、墙裙、护壁板工程量	木隔墙、墙裙、护壁板工程量 = 净长 × 净高 - 门窗面积 玻璃隔墙工程量 = 玻璃隔墙高(含上下横挡宽) × 玻璃隔墙宽(含左右立挺宽)
6	浴厕木隔断工程量	浴厕木隔断工程量 = Σ(木隔断实高 × 木隔断实宽) + 门扇面积
7	铝合金、轻钢隔墙、幕墙工程量	铝合金、钢隔墙、幕墙工程量 = 框外围宽 × 框外围高

8. 墙面抹灰工程量确定

墙面抹灰工程量的确定方法见表 8.2.35。

表 8.2.35　墙面抹灰工程量的确定方法

序号	类别	确定方法
1	内墙抹灰工程量确定	(1)内墙抹灰高度计算规定： ①无墙裙的，其高度按室内地面或楼面至天棚底面之间的距离计算，如图 8.2.1a 所示。 ②有墙裙的，其高度按墙裙顶至天棚底面之间的距离计算，如图 8.2.1b 所示。 ③钉板条天棚的内墙抹灰，其高度按室内地面或楼面至天棚底面另加 100mm 计算，如图 8.2.1c 所示。 (2)应扣除、不扣除及不增加面积，内墙抹灰应扣除门窗洞口和空圈所占面积。不扣除踢脚板、挂镜线、$0.3m^2$ 以内的孔洞和墙与构件交接处的面积，洞口侧壁和顶面面积亦不增加。 (3)应并入面积。附墙垛和附墙烟囱侧壁面积应与内墙抹灰工程量合并计算
2	外墙抹灰工程量确定	(1)外墙面高度均由室外地坪起，其止点算至： ①平屋顶有挑檐(天沟)的，算至挑檐(天沟)底面，如图 8.2.2a所示。 ②平屋顶无挑檐天沟，带女儿墙，算至女儿墙压顶底面，如图 8.2.2b 所示。 ③坡屋顶带檐口天棚的，算至檐口天棚底面，如图 8.2.2c 所示。 ④坡屋顶带挑檐无檐口天棚的，算至屋面板底，如图 8.2.2d所示。 ⑤砖出檐者，算至挑檐上表面，如图 8.2.2e 所示。 (2)应扣除、不增加面积。应扣除门窗洞口、外墙裙和大于 $0.3m^2$ 孔洞所占的面积；洞口侧壁面积不另增加。 (3)并入面积和另算面积： 附墙垛、梁、柱侧面抹灰面积并入外墙抹灰工程量内计算。 栏板、栏杆、窗台线、门窗套、扶手、压顶、挑檐、遮阳板、凸出墙外的腰线等，另列项目按相应规定计算

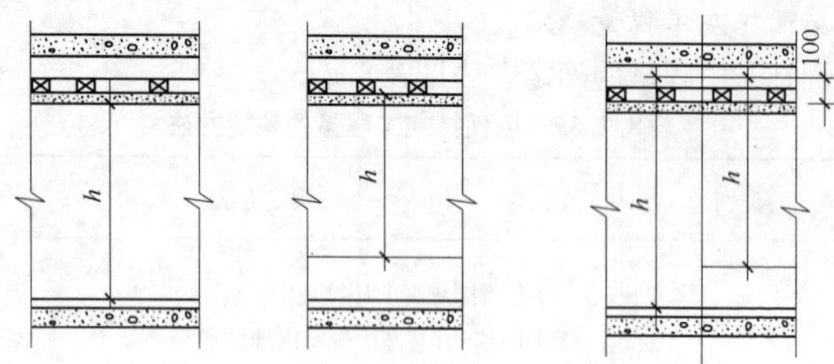

图 8.2.1　内墙抹灰高度

(a)无墙裙；(b)有墙裙；(c)钉板条无棚

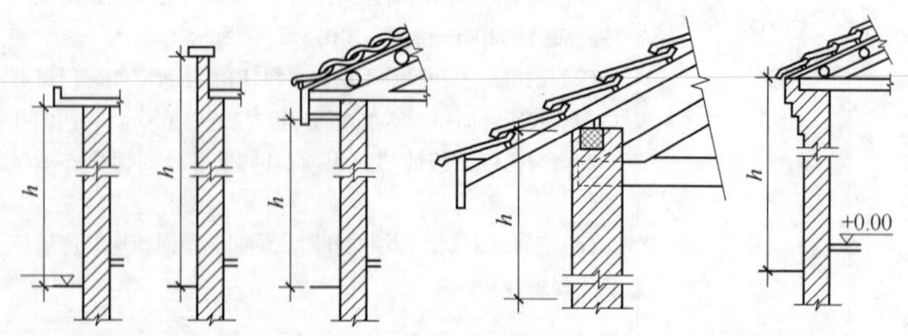

图 8.2.2　外墙抹灰高度

(a)平屋顶有挑檐(无沟)；(b)平屋顶无挑檐(天沟)；(c)坡屋顶带檐口(无棚)；(d)坡屋顶带挑檐(无檐口天棚)；(e)砖出檐

9. 预制混凝土构件粉刷工程量折算参考

预制混凝土构件粉刷工程量折算参考见表 8.2.36。

表 8.2.36　预制混凝土构件粉刷工程量折算参考

序号	项目	单位	粉刷面积(m^2)	备注
1	矩形柱	m^3	9.5	每 1 m^3 构件粉刷面积
2	工形柱	m^3	19.0	
3	双肢柱	m^3	10.0	
4	矩形梁	m^3	12.0	
5	吊车梁	m^3	1.9/8.1	金属屑/刷白

（续表）

序号	项目	单位	粉刷面积（m^2）	备注
6	T形梁	m^3	19	每1 m^3构件粉刷面积
7	大型屋面板	m^3	44	底面
8	密肋形屋面板	m^3	24	底面
9	平板	m^3	11.5	底面
10	薄腹屋面梁	m^3	12.0	每1 m^3构件粉刷面积
11	桁架	m^3	20.0	
12	三角形屋架	m^3	25.0	
13	檩条	m^3	28.0	
14	天窗端壁	m^3	30.0	双面粉刷
15	天窗支架	m^3	30.0	每1 m^3构件粉刷面积
16	挑檐板	m^3	25.0	
17	楼梯段	m^3	14/12	面层/底层
18	压顶	m^3	28.0	每1 m^3构件粉刷面积
19	地沟盖板	m^3	24.0	（单面）
20	厕所隔板	m^3	66.0	双面粉刷
21	大型墙板	m^3	30.0	双面粉刷
22	间壁	m^3	25.0	双面粉刷
23	支撑、支架	m^3	25.0	每1 m^3构件粉刷面积
24	皮带走廊框架	m^3	10.0	
25	皮带走廊箱子	m^3	7.8	单面粉刷

10. 现浇混凝土构件粉刷工程量折算参考

现浇混凝土构件粉刷工程量折算参考见表8.2.37。

表8.2.37　现浇混凝土构件粉刷工程量折算参考

序号	项目	单位	粉刷面积（m^2）	备注
1	无筋混凝土柱	m^3	10.5	每1 m^3构件的粉刷面积
2	钢筋混凝土柱	m^3	10.0	
3	钢筋混凝土圆柱	m^3	9.5	
4	钢筋混凝土单梁、连续梁	m^3	12.0	

（续表）

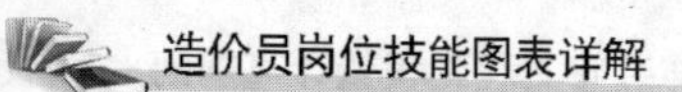

序号	项目	单位	粉刷面积(m^2)	备注
5	钢筋混凝土吊车梁	m^3	1.9/8.1	金属屑/刷白（每1 m^3构件）
6	钢筋混凝土异型梁	m^3	8.7	每1 m^3构件的粉刷面积
7	钢筋混凝土墙	m^3	8.3	单面（外面与内面同）
8	无筋混凝土墙	m^3	8.0	
9	无筋混凝土挡土墙、地下室墙	m^3	5.5	
10	毛石挡土墙、地下室墙	m^3	5.0	
11	钢筋混凝土挡土墙、地下室墙	m^3	5.8	
12	钢筋混凝土压顶	m^3	0.67	每延长米粉刷面积
13	钢筋混凝土暖气沟、电缆沟	m^3	14.0/9.6	内面/外面
14	钢筋混凝土贮仓料斗	m^3	7.5/7.5	
15	无筋混凝土台阶	m^3	20.0	
16	钢筋混凝土雨篷	m^2	1.6	每水平投影面积
17	钢筋混凝土阳台	m^2	1.8	
18	钢筋混凝土栏板	m^2	2.1	每垂直投影面积
19	钢筋平板	m^2	10.8	每1 m^3 粉刷面积
20	钢筋肋形板	m^2	13.5	

8.3 天棚工程工程量计算

8.3.1 天棚工程工程量计算说明

天棚工程工程量计算说明见表8.3.1。

表8.3.1 天棚工程工程量计算说明

序号	类别	计算说明
1	消耗量定额工程量计算说明	(1)定额除部分项目为龙骨、基层、面层合并列项外,其余均为天棚龙骨、基层、面层分别列项编制。 (2)定额龙骨的种类、间距、规格和基层、面层材料的型号、规格是按常用材料和常用做法考虑的;如与设计要求不同时,材料可以调整,但人工、机械不变。 (3)天棚轻钢龙骨、铝合金龙骨按面层不同的标高分一级天棚和跌级天棚。天棚面层在同一标高者称一级天棚,不在同一标高且高差在20cm以上者称为跌级天棚。 (4)轻钢龙骨、铝合金龙骨定额中为双层结构(即中、小龙骨紧贴大龙骨底面吊挂),如为单层结构(大、中龙骨底面在同一水平上)时,人工乘0.85系数。 (5)对于小面积的跌级吊顶,当跌级(或落差)长度小于顶面周长50%时,将级差展开面积并入天棚面积,仍按一级吊顶划分;当级差长度大于顶面周长50%时,按跌级吊顶划分。 (6)定额中平面天棚和跌级天棚指一般直线型天棚,不包括灯光槽的制作安装。灯光槽的制作安装应按本章相应子目执行。艺术造型天棚项目中包括灯光槽的制作安装,其断面示意图见本定额后附图。 (7)龙骨架、基层、面层的防火处理,应按本定额第五章相应子目执行。 (8)天棚检查孔的工料已包括在定额项目内,不另计算。 (9)铝塑板、不锈钢饰面天棚中,铝塑板、不锈钢折边消耗量、加工费另计
2	清单项目的划分	天棚工程分为天棚抹灰、天棚吊顶、天棚其他装饰等项目。 各项目所包含的清单项目如下: (1)天棚吊顶。包括天棚吊顶、格栅吊顶、吊筒吊顶、藤条造型悬挂吊顶、织物软雕吊顶、网架(装饰)吊顶。 (2)天棚其他装饰。包括灯带、送风口、回风口。

8.3.2 天棚消耗量定额工程量计算规则

天棚消耗量定额工程量计算规则见表8.3.2。

表8.3.2 天棚消耗量定额工程量计算规则

序号	计算规则
1	各种吊顶天棚龙骨按主墙间净空面积计算,不扣除间壁墙、检查洞、附墙烟囱、柱、垛和管道所占面积
2	天棚基层按展开面积计算
3	天棚装饰面层,按主墙间实钉(胶)面积以“m^2”计算,不扣除间壁墙、检查口、附墙烟囱、垛和管道所占面积,但应扣除0.3 m^2以上的孔洞、独立柱、灯槽及与天棚相连的窗帘盒所占的面积
4	定额中龙骨、基层、面层合并列项的子目,工程量计算规则同本表中第1项
5	板式楼梯底面的装饰工程量按水平投影面积乘1.15系数计算,梁式楼梯底面按展开面积计算
6	灯光槽按“延长米”计算
7	保温层按实铺面积计算
8	网架按水平投影面积计算
9	嵌缝按“延长米”计算

8.3.3 天棚工程工程量清单项目设置及工程量计算规则

1. 天棚抹灰工程量清单项目设置及工程量计算规则

天棚抹灰工程量清单项目设置、项目特征描述的内容、计量单位及工程量计算规则,应按表8.3.3规定执行。

表8.3.3 天棚抹灰(编号:011301)

项目编码	项目名称	项目特征	计量单位	工程量计算规则	工程内容
011301001	天棚抹灰	1. 基层类型 2. 抹灰厚度、材料种类 3. 砂浆配合比	m^2	按设计图示尺寸以水平投影面积计算。不扣除间壁墙、垛、柱、附墙烟囱、检查口和管道所占的面积,带梁天棚的梁两侧抹灰面积并入天棚面积内,板式楼梯底面抹灰按斜面积计算,锯齿形楼梯底板抹灰按展开面积计算	1. 基层清理 2. 底层抹灰 3. 抹面层

2. 天棚吊顶工程量清单项目设置及工程量计算规则

天棚吊顶工程量清单项目设置、项目特征描述的内容、计量单位及工程量计算规则,应按表8.3.4规定执行。

表8.3.4 天棚吊顶(编号:011302)

项目编码	项目名称	项目特征	计量单位	工程量计算规则	工程内容
011302001	天棚吊顶	1. 吊顶形式,吊杆规格、高度 2. 龙骨材料种类、规格、中距 3. 基层材料种类、规格 4. 面层材料品种、规格 5. 压条材料种类、规格 6. 嵌缝材料种类 7. 防护材料种类	m^2	按设计图示尺寸以水平投影面积计算。天棚面中的灯槽及跌级、锯齿形、吊挂式、藻井式天棚面积不展开计算。不扣除间壁墙、检查口、附墙烟囱、柱垛和管道所占面积,扣除单个 $>0.3m^2$ 的孔洞、独立柱及与天棚相连的窗帘盒所占的面积	1. 基层清理、吊杆安装 2. 龙骨安装 3. 基层板铺贴 4. 面层铺贴 5. 嵌缝 6. 刷防护材料
011302002	格栅吊顶	1. 龙骨材料种类、规格、中距 2. 基层材料种类、规格 3. 面层材料品种、规格 4. 防护材料种类		按设计图示尺寸以水平投影面积计算	1. 基层清理 2. 安装龙骨 3. 基层板铺贴 4. 刷防护材料

（续表）

项目编码	项目名称	项目特征	计量单位	工程量计算规则	工程内容
011302003	吊筒吊顶	1. 吊筒形状、规格 2. 吊筒材料种类 3. 防护材料种类			1. 基层清理 2. 吊筒制作安装 3. 刷防护材料
011302004	藤条造型悬挂吊顶	1. 骨架材料种类、规格 2. 面层材料品种、规格			1. 基层清理 2. 龙骨安装 3. 铺贴面层
011302005	织物软雕吊顶				
011302006	装饰网架吊顶	网架材料品种、规格			1. 基层清理 2. 网架制作安装

3. 采光天棚工程量清单项目设置及工程量计算规则

采光天棚工程量清单项目设置、项目特征描述的内容、计量单位及工程量计算规则，应按表 8.3.5 规定执行。

表8.3.5　采光天棚(编号:011303)

项目编码	项目名称	项目特征	计量单位	工程量计算规则	工程内容
011303001	采光天棚	1. 骨架类型 2. 固定类型,固定材料品种、规格 3. 面层材料品种、规格 4. 嵌缝、塞口材料种类	m^2	按框外围展开面积计算	1. 清理基层 2. 面层制安 3. 嵌缝、塞口 4. 清洗

注:采光天棚骨架不包括在本节中,应单独按《房屋建筑与装饰工程工程量计算规范》(GB 50854—2013)附录F相关项目编码列项。

4. 天棚其他装饰工程量清单项目设置及工程量计算规则

天棚其他装饰工程量清单项目设置、项目特征描述的内容、计量单位及工程量计算规则,应按表8.3.6规定执行。

表8.3.6　天棚其他装饰(编号:011304)

项目编码	项目名称	项目特征	计量单位	工程量计算规则	工程内容
011304001	灯带(槽)	1. 灯带型式、尺寸 2. 格栅片材料品种、规格 3. 安装固定方式	m^2	按设计图示尺寸以框外围面积计算	安装、固定
011304002	送风口、回风口	1. 风口材料品种、规格 2. 安装固定方式 3. 防护材料种类	个	按设计图示数量计算	1. 安装、固定 2. 刷防护材料

8.3.4　天棚工程工程量计算常用数据

1. 天棚铝合金龙骨及其配件

天棚铝合金龙骨及其配件见表8.3.7。

表 8.3.7　天棚铝合金龙骨及其配件

名称	主件			配件						
	龙骨			垂直吊挂件			纵向连接件			平面连接件·
	轻型	中型	重型	轻型	中型	重型	轻型	中型	重型	
大龙骨	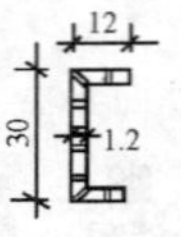 0.45kg/m	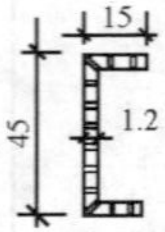 0.67kg/m	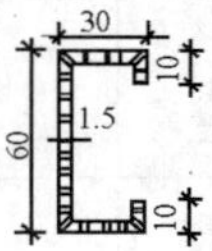 1.52kg/m	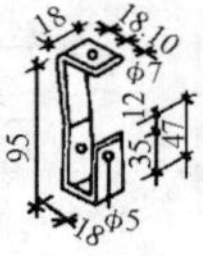 2厚	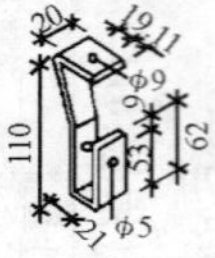 2厚	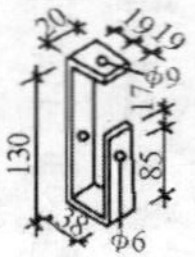 3厚	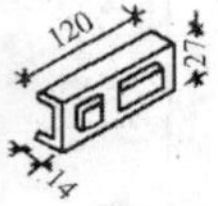 1.2厚	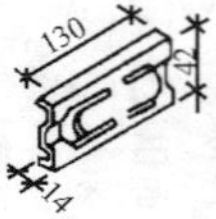 1.2厚	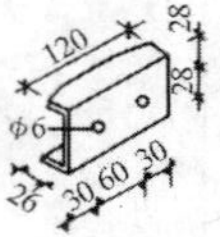 1.2厚	
中龙骨	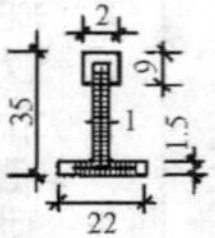 0.49kg/m			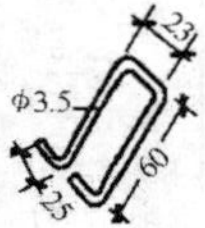			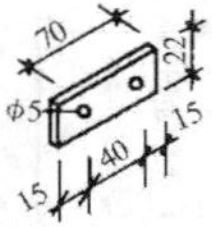 2厚			
小龙骨	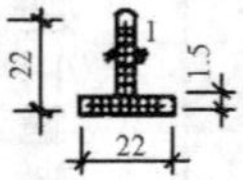 0.32kg/m									
边龙骨	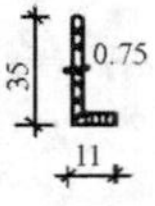 0.26kg/m	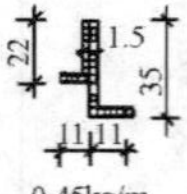 0.45kg/m		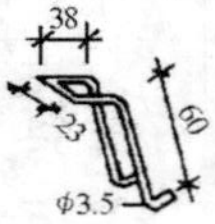	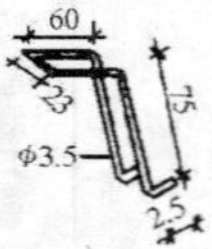					

2. U 形天棚轻钢龙骨及配件

U 形天棚轻钢龙骨及配件见表 8.3.8。

表 8.3.8　U 形天棚轻钢龙骨及配件

名称	主件			配件						
	龙骨			垂直吊挂件			纵向连接件			平面连接件
	轻型	中型	重型	轻型	中型	重型	轻型	中型	重型	
大龙骨	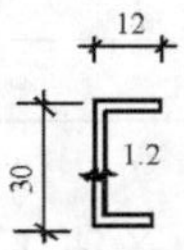 0.45kg/m	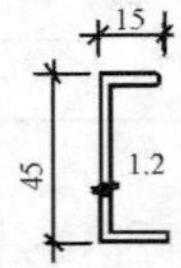 0.67kg/m	(1) 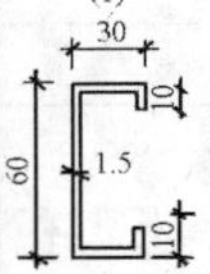 1.52kg/m	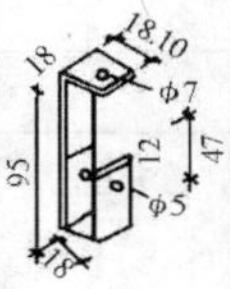 2厚	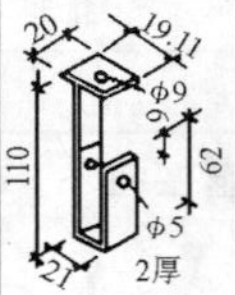 2厚	(1) 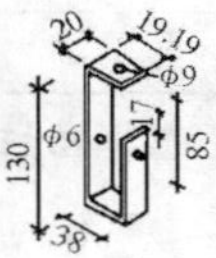 3厚	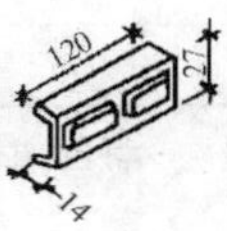 1.2厚	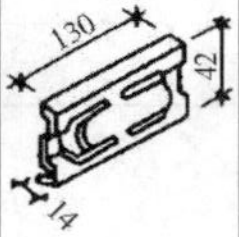 1.2厚	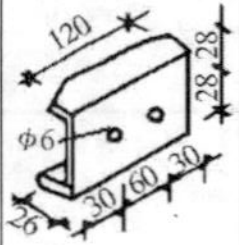 1.2厚	
			(2) 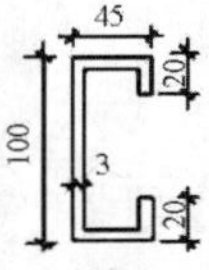 4.8kg/m			(2) 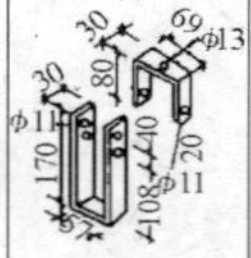 5厚			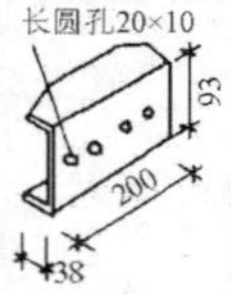 3厚	
中龙骨		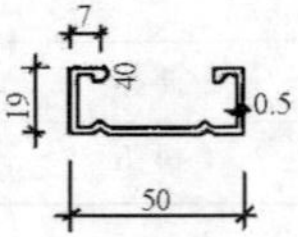 0.4kg/m		 0.75厚	 0.75厚	 0.75厚		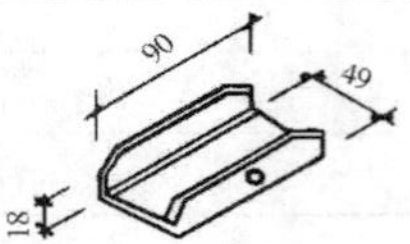 0.5厚		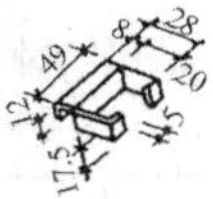 0.5厚

（续表）

名称	主件	配件				
	龙骨	垂直吊挂件			纵向连接件	平面连接件
小龙骨	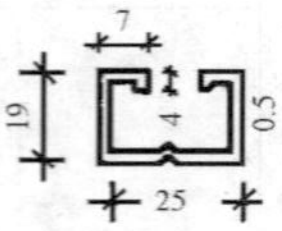 0.3kg/m	 0.75厚	 0.75厚	 0.75厚	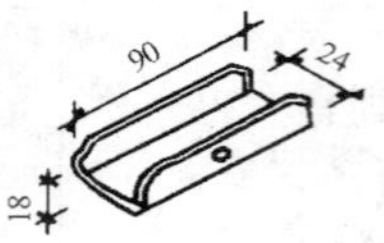 0.5厚	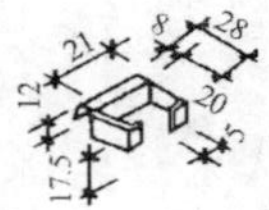 0.5厚

3. T形天棚轻钢龙骨及其配件

T形天棚轻钢龙骨及其配件见表8.3.9。

表8.3.9　T形天棚轻钢龙骨及其配件

名称	主件			配件						
	龙骨			垂直吊挂件			纵向连接件			平面连接件
	轻型	中型	重型	轻型	中型	重型	轻型	中型	重型	
大龙骨	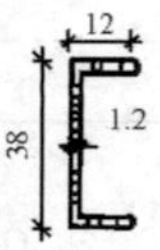 0.56kg/m	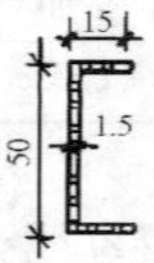 0.92kg/m	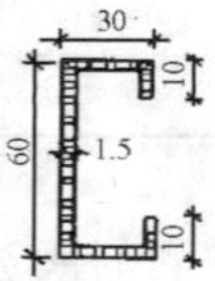 1.52kg/m	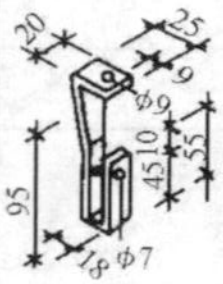 2厚	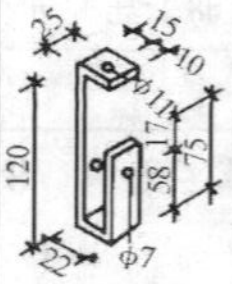 3厚	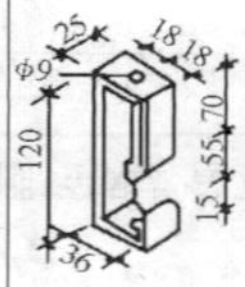 2厚	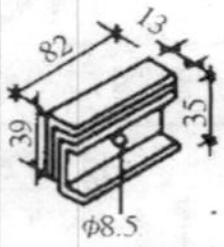 1.2厚	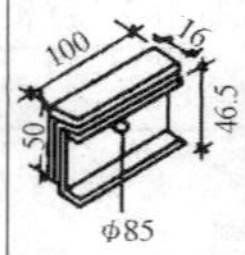 1.2厚	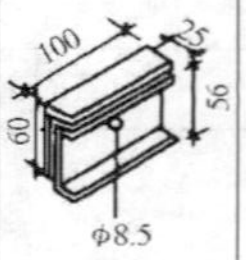 1.2厚	

（续表）

名称	主件	配件				
	龙骨	垂直吊挂件			纵向连接件	平面连接件
中龙骨	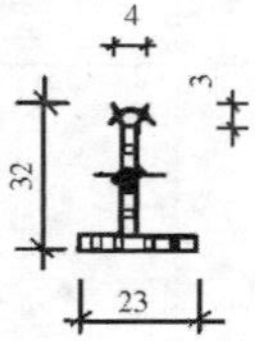 0.2kg/m	 1.2厚			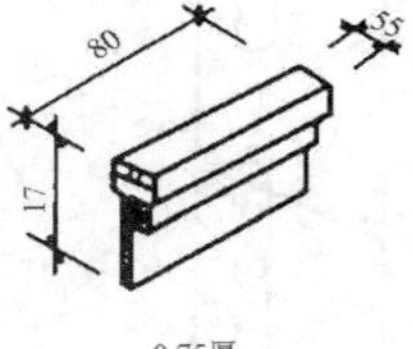 0.75厚	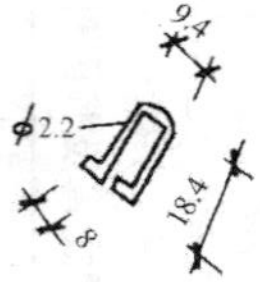
小龙骨	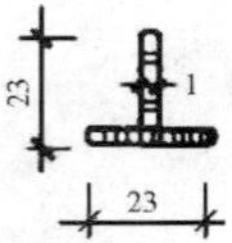 0.14kg/m					
边龙骨	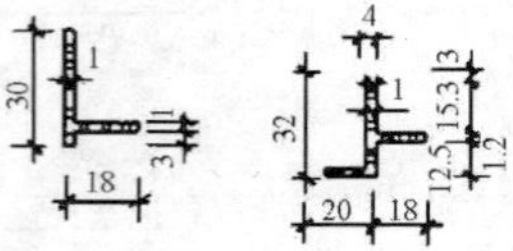 0.15kg/m　0.25kg/m			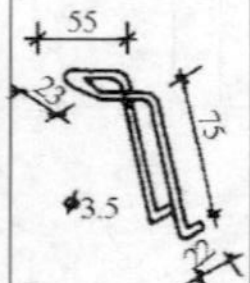		

4. 铝合金条板天棚龙骨及其配件

铝合金条板天棚龙骨及其配件见表 8.3.10。

表 8.3.10　铝合金条板天棚龙骨及其配件

条板龙骨 TG			
TG1	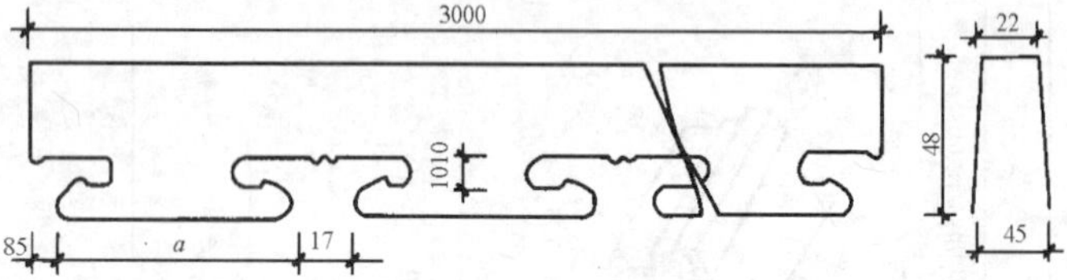 0.3kg/m　1厚		
	适用于条板 TB1、TB2、TB3、TB4		
TG2	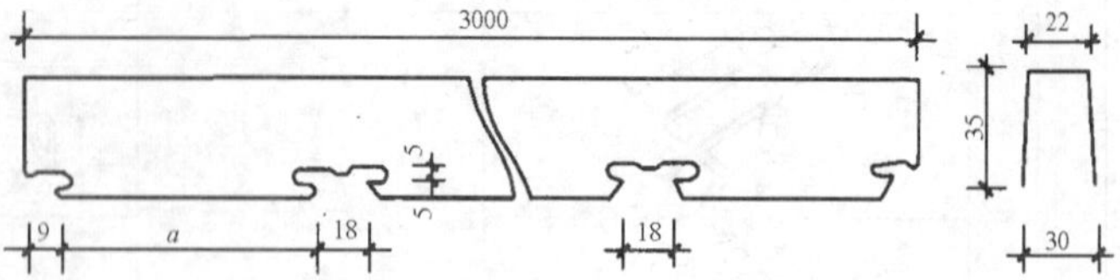 0.25kg/m　1厚		
	适用于条板 TB5、TB6		
大龙骨及配件			
DG 大龙骨	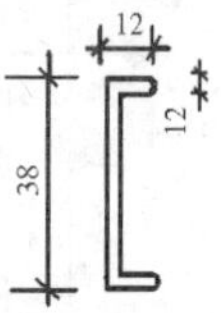	TJ1 条板龙骨吊挂件 （有大龙骨时用）	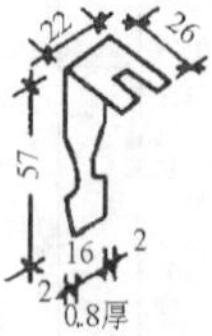 0.8厚
DJ 大龙骨 吊挂件	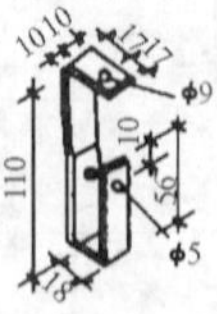 2厚	TJ2 条板龙骨吊挂件 （无大龙骨时用）	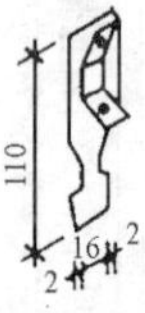 1厚

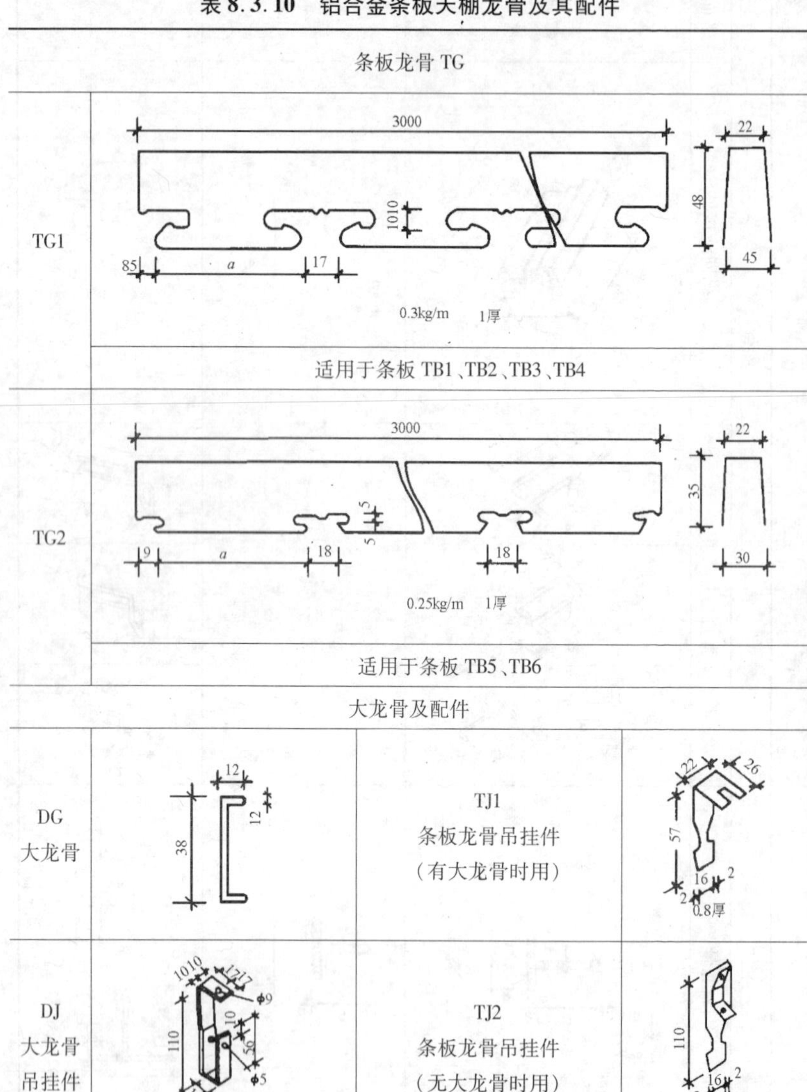

5. 铝合金方板天棚龙骨及其配件

铝合金方板天棚龙骨及其配件见表 8.3.11。

表 8.3.11　铝合金方板天棚龙骨及其配件

序号	名称	大龙骨			中龙骨
1	主件	龙骨	轻型	0.45kg/m	0.87kg/m　0.8厚
			中型	0.67kg/m	
			重型	1.52kg/m	
2	配件	垂直吊挂件	轻型	2厚	2厚
			中型	2厚	2厚
			重型	2厚	2厚

（续表）

序号	名称			大龙骨	中龙骨
2	配件	纵向连接件	轻型	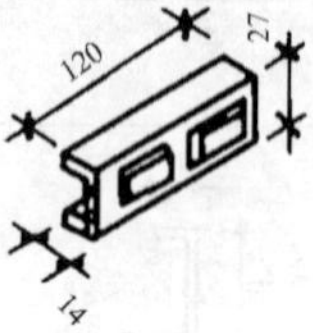 1.2厚	
			中型	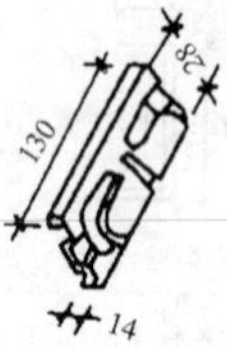 1.2厚	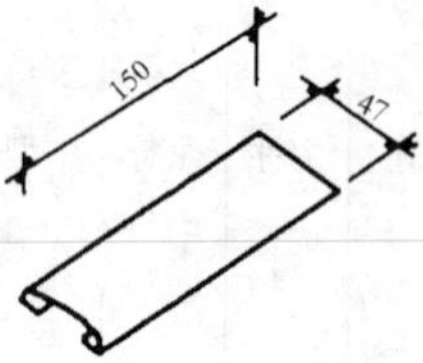 0.8厚
			重型	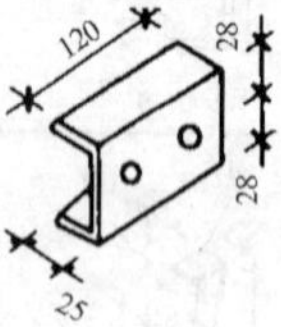 1.2厚	
		平面连接件			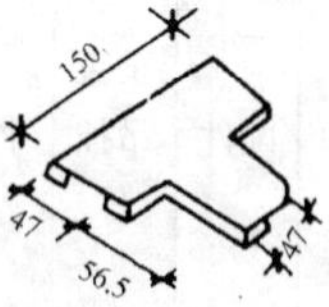 0.8厚

6. 格片式天棚龙骨及布置图

格片式天棚龙骨形式及规格见表 8.3.12 和图 8.3.1。

表 8.3.12　吊点最大间距尺寸　(mm)

序号	条板间距	2 个吊点	3 个以上吊点
1	100	1700	2000
2	150	1850	2200
3	200	2000	2350

7. 木骨架常见形式与龙骨规格

木骨架常见形式与龙骨规格见表 8.3.13。

表 8.3.13　木骨架常见形式与龙骨规格　(mm)

<table>
<tr><th colspan="3">骨架类型</th><th>分格尺寸(a × b)中距</th><th>龙骨截面</th></tr>
<tr><td colspan="3">吊顶木骨架</td><td>250 × 250　300 × 300</td><td>25 × 35　30 × 45</td></tr>
<tr><td rowspan="3">隔墙木骨架</td><td rowspan="2">单层</td><td>大方木</td><td>500 × 500　800 × 500</td><td>50 × 80　50 × 100</td></tr>
<tr><td>小方木</td><td>300 × 300　400 × 400</td><td>30 × 45　40 × 55</td></tr>
<tr><td colspan="2">双层</td><td>300 × 300　400 × 400</td><td>25 × 35　30 × 40</td></tr>
<tr><td colspan="3" rowspan="2">壁面木骨架</td><td>300 × 300　300 × 240</td><td>25 × 35　30 × 40</td></tr>
<tr><td>450 × 450　500 × 500</td><td>40 × 40　40 × 50</td></tr>
<tr><td colspan="3">墙裙木骨架</td><td>300 × 300</td><td>25 × 35</td></tr>
<tr><td colspan="3">木楼地面木搁栅</td><td>490 × 400　450 × 450</td><td>30 × 40　40 × 50</td></tr>
</table>

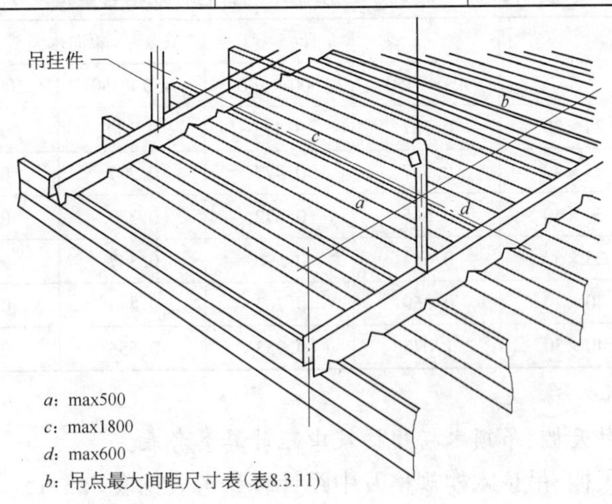

a: max500
c: max1800
d: max600
b: 吊点最大间距尺寸表(表8.3.11)

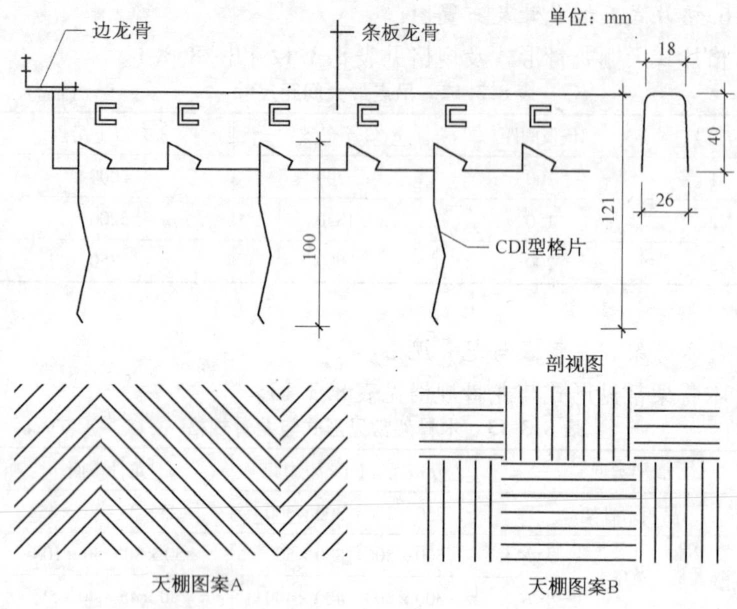

图8.3.1 格片式吊顶

8. 木龙骨各种规格含量表

木龙骨各种规格含量表见表8.3.14。

表8.3.14 每100 m^2顶棚木龙骨各种规格含量

中距(mm)		双向木龙骨		单向木龙骨	
		450×450	500×500	450×450	500×500
规格(mm)	24×30	0.387	0.343	0.200	0.175
	25×40	0.537	0.477	0.277	0.243
	30×40	0.645	0.572	0.333	0.291
	25×50	0.684	0.596	0.347	0.303
	40×40	0.860	0.763	0.444	0.388
	40×50	1.075	0.953	0.555	0.485

9. 各种天棚、吊顶木楞规格及中距计算参考表

各种天棚、吊顶木楞规格及中距计算参考表见表8.3.15。

表 8.3.15　各种天棚、吊顶木楞规格及中距计算参考表

<table>
<tr><td rowspan="3">类别</td><td rowspan="3" colspan="2">主楞跨度(m)</td><td colspan="3">主楞(cm)</td><td colspan="3">次楞(cm)</td><td rowspan="2">板厚</td><td rowspan="2">保温层厚度</td></tr>
<tr><td rowspan="2">中距</td><td colspan="2">断面</td><td rowspan="2">中距</td><td colspan="2">断面</td></tr>
<tr><td>方木</td><td>圆木</td><td>不靠墙</td><td>靠墙</td><td colspan="2">(cm)</td></tr>
<tr><td rowspan="3">保温顶棚</td><td colspan="2">1.5 以内</td><td></td><td></td><td></td><td>50</td><td>4×6</td><td>3×6</td><td>1.5</td><td>5</td></tr>
<tr><td colspan="2">3.0 以内</td><td>150</td><td>7×12</td><td>0</td><td>45</td><td>4×6</td><td>3×6</td><td>1.5</td><td>5</td></tr>
<tr><td colspan="2">4.0 以内</td><td>120</td><td>7×12</td><td>ϕ10</td><td>45</td><td>4×6</td><td>3×6</td><td>1.5</td><td>5</td></tr>
<tr><td rowspan="6">变通顶棚</td><td colspan="2">1.5 以内</td><td></td><td></td><td></td><td>50</td><td>4×5</td><td>3×5</td><td></td><td></td></tr>
<tr><td colspan="2">3.0 以内</td><td>150</td><td>6×12</td><td>ϕ8</td><td>45</td><td>4×5</td><td>3×5</td><td></td><td></td></tr>
<tr><td colspan="2">3.0 以内</td><td>150</td><td>6×12</td><td>ϕ8</td><td>45</td><td>4×5</td><td>3×5</td><td></td><td></td></tr>
<tr><td colspan="2">4.0 以内</td><td>120</td><td>6×12</td><td>ϕ8</td><td>45</td><td>4×5</td><td>3×5</td><td></td><td></td></tr>
<tr><td rowspan="2">楞木吊在混凝土板上</td><td>单层楞</td><td rowspan="2">150</td><td rowspan="2">4×8</td><td rowspan="2">ϕ4</td><td>50</td><td>4×5</td><td>3×5</td><td rowspan="2"></td><td rowspan="2"></td></tr>
<tr><td>双层楞</td><td>50</td><td>4×5</td><td>3×5</td></tr>
</table>

10. 天棚吊顶木材用量参考表

天棚吊顶木材用量参考表见表 8.3.16。

表 8.3.16　天棚吊顶木材用量参考表

<table>
<tr><td>序号</td><td>项目</td><td>规格(mm)</td><td>单位</td><td>每 100m² 用量</td></tr>
<tr><td rowspan="9">1</td><td rowspan="9">搁栅</td><td>70×120</td><td rowspan="9">m³</td><td>0.803</td></tr>
<tr><td>70×130</td><td>0.891</td></tr>
<tr><td>70×140</td><td>0.968</td></tr>
<tr><td>70×150</td><td>1.045</td></tr>
<tr><td>80×140</td><td>1.122</td></tr>
<tr><td>80×150</td><td>1.199</td></tr>
<tr><td>80×160</td><td>1.287</td></tr>
<tr><td>90×150</td><td>1.342</td></tr>
<tr><td>90×160</td><td>1.403</td></tr>
<tr><td rowspan="2">2</td><td rowspan="2">吊顶搁栅</td><td>40×40</td><td>m²</td><td>0.475</td></tr>
<tr><td>40×60</td><td>m³</td><td>0.713</td></tr>
<tr><td>3</td><td>吊木</td><td>40×40</td><td>m³</td><td>0.330</td></tr>
</table>

8.4 油漆、涂料、裱糊工程工程量计算

8.4.1 油漆、涂料、裱糊工程工程量计算说明

油漆、涂料、裱糊工程工程量计算说明见表8.4.1。

表8.4.1 油漆、涂料、裱糊工程工程量计算说明

序号	类别	说明
1	消耗量定额工程量计算说明	(1)定额中刷涂、刷油采用手工操作;喷塑、喷涂采用机械操作。操作方法不同时,不予调整。 (2)油漆浅、中、深各种颜色,已综合在定额内,颜色不同,不另调整。 (3)定额在同一平面上的分色及门窗内外分色已综合考虑。如需做美术图案者,另行计算。 (4)定额内规定的喷、涂、刷遍数与设计要求不同时,可按每增加一遍定额项目进行调整。 (5)喷塑(一塑三油)、底油、装饰漆、面漆的规格划分: ①大压花:喷点压平、点面积在1.2cm^2以上。 ②中压花:喷点压平、点面积在1~1.2cm^2以内。 ③喷中点、幼点:喷点面积在1cm^2以内。 (6)定额中的双层木门窗(单裁口)是指双层框扇。三层二玻一纱窗是指双层框三层扇。 (7)定额中的单层木门刷油是按双面刷油考虑的;如采用单面刷油,其定额含量乘以0.49系数计算。 (8)定额中的木扶手油漆为不带托板考虑
2	清单项目的划分	油漆、涂料、裱糊工程分为门油漆,窗油漆,木扶手及其他板条线条油漆,木材面油漆,金属面油漆,抹灰面油漆,喷塑、涂料,花饰、线条刷涂料,裱糊等项目。 各项目所包含的清单项目如下: (1)门油漆。 (2)窗油漆。 (3)木扶手及其他板条线条油漆。包括木扶手油漆、窗帘盒油漆、封檐板、顺水板油漆、挂衣板、黑板框油漆、挂镜线、窗帘棍、单独木线油漆。 (4)木材面油漆。包括木板、纤维板、胶合板油漆,木护墙、木墙裙

（续表）

序号	类别	说明
2		油漆，窗台板、筒子板、盖板、门窗套、踢脚线油漆，清水板条天棚、檐口油漆，木方格吊顶天棚油漆，吸音板墙面、天棚面油漆，暖气罩油漆，木间壁、木隔断油漆，玻璃间壁露明墙筋油漆，木栅栏、木栏杆（带扶手）油漆，衣柜、壁柜油漆，梁柱饰面油漆，零星木装修油漆，木地板油漆及木地板烫硬蜡面。 （5）金属面油漆。 （6）抹灰面油漆。包括抹灰面油漆、抹灰线条油漆。 （7）喷塑、涂料。 （8）花饰、线条刷涂料。包括花饰格、栏杆刷涂料、线条刷涂料。 （9）裱糊。包括墙纸裱糊、织锦缎裱糊

8.4.2 油漆、涂料、裱糊工程消耗量定额工程量计算规则

1. 楼地面、天棚、墙、柱、梁面的喷（刷）涂料、抹灰面油漆及裱糊工程计算规则

楼地面、天棚、墙、柱、梁面的喷（刷）涂料、抹灰面油漆及裱糊工程，均按表8.4.2的计算规则计算。

表8.4.2 抹灰面油漆、涂料、裱糊

序号	项目名称	系数	工程量计算方法
1	混凝土楼梯底（板式）	1.15	水平投影面积
2	混凝土楼梯底（梁式）	1.00	展开面积
3	混凝土花格窗、栏杆花饰	1.82	单面外围面积
4	楼地面、天棚、墙、柱、梁面	1.00	展开面积

2. 木材面的工程量计算规则

木材面的工程量分别按表8.4.3～表8.4.6相应的计算规则计算。

表 8.4.3　执行木门定额工程量系数表

项目名称	系数	工程量计算方法
单层木门	1.00	按单面洞口面积计算
双层(一玻一纱)木门	1.36	
双层(单裁口)木门	2.00	
单层全玻门	0.83	
木百叶门	1.25	
厂库房大门	1.10	

表 8.4.4　执行木窗定额工程量系数表

项目名称	系数	工程量计算方法
单层玻璃窗	1.00	按单面洞口面积计算
双层(一玻一纱)木窗	1.36	
双层(单裁口)木窗	2.00	
双层框三层(二玻一纱)木窗	2.60	
单层组合窗	0.83	
双层组合窗	1.13	
木百叶窗	1.50	

表 8.4.5　执行木扶手定额工程量系数表

项目名称	系数	工程量计算方法
木扶手(不带托板)	1.00	按"延长米"计算
木扶手(带托板)	2.60	
窗帘盒	2.04	
封檐板、顺水板	1.74	
挂衣板、黑板框、单独木线条 100mm 以外	0.52	
挂镜线、窗帘棍、单独木线条 100mm 以内	0.40	

表8.4.6 执行其他木材面定额工程量系数表

项目名称	系数	工程量计算方法
木板、纤维板、胶合板天棚	1.00	按“长×宽”计算
木护墙、木墙裙	1.00	
窗台板、筒子板、盖板	0.82	
门窗套、踢脚线	1.00	
清水板条天棚、檐口	1.07	
木方格吊顶天棚	1.20	
鱼鳞板墙	2.48	
吸音板墙面、天棚面	0.87	
木间壁、木隔断	1.90	单面外围面积
玻璃间壁露明墙筋	1.65	
木栅栏、木栏杆(带扶手)	1.82	
衣柜、壁柜	1.00	按实刷展开面积
零星木装修	0.87	展开面积
梁柱饰面	1.00	展开面积

3.其他计算规则

(1)金属构件油漆的工程量按构件质量计算。

(2)定额中的隔墙、护壁、柱、天棚木龙骨及木地板中木龙骨带毛地板,刷防火涂料工程量计算规则。

定额中的隔墙、护壁、柱、天棚木龙骨及木地板中木龙骨带毛地板,刷防火涂料工程量计算规则见表8.4.7。

表8.4.7 隔墙、护壁、柱、天棚木龙骨及木地板中木龙骨带毛地板计算规则

序号	计算规则
1	隔墙、护壁木龙骨按其面层正立面投影面积计算
2	柱木龙骨按其面层外围面积计算
3	天棚木龙骨按其水平投影面积计算
4	木地板中木龙骨及木龙骨带毛地板按地板面积计算

(3)隔墙、护壁、柱、天棚面层及木地板刷防火涂料，执行其他木材面刷防火涂料相应子目。

(4)木楼梯(不包括底面)油漆，按水平投影面积乘以2.3系数，执行木地板相应子目。

8.4.3 油漆、涂料、裱糊工程工程量清单项目设置及工程量计算规则

1. 门油漆工程量清单项目设置及工程量计算规则

门油漆工程量清单项目设置、项目特征描述的内容、计量单位及工程量计算规则，应按表8.4.8规定执行。

表8.4.8 门油漆(编号:011401)

项目编码	项目名称	项目特征	计量单位	工程量计算规则	工程内容
011401001	木门油漆	1.门类型 2.门代号及洞口尺寸 3.腻子种类 4.刮腻子遍数 5.防护材料种类 6.油漆品种、刷漆遍数	1.樘 2.m^2	1.以"樘"计量，按设计图示数量计量 2.以"m^2"计量，按设计图示洞口尺寸以面积计算	1.基层清理 2.刮腻子 3.刷防护材料、油漆
011401002	金属门油漆				1.除锈、基层清理 2.刮腻子 3.刷防护材料、油漆

注:1.木门油漆应区分木大门、单层木门、双层(一玻一纱)木门、双层(单裁口)木门、全玻自由门、半玻自由门、装饰门及有框门或无框门等项目，分别编码列项。

2.金属门油漆应区分平开门、推拉门、钢制防火门等项目，分别编码列项。

3.以"m^2"计量，项目特征可不必描述洞口尺寸。

2. 窗油漆工程量清单项目设置及工程量计算规则

窗油漆工程量清单项目设置、项目特征描述的内容、计量单位及工程量计算规则，应按表8.4.9规定执行。

表 8.4.9　窗油漆(编号:011402)

项目编码	项目名称	项目特征	计量单位	工程量计算规则	工程内容
011402001	木窗油漆	1. 窗类型 2. 窗代号及洞口尺寸 3. 腻子种类 4. 刮腻子遍数 5. 防护材料种类 6. 油漆品种、刷漆遍数	1. 樘 2. m^2	1. 以"樘"计量,按设计图示数量计量 2. 以"m^2"计量,按设计图示洞口尺寸以面积计算	1. 基层清理 2. 刮腻子 3. 刷防护材料、油漆
011402002	金属窗油漆				1. 除锈、基层清理 2. 刮腻子 3. 刷防护材料、油漆

注:1. 木窗油漆应区分单层木门、双层(一玻一纱)木窗、双层框扇(单裁口)木窗、双层框三层(二玻一纱)木窗、单层组合窗、双层组合窗、木百叶窗、木推拉窗等项目,分别编码列项。

2. 金属窗油漆应区分平开窗、推拉窗、固定窗、组合窗、金属格栅窗等项吕,分别编码列项。

3. 以"m^2"计量,项目特征可不必描述洞口尺寸。

3. 木扶手及其他板条、线条油漆工程量清单项目设置及工程量计算规则

木扶手及其他板条、线条油漆工程量清单项目设置、项目特征描述的内容、计量单位及工程量计算规则,应按表 8.4.10 规定执行。

表 8.4.10　木扶手及其他板条、线条油漆(编号:011403)

项目编码	项目名称	项目特征	计量单位	工程量计算规则	工程内容
011403001	木扶手油漆	1. 断面尺寸 2. 腻子种类 3. 刮腻子遍数 4. 防护材料种类 5. 油漆品种、刷漆遍数	m	按设计图示尺寸以长度计算	1. 基层清理 2. 刮腻子 3. 刷防护材料、油漆

（续表）

项目编码	项目名称	项目特征	计量单位	工程量计算规则	工程内容
011403002	窗帘盒油漆				
011403003	封檐板、顺水板油漆				
011403004	挂衣板、黑板框油漆				
011403005	挂镜线、窗帘棍、单独木线油漆				

注：木扶手应区分带托板与不带托板，分别编码列项，若是木栏杆带扶手，木扶手不应单独列项，应包含在木栏杆油漆中。

4. 木材面油漆工程量清单项目设置及工程量计算规则

木材面油漆工程量清单项目设置、项目特征描述的内容、计量单位及工程量计算规则，应按表8.4.11规定执行。

表8.4.11　木材面油漆（编号:011404）

项目编码	项目名称	项目特征	计量单位	工程量计算规则	工程内容
011404001	木护墙、木墙裙油漆	1. 腻子种类 2. 刮腻子遍数 3. 防护材料种类 4. 油漆品种、刷漆遍数	m^2	按设计图示尺寸以面积计算	1. 基层清理 2. 刮腻子 3. 刷防护材料、油漆
011404002	窗台板、筒子板、盖板、门窗套、踢脚线油漆				

（续表）

项目编码	项目名称	项目特征	计量单位	工程量计算规则	工程内容
011404003	清水板条天棚、檐口油漆	1. 腻子种类 2. 刮腻子遍数 3. 防护材料种类 4. 油漆品种、刷漆遍数	m²	按设计图示尺寸以面积计算	1. 基层清理 2. 刮腻子 3. 刷防护材料、油漆
011404004	木方格吊顶天棚油漆				
011404005	吸声板墙面、天棚面油漆				
011404006	暖气罩油漆				
011404007	其他木材面			按设计图示尺寸以单面外围面积计算	
011404008	木间壁、木隔断油漆				
011404009	玻璃间壁露明墙筋油漆				
011404010	木栅栏、木栏杆（带扶手）油漆				
011404011	衣柜、壁柜油漆			按设计图示尺寸以油漆部分展开面积计算	
011404012	梁柱饰面油漆				
011404013	零星木装修油漆				
011404014	木地板油漆			按设计图示尺寸以面积计算。孔洞、空圈、暖气包槽、壁龛的开口部分并入相应的工程量内	
011404015	木地板烫硬蜡面	1. 硬蜡品种 2. 面层处理要求			1. 基层清理 2. 烫蜡

5. 金属面油漆工程量清单项目设置及工程量计算规则

金属面油漆工程量清单项目设置、项目特征描述的内容、计量单位及工程量计算规则,应按表 8.4.12 规定执行。

表 8.4.12　金属面油漆(编号:011405)

项目编码	项目名称	项目特征	计量单位	工程量计算规则	工程内容
011405001	金属面油漆	1. 构件名称 2. 腻子种类 3. 刮腻子要求 4. 防护材料种类 5. 油漆品种、刷漆遍数	1. t 2. m^2	1. 以"t"计量,按设计图示尺寸以质量计算 2. 以"m^2"计量,按设计展开面积计算	1. 基层清理 2. 刮腻子 3. 刷防护材料、油漆

6. 抹灰面油漆工程量清单项目设置及工程量计算规则

抹灰面油漆工程量清单项目设置、项目特征描述的内容、计量单位及工程量计算规则,应按表 8.4.13 规定执行。

表 8.4.13　抹灰面油漆(编号:011406)

项目编码	项目名称	项目特征	计量单位	工程量计算规则	工程内容
011406001	抹灰面油漆	1. 基层类型 2. 腻子种类 3. 刮腻子遍数 4. 防护材料种类 5. 油漆品种、刷漆遍数 6. 部位	m^2	按设计图示尺寸以面积计算	1. 基层清理 2. 刮腻子 3. 刷防护材料、油漆
011406002	抹灰线条油漆	1. 线条宽度、瘦长数 2. 腻子种类 3. 刮腻子遍数 4. 防护材料种类 5. 油漆品种、刷漆遍数	m	按设计图示尺寸以长度计算	

（续表）

项目编码	项目名称	项目特征	计量单位	工程量计算规则	工程内容
011406003	满刮腻子	1. 基层类型 2. 腻子种类 3. 刮腻子遍数	m^2	按设计图示尺寸以面积计算	1. 基层清理 2. 刮腻子

7. 喷刷涂料工程量清单项目设置及工程量计算规则

喷刷涂料工程量清单项目设置、项目特征描述的内容、计量单位及工程量计算规则，应按表 8.4.14 规定执行。

表 8.4.14　喷刷涂料（编号：011407）

<table>
<tr><th>项目编码</th><th>项目名称</th><th>项目特征</th><th>计量单位</th><th>工程量计算规则</th><th>工程内容</th></tr>
<tr><td>011407001</td><td>墙面喷涂料</td><td>1. 基层类型
2. 腻子种类
3. 刮腻子遍数
4. 防护材料种类
5. 油漆品种、刷漆遍数</td><td rowspan="4">m^2</td><td>按设计图示尺寸以面积计算</td><td rowspan="4">1. 基层清理
2. 刮腻子
3. 刷、喷涂料</td></tr>
<tr><td>011407002</td><td>天棚喷刷涂料</td><td>1. 腻子种类
2. 刮腻子遍数
3. 防护材料种类</td><td>按设计图示尺寸以单面外围面积计算</td></tr>
<tr><td>011407003</td><td>空花格、栏杆刷涂料</td><td rowspan="2">1. 基层清理
2. 线条宽度
3. 刮腻子遍数
4. 刷防护材料、油漆</td><td rowspan="2">按设计图示尺寸以长度计算</td></tr>
<tr><td>011407004</td><td>线条刷涂料</td></tr>
</table>

（续表）

项目编码	项目名称	项目特征	计量单位	工程量计算规则	工程内容
011407005	金属构件刷防火涂料	1. 喷刷防火涂料构件名称 2. 防火等级要求 3. 涂料品种、喷刷遍数	1. m^2 2. t	1. 以“t”计量，按设计图示尺寸以质量计算 2. 以“m^2”计量，按设计展开面积计算	1. 基层清理 2. 刷防护材料、油漆
011407006	木材构件喷刷防火涂料		m^2	以“m^2”计量，按设计图示尺寸以面积计算	1. 基层清理 2. 刷防火材料

注：喷刷墙面涂料部位要注明内墙或外墙。

8. 裱糊工程量清单项目设置及工程量计算规则

裱糊工程量清单项目设置、项目特征描述的内容、计量单位及工程量计算规则，应按表 8.4.15 规定执行。

表 8.4.15　裱糊（编号：011408）

项目编码	项目名称	项目特征	计量单位	工程量计算规则	工程内容
011408001	墙纸裱糊	1. 基层类型 2. 裱糊部位 3. 腻子种类 4. 刮腻子遍数 5. 黏结材料种类 6. 防护材料种类 7. 面层材料品种、规格、颜色	m^2	按设计图示尺寸以面积计算	1. 基层清理 2. 刮腻子 3. 面层铺贴 4. 刷防护材料
011408002	织锦缎裱糊				

8.4.4　油漆、涂料、裱糊工程工程量计算常用数据

1. 油漆、涂料类别及其代号

油漆、涂料类别及其代号见表8.4.16。

表8.4.16　油漆、涂料类别及其代号

序号	代号	发音	名称	序号	代号	发音	名称
1	Y	衣	油脂漆类	10	G	哥	过氯乙烯漆类
2	X	希	乙烯树脂漆类	11	B	坡	丙烯酸漆类
3	T	特	天然树脂漆类	12	Z	资	聚酯漆类
4	F	佛	酚醛树脂漆类	13	H	喝	环氧树脂漆类
5	L	勒	沥青漆类	14	S	思	聚氨酯漆类
6	C	雌	醇酸树脂漆类	15	W	乌	元素有机漆类
7	A	啊	氨基树脂漆类	16	J	基	橡胶漆类
8	Q	欺	硝基漆类	17	E	鹅	其他漆类
9	M	摸	纤维素漆类	18			辅助材料

2. 辅助材料分类及其代号

辅助材料分类及其代号见表8.4.17。

表8.4.17　辅助材料分类及其代号

序号	代号	发音	名称	序号	代号	发音	名称
1	X	希	稀释剂	4	T	特	脱漆剂
2	F	佛	防潮剂	5	H	喝	固化剂
3	G	哥	催干剂				

3. 油漆涂料展开面积系数

油漆涂料展开面积系数见表8.4.18。

表 8.4.18　油漆涂料展开面积系数

项目名称	系数	项目名称	系数
单层木门窗	2.2	挂镜线、窗帘棍、顶棚压条	0.08
双层木门窗	3.0	单层钢门窗	1.35
单层木通天窗、木摇窗	1.65	钢百叶门窗	3.70
双层木通天窗、木摇窗	2.25	射线防护门	4.00
木栅栏、木栏杆(带扶手)	2.2	平板屋面	1.00
木板、纤维板、胶合板顶棚檐口	1.21	包钢板门窗	2.20
清水板条天栅檐口	1.31	吸气罩	2.20
封檐板、挡风板	0.4	木屋架	2.16
三层木门窗	5.2	屋面板“带檩条”	1.34
窗帘盒	0.47	间壁、隔断	2.30
护墙、墙裙	1.1	玻璃间壁、露明墙筋	2.00
暖气罩	1.55	百叶木门窗	3.00
衣柜、阁楼、壁橱、筒子板、窗台板、伸缩缝盖板	1.0	挂衣板、黑板框、生活园地柜	0.12
		双层钢门窗	2.00
木扶手(带托板)	0.60	满钢板门	2.20
木扶手(不带托板)	0.23	钢丝网大门	1.10
鱼鳞板墙	3.00	花陇板屋面	1.20
吸音板	1.05	排水	1.06
木地板、木踢脚板	1.0	伸缩缝盖板	1.05
木楼梯(包括休息平台)	1.0		
零星木装修(镜箱、奶报箱、消火栓木箱、风斗、喇叭箱、碗橱、出入孔木盖板、检查孔门)	1.05		

4. 常用建筑涂料品种及用量

常用建筑涂料品种及用量见表 8.4.19。

表 8.4.19　常用建筑涂料品种及用量

产品名称	适用范围	用量(m^2/kg)
多彩花纹装饰涂料	用于混凝土、砂浆、木材、岩石板、钢、铝等各种基层材料及室内墙、顶面	3~4
乙丙各色乳胶漆(外用)	用于室外墙面装饰涂料	5.7
乙丙各色乳胶漆(内用)	用于室内装饰涂料	5.7
乙-丙乳液厚涂料	用于外墙装饰涂料	2.3~3.3
苯-丙彩砂涂料	用于内、外墙装饰涂料	2~3.3
浮雕涂料	用于内、外墙装饰涂料	0.6~1.25
封底漆	用于内、外墙基体面	10~13
封固底漆	用于内、外墙增加结合力	10~13
各色乙酸乙烯无光乳胶漆	用于室内水泥墙面、天花	5
ST 内墙涂料	水泥砂浆、石灰砂浆等内墙面,贮存期为 6 个月	3~6
106 内墙涂料	水泥砂浆、新旧石灰墙面,贮存期为 2 个月	2.5~3.0
JQ-83 耐洗擦内墙涂料	混凝土、水泥砂浆、石棉水泥板、纸面石膏板,贮存期 3 个月	3~4
KFT-831 建筑内墙涂料	室内装饰,贮存期 6 个月	3
LT-31 型、Ⅱ型内墙涂料	混凝土、水泥砂浆、石灰砂浆等封面	6~7
各种苯-丙建筑涂料	内外墙、顶面	1.5~3.0
高耐磨内墙涂料	内墙面,贮存期 1 年	5~6
各色丙烯酸有光、无光乳胶漆	混凝土、水泥砂浆等基面,贮存期 8 个月	4~5
各色丙烯酸凹凸乳胶底漆	水泥砂浆、混凝土基层(尤其适用于未干透者),贮存期 1 年	1.0
8201-4 苯-丙内墙乳胶漆	水泥砂浆、石灰砂浆等内墙面,贮存期 6 个月	5~7
B840 水溶性丙烯醇封底漆	内外墙面,贮存期 6 个月	6~10

（续表）

产品名称	适用范围	用量（m²/kg）
高级喷磁型外墙涂料	混凝土、水泥砂浆、石棉瓦楞板等基层	2～3
SB－2型复合凹凸墙面涂料	内、外墙面	4～5
LT苯－丙厚浆乳胶涂料	外墙面	6～7
石头漆（材料）	内、外墙面	0.25
石头漆底漆	内、外墙面	3.3
石头漆、面漆	内、外墙面	3.3

5. 常见不同墙面涂料用量

常见不同墙面涂料用量见表8.4.20。

表8.4.20　常见不同墙面的涂料用量　（m²/kg）

涂料名称	平滑墙面用量	普通墙面用量	涂料名称	平滑墙面用量	普通墙面用量
106涂料	6.5～8	5～6.5	JQ－83耐擦洗涂料	4～5	3～4
LT－2平光乳胶涂料	6～7.5	5～6.5	8201－4苯－丙内墙涂料	6～7	15～6
LT－31型、Ⅱ型涂料	6～7.5	5～6.5	KFT－831内墙涂料	4	3.5
丙烯酸内墙涂料	3～4	2.5～3	PG－838可擦涂料	4.5	4

6. 常见油漆材料单位面积参考用量

常见油漆材料单位面积参考用量见表8.4.21。

表8.4.21　常见油漆材料单位面积参考用量

漆种	用途	材料项目	用量（kg/m²）	
			普通油漆处理	精细油漆饰面
酚醛清漆	普通木饰面	酚醇清漆、松节油	0.12 0.02	
硝基清漆	木顶棚、木墙裙、木造型、木线条及木家具的饰面	虫胶片、工业酒精、硝基清漆、天那水或香蕉水	0.023 0.14 0.15 0.8	0.03 0.2 0.22 1.4

（续表）

漆种	用途	材料项目	用量(kg/m²)	
			普通油漆处理	精细油漆饰面
聚氨酯清漆	木顶棚、木墙裙、木造型、木线条及木家具的饰面	虫胶片、酒精、聚氨酯清漆	0.023 0.14 0.12	0.03 0.25 0.15
硝基喷漆（手扫漆）	木造型、木线条、钢木家具	硝基磁漆、天那水	0.11 1.2	0.15 1.8
硝基磁漆	木造型、木线条、钢木家具	硝基磁漆、天那水或香蕉水	0.11 1.1	0.15 1.6
酚醛磁漆	普通木饰面	酚醛磁漆、松节油	0.14 0.05	
各色酚醛地板漆	木质地板或水泥地面		0.3	0.35

7. 常用腻子参考用量

常用腻子参考用量见表 8.4.22。

表 8.4.22　常用腻子参考用量

腻子种类	用途	材料项目	用量(kg/m²)
石膏油腻子	墙面、柱面、地面、普通家具的不透木纹嵌底	石膏粉 熟桐油 松节油	0.22 0.06 0.02
血料腻子	中、高档家具的不透木纹嵌底	熟猪血 老粉(富粉) 木胶粉	0.11 0.23 0.03
石膏清漆腻子	墙面、地面、家具面的露木纹嵌底	石膏粉 清漆	0.18 0.08
虫胶腻子	墙面、地面、家具面的露木纹嵌底	虫胶漆 老粉	0.11 0.15
硝基腻子	常用于木器透明涂饰的局部填嵌	硝基清漆 老粉	0.08 0.16

8. 木材面油漆参考用量

木材面油漆参考用量见表8.4.23。

表8.4.23　木材面油漆参考用量

油漆名称	应用范围	施工方法	油漆面积(m^2/kg)
Y02 – 1(各色厚漆)	底	刷	6 ~ 8
Y02 – 2(锌白厚漆)	底	刷	6 ~ 8
Y02 – 13(白厚漆)	底	刷	6 ~ 8
抄白漆	底	刷	6 ~ 8
虫胶漆	底	刷	6 ~ 8
F01 – 1(酚醛清漆)	罩光	刷	8
F80 – 1(酚醛地板漆)	面	刷	6 ~ 8
白色醇酸无光磁漆	画	刷或喷	8
C04 – 44 各色醇酸平光磁漆	面	刷或喷	8
Q01 – 1 硝基清漆	罩画	喷	8
Q22 – 1 硝基木器漆	面	喷和揩	8
B22 – 2 丙烯酸木器漆	面	刷或喷	8

9. 普通木门窗油漆饰面参考用量

普通木门窗油漆饰面参考用量见表8.4.24。

表8.4.24　普通木门窗油漆饰面参考用量

(kg/m^2)

饰面项目	材料用量						
	深色调和漆	浅色调和漆	防锈漆	深色厚漆	浅色厚漆	熟桐油	松节油
深色普通窗	0.15			0.12		0.08	
深色普通门	0.21			0.16			0.05
深色木板壁	0.07			0.07			0.04
浅色普通窗		0.175			0.25		0.05
浅色普通门		0.24			0.33		0.08
浅色木板壁		0.08			0.12		0.04
旧门重油漆	0.21						0.04

（续表）

饰面项目	材料用量						
	深色调和漆	浅色调和漆	防锈漆	深色厚漆	浅色厚漆	熟桐油	松节油
旧窗重油漆	0.15						0.04
新钢门窗油漆	0.12		0.05				0.04
旧钢门窗油漆	0.14		0.1				
一般铁窗栅油漆	0.06		0.1				

10. 油漆金属制品每吨展开面积计算

（1）油漆金属制品每吨展开面积计算参考表见表 8.4.25。

表 8.4.25　油漆金属制品每吨展开面积计算参考表　（m^2）

金属制品名称	每吨展开面积	金属制品名称		每吨展开面积
半截百页钢门	150	钢梁		27
钢折叠门	138	车挡		24
平开门、推拉门钢骨架	52	钢屋架	型钢为主	30
间壁	37		圆钢为主	42
钢柱、吊车梁、花式梁柱、空花构件	24		钢管为主	38
		天窗架、挡风架		35
操作台、走台、制动梁	27	墙架	实腹式	19
支撑、拉杆	40		格板式	31
檩条	39	屋架梁		27
钢爬梯	45	轻型屋架		54
钢栅栏门	65	踏步式钢扶梯		40
钢栏杆窗栅	65	金属脚手架		46
钢梁柱檩条	29	零星铁件		50

（2）金属面油漆用量参考表见表 8.4.26。

表 8.4.26　金属面油漆用量参考表

油漆名称	应用范围	施工方法	油漆面积（m^2/kg）
Y53－2 铁红《防锈漆》	底	刷	6～8

（续表）

油漆名称	应用范围	施工方法	油漆面积(m^2/kg)
F03－1各色酚醛调和漆	面	刷、喷	8
F04－1铝粉、金色酚醛磁漆	面	刷、喷	8
F06－1红灰酚醛底漆	底	刷、喷	6～8
F06－9锌黄、纯酚醛底漆	用于铝合金	刷	6～8
C01－7醇酸清漆	罩面	刷	8
C04－48各色醇酸磁漆	面	刷、喷	8
C06－1铁红醇酸底漆	底	刷	6～8
Q04－1各色硝基磁漆	面	刷	8
H06－2铁红	底	刷、喷	6～8
脱漆剂	除旧漆	刷、刮涂	4～6

11. 防火涂料参考用量

防火涂料参考用量见表8.4.27。

表8.4.27　防火涂料参考用量

名称	型号	用量(kg/m^2)	名称	型号	用量(kg/m^2)
水性膨胀型防火涂料	ZSBF型（双组分）	0.5～0.7	LB钢结构膨胀防火涂料		底层5，面层0.5
水性膨胀型防火涂料	ZSBS型（单组分）	0.5～0.7	木结构防火涂料	B60－2型	0.5～0.7
改性氨基膨胀防火涂料	A60－1型	0.5～0.7	混凝土梁防火隔热涂料	106型	6

8.5　其他装饰工程工程量计算

8.5.1　其他装饰工程工程量计算说明

其他装饰工程工程量计算说明见表8.5.1。

表 8.5.1　其他装饰工程工程量计算说明

<table>
<tr><th>序号</th><th>类别</th><th>说明</th></tr>
<tr><td>1</td><td>消耗量定额工程量计算说明</td><td>(1)其他装饰工程定额项目在实际施工中使用的材料品种、规格与定额取定不同时,可以换算,但人工、机械不变。
(2)其他装饰工程定额中铁件已包括刷防锈漆一遍,如设计需涂刷油漆、防火涂料,按油漆、涂料、裱糊工程中相应子目执行。
(3)招牌基层。
①平面招牌是指安装在门前的墙面上;箱体招牌、竖式标箱是指六面体固定在墙面上;沿雨篷、檐口、阳台走向的立式招牌,按平面招牌复杂项目执行。
②一般招牌和矩形招牌是指正立面平整无凸面;复杂招牌和异型招牌是指正立面有凹凸造型。
③招牌的灯饰均不包括在定额内。
(4)美术字安装。
①美术字均以成品安装固定为准。
②美术字不分字体均执行消耗量定额。
(5)装饰线条。
①木装饰线、石膏装饰线均以成品安装为准。
②石材装饰线条均以成品安装为准。石材装饰线条磨边、磨圆角均包括在成品的单价中,不再另计。
(6)石材磨边、磨斜边、磨半圆边及台面开孔子目均为现场磨制。
(7)装饰线条以墙面上直线安装为准,如天棚安装直线形、圆弧形或其他图案者,按以下规定计算:
①天棚面安装直线装饰线条人工乘以 1.34 系数。
②天棚面安装圆弧装饰线条人工乘以 1.6 系数,材料乘 1.1 系数。
③墙面安装圆弧装饰线条人工乘以 1.2 系数,材料乘以 1.1 系数。
④装饰线条做艺术图案者,人工乘以 1.8 系数,材料乘以 1.1 系数。
(8)暖气罩挂板式是指钩挂在暖气片上;平墙式是指凹入墙内;明式是指凸出墙面;半凹半凸式按明式定额子目执行。
(9)货架、柜类定额中未考虑面板拼花及饰面板上贴其他材料的花式、造型艺术品</td></tr>
</table>

（续表）

序号	类别	说明
2	清单项目的划分	其他工程分为柜类、货架、暖气罩、浴厕配件、压条、装饰线、雨篷、旗杆、招牌、灯箱、美术字等项目。 各项目所包含的清单项目如下： (1)柜类、货架。包括柜台、酒柜、衣柜、存包柜、鞋柜、书柜、厨房壁柜、木壁柜、厨房低柜、厨房吊柜、矮柜、吧台背柜、酒吧吊柜、展台、收银台、试衣间、货架、书架、服务台等。 (2)暖气罩。包括饰面板暖气罩、塑料板暖气罩、金属暖气罩等。 (3)浴厕配件。浴厕配件包括洗漱台、晒衣架、帘子杆、浴缸拉手、毛巾杆(架)、毛巾环、卫生纸盒、肥皂盒、镜面玻璃、镜箱等。 (4)压条、装饰线。包括金属装饰线、木质装饰线、石材装饰线、石膏装饰线、镜面玻璃线、铝塑装饰线、塑料装饰线等。 (5)雨篷、旗杆。包括雨篷吊挂饰面、金属旗杆等。 (6)招牌、灯箱。包括平面、箱式招牌、竖式标箱、灯箱等。 (7)美术字。包括泡沫塑料字、有机玻璃字、木质字、金属字等。

8.5.2 其他工程消耗量定额工程量计算规则

其他工程消耗量定额工程量计算规则见表8.5.2。

表8.5.2 其他工程消耗量定额工程量计算规则

序号	计算规则
1	招牌、灯箱： (1)平面招牌基层按正立面面积计算，复杂形的凹凸造型部分亦不增减。 (2)沿雨篷、檐口或阳台走向的立式招牌基层，按平面招牌复杂形执行时，应按展开面积计算。 (3)箱体招牌和竖式标箱的基层，按外围体积计算。凸出箱外的灯饰、店徽及其他艺术装潢等均另行计算。 (4)灯箱的面层按展开面积以“m^2”计算。 (5)广告牌钢骨架以“t”计算
2	美术字安装按字的最大外围矩形面积以“个”计算
3	压条、装饰线条均按“延长米”计算
4	暖气罩(包括脚的高度在内)按边框外围尺寸垂直投影面积计算

（续表）

序号	计算规则
5	镜面玻璃安装、盥洗室木镜箱以正立面面积计算
6	塑料镜箱、毛巾环、肥皂盒、金属帘子杆、浴缸拉手、毛巾杆安装以只或副计算；不锈钢旗杆以“延长米”计算；大理石洗漱台以台面投影面积计算（不扣除孔洞面积）
7	货架、柜橱类均以正立面的高（包括脚的高度在内）乘以宽以“m^2”计算
8	收银台、试衣间等以“个”计算，其他以“延长米”为单位计算
9	拆除工程量按拆除面积或长度计算，执行相应子目

8.5.3 其他装饰工程工程量清单项目设置及工程量计算规则

1. 柜类、货架工程量清单项目设置及工程量计算规则

柜类、货架工程量清单项目设置、项目特征描述的内容、计量单位及工程量计算规则，应按表8.5.3规定执行。

表8.5.3 柜类、货架（编号：011501）

项目编码	项目名称	项目特征	计量单位	工程量计算规则	工程内容
011501001	柜台	1. 台柜规格 2. 材料种类、规格 3. 五金种类、规格 4. 防护材料种类 5. 油漆品种、刷漆遍数	1. 个 2. m 3. m^3	1. 以“个”计量，按设计图示数量计算 2. 以“m”计量，按设计图示尺寸以“延长米”计算 3. 以“m^3”计量，按设计图示尺寸以体积计算	1. 台柜制作、运输、安装（安放） 2. 刷防护材料、油漆 3. 五金件安装
011501002	酒柜				
011501003	衣柜				
011501004	存包柜				
011501005	鞋柜				
011501006	书柜				
011501007	厨房壁柜				
011501008	木壁柜				
011501009	厨房低柜				
011501010	厨房吊柜				

项目编码	项目名称	项目特征	计量单位	工程量计算规则	工程内容
011501011	矮柜	1. 台柜规格 2. 材料种类、规格 3. 五金种类、规格 4. 防护材料种类 5. 油漆品种、刷漆遍数	1. 个 2. m 3. m^3	1. 以“个”计量,按设计图示数量计算 2. 以“m”计量,按设计图示尺寸以“延长米”计算 3. 以“m^3”计量,按设计图示尺寸以体积计算	1. 台柜制作、运输、安装(安放) 2. 刷防护材料、油漆 3. 五金件安装
011501012	吧台背柜				
011501013	酒吧吊柜				
011501014	酒吧台				
011501015	展台				
011501016	收银台				
011501017	试衣间				
011501018	货架				
011501019	书架				
011501020	服务台				

2. 压条、装饰线工程量清单项目设置及工程量计算规则

压条、装饰线工程量清单项目设置、项目特征描述的内容、计量单位及工程量计算规则,应按表 8.5.4 规定执行。

表 8.5.4 柜类、货架(编号:011502)

项目编码	项目名称	项目特征	计量单位	工程量计算规则	工程内容
011502001	金属装饰线	1. 基层类型 2. 线条材料品种、规格、颜色 3. 防护材料种类	m	按设计图示尺寸以长度计算	1. 线条制作、安装 2. 刷防护材料
011502002	木质装饰线				
011502003	石材装饰线				
011502004	石膏装饰线				
011502005	镜面玻璃线				

（续表）

项目编码	项目名称	项目特征	计量单位	工程量计算规则	工程内容
011502006	铝塑装饰线	1. 基层类型 2. 线条材料品种、规格、颜色 3. 防护材料种类	m	按设计图示尺寸以长度计算	1. 线条制作、安装 2. 刷防护材料
011502007	塑料装饰线				
011502008	GRC 装饰线条				线条制作、安装

3. 扶手、栏杆、栏板装饰工程量清单项目设置及工程量计算规则

扶手、栏杆、栏板装饰工程量清单项目设置、项目特征描述的内容、计量单位及工程量计算规则，应按表8.5.5规定执行。

表8.5.5　扶手、栏杆、栏板装饰(编号:011503)

项目编码	项目名称	项目特征	计量单位	工程量计算规则	工程内容
011503001	金属扶手、栏杆、栏板	1. 扶手材料种类、规格 2. 栏杆材料种类、规格 3. 栏板材料种类、规格、颜色 4. 固定配件种类 5. 防护材料种类	m	按设计图示以扶手中心线长度(包括弯头长度)计算	1. 制作 2. 运输 3. 安装 4. 刷防护材料
011503002	硬木扶手、栏杆、栏板				
011503003	塑料扶手、栏杆、栏板				
011503004	GRC 栏杆、扶手	1. 栏杆的规格 2. 安装间距 3. 扶手类型规格 4. 填充材料种类			

（续表）

项目编码	项目名称	项目特征	计量单位	工程量计算规则	工程内容
011503005	金属靠墙扶手	1. 扶手材料种类、规格 2. 固定配件种类 3. 防护材料种类	m	按设计图示以扶手中心线长度（包括弯头长度）计算	1. 制作 2. 运输 3. 安装 4. 刷防护材料
011503006	硬木靠墙扶手				
011503007	塑料靠墙扶手				
011503008	玻璃栏板	1. 栏杆玻璃的种类、规格、颜色 2. 固定方式 3. 固定配件种类			

4. 暖气罩工程量清单项目设置及工程量计算规则

暖气罩工程量清单项目设置、项目特征描述的内容、计量单位及工程量计算规则，应按表 8.5.6 规定执行。

表 8.5.6　暖气罩（编号：011504）

项目编码	项目名称	项目特征	计量单位	工程量计算规则	工程内容
011504001	饰面板暖气罩	1. 暖气罩材质 2. 防护材料种类	m^2	按设计图示尺寸以垂直投影面积（不展开）计算	1. 暖气罩制作、运输、安装 2. 刷防护材料
011504002	塑料板暖气罩				
011504003	金属暖气罩				

5. 浴厕配件工程量清单项目设置及工程量计算规则

浴厕配件工程量清单项目设置、项目特征描述的内容、计量单位及工程量计算规则,应按表8.5.7规定执行。

表8.5.7　浴厕配件(编号:011505)

项目编码	项目名称	项目特征	计量单位	工程量计算规则	工程内容
011505001	洗漱台	1. 材料品种、规格、颜色 2. 支架、配件品种、规格	1. m^2 2. 个	1. 按设计图示尺寸以台面外接矩形面积计算。不扣除孔洞、挖弯、削角所占面积,挡板、吊沿板面积并入台面面积内 2. 按设计图示数量计算	1. 台面及支架运输、安装 2. 杆、环、盒、配件安装 3. 刷油漆
011505002	晒衣架			按设计图示数量计算	1. 台面及支架制作、运输、安装 2. 杆、环、盒、配件安装 3. 刷油漆
011505003	帘子杆				
011505004	浴缸拉手				
011505005	卫生间扶手				
011505006	毛巾杆(架)		套		
011505007	毛巾环		副		
011505008	卫生纸盒		个		
011505009	肥皂盒				
011505010	镜面玻璃	1. 镜面玻璃品种、规格 2. 框材质、断面尺寸 3. 基层材料种类 4. 防护材料种类	m^2	按设计图示尺寸以边框外围面积计算	1. 基层安装 2. 玻璃及框制作、运输、安装

（续表）

项目编码	项目名称	项目特征	计量单位	工程量计算规则	工程内容
011505011	镜箱	1. 箱体材质、规格 2. 玻璃品种、规格 3. 基层材料种类 4. 防护材料种类 5. 油漆品种、刷漆遍数	个	按设计图示数量计算	1. 基层安装 2. 箱体制作、运输、安装 3. 玻璃安装 4. 刷防护材料、油漆

6. 雨篷、旗杆工程量清单项目设置及工程量计算规则

雨篷、旗杆工程量清单项目设置、项目特征描述的内容、计量单位及工程量计算规则，应按表 8.5.8 规定执行。

表 8.5.8　雨篷、旗杆（编号：011506）

项目编码	项目名称	项目特征	计量单位	工程量计算规则	工程内容
011506001	雨篷吊挂饰面	1. 基层类型 2. 龙骨材料种类、规格、中距 3. 面层材料品种、规格 4. 吊顶（天棚）材料品种、规格 5. 嵌缝材料种类 6. 防护材料种类	m^2	按设计图示尺寸以水平投影面积计算	1. 底层抹灰 2. 龙骨基层安装 3. 面层安装 4. 刷防护材料、油漆
011506002	金属旗杆	1. 旗杆材料、种类、规格 2. 旗杆高度 3. 基础材料种类 4. 基座材料种类 5. 基座面层材料、种类、规格	根	按设计图示数量计算	1. 土石挖、填、运 2. 基础混凝土浇注 3. 旗杆制作、安装 4. 旗杆台座制作、饰面

（续表）

项目编码	项目名称	项目特征	计量单位	工程量计算规则	工程内容
011506003	玻璃雨篷	1. 玻璃雨篷固定方式 2. 龙骨材料种类、规格、中距 3. 玻璃材料品种、规格 4. 嵌缝材料种类 5. 防护材料种类	m^2	按设计图示尺寸以水平投影面积计算	1. 龙骨基层安装 2. 面层安装 3. 刷防护材料、油漆

7. 招牌、灯箱工程量清单项目设置及工程量计算规则

招牌、灯箱工程量清单项目设置、项目特征描述的内容、计量单位及工程量计算规则，应按表8.5.9规定执行。

表8.5.9　招牌、灯箱(编号:011507)

<table>
<tr><th>项目编码</th><th>项目名称</th><th>项目特征</th><th>计量单位</th><th>工程量计算规则</th><th>工程内容</th></tr>
<tr><td>011507001</td><td>平面、箱式招牌</td><td rowspan="3">1. 箱体规格
2. 基层材料种类
3. 面层材料种类
4. 防护材料种类</td><td>m^2</td><td>按设计图示尺寸以正立面边框外围面积计算。复杂形的凸凹造型部分不增加面积</td><td rowspan="4">1. 基层安装
2. 箱体及支架制作、运输、安装
3. 面层制作、安装
4. 刷防护材料、油漆</td></tr>
<tr><td>011507002</td><td>竖式标箱</td><td rowspan="3">个</td><td rowspan="3">按设计图示数量计算</td></tr>
<tr><td>011507003</td><td>灯箱</td></tr>
<tr><td>011507004</td><td>信报箱</td><td>1. 箱体规格
2. 基层材料种类
3. 面层材料种类
4. 保护材料种类
5. 户数</td></tr>
</table>

8. 美术字工程量清单项目设置及工程量计算规则

美术字工程量清单项目设置、项目特征描述的内容、计量单位及工程量计算规则，应按表8.5.10规定执行。

表 8.5.10 美术字(编号:011508)

项目编码	项目名称	项目特征	计量单位	工程量计算规则	工程内容
011508001	泡沫塑料字	1. 基层类型 2. 镌字材料品种、颜色 3. 字体规格 4. 固定方式 5. 油漆品种、刷漆遍数	个	按设计图示数量计算	1. 字制作、运输、安装 2. 刷油漆
011508002	有机玻璃字				
011508003	木质字				
011508004	金属字				
011508005	吸塑字				

8.5.4 其他工程工程量计算常用数据

1. 木线条型号和规格

木线条型号和规格见表 8.5.11 和图 8.5.1 ~ 图 8.5.8。

表 8.5.11 木线条的型号和规格

(mm)

型号	规格	型号	规格	型号	规格	型号	规格
封边线		B－16	40×20	B－32	40×25	压角线	
B－01	15×7	B－17	25×10	B－33	45×20	C－01	10×10
B－02	15×13	B－18	30×12	B－34	50×25	C－02	15×12
B－03	20×10	B－19	30×12	B－35	55×25	C－03	15×15
B－04	20×10	B－20	30×10	B－36	60×25	C－04	15×16
B－05	20×12	B－21	30×15	B－37	20×10	C－05	15×20
B－06	25×10	B－22	30×18	B－38	25×8	C－06	20×20
B－07	25×10	B－23	45×20	B－39	30×8	C－07	20×20
B－08	25×15	B－24	55×20	B－40	30×10	C－08	25×13
B－09	20×10	B－25	35×15	B－41	65×30	C－09	25×25
B－10	15×8	B－26	35×20	B－42	60×30	C－10	25×25
B－11	25×15	B－27	35×20	B－43	30×10	C－11	25×25
B－12	25×15	B－28	40×15	B－44	25×8	C－12	33×27
B－13	30×15	B－29	40×18	B－45	50×14	C－13	30×30
B－14	35×15	B－30	40×20	B－46	45×10	C－14	30×30
B－15	40×18	B－31	45×18	B－47	50×10	C－15	35×35

（续表）

型号	规格	型号	规格	型号	规格	型号	规格
C－16	40×40	T－03	70×15	Y－04	40×20	弯线	
墙腰线		T－04	65×15	Y－05	8×4	YT－301	ϕ70×19×17
Q－01	40×10	T－05	90×20	Y－06	13×6	YT－302	ϕ70×19×17
Q－02	45×12	T－06	50×15	Y－07	15×7	YT－303	ϕ70×11×19
Q－03	50×10	T－07	50×15	Y－08	20×10	YT－304	ϕ70×11×19
Q－04	55×13	T－08	15×12	Y－09	25×13	YT－305	ϕ89×8×13
Q－05	70×15	T－09	60×15	Y－10	35×17	YT－306	ϕ95×8×13
Q－06	80×15	T－10	60×15	柱角线		扶手	
Q－07	85×25	T－11	100×20	Z－01	25×27	D－01	75×65
Q－08	95×13	封边线		Z－02	30×20	D－02	75×65
天花角线		Y－01	15×17	Z－03	30×30	镜框压边线	
T－01	35×10	Y－02	20×10	Z－04	40×40	K－1	6×19
T－02	40×12	Y－03	25×13			K－2	5×15

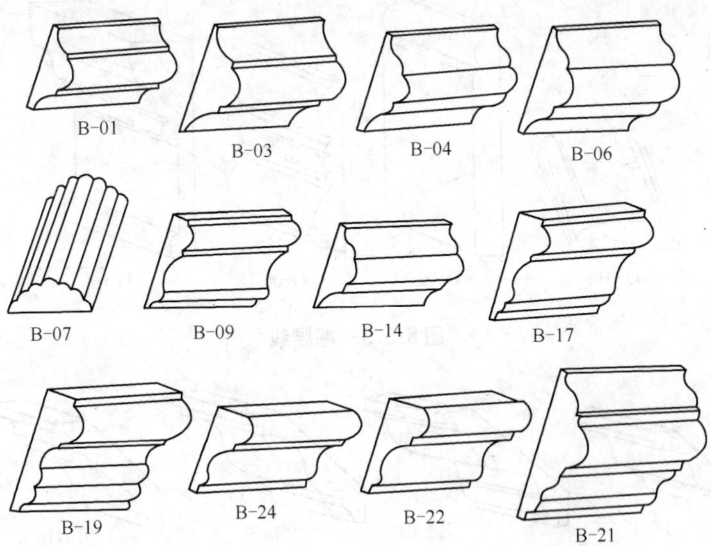

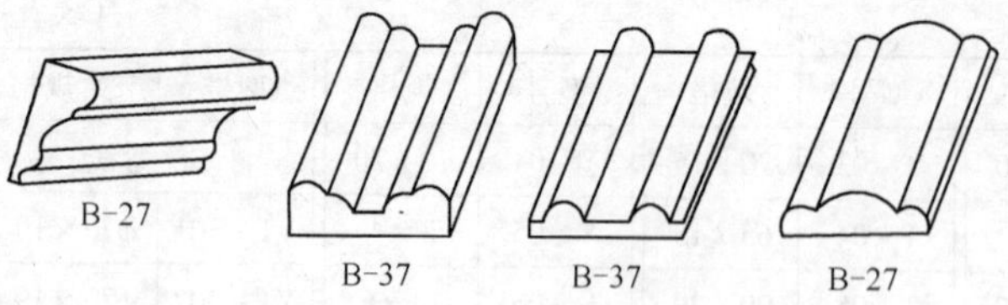

图 8.5.1 封边线

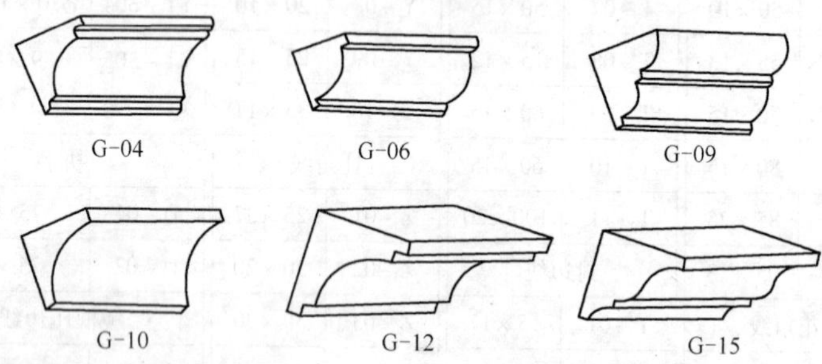

图 8.5.2 压角线

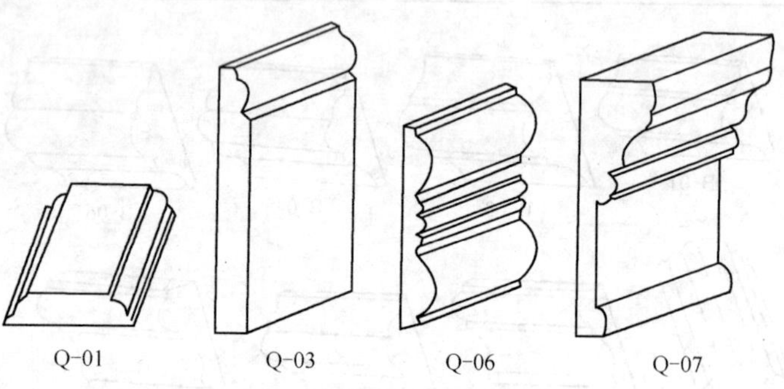

图 8.5.3 墙腰线

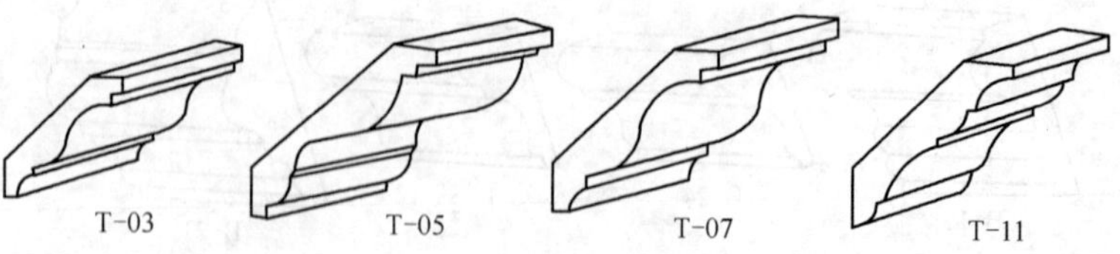

图 8.5.4 天花角线

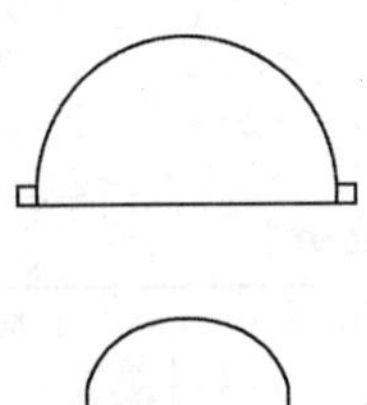

图 8.5.5　半圆线

(a) Y－01(15×17);(b) Y－05(8×4)

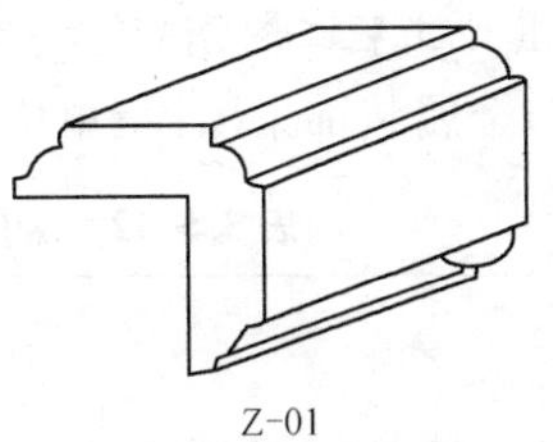

图 8.5.6　柱角线

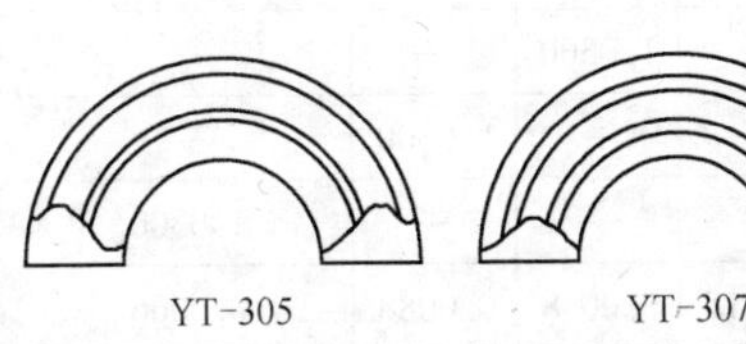

图 8.5.7　弯线

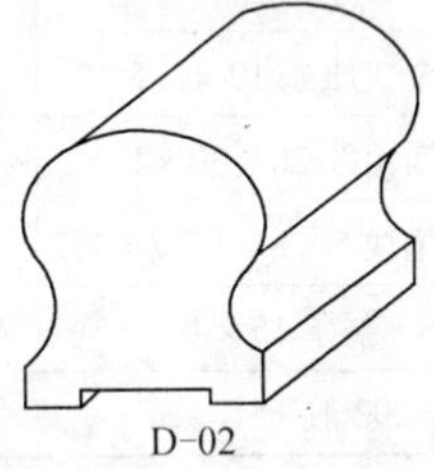

图 8.5.8　扶手

2. 常见挂镜线规格

常见挂镜线规格如图 8.5.9 所示。

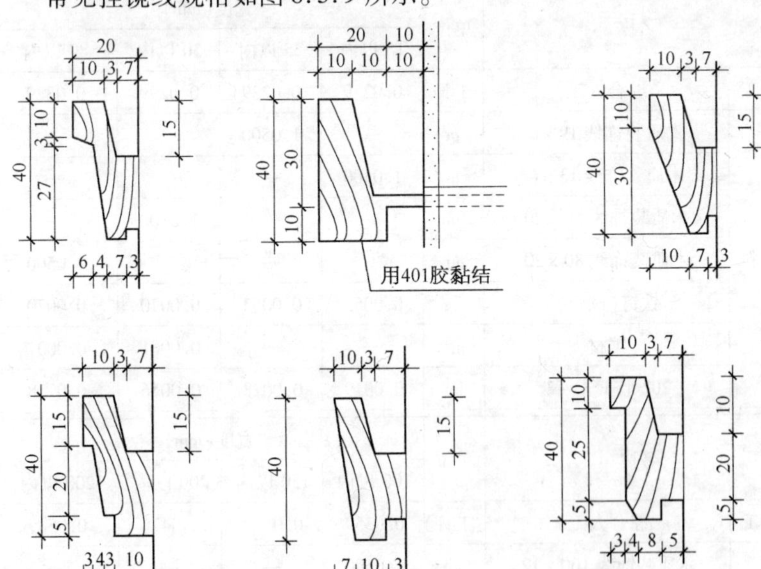

图 8.5.9　常见挂镜线规格

3. 其他工程工料消耗参考指标

(1)金属装饰条(计量单位:m)见表8.5.12。

表8.5.12 金属装饰条(计量单位:m)

名称		单位	压条	角线	槽线	铜嵌条
						2×15
人工	综合人工	工日	0.0199	0.0357	0.0357	0.0580
材料	自攻螺丝	个	4.0800	4.1820	4.1820	—
	金属压条10×2.5	m	1.0300	—	—	—
	金属角线30×30×1.5	m	—	1.0300	—	—
	金属槽线50.8×12.7×1.2	m	—	—	1.0300	—
	铜条15×2	m	—	—	—	1.0300
	202胶FSC-2	kg	0.0015	0.0088	0.0088	0.0006

(2)木质装饰线条(计量单位:m)见表8.5.13。

表8.5.13 木质装饰线条(计量单位:m)

名称		单位	宽度(mm)			
			15以内	25以内	50以内	80以内
人工	综合人工	工日	0.0239	0.0239	0.0299	0.0329
材料	木质装饰线19×6	m	—	1.0500	—	—
	木质装饰线13×6	m	1.0500	—	—	—
	木质装饰线50×20	m	—	—	1.0500	—
	木质装饰线80×20	m	—	—	—	1.0500
	铁钉(圆钉)	kg	0.0053	0.0053	0.0070	0.0070
	锯材	m^3	—	—	0.0001	0.0001
	202胶FSC-2	kg	0.0019	0.0028	0.0076	0.0118

名称		单位	宽度(mm)			
			100以内	150以内	200以内	200以内
人工	综合人工	工日	0.0359	0.0419	0.0478	0.0539
材料	木质装饰线100×12	m	1.0500	—	—	—
	木质装饰线150×15	m	—	1.0500	—	—

（续表）

名称		单位	宽度(mm)			
			100 以内	150 以内	200 以内	200 以内
材料	木质装饰线 200×15	m	—	—	1.0500	—
	木质装饰线 250×20	m	—	—	—	1.0500
	铁钉(圆钉)	kg	0.0161	0.0161	0.0161	0.0161
	锯材	m^3	0.0001	0.0001	.0001	0.0001
	202 胶 FSC－2	kg	0.0147	0.0221	0.294	0.0368

(3)暖气罩(计量单位:m^2)见表 8.5.14。

表 8.5.14　暖气罩(计量单位:m^2)

名称		单位	柚木板	塑板面	持板式	
			胶合板		平墙式	明式
人工	综合人工	工日	0.5712	0.4510	0.5917	0.6238
材料	铝合金压条	m	8.1185	8.1185	—	—
	塑面板	m^2		1.1760	—	—
	膨胀螺栓	套	12.5460	12.5460	—	6.5790
	木螺钉	个	—	—	13.1621	13.1621
	门轧头	副	—	—	1.6320	1.6320
	电焊条	kg	0.1326	0.1326	—	—
	杉木锯材	m^3	—	—	0.0204	0.0204
	柚木企口板	m^2	0.0244	—	—	—
	胶合板 5mm	m^2	—	— 0.5335	0.7029	
	角钢 40×3	kg	3.8181	3.8181	—	—
	钢筋	kg	1.1596	1.1596	—	—
	扁钢	kg	—	—	0.3026	0.3026
	铝板网	m^2	—	—	0.2710	0.2710
	镀锌钢管	kg	—	—	0.7130	0.7130
	调和漆	kg	0.4200	0.4200	—	—
	防锈漆	kg	0.4200	0.4200	—	—
	202 胶 FSC－2	kg	0.0641	0.0735	—	—

(4)柜台(计量单位:m)见表8.5.15。

表8.5.15　柜台(计量单位:m)

	名称	单位	主笼1	主笼2	主笼3
人工	综合人工	工日	1.5700	1.7100	1.7100
材料	夹轮	个	4.0300	4.5337	3.1600
	强力磁碰	个	—	1.0200	—
	枫木线条10×20	m	—	3.3534	—
	枫木线条20×20	m	2.1200	3.1802	—
	三角枫木线50×50	m	1.0600	—	—
	防火胶板	m^2	1.4300	—	2.1010
	平板玻璃3mm	m^2	—	—	0.5445
	镜面玻璃5mm	m^2	0.7623	0.3267	0.3449
	丰边玻璃3mm	m^2	2.0034	0.3327	0.5555
	螺钉	个	19.3900	23.3000	—
	射钉(枪钉)	盒	0.4375	0.3175	0.4794
	铁钉(圆钉)	kg	0.2020	0.1336	0.2020
	折页50mm	块	—	4.0300	—
	铜拉手	个	—	2.0400	—
	AA柱	m	0.9540	—	—
	山字槽	m	2.1200	2.1202	5.6230
	丝绒面料	m^2	—	0.7403	—
	羊角架300	个	3.0600	—	3.0600
	枫木方30×40	m	1.4175	2.7419	2.4575
	白枫木饰面板	m^2	—	2.2370	—
	胶合板5mm	m^2	—	0.7753	0.5565
	胶合板15mm	m^2	2.1263	3.7700	2.9973
	聚醋酸乙烯乳液	kg	—	1.0296	—
	玻璃胶350g	支	0.6901	0.4250	1.1340
	立时得胶	kg	0.6563	—	0.9030
	白色有机灯片	m^2	—	—	0.2550

(5)货架(计量单位:m^2)见表8.5.16。

表8.5.16　货架(计量单位:m^2)

名称		单位	货架1	货架2	货架3
人工	综合人工	工日	1.5100	1.5100	1.5200
材料	夹轮	个	2.2667	2.0400	—
	防火胶板	m^2	1.1043	1.2233	—
	枫木线条10×10	m	1.3556	1.0600	—
	枫木线条10×20	m	—	0.5300	—
	枫木线条10×50	m	—	—	3.2439
	镜面玻璃5mm	m^2	0.6045	0.6655	—
	丰边玻璃8mm	m^2	0.3433	0.4120	—
	螺钉	个	11.3300	11.2200	6.6300
	射钉(枪钉)	盒	0.173	0.2315	0.5409
	铁钉(圆钉)	kg	0.2244	0.2244	0.2244
	折页40mm	块	—	—	1.6350
	木拉手	个	—	—	0.3292
	AA柱	m	1.0336	1.1660	—
	山字槽	m	1.1773	0.2120	—
	羊角架300	个	2.2667	—	—
	羊角架400	个	—	2.0400	—
	杉木锯材	m^2	—	0.0119	0.0191
	白枫木饰面板	m^2	—	—	3.9174
	胶合板5mm	m^2	0.3063	1.6931	4.3250
	胶合板9mm	m^2	1.2713	—	—
	胶合板15mm	m^2	1.1443	1.5225	—
	聚醋酸乙烤乳液	kg	—	—	1.7540
	玻璃胶35g	支	0.3167	0.2350	—
	立时得胶	kg	0.4743	0.5257	—
	白色有机灯片	m^2	—	0.0633	—
	灯格片	m^2	—	0.1575	—

（续表）

名称		单位	货架1	货架2	货架3
人工	综合人工	工日	1.5100	1.6600	1.5100
材料	强力磁碰	个	0.2040	—	—
	枫木线条10×20	m	—	—	0.5003
	枫木线条10×30	m	—	—	3.1927
	丰边玻璃3mm	m^2	—	0.4120	—
	木螺丝	个	3.9300	3.1600	5.4100
	射钉（枪钉）	盒	0.3410	0.2002	0.7313
	铁钉（圆钉）	kg	0.2244	0.2244	0.2244
	折页40mm	块	1.6320	2.0400	1.3332
	不锈钢挑衣架	个	1.2240	—	—
	木拉手	个	0.3160	0.4030	0.6691
	AA柱	m	0.6360	—	—
	松木锯材	m^2	—	—	18.6102
	白枫木饰面板	m^2	2.5740	1.3063	3.7477
	胶合板5mm	m^2	—	—	5.5062
	胶合板9mm	m^2	1.4734	—	0.1239
	胶合板15mm	m^2	—	3.4167	—
	不锈钢方管45×25	m	1.2240	—	—
	聚醋酸乙烤乳液	kg	1.1057	0.5613	2.1311
	玻璃胶350g	支	—	0.6000	—
	白色有机灯片	m^2	0.2100	0.1365	—

8.6　××楼装饰装修工程量清单计价编制范例

××楼装饰装修　工程

工程量清单

（标底）

招　　标　　人：××市房地产开发公司（单位签字盖章）

法　定　代　表　人：×××（签字盖章）

中介机构法定代表人：×××（签字盖章）

造价工程师及注册证号：×××（签字盖执业专用章）

编　　制　　时　　间：××年×月×日

总说明

工程名称:××楼装饰装修工程　　　　第　页　共　页

1. 工程概况:该工程建筑面积500m²,其主要使用功能为商住楼;层数三层,混合结构,建筑高度10.8 m。

2. 招标范围:装饰装修工程。

3. 工程质量要求:优良工程。

4. 工程量清单编制依据:

4.1　由××市建筑工程设计事务所设计的施工图1套。

4.2　由××房地产开发公司编制的《××楼建筑工程施工招标书》、《××楼建筑工程招标答疑》。

4.3　工程量清单计量按照国际《建设工程工程量清单计价规范》编制。

5. 因工程质量要求优良,故所有材料必须持有市以上有关部门颁发的《产品合格证书》及价格在中档以上的建筑材料

分部分项工程量清单

工程名称:××楼装饰装修工程　　　　第　页　共　页

序号	项目编码	项目名称	计量单位	工程数量
		1. 楼地面工程		
1	011101001001	水箱盖面粉水泥砂浆,1:2水泥砂浆,厚20 mm	m²	10.680
2	011102001001	一层营业厅大理石地面。混凝土垫层C10砾40,厚0.08 m,0.80 m×0.80 m大理石面层	m²	83.245
3	011102002001	地砖地面,混凝土垫层C10砾40,厚0.10 m,0.40 m×0.40 m地面砖	m²	45.343
4	011102002002	卫生间防滑地砖地面,混凝土垫层C10砾40,厚0.08 m,C20砾10混凝土找坡0.5%,1:2水泥砂浆找平	m²	8.267
5	011102002003	地砖楼面,结合层:25 mm厚,1:4干硬性混凝土,0.40 m×0.40 m地面砖	m²	237.892
6	011102002004	卫生间防滑地砖楼面,C20砾10混凝土找坡0.5%,1:2水泥砂浆找平	m²	16.293

（续表）

序号	项目编码	项目名称	计量单位	工程数量
7	011105002001	石材踢脚线，高 150mm，15mm 厚 1∶3 水泥砂浆，10mm 厚大理石板	m^2	5.208
8	011105003001	块料踢脚线，高 150 mm，17 mm 厚 2∶1∶8水泥、石灰砂浆，3～4 mm 厚 1∶1 水泥砂浆加 20%108 胶	m^2	37.316
9	011106002001	块料楼梯面层，20 mm 厚 1∶3 水泥砂浆，0.40 mm×0.40 mm×0.10 mm 面砖	m^2	18.417
10	011503001001	金属扶手带栏杆、栏板，不锈钢栏杆 $\phi25$，不锈钢扶手 $\phi70$	m^2	17.646
11	011107001001	石材台阶面，1∶3∶6 石灰、砂、碎石垫层 20 mm 厚，C15 砾 40 混凝土垫层，10 mm 厚花岗岩面层	m^2	22.309
		2. 墙柱面工程		
12	011201001001	墙面一般抹灰，混合砂浆 15 mm 厚，888 涂料三遍	m^2	926.147
13	011201001002	外墙抹混合砂浆及外墙漆，1∶2 水泥砂浆 20 mm 厚	m^2	534.630
14	011201001003	女儿墙内侧抹水泥砂浆，1∶2 水泥砂浆 20 mm 厚	m^2	67.245
15	011203001001	女儿墙压顶抹水泥砂浆，1∶2 水泥砂浆 20 mm 厚	m^2	12.128
16	011203001002	出入孔内侧四周粉水泥砂浆，1∶2 水泥砂浆 20 mm 厚	m^2	1.247
17	011203001003	雨篷装饰，上部、四周抹，1∶2 水泥砂浆，涂外墙漆，底部抹混合砂浆，888 涂料三遍	m^2	20.826
18	011203001004	水箱外粉水泥砂浆立面，1∶2 水泥砂浆 20 mm 厚	m^2	13.705

（续表）

序号	项目编码	项目名称	计量单位	工程数量
19	011204003001	瓷板墙裙，砖墙面层，17 mm 厚 1∶3 水泥砂浆	m^2	66.317
20		块料零星项目　污水池，混凝土面层，17 mm 厚 1∶3 水泥砂浆，3～4 mm 厚 1∶1 水泥砂浆加 20%108 胶	m^2	6.240
		3. 顶棚工程		
21	011301001001	顶棚抹灰（现浇板底），7 mm 厚 1∶1∶4 水泥、石灰砂浆，5mm 厚 1∶0.5∶3 水泥砂浆，888 涂料三遍	m^2	123.607
22	011301001002	顶棚抹灰（预制板底），7 mm 厚 1∶1∶4 水泥、石灰砂浆，5mm 厚 1∶0.5∶3 水泥砂浆，888 涂料三遍	m^2	131.414
23	011301001003	顶棚抹灰（楼梯板底），7 mm 厚 1∶1∶4 水泥、石灰砂浆，5mm 厚 1∶0.5∶3 水泥砂浆，888 涂料三遍	m^2	18.075
24	011302002001	格栅吊顶，不上人 U 形轻钢龙骨 600mm×600mm 间距，600mm×600mm 石膏板面层	m^2	162.401
		4. 门窗工程		
25	010801001001	上人孔木盖板，杉木板 0.02 m 厚，上钉镀锌铁皮 1.5 mm 厚	樘	2.000
26	010801004001	胶合板门 M－2，杉木框上钉 5 mm 厚胶合板，面层 3 mm 厚榉木板，聚氨酯五遍，门碰、执手锁 11 个	樘	13.000
27	010802001001	铝合金地弹门 M－1，铝合金框 70 系列，四扇四开，白玻璃 6 mm 厚	樘	1.000
28	010802001002	握钢门 M－3，塑钢门框，不带亮，平开，白玻璃 5 mm 厚	樘	10.000

（续表）

序号	项目编码	项目名称	计量单位	工程数量
		4. 门窗工程		
29	010802004001	防盗门 M－4，两面 1.5 mm 厚铁板，上涂深灰聚氨酯面漆	樘	1.000
30	010803001001	网状铝合金卷闸门 M－5，网状物 ϕ10，电动装置 1 套	樘	1.000
31	010807001001	铝合金推拉窗 C－2，铝合金 1.2 mm 厚，90 系列 5 mm 厚白玻璃	樘	9.000
32	010807001002	铝合金推拉窗 C－5，铝合金 1.2 mm 厚，90 系列 5mm 厚白玻璃	樘	4.000
33	010807001003	铝合金推拉窗 C－4，铝合金 1.2 mm 厚，90 系列 5 mm 厚白玻璃	樘	4.000
34	010807001004	铝合金推拉窗 C－6，铝合金 1.2 mm 厚，90 系列 5 mm 厚白玻璃	樘	6.000
35	010807001005	铝合金平开窗，铝合金 1.2 mm 厚，50 系列 4 mm 厚白玻璃	樘	8.000
36	010807001006	铝合金固定窗 C－1，四周无铝合金框，用 SPS 胶嵌固定在窗四周铝合金板内，12mm 厚白玻璃	樘	4.000
37	010807001007	金属防盗窗 C－2，不锈钢圆管 ϕ18@100，四周扁管 20 mm × 20 mm	樘	4.000
38	010807001008	金属防盗窗 C－3，不锈钢圆管 ϕ18@100，四周扁管 20 mm × 20 mm	樘	4.000
39	010808001001	榉木门窗套，20 × 20@ 200 杉木枋上钉 5 mm 厚胶合板，面层 3 mm 厚榉木板	m^2	35.210
		5. 油漆工程		
40	011401001001	外墙门窗套刷外墙漆，水泥砂浆面上刷外墙漆	m^2	42.815

措施项目清单计价表

工程名称：××楼装饰装修工程　　　　第　页　共　页

序号	项目名称	计量单位	工程数量
1	综合脚手架多层建筑物（层高在3.6 m以内），檐口高度在20 m以内	m^2	500
2	综合脚手架、外墙脚手架、翻挂、安全网增加费用	m^2	500
3	安全过道	m^2	75
4	垂直运输机械	按××省建筑工程定额计算。	

其他项目清单计价表

工程名称：××楼装饰装修工程　　　　第　页　共　页

序号	项目名称	金额（元）
1	招标人部分	10000
1.1	不可预见费	10000
1.2	工程分包和材料购置费	
1.3	其他	
2	投标人部分	
2.1	总承包服务费	
2.2	零星工作项目计价表	
2.3	其他	
	合计	

零星工作项目表

工程名称：××楼土建工程（标底）　　　　第　页　共　页

序号	名称	计量单位	数量	金额（元）	
				综合单价	合价
1	人工				
	小计				
2	材料				
	小计				
3	机械				
	小计				
	合计				

主要材料价格表

工程名称：××楼装饰装修工程　　　　第　页　共　页

序号	名称规格	单位	数量	单价(元)	合价(元)
1	水泥32.5级	kg	33816.400		
2	水泥42.5级	kg	2702.550		
3	白水泥	kg	70.080		
4	粗净砂	m^3	0.145		
5	细净砂	m^3	31.672		
6	中、粗砂(天然砂综合)	m^3	0.276		
7	中净砂(过筛)	m^3	68.650		
8	石灰膏	m^3	8.430		
9	钢防盗门	m^2	2.100		
10	网状铝合金卷闸门	m^2	42.000		
11	钢防盗窗(成品)	m^2	14.400		
12	塑钢门(不带亮)	m^2	16.800		
13	U形轻钢龙骨大龙骨 $h=45$	m	223.470		
14	U形轻钢龙骨中龙骨 $h=19$	m	416.085		
15	轻钢中龙骨横撑 $h=19$	m	336.917		
16	块料石板(大理石)	m^2	85.306		
17	台阶花岗石	m^2	27.065		
18	踢脚块料石板	m^2	6.137		
19	石膏板12mm厚	m^2	170.154		
20	木质装饰线25 mm以内	m	230.067		
21	国产地弹簧	个	4.000		

（续表）

序号	名称规格	单位	数量	单价(元)	合价(元)
22	球形执手锁	把	13.000		
23	平板玻璃4厚	m^2	7.200		
24	平板玻璃5厚	m^2	101.940		
25	平板玻璃6厚	m^2	8.100		
26	平板玻璃12厚	m^2	32.400		
27	瓷(磁)板152mm×152mm	千块	3.468		
28	压顶磁片	千块	0.416		
29	阴阳角磁片	千块	0.296		
30	地面砖300mm×300mm	m^2	312.400		
31	地面砖300mm×300mm(卫生间防滑地砖)	m^2	24.180		
32	地板砖	m^2	27.660		
33	踢脚地板砖	m^2	38.230		
34	卷闸门(电动装置)	套	1.000		
35	杉原条	m^3	3.256		
36	松原木	m^3	0.927		
37	胶合板(五夹)5厚	m^2	52.186		
38	榉木夹板3厚	m^2	85.417		
39	竹架板(侧编)	m^2	46.000		
40	竹架板(平编竹笆)	m^2	62.000		
41	铝合金型材	kg	607.240		
42	焊接钢管	kg	276.150		
43	不锈钢管 $\phi38\times2$	m	48.450		
44	不锈钢管 $\phi40\times3$	m	17.630		
45	不锈钢管 $\phi63\times3$	m	24.320		
46	PVC塑料排水管 $\phi110$	m	56.700		
47	聚氨酯漆	kg	40.180		
48	墙漆王	kg	268.435		

附表　门窗一览表

门窗名称	洞口尺寸 宽×高(mm)	单个面积 (m^2)	门窗数量(樘)				总面积 (m^2)
			一层	二层	三层	合计	
C-1 固定玻璃窗	3520×2300	8.10	4	—	—	4	32.400
C-2 双扇推拉铝合金窗	1800×1500	2.70	3	3	3	9	24.300
C-3 单扇平开铝合金窗	600×1500	0.90	2	3	3	8	7.200
C-4 六扇推拉铝合金窗	3360×1500	5.04	—	2	2	4	20.160
C-5 双扇推拉铝合金窗	1500×1500	2.25	—	2	2	4	9.000
C-6 六扇推拉铝合金窗	3520×1500	5.28	—	3	3	6	31.680
不锈钢防盗窗	1800×1500	2.70	4	—	—	4	10.800
	600×1500	0.90	4	—	—	4	3.600
	小计	—	—	—	—	—	14.4
M-1 铝合金地弹门	3000×2700	8.10	1	—	—	1	8.100
M-2 平开夹板门(无亮)	1000×2100	2.10	4	4	5	13	27.300
M-3 平开塑钢门	800×2100	1.68	4	4	2	10	16.800
M-4 平开钢防盗门	1000×2100	2.10	1			1	2.100
M-5 网状铝合金卷闸门	12000×3500	42.00	1			1	42.000

× ×楼装饰装修　　　　工程

工程量清单报价表

（标底）

招标人：× ×市房地产开发公司（单位盖章）

中介机构：× ×市× ×建设工程招标代理事务所（单位盖章）

法定代表 人：　　× × ×　　（签字盖章）

造价工程师及注册证号：　　× × ×　　（签字盖执业专用章）

编制时间：　　× ×年×月×日

总 说 明

工程名称：××楼装饰装修工程(标底)　　　　第 页 共 页

1. 工程概况：该工程建筑面积500m²，其主要使用功能为商住楼；层数三层。混合结构，建筑高度：10.8 m。

2. 招标范围：土建工程。

3. 工程质量要求：优良工程。

4. 工期：60天。

5. 编制依据：

5.1 由××市建筑工程设计事务所设计的施工图1套。

5.2 由××房地产开发公司编制的《××楼建筑工程施工招标书》。

5.3 工程量清单计量依据国标《建设工程工程量清单计价规范》。

5.4 工程量清单计价中的工、料、机数量参考当地建筑、水电安装工程定额；其工、料、机的价格参考省、市造价管理部门有关文件或近期发布的材料价格，并调查市场价格后取定。

5.5 工程量清单计费列表参考如下：

序号	工程名称	费率名称(%)						
		规费		措施费				
		不可竞争费	养老保险	安全文明费	施工管理费	利润	临时设施费	冬、雨季施工增加费
1	土建	2.22	3.50	0.98	7:00	5.00	2.20	1.80

注：规费为施工企业规定必须收取的费用，其中不可预见费项目有工程排污费、工程定额测编费、工会经费、职工教育经费、危险作业意外伤害保险费、职工失业保险费、职工医疗保险费等。

5.6 税金按3.413%计取。

5.7 人工工资按38.5元/工日计。

5.8 垂直运输机械采用卷扬机，费用按××省定额估价表中的规定计费。未考虑卷扬机进出场费。

5.9 脚手架采用钢脚手架

单位工程费汇总表

工程名称：××楼装饰装修工程（标底）　　　　第　页　共　页

序号	项目名称	金额（元）
1	分部分项工程量清单计价合计	153590.59
2	措施项目清单计价合计	14396.25
3	其他项目计价合计	10577.50
4	规费	11963.81
5	税前造价	190528.15
6	税金	6502.73
	合计	197030.88

分部分项工程量清单

工程名称：××楼装饰装修工程　　　　第　页　共　页

序号	项目编码	项目名称	计量单位	工程数量	金额（元）	
					综合单价	合价
		1. 楼地面工程				
1	011101001001	水箱盖面粉水泥砂浆，1:2 水泥砂浆，厚 20 mm	m^2	10.680	8.89	94.95
2	011102001001	一层营业厅大理石地面。混凝土垫层 C10 砾 40，厚 0.08 m，0.80 m×0.80 m 大理石面层	m^2	83.245	211.34	17593.00
3	011102002001	地砖地面，混凝土垫层 C10 砾 40，厚 0.10 m，0.40 m×0.40 m 地面砖	m^2	45.343	66.44	3012.59
4	011102002002	卫生间防滑地砖地面，混凝土垫层 C10 砾 40，厚 0.08 m，C20 砾 10 混凝土找坡 0.5%，1:2水泥砂浆找平	m^2	8.267	148.65	1228.89

（续表）

序号	项目编码	项目名称	计量单位	工程数量	金额（元）	
					综合单价	合价
		1. 楼地面工程				
5	01102002003	地砖楼面，结合层 25 mm 厚，1:4干硬性混凝土，0.40 m × 0.40 m地面砖	m^2	237.892	49.31	11730.45
6	01102002004	卫生间防滑地砖楼面，C20 砾 10 混凝土找坡 0.5%，1:2 水泥砂浆找平	m^2	16.293	135.28	2204.12
7	011105002001	石材踢脚线，高 150mm，15mm 厚 1:3 水泥砂浆，10mm 厚大理石板	m^2	5.208	235.49	1226.43
8	011105003001	块料踢脚线，高 150 mm，17 mm厚 2:1:8 水泥、石灰砂浆，3 ~ 4 mm 厚 1:1 水泥砂浆加 20% 108 胶	m^2	37.316	55.49	2070.66
9	011106002001	块料楼梯面层，20 mm 厚 1:3 水泥砂浆，0.40 mm × 0.40 mm × 0.10 mm 面砖	m^2	18.417	104.02	1915.74
10	011503001001	金属扶手带栏杆、栏板，不锈钢栏杆 $\phi25$，不锈钢扶手 $\phi70$	m^2	17.646	454.78	8025.05
11	011107001001	石材台阶面，1:3:6 石灰、砂、碎石垫层 20 mm 厚，C15 砾 40 混凝土垫层，10 mm 厚花岗岩面层	m^2	22.309	316.27	7055.67
		2. 墙柱面工程				
12	011201001001	墙面一般抹灰，混合砂浆 15 mm 厚，888 涂料三遍	m^2	926.147	13.11	12141.79
13	011201001002	外墙抹混合砂浆及外墙漆，1:2水泥砂浆 20 mm 厚	m^2	534.630	21.62	11558.70

（续表）

序号	项目编码	项目名称	计量单位	工程数量	金额(元)	
					综合单价	合价
2.墙柱面工程						
14	011201001003	女儿墙内侧抹水泥砂浆,1∶2水泥砂浆20 mm厚	m^2	67.245	8.96	602.52
15	011203001001	女儿墙压顶抹水泥砂浆,1∶2水泥砂浆20 mm厚	m^2	12.128	21.75	263.78
16	011203001002	出入孔内侧四周粉水泥砂浆,1∶2水泥砂浆20 mm厚	m^2	1.247	21.22	26.46
17	011203001003	雨篷装饰,上部、四周抹,1∶2水泥砂浆,涂外墙漆,底部抹混合砂浆,888涂料三遍	m^2	20.826	81.17	1690.45
18	011203001004	水箱外粉水泥砂浆立面,1∶2水泥砂浆20 mm厚	m^2	13.705	9.83	134.72
19	011204003001	瓷板墙裙,砖墙面层,17 mm厚1∶3水泥砂浆	m^2	66.317	36.96	2451.08
20		块料零星项目　污水池,混凝土面层,17 mm厚1∶3水泥砂浆,3～4 mm厚1∶1水泥砂浆加20%108胶	m^2	6.240	42.98	268.20
3.顶棚工程						
21	011301001001	顶棚抹灰(现浇板底),7 mm厚1∶1∶4水泥、石灰砂浆,5mm厚1∶0.5∶3水泥砂浆,888涂料三遍	m^2	123.607	13.56	1676.11
22	011301001002	顶棚抹灰(预制板底),7 mm厚1∶1∶4水泥、石灰砂浆,5mm厚1∶0.5∶3水泥砂浆,888涂料三遍	m^2	131.414	14.88	1955.44

（续表）

序号	项目编码	项目名称	计量单位	工程数量	金额(元)	
					综合单价	合价
3. 顶棚工程						
23	011301001003	顶棚抹灰(楼梯板底),7 mm厚1∶1∶4水泥、石灰砂浆,5mm厚1∶0.5∶3水泥砂浆,888涂料三遍	m^2	18.075	13.57	245.28
24	011302002001	格栅吊顶,不上人U形轻钢龙骨600mm×600mm间距,600mm×600mm石膏板面层	m^2	162.401	50.47	8196.38
4. 门窗工程						
25	010801001001	上人孔木盖板,杉木板0.02 m厚,上钉镀锌铁皮1.5 mm厚	樘	2.000	126.49	252.98
26	010801004001	胶合板门M－2,杉木框上钉5 mm厚胶合板,面层3 mm厚榉木板,聚氨酯五遍,门碰、执手锁11个	樘	13.000	432.21	5618.73
27	010802001001	铝合金地弹门M－1,铝合金框70系列,四扇四开,白玻璃6 mm厚	樘	1.000	2326.29	2326.29
28	010802001002	握钢门M－3,塑钢门框,不带亮,平开,白玻璃5 mm厚	樘	10.000	321.56	3215.60
29	010802004001	防盗门M－4,两面1.5 mm厚铁板,上涂深灰聚氨酯面漆	樘	1.000	1240.36	1240.36
30	010803001001	网状铝合金卷闸门M－5,网状物ϕ10,电动装置1套	樘	1.000	11132.72	11132.72
31	010807001001	铝合金推拉窗C－2,铝合金1.2 mm厚,90系列5 mm厚白玻璃	樘	9.000	706.27	6356.43
32	010807001002	铝合金推拉窗C－5,铝合金1.2 mm厚,90系列5 mm厚白玻璃	樘	4.000	597.35	2389.40

（续表）

序号	项目编码	项目名称	计量单位	工程数量	金额（元）	
					综合单价	合价
		4. 门窗工程				
33	010807001003	铝合金推拉窗 C－4，铝合金 1.2 mm 厚，90 系列 5 mm 厚白玻璃	樘	4.000	1259.81	5039.24
34	010807001004	铝合金推拉窗 C－6，铝合金 1.2 mm 厚，90 系列 5 mm 厚白玻璃	樘	6.000	1312.32	7873.92
35	010807001005	铝合金平开窗，铝合金 1.2 mm 厚，50 系列 4 mm 厚白玻璃	樘	8.000	276.22	2209.76
36	010807001006	铝合金固定窗 C－1，四周无铝合金框，用 SPS 胶嵌固定在窗四周铝合金板内，12mm 厚白玻璃	樘	4.000	1221.22	4884.88
37	010807001007	金属防盗窗 C－2，不锈钢圆管 ϕ18@100，四周扁管 20 mm × 20 mm	樘	4.000	178.88	715.52
38	010807001008	金属防盗窗 C－3，不锈钢圆管 ϕ18@100，四周扁管 20 mm × 20 mm	樘	4.000	59.63	238.52
39	010808001001	榉木门窗套，20 × 20@200 杉木枋上钉 5 mm 厚胶合板，面层 3 mm 厚榉木板	m^2	35.210	60.74	2138.66
		5. 油漆工程				
40	011401001001	外墙门窗套刷外墙漆，水泥砂浆面上刷外墙漆	m^2	42.815	13.76	589.13
		合计				153590.59

措施项目清单计价表

工程名称：××楼装饰装修工程　　　　第　页　共　页

序号	项目名称	金额(元)
1	综合脚手架多层建筑物(层高在3.6 m以内),檐口高度在20 m以内	3985.54
2	综合脚手架、外墙脚手架、翻挂、安全网增加费用	638.40
3	安全过道	1382.65
4	垂直运输机械	1928.63
5	冬、雨季施工费	2907.46
6	临时设施费	3553.57
	合计	14396.25

其他项目清单计价表

工程名称：××楼装饰装修工程　　　　第　页　共　页

序号	项目名称	金额(元)
1	招标人部分	10000
1.1	不可预见费	10000
1.2	工程分包和材料购置费	
1.3	其他	
2	投标人部分	577.50
2.1	总承包服务费	
2.2	零星工作项目计价表	577.50
2.3	其他	
	合计	10577.50

零星工作项目表

工程名称：××楼土建工程(标底)　　　　第　页　共　页

序号	名称	计量单位	数量	金额(元)	
				综合单价	合价
1	人工				577.50
	小计				577.50
2	材料				

（续表）

序号	名称	计量单位	数量	金额（元）	
				综合单价	合价
	小计				
3	机械				
	小计				
	合计				577.50

分部分项工程量清单综合单价分析表

工程名称：××楼装饰装修工程（标底） 第 页 共 页

序号	项目编号	项目名称	定额编号	工程内容	单位	数量	综合单价组成（元）					合价	综合单价（元）
							人工费	材料费	机械使用费	管理费	利润		
1	011101001001	大理石地面			m^2	79.99						16905.4	211.34
			09016	混凝土垫层 C10 砾 40	100 m^2	0.64	269.50	1167.31	92.99	109.73	78.38	1099.46	
			09052	一层营业厅大理石地面	100 m^2	0.80	527.78	17111.36	219.23	1107.75	791.25	15805.9	
2	011201001001	墙面一般抹灰				879.26						11527.5	13.11
			12028	混合砂浆	100 m^2	8.793	302.06	322.22	77.18	49.65	35.46	6916.31	
			12503 计价乘以 1.2 系数	仿瓷涂料三遍	100 m^2	8.793	295.68	172.03		33.08	23.63	4611.23	
3	010807001001	铝合金推拉窗 C-2			樘	7						4943.9	706.27

（续表）

序号	项目编号	项目名称	定额编号	工程内容	单位	数量	综合单价组成(元)					合价	综合单价(元)
							人工费	材料费	机械使用费	管理费	利润		
			08077	铝合金推拉窗双扇不带亮		0.189	3289.00	18490.73	666.52	1568.00	1120.00	4750.37	
			08375	铝合金双扇推拉窗五金件	套	7		24.68		1.73	1.23	193.48	

主要材料价格表

工程名称：××楼装饰装修工程　　　　第　页　共　页

序号	名称规格	单位	数量	单价(元)	合价(元)
1	水泥 32.5 级	kg	33816.400	0.29	9806.76
2	水泥 42.5 级	kg	2702.550	0.36	972.92
3	白水泥	kg	70.080	0.38	26.63
4	粗净砂	m^3	0.145	35.79	5.19
5	细净砂	m^3	31.672	35.79	1133.54
6	中、粗砂(天然砂综合)	m^3	0.276	30.51	8.42
7	中净砂(过筛)	m^3	68.650	34.99	2402.06
8	石灰膏	m^3	8.430	132.92	1120.52
9	钢防盗门	m^2	2.100	571.43	1200.00
10	网状铝合金卷闸门	m^2	42.000	200.00	8400.00
11	钢防盗窗(成品)	m^2	14.400	50.00	720.00
12	塑钢门(不带亮)	m^2	16.800	150.00	2520.00
13	U 形轻钢龙骨大龙骨 $h=45$	m	223.470	3.61	806.73
14	U 形轻钢龙骨中龙骨 $h=19$	m	416.085	3.04	0.00
15	轻钢中龙骨横撑 $h=19$	m	336.917	1.98	1264.90
16	块料石板(大理石)	m^2	85.306	160.00	667.10
17	台阶花岗石	m^2	27.065	200.00	13648.96

（续表）

序号	名称规格	单位	数量	单价(元)	合价(元)
18	踢脚块料石板	m^2	6.137	200.00	5413.00
19	石膏板12厚	m^2	170.154	10.00	1227.40
20	木质装饰线25 mm以内	m	230.067	0.80	1701.54
21	国产地弹簧	个	4.000	51.65	184.05
22	球形执手锁	把	13.000	15.00	206.60
23	平板玻璃4厚	m^2	7.200	15.59	195.00
24	平板玻璃5厚	m^2	101.940	20.92	112.25
25	平板玻璃6厚	m^2	8.100	24.50	2132.58
26	平板玻璃12厚	m^2	32.400	75.00	198.45
27	瓷(磁)板152mm×152mm	千块	3.468	210.00	2430.00
28	压顶磁片	千块	0.416	210.00	728.28
29	阴阳角磁片	千块	0.296	110.00	32.56
30	地面砖300mm×300mm	m^2	312.400	30.00	9372.00
31	地面砖300mm×300mm(卫生间防滑地砖)	m^2	24.180	30.00	725.40
32	地板砖	m^2	27.660	30.00	829.80
33	踢脚地板砖	m^2	38.230	30.00	1146.90
34	卷闸门(电动装置)	套	1.000	800.00	800.00
35	杉原条	m^3	3.256	575.23	1872.95
36	松原木	m^3	0.927	620.00	574.74
37	胶合板(五夹)5厚	m^2	52.186	13.23	690.42
38	榉木夹板3厚	m^2	85.417	17.00	1452.09
39	竹架板(侧编)	m^2	46.000	10.80	496.80
40	竹架板(平编竹笆)	m^2	62.000	3.48	215.76
41	铝合金型材	kg	607.240	19.01	11543.63
42	焊接钢管	kg	276.150	3.45	952.72
43	不锈钢管ϕ38×2	m	48.450	45.00	2180.25
44	不锈钢管ϕ40×3	m	17.630	80.00	1410.40
45	不锈钢管ϕ63×3	m	24.320	98.50	2395.52
46	PVC塑料排水管ϕ110	m	56.700	16.00	907.20
47	聚氨酯漆	kg	40.180	16.00	642.88
48	墙漆王	kg	268.435	28.00	7516.18

××楼装饰装修　工程

工程量清单报价表

（投标）

招标人：××市房地产开发公司（单位盖章）

法定代表人：×××（签字盖章）

造价工程师及注册证号：×××（签字盖执业专用章）

编制时间：××年×月×日

投 标 总 价

建设单位：××市房地产开发公司

工程名称：××楼装饰装修工程

投标总价(小写)：192568.74 元

(大写)：壹拾玖万贰仟伍佰陆拾捌元柒角肆分整

招标人：××建筑公司 (单位盖章)

法定代表人：××× (签字盖章)

编制时间：××年×月×日

总　说　明

工程名称：××楼装饰装修工程（投标）　　　　第　页　共　页

1. 编制依据：

1.1 建设方提供的××楼土建施工图、招标邀请书等一系列招标文件。

2. 编制说明：

2.1　经核算建设方招标书中发布的“工程量清单”中的工程数量基本无误。

2.2　我公司编制的该工程施工方案，基本与标底的施工方案相似，所以措施项目与标底采用的一致。

2.3　经我公司实际进行市场调查后，建筑材料市场价格确定如下：

2.3.1　砂、石材料因该工程在远郊，且工程附近100 m处有一砂石场，故砂、石材料报价在标底价上下浮10%。

2.3.2　其他所有材料均在××市场建设工程造价主管部门发布的市场材料价格上下浮3%。

2.3.3　按我公司目前的资金和技术能力，该工程各项施工费费率值取定如下：

序号	工程名称	费率名称(%)						
		规费			措施费			
		不可竞争费	养老保险	安全文明费	施工管理费	利润	临时设施费	冬、雨季施工增加费
1	土建	2.22	3.50	0.98	6.40	4.50	2.00	1.70

单位工程费汇总表

工程名称:××楼装饰装修工程(标底)　　　　第　页　共　页

序号	项目名称	金额(元)
1	分部分项工程量清单计价合计	150565.82
2	措施项目清单计价合计	13377.09
3	其他项目计价合计	10577.50
4	规费	11692.87
5	税前造价	186213.28
6	税金	6355.46
	合计	192568.74

分部分项工程量清单

工程名称：××楼装饰装修工程　　　　　　　　　　　　　第　页　共　页

序号	项目编码	项目名称	计量单位	工程数量	金额(元)	
					综合单价	合价
		1. 楼地面工程				
1	011101001001	水箱盖面粉水泥砂浆，1:2水泥砂浆，厚 20 mm	m^2	10.680	8.62	92.06
2	01102001001	一层营业厅大理石地面。混凝土垫层 C10 砾 40，厚 0.08 m，0.80 m×0.80 m 大理石面层	m^2	83.245	203.75	16961.17
3	011102002001	地砖地面，混凝土垫层 C10 砾 40，厚 0.10 m，0.40 m×0.40 m 地面砖	m^2	45.343	64.85	2940.49
4	011102002002	卫生间防滑地砖地面，混凝土垫层 C10 砾 40，厚 0.08 m，C20 砾 10 混凝土找坡 0.5%，1:2 水泥砂浆找平	m^2	8.267	146.01	1207.06
5	011102002003	地砖楼面，结合层：25 mm 厚，1:4 干硬性混凝土，0.40 m×0.40 m 地面砖	m^2	237.892	48.60	11561.55
6	011102002004	卫生间防滑地砖楼面，C20 砾 10 混凝土找坡 0.5%，1:2 水泥砂浆找平	m^2	16.293	133.32	2172.18
7	011105002001	石材踢脚线，高 150mm，15mm 厚 1:3 水泥砂浆，10mm 厚大理石板	m^2	5.208	227.55	1185.08
8	011105003001	块料踢脚线，高 150 mm，17 mm 厚 2:1:8 水泥、石灰砂浆，3～4 mm 厚 1:1 水泥砂浆加 20% 108 胶	m^2	37.316	54.75	2043.05

（续表）

序号	项目编码	项目名称	计量单位	工程数量	金额（元）	
					综合单价	合价
		1. 楼地面工程				
9	011106002001	块料楼梯面层，20 mm 厚 1:3 水泥砂浆，0.40 m×0.40 m×0.10 m 面砖	m^2	18.417	102.48	1887.37
10	011503001001	金属扶手带栏杆、栏板，不锈钢栏杆 $\phi25$，不锈钢扶手 $\phi70$	m^2	17.646	449.85	7938.05
11	011107001001	石材台阶面，1:3:6 石灰、砂、碎石垫层 20 mm 厚，C15 砾 40 混凝土垫层，10 mm 厚花岗岩面层	m^2	22.309	305.18	6808.26
		2. 墙柱面工程				
12	011201001001	墙面一般抹灰，混合砂浆 15 mm 厚，888 涂料三遍	m^2	926.147	12.82	11873.20
13	011201001002	外墙抹混合砂浆及外墙漆，1:2 水泥砂浆 20 mm 厚	m^2	534.630	21.35	11414.35
14	011201001003	女儿墙内侧抹水泥砂浆，1:2 水泥砂浆 20 mm 厚	m^2	67.245	8.69	584.36
15	011203001001	女儿墙压顶抹水泥砂浆，1:2 水泥砂浆 20 mm 厚	m^2	12.128	21.34	258.81
16	011203001002	出入孔内侧四周粉水泥砂浆，1:2 水泥砂浆 20 mm 厚	m^2	1.247	20.83	25.98
17	011203001003	雨篷装饰，上部、四周抹 1:2水泥砂浆，涂外墙漆，底部抹混合砂浆，888 涂料三遍	m^2	20.826	79.94	1664.83

（续表）

序号	项目编码	项目名称	计量单位	工程数量	金额(元)	
					综合单价	合价
		2. 墙柱面工程				
18	011203001	水箱外粉水泥砂浆立面，1∶2 水泥砂浆 20 mm 厚	m^2	13.705	9.53	130.61
19	011204003	瓷板墙裙，砖墙面层，17 mm厚 1∶3 水泥砂浆	m^2	66.317	36.32	2408.63
20		块料零星项目　污水池，混凝土面层，17 mm 厚 1∶3 水泥砂浆，3 ~ 4 mm 厚 1∶1 水泥砂浆加 20% 108 胶	m^2	6.240	42.25	263.64
		3. 顶棚工程				
21	011301001001	顶棚抹灰(现浇板底)，7 mm厚 1∶1∶4 水泥、石灰砂浆，5mm 厚 1∶0.5∶3 水泥砂浆，888 涂料三遍	m^2	123.607	13.30	1643.97
22	011301001002	顶棚抹灰(预制板底)，7 mm厚 1∶1∶4 水泥、石灰砂浆，5mm 厚 1∶0.5∶3 水泥砂浆，888 涂料三遍	m^2	131.414	14.57	1914.70
23	011301001003	顶棚抹灰(楼梯板底)，7 mm厚 1∶1∶4 水泥、石灰砂浆，5mm 厚 1∶0.5∶3 水泥砂浆，888 涂料三遍	m^2	18.075	13.30	240.40
24	011302002001	格栅吊顶，不上人 U 形轻钢龙骨 600mm × 600mm 间距，600mm × 600mm 石膏板面层	m^2	162.401	49.62	8058.34

（续表）

序号	项目编码	项目名称	计量单位	工程数量	金额（元）	
					综合单价	合价
		4.门窗工程				
25	010801001001	上人孔木盖板，杉木板0.02 m厚，上钉镀锌铁皮1.5 mm厚	樘	2.000	125.09	250.18
26	010801004001	胶合板门 M－2，杉木框上钉5mm 厚胶合板，面层3 mm厚榉木板，聚氨酯五遍，门碰、执手锁11个	樘	13.000	427.50	5557.50
27	010802001001	铝合金地弹门 M－1，铝合金框70系列，四扇四开，白玻璃6 mm厚	樘	1.000	2303.32	2303.32
28	010802001002	握钢门 M－3，塑钢门框，不带亮，平开，白玻璃5 mm厚	樘	10.000	310.20	3102.00
29	010802004001	防盗门 M－4，两面1.5 mm厚铁板，上涂深灰聚氨酯面漆	樘	1.000	1199.92	1199.92
30	010803001001	网状铝合金卷闸门 M－5，网状物 ϕ10，电动装置1套	樘	1.000	10780.82	10780.82
31	010807001001	铝合金推拉窗 C－2，铝合金1.2 mm 厚，90系列5 mm厚白玻璃	樘	9.000	699.34	6294.06
32	010807001002	铝合金推拉窗 C－5，铝合金1.2 mm 厚，90系列5mm 厚白玻璃	樘	4.000	591.49	2365.96

（续表）

序号	项目编码	项目名称	计量单位	工程数量	金额(元)	
					综合单价	合价
		4. 门窗工程				
33	010807001003	铝合金推拉窗 C－4，铝合金 1. 2 mm 厚，90 系列 5 mm厚白玻璃	樘	4. 000	1247. 46	4989. 84
34	010807001004	铝合金推拉窗 C－6，铝合金 1. 2 mm 厚，90 系列 5 mm厚白玻璃	樘	6. 000	1299. 46	7796. 76
35	010807001005	铝合金平开窗，铝合金 1. 2 mm厚，50 系列 4 mm 厚白玻璃	樘	8. 000	273. 50	2188. 00
36	010807001006	铝合金固定窗 C－1，四周无铝合金框，用 SPS 胶嵌固定在窗四周铝合金板内，12mm 厚白玻璃	樘	4. 000	1208. 34	4833. 36
37	010807001007	金属防盗窗 C－2，不锈钢圆管 ϕ18 @ 100，四周扁管 20 mm × 20 mm	樘	4. 000	173. 08	692. 32
38	010807001008	金属防盗窗 C－3，不锈钢圆管 ϕ18 @ 100，四周扁管 20 mm × 20 mm	樘	4. 000	57. 70	230. 80
39	010808001001	榉木门窗套，20 × 20 @ 200 杉木枋上钉 5 mm 厚胶合板，面层 3 mm 厚榉木板	m^2	35. 210	60. 08	2115. 42
		5. 油漆工程				
40	011401001001	外墙门窗套刷外墙漆，水泥砂浆面上刷外墙漆	m^2	42. 815	13. 72	587. 42
		合计				150565. 82

措施项目清单计价表

工程名称：××楼装饰装修工程　　　　第　页　共　页

序号	项目名称	金额(元)
1	综合脚手架多层建筑物(层高在3.6 m以内)，檐口高度在20 m以内	3944.89
2	综合脚手架、外墙脚手架、翻挂、安全网增加费用	632.13
3	安全过道	1265.29
4	垂直运输机械	1685.32
5	冬、雨季施工费	2687.59
6	临时设施费	3161.87
	合计	13377.09

其他项目清单计价表

工程名称：××楼装饰装修工程　　　　第　页　共　页

序号	项目名称	金额(元)
1	招标人部分	10000
1.1	不可预见费	10000
1.2	工程分包和材料购置费	
1.3	其他	
2	投标人部分	577.50
2.1	总承包服务费	
2.2	零星工作项目计价表	577.50
2.3	其他	
	合计	10577.50

零星工作项目表

工程名称：××楼土建工程(标底)　　　　第　页　共　页

序号	名称	计量单位	数量	金额(元)	
				综合单价	合价
1	人工				577.50
	小计				577.50
2	材料				
	小计				
3	机械				
	小计				
	合计				577.50

分部分项工程量清单综合单价分析表

工程名称：××楼装饰装修工程(标底)　　　　第　页共　页

序号	项目编号	项目名称	定额编号	工程内容	单位	数量	综合单价组成(元)					合价	综合单价(元)
							人工费	材料费	机械使用费	管理费	利润		
1	011102002002	卫生间地砖地面			m^2	7.44						1086.3	146.01
			09016	混凝土垫层 C10 砾 40	10 m^3	0.059	269.50	1096.41	92.99	100.32	70.54	96.16	
			09022（换）	29 mm 细石混凝土找平层	100m^2	0.074	172.44	478.64	101.70	48.94	34.41	61.87	
			09019（换）	15 mm 砂浆找平层	100m^2	0.073	140.59	334.38	57.90	34.75	24.44	43.22	
			10085	聚氨酯二遍	100m^2	0.095	146.52	4804.69	36.21	319.19	224.43	525.45	
			09062	地砖面层	100m^2	0.074	628.54	3638.32	103.36	287.24	201.97	359.60	
2	011201001002	外墙装饰				522.52						11154.4	21.35

（续表）

序号	项目编号	项目名称	定额编号	工程内容	单位	数量	综合单价组成(元)					合价	综合单价(元)
							人工费	材料费	机械使用费	管理费	利润		
			12028	混合砂浆	$100m^2$	5.225	302.06	305.91	77.18	45.39	31.92	3983.84	
			12477（换）	外墙漆	$100m^2$	5.225	107.80	1332.27		18.96	13.33	7170.56	
3	010801004001	胶合板门 M－2			樘	11						4702.48	427.50
			08011（换）	胶合板门制作	$100m^2$	0.231	1365.76	12101.18	757.80	1020.85	717.78	3687.54	
			12331	聚氨酯漆三遍	$100m^2$	0.231	825.22	1198.74		137.43	96.63	521.60	
			12335（换）	每增一遍聚氨酯漆	$100m^2$	0.231	157.96	673.54		58.29	40.99	215.01	
			基价乘以1.2系数										
			B－048	门碰珠	10只	1.1	8.80	17.34		1.67	1.18	31.89	
			B－044	球形执手锁	把	11	4.4	15.3		1.59	1.12	246.44	

主要材料价格表

工程名称:××楼装饰装修工程　　　　　　　　　　　　　　　　第　页　共　页

序号	名称规格	单位	数量	单价(元)	合价(元)
1	水泥 32.5 级	kg	33816.400	0.28	9468.59
2	水泥 42.5 级	kg	2702.550	0.35	945.89
3	白水泥	kg	70.080	0.37	25.93
4	粗净砂	m^3	0.145	32.21	4.67
5	细净砂	m^3	31.672	32.21	1020.16
6	中、粗砂(天然砂综合)	m^3	0.276	27.46	7.58
7	中净砂(过筛)	m^3	68.650	31.49	2161.79
8	石灰膏	m^3	8.430	128.93	1086.88
9	钢防盗门	m^2	2.100	554.29	1164.01
10	网状铝合金卷闸门	m^2	42.000	194.00	8148.00
11	钢防盗窗(成品)	m^2	14.400	48.50	698.40
12	塑钢门(不带亮)	m^2	16.800	145.50	2444.40
13	U 形轻钢龙骨大龙骨 $h=45$	m	223.470	3.61	806.73
14	U 形轻钢龙骨中龙骨 $h=19$	m	416.085	3.04	1264.90
15	轻钢中龙骨横撑 $h=19$	m	336.917	1.98	667.10
16	块料石板(大理石)	m^2	85.306	155.20	13239.49
17	台阶花岗石	m^2	27.065	194.00	5250.61
18	踢脚块料石板	m^2	6.137	194.00	1190.58
19	石膏板 12 厚	m^2	170.154	9.70	1650.49
20	木质装饰线 25 mm 以内	m	230.067	0.80	184.05
21	国产地弹簧	个	4.000	51.65	206.60
22	球形执手锁	把	13.000	15.00	195.00
23	平板玻璃 4mm 厚	m^2	7.200	15.59	112.25
24	平板玻璃 5mm 厚	m^2	101.940	20.92	2132.58
25	平板玻璃 6mm 厚	m^2	8.100	24.50	198.45
26	平板玻璃 12mm 厚	m^2	32.400	75.00	2430.00
27	瓷(磁)板 152mm×152mm	千块	3.468	210.00	728.28

（续表）

序号	名称规格	单位	数量	单价(元)	合价(元)
28	压顶磁片	千块	0.416	210.00	87.36
29	阴阳角磁片	千块	0.296	110.00	32.56
30	地面砖 300mm×300mm	m^2	312.400	30.00	9372.00
31	地面砖 300mm×300mm(卫生间防滑地砖)	m^2	24.180	30.00	725.40
32	地板砖	m^2	27.660	30.00	829.80
33	踢脚地板砖	m^2	38.230	30.00	1146.90
34	卷闸门(电动装置)	套	1.000	800.00	800.00
35	杉原条	m^3	3.256	575.23	1872.95
36	松原木	m^3	0.927	620.00	574.74
37	胶合板(五夹)5 厚	m^2	52.186	13.23	690.42
38	榉木夹板 3 厚	m^2	85.417	17.00	1452.09
39	竹架板(侧编)	m^2	46.000	10.80	496.80
40	竹架板(平编竹笆)	m^2	62.000	3.40	210.80
41	铝合金型材	kg	607.240	19.01	11543.63
42	焊接钢管	kg	276.150	3.45	952.72
43	不锈钢管 $\phi38\times2$	m	48.450	45.00	2180.25
44	不锈钢管 $\phi40\times3$	m	17.630	80.00	1410.40
45	不锈钢管 $\phi63\times3$	m	24.320	98.50	2395.52
46	PVC 塑料排水管 $\phi110$	m	56.700	16.00	907.20
47	聚氨酯漆	kg	40.180	16.00	642.88
48	墙漆王	kg	268.435	28.00	7516.18

第9章　建筑工程施工图预算的编制与审查

9.1　施工图预算的编制

9.1.1 施工图预算的概念与作用

施工图预算的概念与作用见表9.1.1。

表9.1.1　施工图预算的概念与作用

序号	类别	说明
1	概念及分类	施工图预算是根据施工图,按照各专业工程的预算工程量计算规则统计计算出工程量,并考虑实施施工图的施工组织设计确定的施工方案或方法,按照现行预算定额、工程建设费用定额、材料预算价格和建设主管部门规定的费用计算程序及其他取费规定等,确定的单位工程、单项工程及建设项目建筑安装工程造价的技术和经济文件
2	作用	(1)施工图预算最主要的作用就是为建筑安装产品定价。 准确的施工图预算所确定的工程造价,即是建筑安装产品的计划价格。由于建筑安装产品和施工生产的技术经济特点以及社会主义初级阶段建筑市场机制和价值规律的客观要求,建筑安装产品的计划价格,在现阶段仍然是按编制工程预算的特殊计价程序来计算和确定。以此所确定的工程造价,能为编制基本建设计划,考核基本建设投资效益提供可靠的依据。 (2)施工图预算是建设单位和建安企业经济核算的基础。 施工图预算是建安企业确定工程收入的依据,是工程预算成本的根据。以此来对照工程的人工、材料、机械等费用的实际消耗,才能正确地核算其经济效益,便于进行成本分析,改善建设项目和施工企业的管理。对于建设单位的经济核算和编制计划、决策,施工图预算也是主要的依据之一。 (3)施工图预算是工程进度计划和统计工作的基础,是设备、材料加工订货的依据。 在工程建设计划编制中,工程项目和工程量的主要依据是工程建设预算的有关指标。因此,检查与分析工程建设进度计划执行情况的工程统计,其口径应与计划指标取得一致,并与预算对口。经过对

（续表）

序号	类别	说明
2	作用	比分析，才能反映出工程建设计划实际完成情况和所存在的问题，以及与企业收益的关系。 需加工订货和材料、设备的数量，应以预算的实物量指标作为控制的依据，防止盲目采购或加工而突破预算货币的指标。 (4)施工图预算是编制工程招标标底和工程投标报价的基础。 工程建设实行招投标承包，是基本建设和建筑业改革的一项主要内容。不论采取何种包干方式，都要以工程预算所确定的工程造价为基础，适当地考虑影响造价的各种动态因素后确定标底。同样，投标单位的投标报价仍然是以工程预算为基础，进而考虑本企业的实际水平，充分利用自身的优势和相应的投标报价策略而确定的
3	内容	施工图预算有单位工程预算、单项工程预算和建设项目总预算。在单位工程预算的基础上汇总所有各单位工程施工图预算，成为单项工程施工预算；再汇总各所有单项施工图预算，便是一个建设项目建筑安装工程的总预算。 单位工程预算包括建筑工程预算和设备安装工程预算。建筑工程预算按其工程性质分为一般土建工程预算、水暖工程预算（包括室内外给排水工程、采暖通风工程、煤气工程等）、电气照明工程预算、弱电工程预算、特殊构筑物（如炉窑、烟囱、水塔等工程预算和工业管道工程）预算等。设备安装工程预算可分为机械设备安装工程预算、电气设备安装工程预算和热力安装工程预算等

9.1.2 施工图预算的编制依据与方法

施工图预算的编制依据与方法见表9.1.2。

表9.1.2 施工图预算的编制依据与方法

序号	类别		说明
1	编制依据	一般规定	编制施工图预算必须深入现场进行充分的调研，使预算的内容既能反映实际，又能满足施工管理工作的需要。同时，必须严格遵守国家建设的各项方针、政策和法令，做到实事求是，不弄虚作假，并注意不断研究和改进编制的方法，提高效率，准确及时地编制出高质量的预算，以满足工程建设的需要

（续表）

序号	类别		说明
1	编制依据	施工图样及设计说明和标准图集	经审定的施工图纸、说明书和标准图集，完整地反映了工程的具体内容，各部的具体做法、结构尺寸、技术特征以及施工方法，是编制施工图预算的重要依据
		现行国家基础定额及有关计价表	国家和地区都颁发有现行建筑、安装工程预算定额及计价表和相应的工程量计算规则，是编制施工图预算确定分项工程子目、计算工程量、计算工程费直接的主要依据
		施工组织设计或施工方案	因为施工组织设计或施工方案中包括了编制施工图预算必不可少的有关资料，如建设地点的土质、地质情况，土石方开挖的施工方法及余土外运方式与运距，施工机械使用情况，结构构件预制加工方法及运距，重要的梁板柱的施工方案，重要或特殊设备的安装方案等
		材料、人工、机械台班预算价格及市场价格	材料、人工、机械台班预算价格是构成综合单价的主要因素。尤其是材料费在工程成本中占的比重大，而且在市场经济条件下，材料、人工、机械台班的价格是随市场而变化的。 为使预算造价尽可能符合实际，合理确定材料、人工、机械台班预算价格是编制施工图预算的重要依据
		建筑安装工程费用定额	建筑安装工程费用定额是各省、市、自治区和各专业部门规定的费用定额及计算程序
		预算员工作手册及有关工具书	预算员工作手册和工具书包括了计算各种结构件面积和体积的公式，钢材、木材等各种材料规格型号及用量数据，各种单位换算比例，特殊断面、结构件的工程量的速算方法，金属材料质量表等

（续表）

序号	类别		说明
2	编制方法	工料单价法	工料单价法指分部分项工程量的单价为直接费，直接费以人工、材料、机械的消耗量及其相应价格与措施费确定。间接费、利润、税金按照有关规定另行计算。 （1）传统施工图预算使用工料单价法，其计算步骤如下： ①准备资料，熟悉施工图。准备的资料包括施工组织设计、预算定额、工程量计算标准、取费标准、地区材料预算价格等。 ②计算工程量。首先要根据工程内容和定额项目，列出分项工程目录；其次，根据计算顺序和计算规划列出计算式；第三，根据图纸上的设计尺寸及有关数据，代入计算式进行计算；第四，对计算结果进行整理，使之与定额中要求的计量单位保持一致，并予以核对。 ③套工料单价。核对计算结果后，按单位工程施工图预算直接费计算公式求得单位工程人工费、材料费和机械使用费之和。同时注意以下几项内容： A. 分项工程的名称、规格、计量单位必须与预算定额工料单价或单位计价表中所列内容完全一致，以防重套、漏套或错套工料单价而产生偏差。 B. 进行局部换算或调整时，换算指定额中已计价的主要材料品种不同而进行的换价，一般不调量；调整指施工工艺条件不同而对人工、机械的数量增减，一般调量不换价。 C. 若分项工程不能直接套用定额、不能换算和调整时，应编制补充单位计价表。 D. 定额说明允许换算与调整以外部分不得任意修改。 ④编制工料分析表。根据各分部分项工程项目实物工程量和预算定额中项目所列的用工及材料数量，计算各分部分项工程所需人工及材料数量，汇总后算出该单位工程所需各类人工、材料的数量。 ⑤计算并汇总造价。根据规定的税、费率和相应的计取基础，分别计算措施费、间接费、利润、税金等。将上述费用累计后进行汇总，求出单位工程预算造价。 ⑥复核。对项目填列、工程量计算公式、计算结果、套用的单价、采用的各项取费费率、数字计算、数据精确度等进行全面复核，以便及时发现差错，及时修改，提高预算的准确性。

（续表）

序号	类别		说明
2	编制方法	工料单价法	⑦填写封面、编制说明。封面应写明工程编号、工程名称、工程量、预算总造价和单方造价、编制单位名称、负责人和编制日期以及审核单位的名称、负责人和审核日期等。编制说明主要应写明预算所包括的工程内容范围、依据的图纸编号、承包企业的等级和承包方式、有关部门现行的调价文件号、套用单价需要补充说明的问题及其他需说明的问题等。 现在编制施工图预算时特别要注意，所用的工程量和人工、材料量是统一的计算方法和基础定额；所用的单价是地区性的（定额、价格信息、价格指数和调价方法）。由于在市场条件下价格是变动的，要特别重视定额价格的调整。 （2）实物法编制施工图预算的步骤；实物法编制施工图预算是先算工程量、人工、材料量、机械台班（即实物量），然后再计算费用和价格的方法。这种方法适应市场经济条件下编制施工图预算的需要，在改革中应当努力实现这种方法的普遍应用，其编制步骤如下： ①准备资料，熟悉施工图纸。 ②计算工程量。 ③套基础定额，计算人工、材料、机械数量。 ④根据当时、当地的人工、材料、机械单价，计算并汇总人工费、材料费、机械使用费，得出单位工程直接工程费。 ⑤计算措施费、间接费、利润和税金，并进行汇总，得出单位工程造价（价格）。 ⑥复核。 ⑦填写封面、编写说明。 从上述步骤可见，实物法与定额单价法不同，实物法的关键在于第三步和第四步，尤其是第四步，使用的单价已不是定额中的单价了，而是在由当地工程价格权威部门（主管部门或专业协会）定期发布价格信息和价格指数的基础上，自行确定人工单价、材料单价、施工机械台班单价。这样便不会使工程价格脱离实际，并为价格的调整减少许多麻烦
		综合单价法	综合单价法是分部分项工程单价为全费用单价，全费用单价经综合计算后生成，其内容包括直接工程费、间接费、利润和税金（措施费也可按此方法生成全费用价格）。

（续表）

<table>
<tr><th>序号</th><th colspan="2">类别</th><th>说明</th></tr>
<tr><td>2</td><td>编制方法</td><td>综合单价法</td><td>各分项工程量乘以综合单价的合价汇总后，生成工程发承包价。
由于各分部分项工程中的人工、材料、机械含量的比例不同，各分项工程可根据其材料费占人工费、材料费、机械费合计的比例（以字母“C”代表该项比值），在以下三种计算程序中选择一种计算其综合单价。
1. 以直接费为计算基础
当 $C>C_0$（C_0 为本地区原费用定额测算所选典型工程材料费占人工费、材料费和机械费合计的比例）时，可采用以人工费、材料费、机械费合计为基数计算该分项的间接费和利润（表 9.1.3）。
2. 以人工费和机械费为计算基础
当 $C<C_0$ 值的下限时，可采用以人工费和机械费合计为基数计算该分项的间接费和利润（表 9.1.4）。
3. 以人工费为计算基础
如该分项的直接费仅为人工费，无材料费和机械费时，可采用以人工费为基数计算该分项的间接费和利润（表 9.1.5）</td></tr>
</table>

表 9.1.3　以直接费为计算基础的综合单价法计价程序

序号	费用项目	计算方法	备注
1	分项直接工程费	人工费 + 材料费 + 机械费	
2	间接费	1 × 相应费率	
3	利润	(1 + 2) × 相应利润率	
4	合计	1 + 2 + 3	
5	含税造价	4 × (1 + 相应税率)	

表 9.1.4　以人工费和机械费为计算基础的综合单价法计价程序

序号	费用项目	计算方法	备注
1	分项直接工程费	人工费 + 材料费 + 机械费	
2	其中人工费和机械费	人工费 + 机械费	
3	间接费	2 × 相应费率	
4	利润	2 × 相应利润率	
5	合计	1 + 3 + 4	
6	含税造价	5 × (1 + 相应税率)	

表9.1.5　以人工费为计算基础的综合单价法计价程序

序号	费用项目	计算方法	备注
1	分项直接工程费	人工费+材料费+机械费	
2	直接工程费中人工费	人工费	
3	间接费	2×相应费率	
4	利润	2×相应利润率	
5	合计	1+3+4	
6	含税造价	5×(1+相应税率)	

9.2　施工图预算的审查

9.2.1　施工图预算审查的作用与内容

施工图预算审查的作用与内容见表9.2.1。

表9.2.1　施工图预算审查的作用与内容

序号	项目	说明
1	作用	(1)对降低工程造价具有现实意义。 (2)有利于节约工程建设资金。 (3)有利于发挥领导层、银行的监督作用。 (4)有利于积累和分析各项技术经济指标
2	内容	审查施工图预算的重点:工程量计算是否准确;分部、分项单价套用是否正确;各项取费标准是否符合现行规定等方面。 1.建筑工程施工图预算各分部工程的工程量审核重点 (1)土方工程。 ①平整场地、挖地槽、挖地坑、挖土方工程量的计算是否符合定额计算规定和施工图纸标示尺寸,土壤类别是否与勘察资料一致,地槽与地坑放坡、带挡土板是否符合设计要求,有无重算和漏算。 ②回填土工程量应注意地槽、地坑回填土的体积是否扣除了基础、垫层所占体积,地面和室内填土的厚度是否符合设计要求。 ③运土方的审查除了注意运土距离外,还要注意运土数量是否扣除了就地回填的土方。运土距离应是最短运距,需作比较。 (2)打桩工程。 ①注意审查各种不同桩料,必须分别计算,施工方法必须符合设计要求或经设计院同意。

（续表）

序号	项目	说明
2	内容	②桩料长度必须符合设计要求，桩料长度如果超过一般桩料长度而需要接桩时，注意审查接头数是否正确。 ③必须核算实际钢筋量（抽筋核算）。 (3)砖石工程。 ①墙基与墙身的划分是否符合规定。 ②按规定不同厚度的墙、内墙和外墙是否是分别计算的，应扣除的门窗洞口及埋入墙体各种钢筋混凝土梁、柱等是否已经扣除。 ③不同砂浆强度的墙和定额规定按"m^3"或"m^2"计算的墙，有无混淆、错算或漏算。 (4)混凝土及钢筋混凝土工程。 ①现浇构件与预制构件是否分别计算。 ②现浇柱与梁，主梁与次梁及各种构件计算是否符合规定，有无重算或漏算。 ③有筋和无筋构件是否按设计规定分别计算，有没有混淆。 ④钢筋混凝土的含钢量与预算定额的含钢量发生差异时，是否按规定予以增减调整。 ⑤钢筋按图抽筋计算。 (5)木结构工程。 ①门窗是否按不同种类按框外面积或扇外面积计算。 ②木装修的工程量是否按规定分别以"延长米"或"m^2"计算。 ③门窗孔面积与相应扣除的墙面积中的门窗孔面积核对应一致。 (6)地面工程。 ①楼梯抹面是否按踏步和休息平台部分的水平投影面积计算。 ②细石混凝土地面找平层的设计厚度与定额厚度不同时，是否按其厚度进行换算。 ③台阶不包括嵌边、侧面装饰。 (7)屋面工程。 ①卷材层工程量是否与屋面找平层工程量相等。 ②屋面保温层的工程量是否按屋面层的建筑面积乘保温层平均厚度计算，不作保温层的挑檐部分是否按规定计算。 ③瓦材规格如实际使用与定额取定规格不同时，其数量换算，其他不变。 ④屋面找平层的工程量同卷材屋面，其嵌缝油膏已包括在定额内，不另计算。

（续表）

序号	项目	说明
2	内容	⑤刚性屋面按图示尺寸水平投影面积乘以屋面坡度系数以“m^2”计算。不扣除房上烟囱、风帽底座、风道所占面积。 （8）构筑物工程。 ①烟囱和水塔脚手架是以座编制的，凡地下部分已包括在定额内，按规定不能再另行计算。审查是否符合要求，有无重算。 ②凡定额按钢管脚手架与竹脚手架综合编制，包括挂安全网和安全笆的费用。如实际施工不同均可换算或调整；如施工需搭设斜道则可另行计算。 （9）装饰工程。 ①内墙抹灰的工程量是否按墙面的净高和净宽计算，有无重算或漏算。 ②抹灰厚度，如设计规定与定额取定不同时，在不增减抹灰遍数的情况下，一般按每增减1mm定额调整。 ③油漆、喷涂的操作方法和颜色不同时，均不调整。如设计要求的涂刷遍数与定额规定不同时，可按“每增加一遍”定额项目进行调整。 （10）金属构件制作。 ①金属构件制作工程量多数以“t”为单位。在计算时，型钢按图示尺寸求出长度，再乘每米的质量；钢板要求出面积，再乘以每平方米的质量。审查是否符合规定。 ②除注明者外，定额均已包括现场（工厂）内的材料运输、下料、加工、组装及产品堆放等全部工序。 ③加工点至安装点的构件运输，应另按“构件运输定额”相应项目计算。 2. 审查定额或单价的套用 （1）预算中所列各分项工程单价是否与预算定额的预算单价相符；其名称、规格、计量单位和所包括的工程内容是否与预算定额一致。 （2）有单价换算时应审查换算的分项工程是否符合定额规定及换算是否正确。 （3）对补充定额和单位计价表的使用应审查补充定额是否符合编制原则、单位计价表计算是否正确。 3. 审查其他有关费用 其他有关费用包括的内容各地不同，具体审查时应注意是否符合当地规定和定额的要求。 （1）是否按本项目的工程性质计取费用、有无高套取费标准。

（续表）

序号	项目	说明
2	内容	(2)间接费的计取基础是否符合规定。 (3)预算外调增的材料差价是否计取间接费；直接费或人工费增减后，有关费用是否作了相应调整。 (4)有无将不需安装的设备计取在安装工程的间接费中。 (5)有无巧立名目、乱摊费用的情况。 利润和税金的审查，重点应放在计取基础和费率是否符合当地有关部门的现行规定、有无多算或重算方面

9.2.2 施工图审查的方法

施工图审查的方法见表9.2.2。

表9.2.2 施工图审查的方法

序号	审查方法	审查要求
1	逐项审查法	逐项审查法又称全面审查法，即按定额顺序或施工顺序，对各分项工程中的工程细目逐项全面详细审查的一种方法。其优点是全面、细致，审查质量高、效果好。缺点是工作量大，时间较长。这种方法适合于一些工程量较小、工艺比较简单的工程
2	标准预算审查法	标准预算审查法就是对利用标准图纸或通用图纸施工的工程，先集中力量编制标准预算，以此为准来审查工程预算的一种方法。按标准设计图纸或通用图纸施工的工程，一般上部结构和做法相同，只是根据现场施工条件或地质情况不同，仅对基础部分作局部改变。凡这样的工程，以标准预算为准，对局部修改部分单独审查即可，不需逐一详细审查。该方法的优点是时间短、效果好、易定案。其缺点是适用范围小，仅适用于采用标准图纸的工程
3	分组计算审查法	分组计算审查法就是把预算中有关项目按类别划分若干组，利用同组中的一组数据审查分项工程量的一种方法。这种方法首先将若干分部分项工程按相邻且有一定内在联系的项目进行编组，利用同组分项工程间具有相同或相近计算基数的关系，审查一个分项工程数量，由此判断同组中其他几个分项工程的准确程度。该方法特点是审查速度快、工作量小

（续表）

序号	审查方法	审查要求
4	对比审查法	对比审查法是当工程条件相同时，用已完工程的预算或未完但已经过审查修正的工程预算，对比审查拟建工程的同类工程预算的一种方法
5	"筛选"审查法	"筛选法"是能较快发现问题的一种方法。建筑工程虽面积和高度不同，但其各分部分项工程的单位建筑面积指标变化却不大。将这样的分部分项工程加以汇集、优选，找出其单位建筑面积工程量、单价、用工的基本数值，归纳为工程量、价格、用工三个单方基本指标，并注明基本指标的适用范围。这些基本指标用来筛分各分部分项工程，对不符合条件的应进行详细审查，若审查对象的预算标准与基本指标的标准不符，就应对其进行调整。"筛选法"的优点是简单易懂，便于掌握，审查速度快，便于发现问题。但问题出现的原因尚需继续审查。该方法适用于审查住宅工程或不具备全面审查条件的工程
6	重点审查法	重点审查法就是抓住工程预算中的重点进行审核的方法。审查的重点一般是工程量大或者造价较高的各种工程、补充定额、计取的各项费用(计取基础、取费标准)等。重点审查法的优点是突出重点、审查时间短、效果好

9.2.3　施工图审查的步骤

施工图审查的步骤见表9.2.3。

9.2.3　施工图审查的步骤

序号	审查步骤
1	做好审查前的准备工作： (1)熟悉施工图纸。施工图纸是编制预算分项工程数量的重要依据，必须全面熟悉了解。一是核对所有的图纸，清点无误后，依次识读；二是参加技术交底，解决图纸中的疑难问题，直至完全掌握图纸。 (2)了解预算包括的范围。根据预算编制说明，了解预算包括的工程内容。例如，配套设施，室外管线，道路以及会审图纸后的设计变更等。 (3)弄清编制预算采用的单位工程估价表。任何单位估价表或预算定额都有一定的适用范围。根据工程性质，搜集熟悉相应的单价、定额资料。特别是市场材料单价和取费标准等

（续表）

序号	审查步骤
2	选择合适的审查方法，按相应内容审查。由于工程规模、繁简程度不同，施工企业情况也不同，所编工程预算繁简和质量也不同，因此需针对情况选择相应的审查方法进行审核
3	综合整理审查资料。编制调整预算。经过审查，如发现有差错，需要进行增加或核减的，经与编制单位逐项核实，统一意见后，修正原施工图预算，汇总核减量

第10章　建筑工程结算与竣工决算

10.1　工程结算基础知识

10.1.1　工程结算的概念及作用

工程结算的概念与作用见表10.1.1。

表10.1.1　工程结算的概念与作用

序号	类别	说明
1	概念	工程结算是指项目竣工后，承包方按照合同约定的条款和结算方式，向业主结清双方往来款项。工程结算在项目施工中通常需要发生多次，一直到整个项目全部竣工验收，还需要进行最终建筑产品的工程竣工结算。从而完成最终建筑产品的工程造价的确定和控制
2	作用	(1)通过工程结算办理已完工程的工程价款，确定施工企业的货币收入，补充施工生产过程中的资金消耗。 (2)工程结算是统计施工企业完成生产计划和建设单位完成建设投资任务的依据。 (3)竣工结算是施工企业完成该工程项目的总货币收入，是企业内部编制工程决算进行成本核算，确定工程实际成本的重要依据。 (4)竣工结算是建设单位编制竣工决算的主要依据。 (5)竣工结算的完成，标志着施工企业和建设单位双方所承担的合同义务和经济责任的基本结束
3	分类	根据工程结算的内容不同，工程结算可分为以下几种： (1)工程价款结算：指建筑安装工程施工完毕并经验收合格后，建筑安装企业(承包商)按工程合同的规定与建设单位(业主)结清工程价款的经济活动。包括预付工程备料款和工程进度款的结算，在实际工作中通常统称为工程结算。 (2)设备、工器具购置结算：指建设单位、施工企业为了采购机械设备、工器具以及处理积压物资，同有关单位之间发生的货币收付结算。 (3)劳务供应结算：指施工、建设单位及有关部门之间，互相提供咨询、勘察、设计、建筑安装工程施工、运输和加工等劳务而发生的结算。 (4)其他货币资金结算：施工单位各项工作、建设单位及主管基建部门和建设银行等之间，资金调拨、缴纳、存款、贷款和账户清理而发生的结算

（续表）

序号	类别	说明
4	编制依据	工程结算的编制依据主要有以下资料： (1)施工企业与建设单位签定的合同或协议书。 (2)施工进度计划、月旬作业计划和施工工期。 (3)施工过程中现场实际情况记录和有关费用签证。 (4)施工图样及有关资料、会审纪要、设计变更通知书和现场工程变更签证。 (5)概(预)算定额、材料预算价格表和各项费用取费标准。 (6)工程设计概算、施工图预算文件和年度建筑安装工程量。 (7)国家和当地主管部门的有关政策规定。 (8)招、投标工程的招标文件和标书

10.1.2　工程结算内容与方式

工程结算的内容与方式见表10.1.2。

表10.1.2　工程结算的内容与方式

序号	类别		说明
1	内容		(1)按照工程承包合同或协议办理预付工程备料款。 (2)按照双方确定的结算方式开列施工作业计划和工程价款预支单，办理工程预付款。 (3)月末(或阶段完成)呈报已完工程月(或阶段)报表和工程价款结算单，同时按规定抵扣工程备料款和预付工程款，办理工程款结算。 (4)年终已完工程、未完工程盘点和年终结算。 (5)工程竣工时，编写工程竣工书，办理工程竣工结算
2	工程结算方式	竣工后一次结算	工程工期在12个月以内，或者承包合同价在100万元以下的，可以实行开工前预付一定的预付款，或者加上工程款每月预支，竣工后一次结算的方式
		分段结算	按照工程形象进度或者季度，分阶段进行结算。 形象进度的一般划分：基础、±0.0以上主体结构、装修、室外工程及收尾等。 结算比例如： 工程开工后，拨付10%合同价款。

（续表）

序号	类别		说明
2	工程结算方式	分段结算	工程基础完成后，拨付 20% 合同价款。 工程主体完成后，拨付 40% 合同价款。 工程竣工验收后，拨付 15% 合同价款。 竣工结算审核后，结清余款。 设计有相当深度的中小型工程常采用固定总价合同，按形象进度付款很方便。这种合同的关键问题是： (1)确定付款条件……要有利于工程管理。 ①基础完成后，拨付 20% 合同价款。 ②±0.0 以下基础结构（包括回填土）完成并验收合格后，拨付 20% 合同价款。 (2)注意工程变更。 竣工结算价款 = 原合同价款 + 变更合同价款
		按月结算	即每月结算一次工程款、竣工后清算的办法。根据工程进度，以已完分部分项工程这一假定的建筑产品为对象，按月结算。优点是： (1)便于较准确地计算已完分部分项工程量，干多少活，给多少钱。 (2)便于建设单位对已完工程进行验收和施工企业考核月度成本情况。 (3)使施工企业工程价款收入符合其完工进度，生产耗费能得到及时合理地补偿，有利于施工企业的资金周转。 (4)有利于建设单位对建设资金实行控制，根据进度控制分期拨款

10.2　工程竣工结算的编制

10.2.1　工程竣工决算的分类与作用

工程竣工决算的分类与作用见表 10.2.1。

表 10.2.1　工程竣工决算的分类与作用

序号	类别	说明
1	工程竣工决算及其分类	工程竣工决算是工程竣工之后，由建设单位编制的用来综合反映竣工建设项目或单项工程的建设成果和财务情况的经济文件。 为了严格执行建设项目竣工验收制度，正确核定新增固定资产价值，考核投资效果，建立健全的经济责任制，国家建设项目竣工验收规定，所有的新建、扩建、改建和重建的建设项目竣工后都要编制竣工决算。根据建设项目规模的大小，可分为大中型建设项目竣工决算和小型建设项目竣工决算两大类。 必须指出，施工企业为了总结经验，提高经营管理水平，在单位工程竣工后，往往也编制单位工程竣工成本决算，核算单位工程的实际成本、预算成本和成本降低额，作为实际成本分析、反映经营成果、总结经验和提高管理水平的手段。它与建设工程竣工决算在概念的内涵上是不同的
2	工程竣工决算的作用	(1)竣工结算是建设与施工单位双方结算工程价款，完结合同关系和经济责任的依据。 (2)竣工结算反映建筑安装工程上作量和实物量的实际完成情况，是建设单位编报竣工决算的依据。 (3)竣工结算反映建筑安装工程实际造价，是编制概算指标、投资估算指标的基础资料。 (4)竣工结算是施工企业的最终收入，是施工企业进行经济核算和考核工程成本的依据

10.2.2　工程竣工结算的编制方式与依据

工程竣工结算的编制方式与依据见表 10.2.2。

表 10.2.2　工程竣工结算的编制方式与依据

序号	类别		说明
1	概念与作用	竣工结算的含义	竣工结算是工程竣工后施工单位根据施工过程中实际发生的变更情况对原施工图预算或工程合同造价进行调整、修正重新确定工程造价的技术经济文件。 施工图预算是在开工前编制和签订的。施工过程中工程地质条件的变化、设计考虑不周或设计意图的改变，材料的代换，项目的删减以及经有关方面协商同意而发生的设计变更等都会使原施工图预算或工程合同确定的工程造价发生变化。为了如实地反映竣工工程造价，单位工程竣工后必须及时办理竣工结算

（续表）

序号	类别		说明
1	概念与作用	竣工结算的作用	(1)施工单位与建设单位办理工程价款结算的依据。 (2)建设单位编制竣工决算的基础资料。 (3)施工单位统计最终完成工作量和竣工面积的依据。 (4)施工单位计算全员产值、核算工程成本、考核企业盈亏的依据。 (5)进行经济活动分析的依据
2	竣工结算方式	施工图预算加签证的结算方式	把经过审定的施工图预算作为结算的依据。凡是在施工过程中发生而施工图预算又未包括的工程项目和费用，经建设单位签证后，可以在竣工结算中调整
		施工图预算加系数包干的结算方式	先由有关单位共同商定包干范围，编制施工图预算时乘上一个不可预见的包干系数。 如果发生包干范围以外的增加项目，如增加建筑面积，提高原设计标准，改变工程结构等，必须由双方协商同意后方可变更，并随时填写工程变更结算单，经双方签证作为结算工程价款的依据
		平方米造价包干的结算方式	它与按施工图加签证的办法比较，手续简便，但适用范围具有一定局限性，一般只适用于民用住宅工程的上部结构
		招标、投标结算方式	招标标底和投标标价都是以施工图预算为基础核定的，投标单位在此基础上根据竞争对手情况和自己的竞争策略对报价进行合理浮动。中标后，招标单位与投标单位按照中标标价、承包方式、范围、工期、质量、双方责任、付款及结算办法、奖惩规定等内容签订承包合同，合同确定的工程造价就是结算造价
3	工程竣工结算的编制依据		(1)工程竣工报告及竣工验收单。这是编制工程竣工结算的首要条件。对要办理竣工结算的工程项目，应对工程数量、质量进行全面清点，看其是否符合设计要求及施工验收规范。未完工程或工程质量不合格的，不能结算；需要返工的，应返修并经验收点交后，才能结算。如果施工合同中说明工程价款与工程质量有奖罚的，应依据竣工验收确定的质量等级，结算工程价款。

（续表）

序号	类别		说明
3	工程竣工结算的编制依据		(2)施工合同文件。施工合同文件包括合同协议条款、合同条件，招标承包工程的中标通知书、投标书和招标文件，工程量清单或确定工程造价的工程预算书和图纸。合同文件中规定的承包方式、范围、工期、质量等级、合同价款、合同价款内容、结算方式、双方责任等，是竣工结算的主要依据。 (3)图纸会审记录、设计变更、现场签证、工程洽商记录。这些是竣工结算时判定合同增减变化因素的依据。同时，建设单位及其代表的口头批示（应有书面确认）、各方来往文件和信件、会议记录和施工日志等，可作为结算的辅助依据。 (4)工程进度报表；施工人员出勤记录、材料、设备进场报表、工程验收记录、工程照片。这些是结算时计算各项费用的依据。 (5)预算定额、材料预算价格、取费标准、工程建设造价信息、材料采购原始凭证、国家有关造价调整文件。 (6)不可抗拒的自然灾害和不可预见费用的记录。 (7)国家颁发的有关法律、法规、部门规章。如《中华人民共和国合同法》、《建设工程施工合同管理办法》等
4	工程竣工结算的编制步骤与方法	工程竣工结算的编制步骤	(1)收集、整理、分析原始资料。从建设工程开始就按编制依据的要求，收集、清点、整理有关资料，主要包括建设工程档案资料，如：设计文件、施工记录、上级批文、概（预）算文件、工程结算的归集整理，财务处理、财产物资的盘点核实及债权债务的清偿，做到账账、账证、账实、账表相符。对各种设备、材料、工具、器具等要逐项盘点核实并填列清单，妥善保管，或按照国家有关规定处理，不准任意侵占和挪用。 (2)对照、核实工程变动情况，重新核实各单位工程、单项工程造价。将竣工资料与原设计图纸进行查对、核实，必要时可实地测量，确认实际变更情况；根据经审定的施工单位竣工结算等原始资料，按照有关规定对原概（预）算进行增减调整，重新核定工程造价。 (3)将审定后的待摊投资、设备工器具投资、建筑安装工程投资、工程建设其他投资严格划分和核定后，分别计入相应的建设成本栏目内。

（续表）

序号	类别		说明
4	工程竣工结算的编制步骤与方法	工程竣工结算的编制步骤	(4)编制竣工财务决算说明书，力求内容全面、简明扼要、文字流畅、说明问题。 (5)填报竣工财务决算报表。 (6)做好工程造价对比分析。 (7)清理、装订好竣工图。 (8)按国家规定上报、审批、存档
		工程竣工结算的方法	(1)核实工程量。 ①根据原施工图预算工程量进行复核，防止漏算、重算和错算。 ②根据设计修改而变更的工程量进行调整。 ③根据现场工程变更进行调整。 这些变更包括：施工中预见不到的工程，如基础开挖后遇到古墓等；施工方法与原施工组织设计或施工方案不符，如土方施工由机械改为人工等。这些调整必须根据建设单位和施工单位双方签证。 (2)调整材料价差：工期长是建筑产品生产的一大特点，一般来说：施工周期内实际材料预算价格与开工前编制施工图预算所确定的材料预算价格相比是有变化的。按规定，在编制工程竣工结算时，应对材料价差进行调整

附录:造价员常用工作表格

工程价款结算账单

工程名称: 　　　　　　　　　　　　　　　　　　　　　　　　编号:________

单位:元

单项工程项目名称	合同预算		本期应收工程款	应抵扣款项					本期实收款	备料款余额	本期止已收工程价款累积	备注
	价值	其中:计划利润		合计	预支工程款	备料款	建设单位供给材料价款	各种往来款				

承包单位项目总表人:×××(签章)　　建筑单位项目负责人:×××　　(签章)

说明:1. 本账单由承包单位在月终和竣工结算工程价款时填列。送建设单位和经办行各一份。

2. 第4栏“应收工程款”应根据已完工程月报数填列。

工程款支付申请报告

工程名称:　　　　　　　　　　　　　　　　　　　　　　编号:________

<table>
<tr><td>
致:工程造价主管
施工单位已完成了××住宅楼基础工程施工的工作,经我验收,结果如下。
(1)合格工程项目:
①基础钢筋的绑扎,共计50t。
②基础模板的支固。
③基础混凝土的浇注,共计500m^3。
2.经返工后合格的工程项目:
无

3.不合格的工程项目
无

现上报施工单位工程款支付申请,请工程造价主管予以审查。
附件:1.工程量清单
2.施工单位工程款支付申请表

工地代表:×××　日期:××年×月×日
</td></tr>
<tr><td>
工程造价主管回复意见:
同意/不同意审查施工单位报适的工程款支付申请资料。
理由:(此处应说明同意或不同意审查工程款支付申请资料的理由)

工程造价主管:×××　日期:××年×月×日
</td></tr>
</table>

说明:本表由工地代表填写,一式两份,工地代表、工程造价主管各存一份。

维修工程结算费

工程名称：　　　　　　　　　　　　　　　　　　　　　　　　编号：________

施工单位			房号	
甲方监理人		审核人		主要维修项目

序号	工程编号	工程名称	单位	工程量	单价（元）	合价（元）	审定合价（元）	备注

总计价格：	核定总计价格：
利润税金： 结算价格：	核定利润税金： 核定结算价格：

现场负责人：	施工单位负责人：	维修组审核人：	监理审核人：
年　月　日	年　月　日	年　月　日	年　月　日

说明：如果维修项目多，表格不够可另加附表。

单位工程费用表

工程名称:　　　　　　　　　　　　　　　　　　　编号:______________

第　页　共　页

序号	项目名称	合同价(元)	送审增减价(元)	送审价(元)	
	合计				

措施项目费增(减)表

工程名称:　　　　　　　　　　　　　　　　　　　　　　编号:__________

第　页　共　页

序号	项目名称	合同价(元)	送审增减价(元)	备注
	合计			

其他项目费增(减)表

工程名称:　　　　　　　　　　　　　　　　　　　　　　编号:__________

第　页　共　页

序号	项目名称	合同价(元)	送审增减价(元)	备注
1	招标人部分			
	小计			
2	投标人部分			
	小计			
	合计			

材料(设备)询价(空价)审查意见表

编号:____________

<table>
<tr><td>工程名称</td><td></td><td>建设单位</td><td></td></tr>
<tr><td>施工单位</td><td></td><td>监理单位</td><td></td></tr>
<tr><td>询价方式</td><td></td><td>询价时间</td><td></td></tr>
<tr><td colspan="4">询价参加人员:</td></tr>
<tr><td colspan="4">询价记录:
1. 材料(设备)名称:
2. 生产厂家:
3. 供应商:
4. 供应方式及供应单价:
5. 材料规格、品种、质地、颜色、等级:
6. 辅助材料名称:
7. 单价包括的内容:
8. 拟购数量:
9. 施工单位报价:

资讯(申请)人:　　项目负责人:　　年　月　日</td></tr>
<tr><td colspan="4">监理单位意见:

总监理工程师:　　年　月　日</td></tr>
<tr><td colspan="4">咨询企业意见:

项目负责人:　　年　月　日</td></tr>
<tr><td colspan="4">建设单位意见:

项目负责人:　　年　月　日</td></tr>
</table>

工程造价审定表

编号：__________

<table>
<tr><td colspan="2">工程名称</td><td colspan="3"></td><td colspan="2">工程地址</td><td colspan="2"></td></tr>
<tr><td colspan="2">建设单位</td><td colspan="3"></td><td colspan="2">施工单位</td><td colspan="2"></td></tr>
<tr><td colspan="3">委托合同书编号</td><td colspan="2"></td><td colspan="2">审定日期</td><td colspan="2"></td></tr>
<tr><td colspan="3">原预(结)算总造价(元)</td><td colspan="2"></td><td colspan="3">审定预(结)算总造价(元)</td><td></td></tr>
<tr><td>核减金额(元)</td><td colspan="2"></td><td>核增金额(元)</td><td></td><td colspan="3">核增减累计额(元)</td><td></td></tr>
<tr><td colspan="5">备注：</td><td colspan="4"></td></tr>
<tr><td colspan="2">签字栏</td><td colspan="3">审价机构(签章)
代表人(签章)：</td><td colspan="2">建设单位(签章)
代表人(签章)：</td><td colspan="2">施工单位(签章)
代表人(签章)：</td></tr>
</table>

填表人：　　年　月　日

工程造价变更审定表

编号：__________

<table>
<tr><td colspan="2">工程名称</td><td colspan="3"></td><td colspan="2">签证项目</td><td colspan="2"></td></tr>
<tr><td colspan="2">变更事由</td><td colspan="3"></td><td colspan="2">审定日期</td><td colspan="2"></td></tr>
<tr><td colspan="2">建设单位</td><td colspan="3"></td><td colspan="2">施工单位</td><td colspan="2"></td></tr>
<tr><td colspan="3">原预(结)算总造价(元)</td><td colspan="2"></td><td colspan="3">审定预(结)算总造价(元)</td><td></td></tr>
<tr><td>核减金额(元)</td><td colspan="2"></td><td>核增金额(元)</td><td></td><td colspan="3">核增减累计额(元)</td><td></td></tr>
<tr><td colspan="5">说明：</td><td colspan="4"></td></tr>
<tr><td colspan="2">签字栏</td><td colspan="3">审价机构(签章)
代表人(签章)：</td><td colspan="2">建设单位(签章)
代表人(签章)：</td><td colspan="2">施工单位(签章)
代表人(签章)：</td></tr>
</table>

填表人：　　　　年　月　日

预(结)算备案报审表

工程名称:　　　　　　　　　　　　　　　　　　　　　　编号:＿＿＿＿＿＿

<table>
<tr><td>
该工程已按相关规定办理了预(结)算事宜,经相关部门审核,现提供预(结)算资料如下:
1. 预(结)算书
说明:
[在此处说明预(结)算书的组成的内容、变更洽商的计入方法等]

2. 甲方供材料(设备)明细
说明:
[在此处说明提供的甲方供材料明细是否齐备、准确,是否经过审核及计入方法等]

3. 甲方分包工程项目明细
说明:
(在此处说明提供的甲方分包项目是否齐备、准确,是否经过审核及计入方法等)

4. 其他
(需要另行说明的问题)

建筑单位工程部负责人:　　　日期:　　年　　月　　日
</td></tr>
<tr><td>
上列提交的预(结)算备案文件资料现已收悉,审查意见如下:

(所上报资料是否齐备、真实有效,符合信息收集的需要,是否同意备案)

建设单位预结算部负责人:　　　日期:　　年　　月　　日
</td></tr>
</table>

工程结算审价资料提供情况登记表

工程名称： 编号：____________

序号	资料名称	提供日期	页数

建设单位(签章)	施工单位(签章)	审价单位(签章)	
经办人： 年 月 日	经办人： 年 月 日	签收人： 年 月 日	

备注：

参考文献

[1]《建筑工程预算快速培训教材》编写组. 建筑工程预算快速培训教材[M]. 北京:北京理工大学出版社,2009.

[2]陈远吉,等. 建筑工程概预算实例教程[M]. 北京:机械工业出版社,2009.

[3]中华人民共和国国家标准. GB 50500—2013 建设工程工程量清单计价规范[S]. 北京:中国计划出版社,2013.

[4]中国建设工程造价管理协会. 建设工程造价与定额名词解释[M]. 北京:中国建筑工业出版社,2004.

[5]规范编制组.《2013 建设工程工程量清单计价规范》辅导[M]. 北京:中国计划出版社,2013.

[6]高文安. 安装工程预算与组织管理[M]. 北京:中国建筑工业出版社,2002.

[7]刘庆山. 建筑安装工程预算[M]. 2 版. 北京:机械工业出版社,2004.

[8]蒋红焰. 建筑工程概预算[M]. 北京:化学工业出版社,2005.

[9]《建筑施工企业关键岗位技能图解系列丛书》编委会. 建筑施工企业关键岗位技能图解系列丛书:预算员[M]. 黑龙江:哈尔滨工程大学出版社,2008.

[10]张庆宏,等. 建筑工程概预算编制常识[M]. 北京:化学工业出版社,2006.

[11]曹小琳,等. 建筑工程定额原理与概预算[M]. 北京:中国建筑工业出版社,2008.

[12]《建筑工程管理人员职业技能全书》编委会. 建筑工程管理人员职业技能全书:造价员[M]. 湖北:华中科技大学出版社,2008.

[13]张宝岭,等. 建设工程概预算实用便携手册[M]. 北京:机械工业出版社,2008.

[14]袁建新,等. 建筑工程预算[M]. 3 版. 北京:中国建筑工业出版社,2007.

[15]徐南. 建筑工程定额与预算[M]. 北京:化学工业出版社,2007.

[16]王瑞红,等. 建筑工程项目施工六大员实用手册:预算员[M]. 北京:机械工业出版社,2004.

[17]孙震. 土木工程概预算[M]. 北京:人民交通出版社,2006.

[18]王维纲. 土建工程概预算[M]. 北京:中国建筑工业出版社,2006.

[19]陈远吉,等. 查图表看实例从细节学建筑工程预算与清单计价[M]. 北京:化学工业出版社,2011.

[20]陈远吉,等. 查图表看实例从细节学安装工程预算与清单计价[M]. 北京:化学工业出版社,2011.

[21]中华人民共和国国家标准. GB 50854—2013 房屋建筑与装饰工程工程量计算规范[SJ]. 北京:中国计划出版社,2013.